图 1.1.4

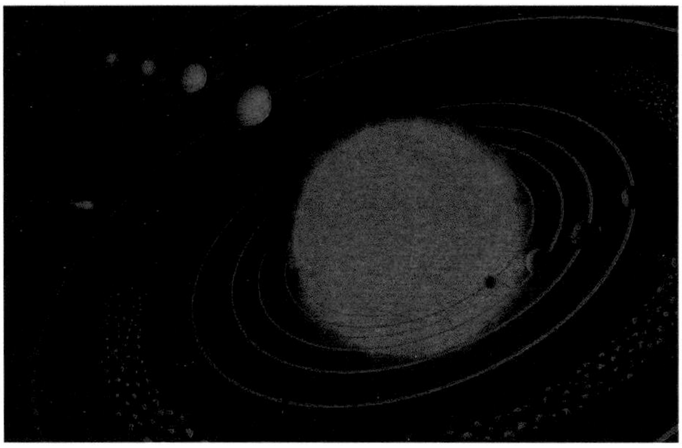

图 1.1.5

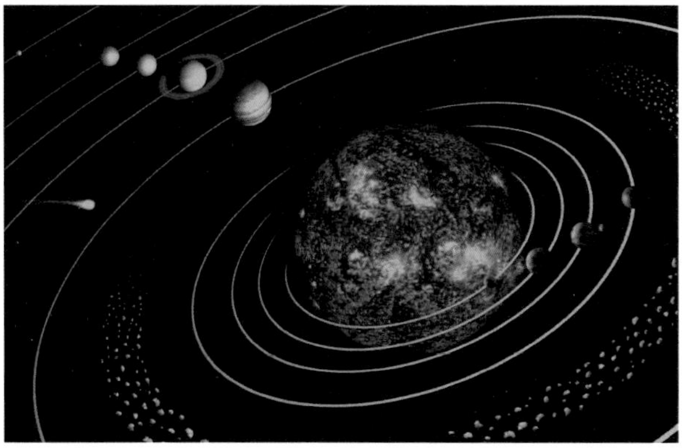

图 1.1.6

图　1.1.7

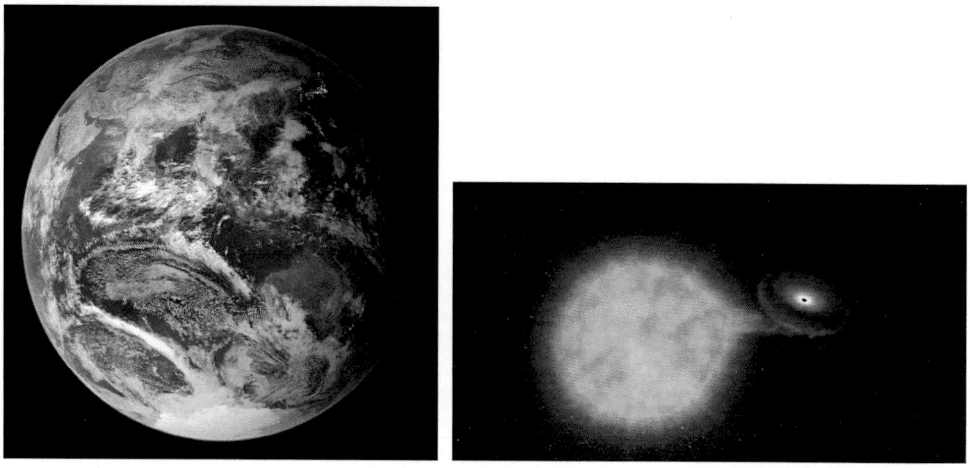

图　1.2.1

图　1.2.2

表 1.3.1

变换矩阵	$\begin{pmatrix}1&0\\0&1\end{pmatrix}$	$\begin{pmatrix}0&1\\1&0\end{pmatrix}$	$\begin{pmatrix}2&0\\0&1\end{pmatrix}$
变换后的图片			
变换矩阵	$\begin{pmatrix}1&0\\0&2\end{pmatrix}$	$\begin{pmatrix}1&0\\1&1\end{pmatrix}$	$\begin{pmatrix}1&1\\0&1\end{pmatrix}$
变换后的图片		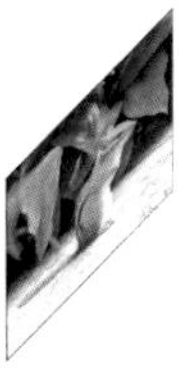	

图 1.4.2

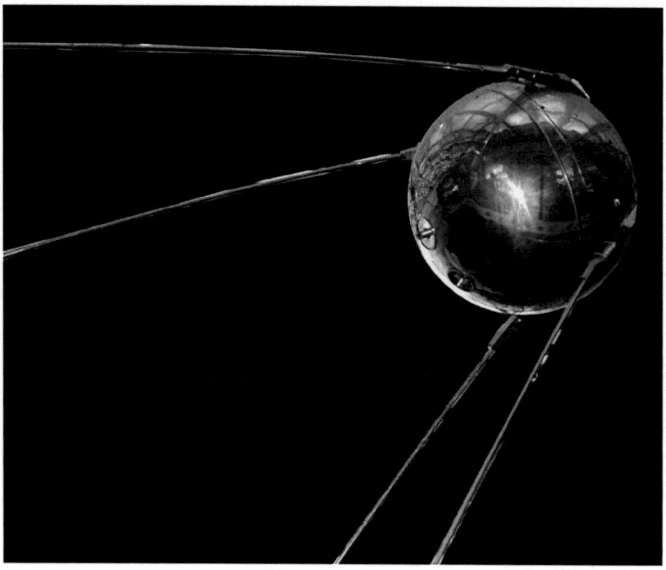

图　1.5.2

a) 平直着色法　　b) Gouraud着色法　　c) Phong着色法

图　2.1.2

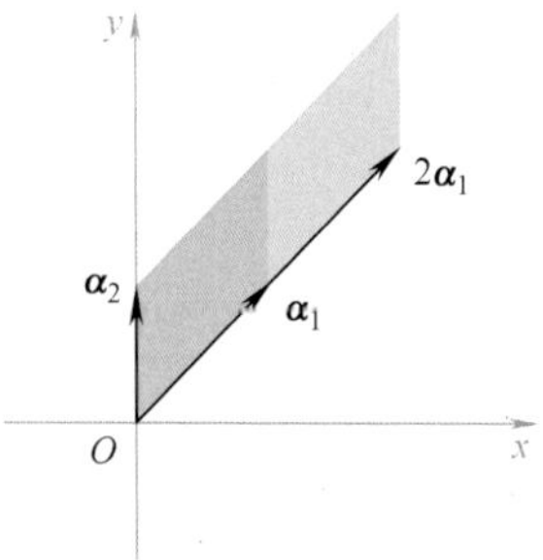

图　2.1.3

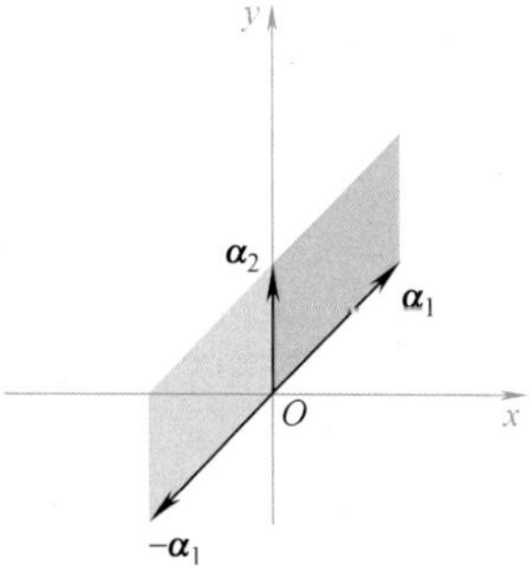

图　2.1.4

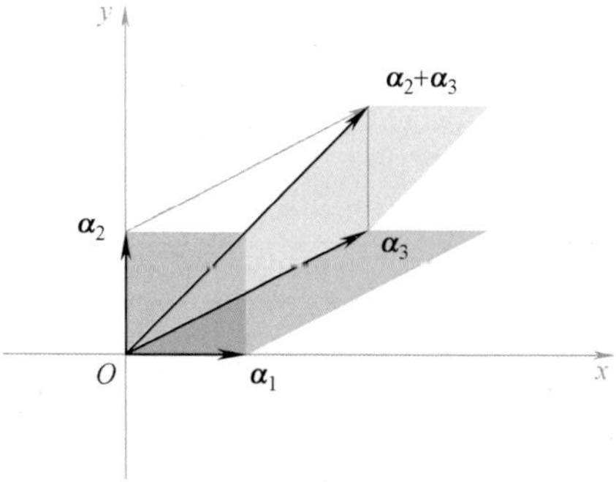

图　2.1.5

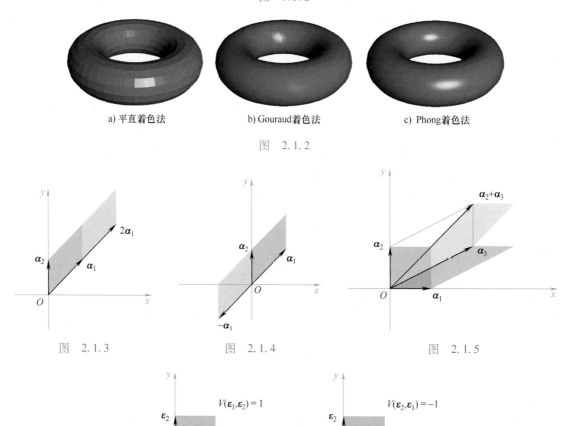

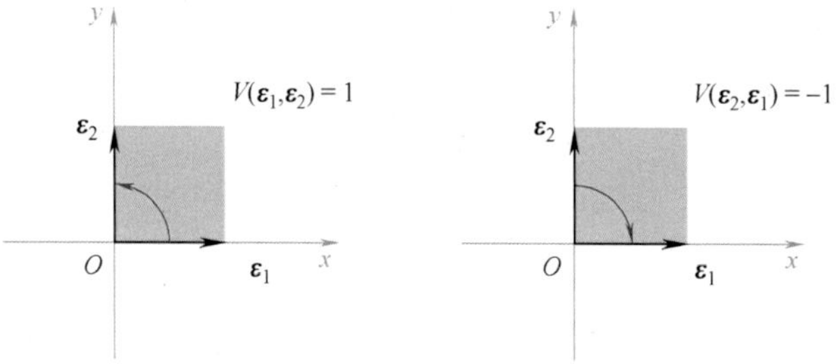

图　2.1.6

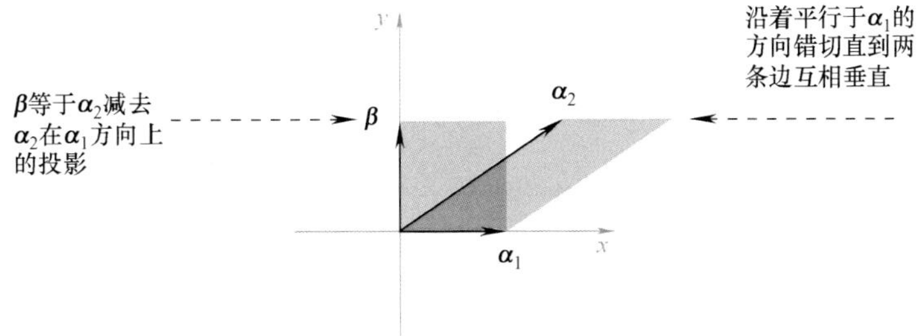

$V(\boldsymbol{\alpha}_1,\boldsymbol{\alpha}_2)=V(\boldsymbol{\alpha}_1,\boldsymbol{\beta})=\|\boldsymbol{\alpha}_1\|\cdot\|\boldsymbol{\beta}\|=$ 红色矩形面积 = 紫色平行四边形面积 $=\sigma$

图　2.1.7

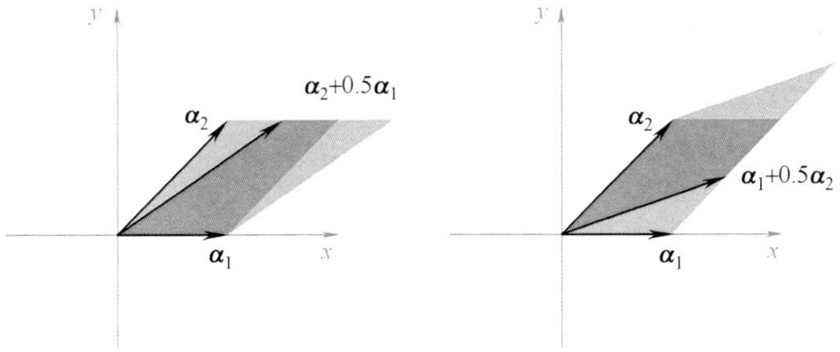

图　2.1.8

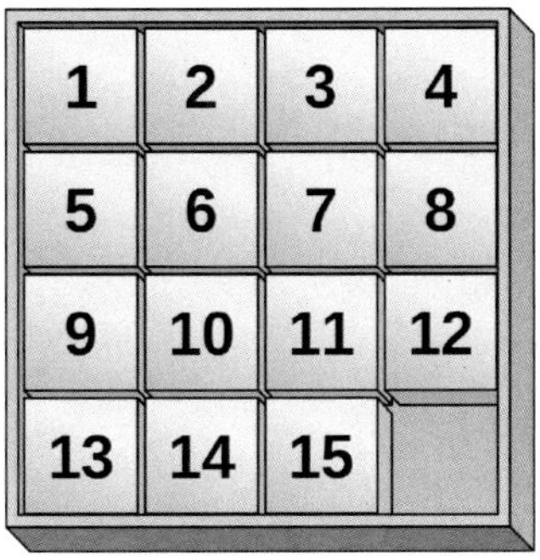

图　2.1.9

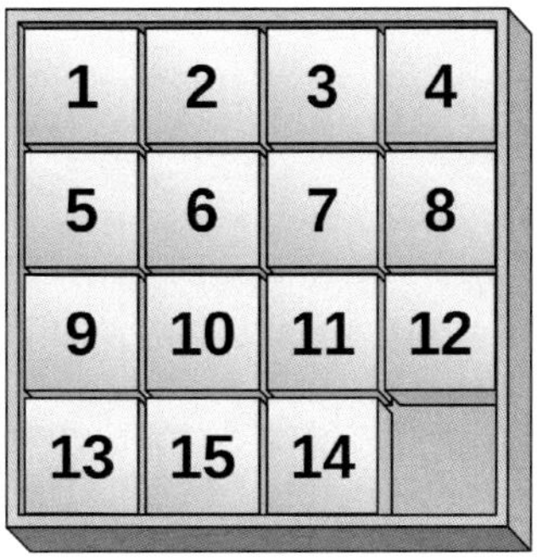

图　2.1.10

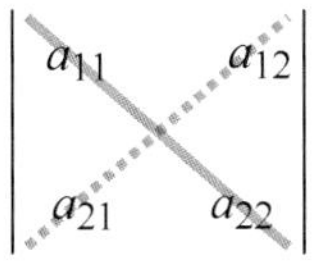

图　2.2.1

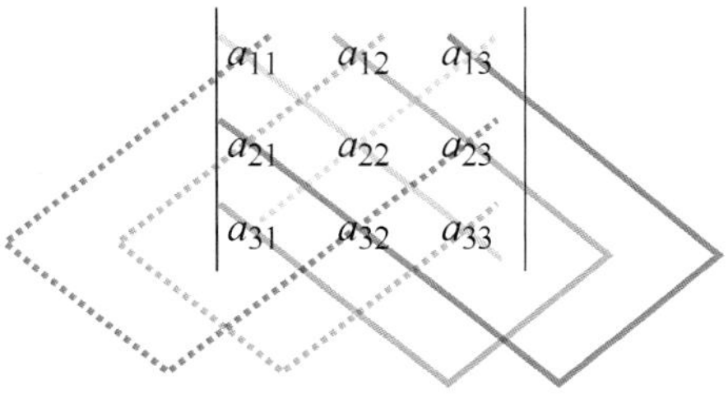

图　2.2.2

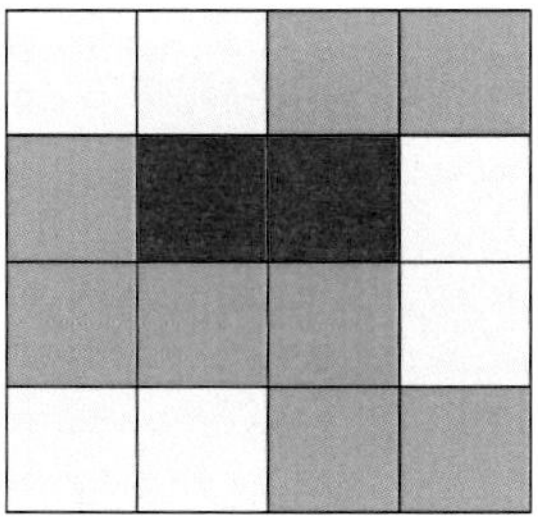

图　2.3.1

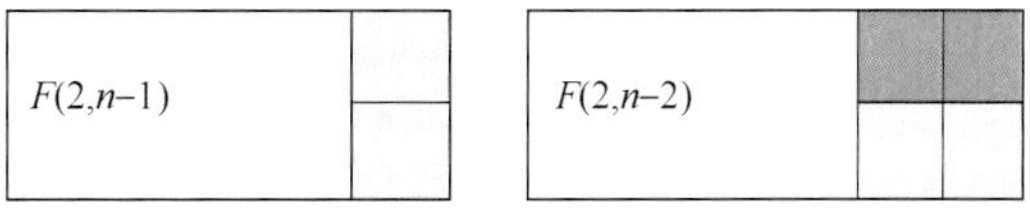

图　2.3.2

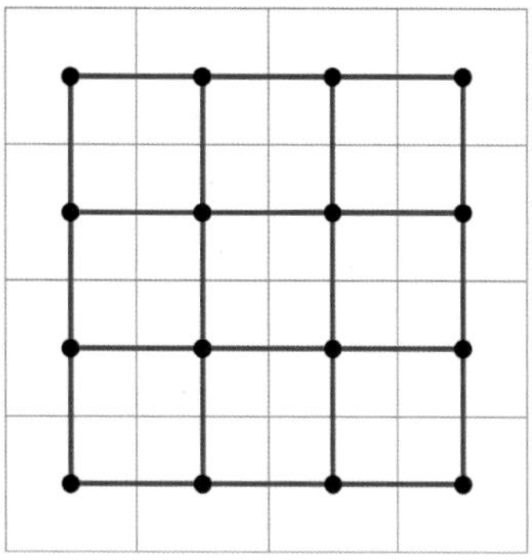

图　2.3.3

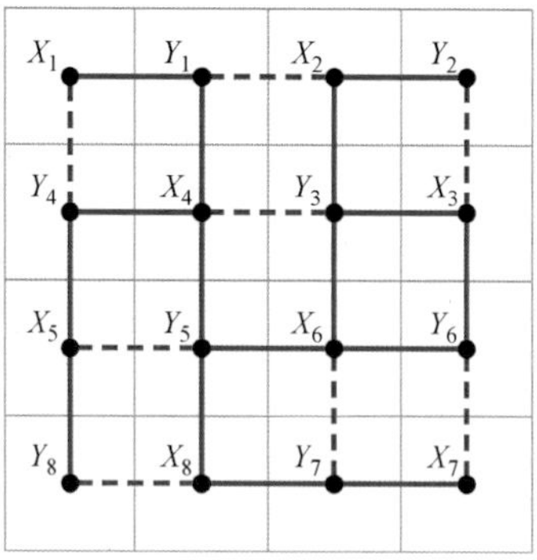

图　2.3.4

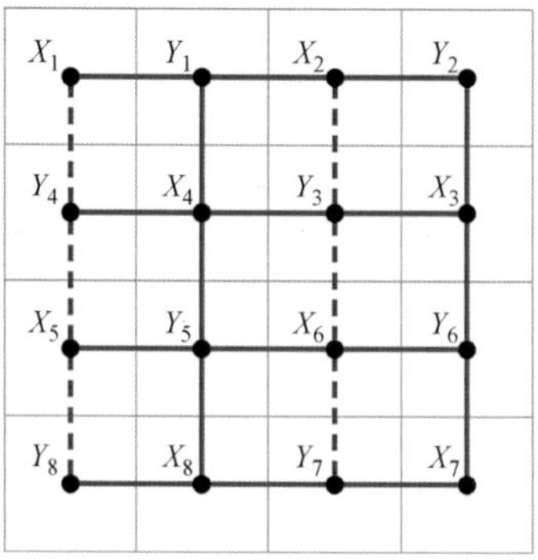

图　2.3.5

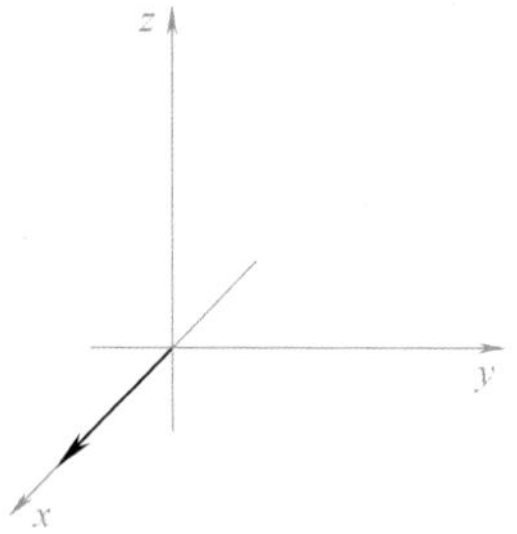

*A*的三个列向量确定
一条线段

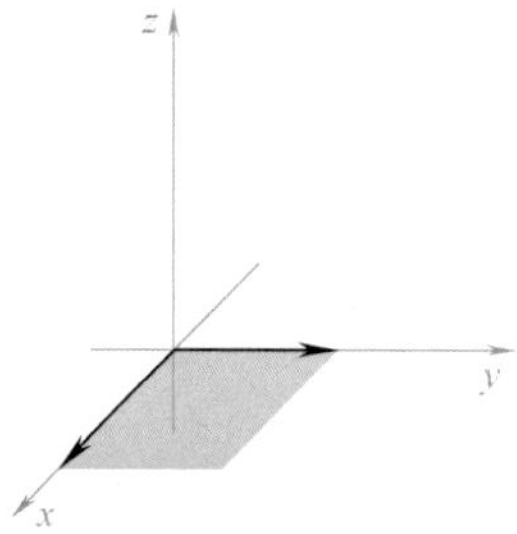

*B*的三个列向量确定
一个平行四边形

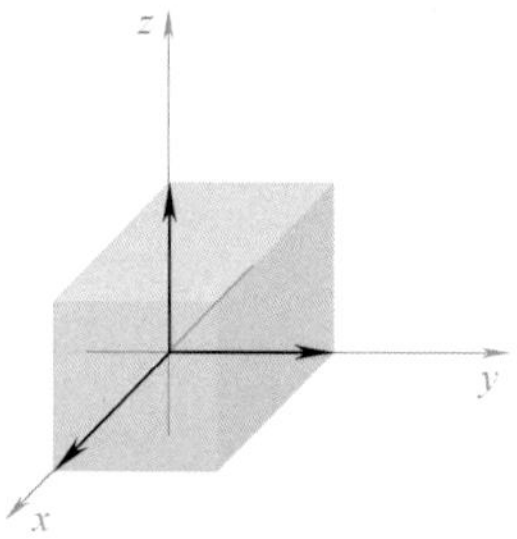

*C*的三个列向量确定
一个平行六面体

图　2.5.1

图　4.1.1

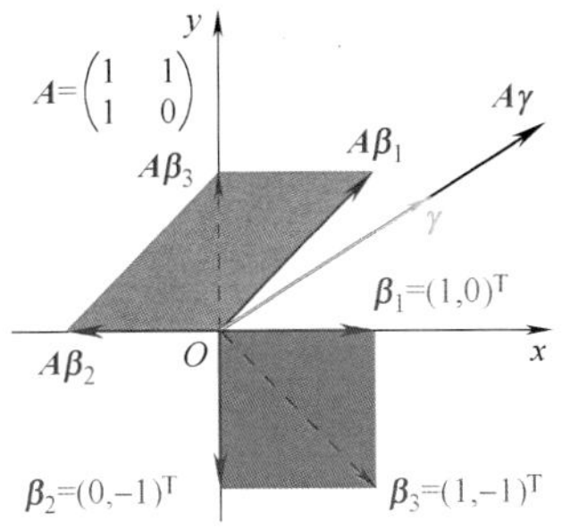

y
A=(1 1; 1 0)
Aγ
Aβ1
Aβ3
γ
β1=(1,0)T
Aβ2
O
x
β2=(0,-1)T
β3=(1,-1)T

图　4. 2. 1

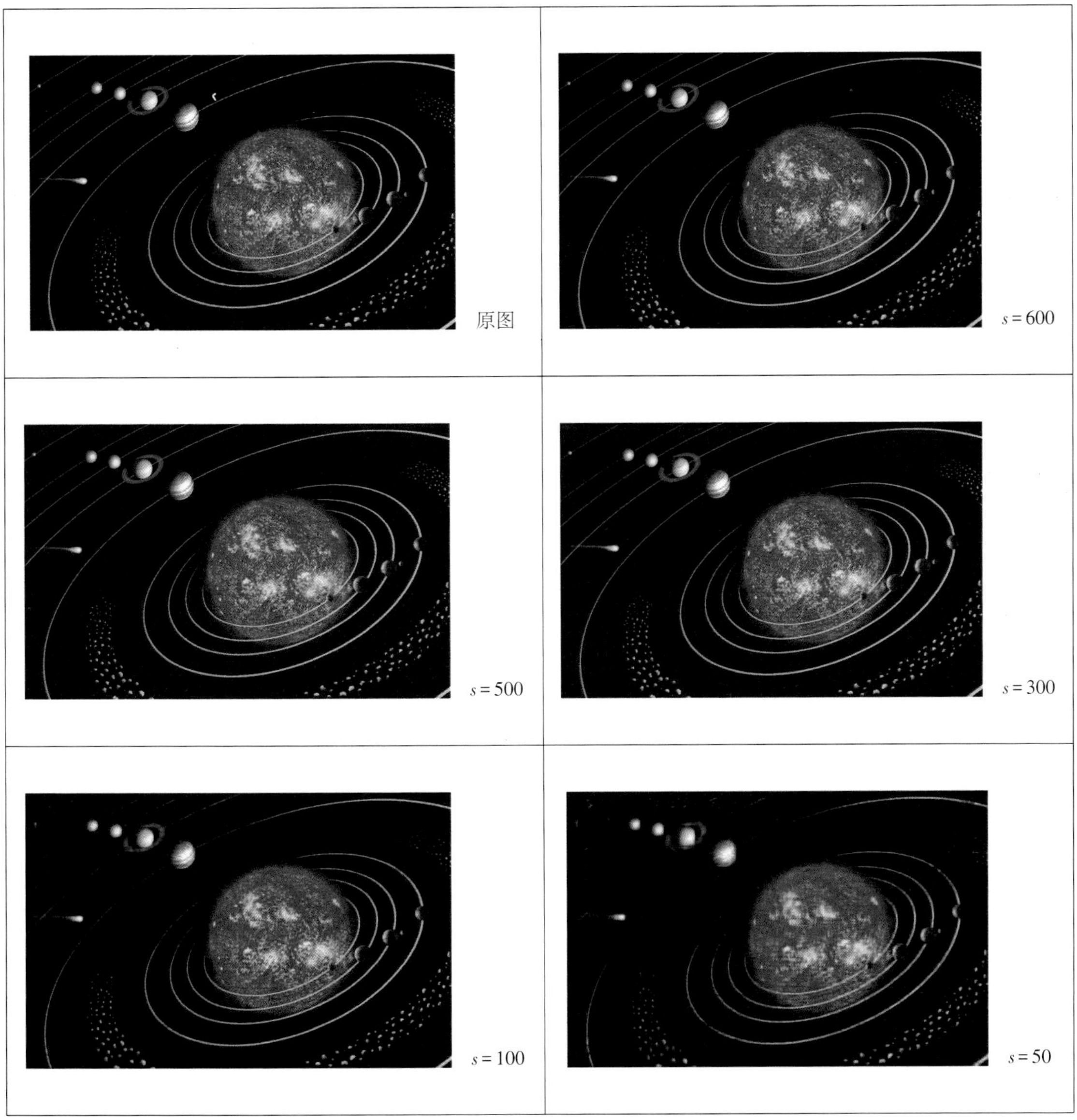

原图
s = 600
s = 500
s = 300
s = 100
s = 50

图　4. 5. 1

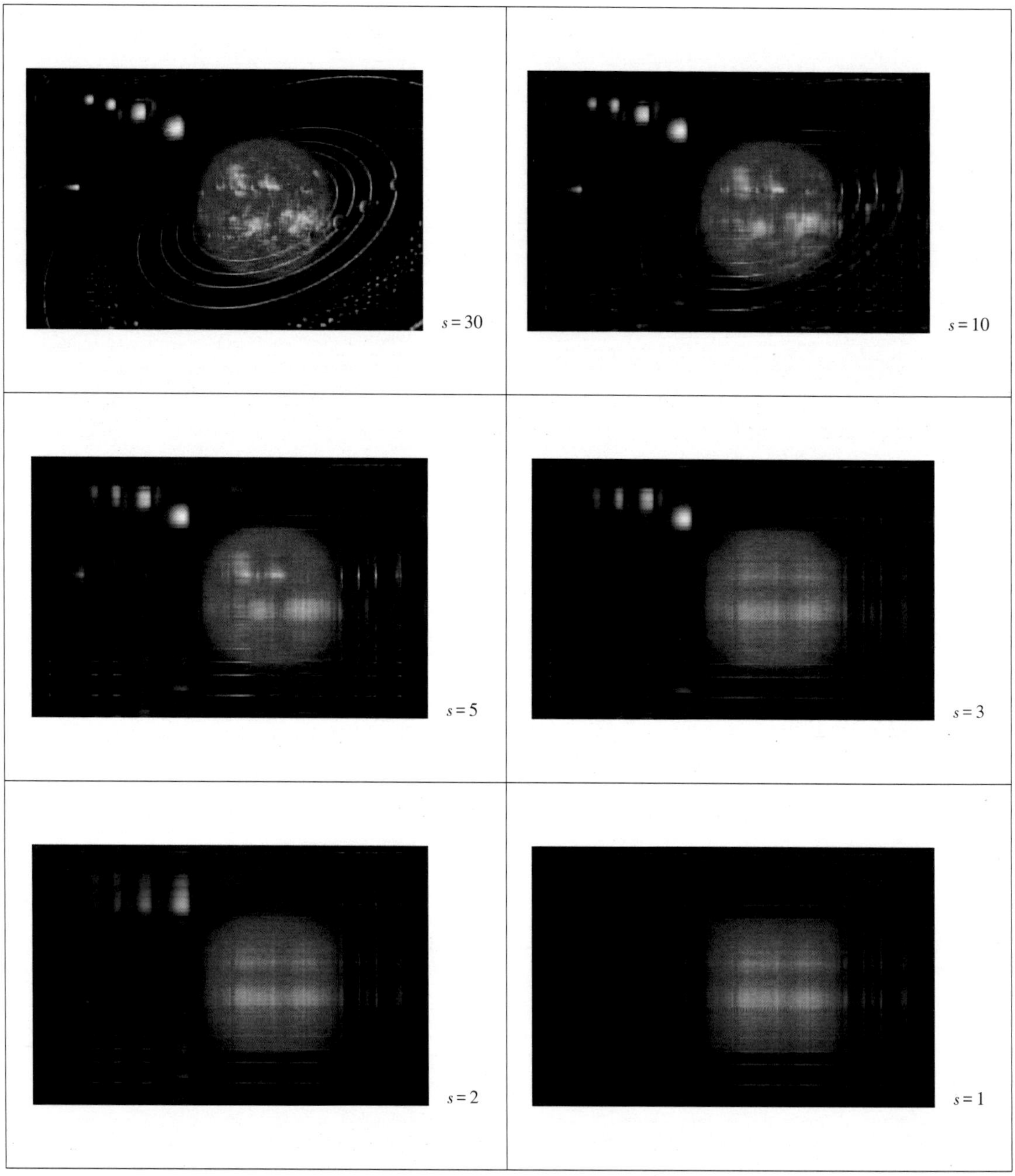

图 4.5.1（续）

“十三五”国家重点出版物出版规划项目

名校名家基础学科系列

应用线性代数

主编　肖占魁　黄华林　林增强

参编　洪继展　梁小花　宋　剑

机械工业出版社

本书是在“一流课程建设”背景下为高等学校公共数学课编写的“线性代数”教材. 全书突出实用和有趣两大特色：数学应用与数学理论以一种相互依存、交替推进的方式展现；同时，通过大量的图片、游戏等内容增加趣味性.

本书主要内容包括矩阵、矩阵的行列式、线性方程组与向量空间、矩阵的相似分类与可对角化、二次型与矩阵的合同分类. 具体内容的叙述遵循从实例到理论再回到实践的模型化原则，注重培养学生的数学思维能力，特别是代数学中的分类、分解思想. 交互式的书写语气以及数学模型化的叙述方式使得本书适合用来开展翻转课堂教学.

本书适于理工科、经管类等各专业作为公共数学课的教材，也可作为相关专业师生及科技人员的参考书.

图书在版编目（CIP）数据

应用线性代数/肖占魁，黄华林，林增强主编. —北京：机械工业出版社，2021.5（2023.7 重印）

（名校名家基础学科系列）

“十三五”国家重点出版物出版规划项目

ISBN 978-7-111-67634-8

Ⅰ.①应…　Ⅱ.①肖…②黄…③林…　Ⅲ.①线性代数-高等学校-教材　Ⅳ.①O151

中国版本图书馆 CIP 数据核字（2021）第 036423 号

机械工业出版社（北京市百万庄大街 22 号　邮政编码 100037）

策划编辑：韩效杰　责任编辑：韩效杰　李　乐

责任校对：梁　倩　封面设计：鞠　杨

责任印制：单爱军

北京虎彩文化传播有限公司印刷

2023 年 7 月第 1 版第 2 次印刷

184mm×260mm · 13.5 印张 · 4 插页 · 325 千字

标准书号：ISBN 978-7-111-67634-8

定价：45.00 元

电话服务

客服电话：010-88361066

010-88379833

010-68326294

网络服务

机　工　官　网：www.cmpbook.com

机　工　官　博：weibo.com/cmp1952

金　书　网：www.golden-book.com

机工教育服务网：www.cmpedu.com

序　言

对于非数学专业的学生来说，一本公共数学课教材的哪些特点是他们特别看重的呢？多年的教学经验告诉我们答案是实用性和新颖性. 一本公共数学课教材有没有用，是否有趣在很大程度上决定了这本书的命运：在大学毕业季，它是被带走，还是流向跳蚤市场. 于是，我们编写本书的目标或者说动力就是希望做一本“被带走”的公共数学课教材.

为了实现“被带走”的目标，我们在编写本书时考虑了以下几个方面：

第一，突出以数据科学和经济模型为主的应用内容. 毋庸置疑，我们已经进入了数字化的时代. 一方面，5G、二维码、大数据、人工智能等事物或名词紧紧包围着我们；另一方面，作为具有经济行为的人类，其实本身就已经被视为经济要素之一. 这些构成了我们选择应用内容的初衷. 要紧的是，应用内容在本书中与数学理论是一种相互依存、交替推进的关系，而不是某种程度上的补充或附属. 当一个现实问题出现时，它通常需要我们发明某种数学工具来处理，而建造出来的数学工具不仅能够处理该问题，也许有更多用途，甚至是意想不到的妙用. 例如，当我们需要存储一张图片时，这张图片被视为一个包含了颜色信息的数字矩阵，通常这个数字矩阵是非常大的. 为了节省存储空间，我们把这个数字矩阵拆分成一些特殊的较小的矩阵，即这个数字矩阵可以由一些特殊的较小的矩阵通过代数运算获得. 当这里涉及的代数运算容易被计算机实现时，我们只需存储那些特殊的较小的矩阵就可以了，从而达到节省存储空间的目的. 更令人兴奋的是，这个过程中获得的矩阵分解理论可以运用于人工智能领域的图像识别，例如二维码的识别以及人脸识别等.

第二，通过大量的图片、游戏等内容增加本书的趣味性. 尽管我们是按照实际问题为导向的数学模型思路来安排本书内容的，但是对于许多非数学专业（甚至数学专业）的学生来说，他们是惧怕抽象数学理论、惧怕严密复杂的论证过程的. 因此，在坚持实用导向的前提下，我们在本书中大量地使用图片，安排了许多游戏内容，甚至专门设计了一些漫画等. 所有这一切是因为我们希望读者能在快乐的状态下完成学习任务，能切身体会到“美”的事物和“真”的道理往往是相伴而生的.

第三，用数学的思想和体系构建本书. 作为一本数学书，我们还是要求一定程度的“娇傲”和格调的. 阅读本书的读者通常都不同程度地掌握了线性方程组的相关知识，所以选择以线性方程组作为“线性代数”类课程的开头是比较自然的. 然而，一位前辈曾说过，“如果要用一个词来代表过去一百年间代数学的发展，那么矩阵是最好的选择”，我们深以为然，所以本书以“矩阵”贯穿始终. 另外，代数学以研究代数对象的结构理论为目标，而代数对象的结构理论又涉及分类和分解两类具体目标. 所以，读者很快会发现本书围绕矩阵这一代数对象的相抵、相似、合同三种分类来展开，而在细节处又时时强调矩阵的各种分解理论. 我们秉持一个信念，那就是非数学专业的学生可以不完全掌握数学的理论细节，但必须领会数学的体系和思想.

第四，采用交互式语气书写，让本书更适合自学. 我们坚信一本好的数学书应该适合读者自学，因为于无声处体会数学的美妙是一件令人极愉悦的事. 这一信念促使我们在本书的编写过程中采用了交互式的语气，读者在阅读过程中就像与编者进行朋友间的交谈一般，思想得到自然的舒展.

第五，把教学法融入本书的编写过程中. 也许我们都熟悉的“老师手舞足蹈地讲解、学生一脸茫然”的数学课堂状态仍然存在，但是，以学生为中心，强调学生的参与度和认知过程的新教学法正在逐步落地. 聆听先贤之言，子曰：“不愤不启，不悱不发.”所以，在本书中我们试图通过实用性和趣味性来唤起读者的求知兴趣，完成“启发”. 此外，关于学习的认知过程和迁移能力我们还做了这样一些考虑：首先是把公共数学课看成整个学习生涯的一个过程，我们需要了解它与中学知识的衔接、与大学阶段其他科目的联系，以及在未来的可能发展，让线性代数成为整个兼容系统的一部分. 其次，我们把学习过程看成一个有输入和输出的生态系统，在教学环节设计了“想一想”和“动动手”等内容，有节奏地强调学习的及时输出和反馈. 最后，我们把每一节的习题设计为两个层次，基本知识要点层次和提高与应用层次，帮助不同层次的读者把学习效果最大化.

亲爱的读者，党的二十大报告指出：“必须坚持科技是第一生产力、人才是第一资源、创新是第一动力，深入实施科教兴国战略、人才强国战略、创新驱动发展战略，开辟发展新领域新赛道，不断塑造发展新动能新优势.”我们期望读者能感受到我们编写本书时所做出的创新努力. 同时，本书在一些应用内容处设置了视频观看学习任务，帮助读者更详细地了解相关科技前沿、科学家精神，为建设科技强国播下希望的种子. 总之，我们努力完成的就是这样一本在快乐的心情中为着应用而讲授基本理论的数学教科书.

我们衷心地感谢厦门大学的林亚南教授、福建师范大学的陈清华教授、莆田学院的杨忠鹏教授，由他们发起的福建省“高等代数”与“线性代数”课程建设研讨会已经走过了20个春秋，在一次次的交流与分享中，我们萌生了本书的编写思路.

本书由肖占魁、黄华林、林增强担任主编，洪继展、梁小花、宋剑参加了编写.

我们期待各位专家学者、各位读者提出宝贵意见. 真诚欢迎大家对本书的疏漏和欠妥之处给予批评指正.

全体编者
于华侨大学

目　录

第1章 矩阵

如果要求用一个名词来概括20世纪代数学的主要内容的话，“矩阵”应该是最佳选择. 矩阵是数学最重要的基本概念之一，是线性代数的主要研究对象. 本章我们首先通过一些实际问题提炼出矩阵的概念，然后以解决实际问题为导向逐步引入矩阵的运算，使之形成一个代数对象；随后通过研究矩阵的代数结构，最终给出一些实际问题的解决方案. 事实上，这个过程也将贯穿整本书.

本章的具体内容包括：1.1节针对一些实际问题用数学模型的思想引入矩阵、线性方程组等相关基本概念. 1.2节介绍矩阵的代数运算，这些运算都是从实际案例中获得的. 1.3节通过介绍矩阵的初等变换认识一个封闭的经济模型和一些计算机软件中的图像变换. 1.4节介绍可逆矩阵与一种密码系统的联系. 1.5节详细讨论分块矩阵，并通过其在航天领域的一个应用认识它对化简计算的意义.

1.1 一个强有力的工具——矩阵

让我们用几个例子来开启读者的奇幻之旅吧.

例1 数字图像处理

在日常生活当中，我们可能遇到这样的情况：当我们打开一个包含许多图片的网页时，等待了较长时间才能看到网页的全部内容. 这种情况的发生，一般来说是因为网页的数据量相对于网络传输数据的速度来讲太大了. 那么有什么方法可以解决这个问题呢？下面我们先来介绍计算机存储图像的一般思想. 在后续的章节里，我们将会使用线性代数的方法和理论来处理图像的压缩存储和传输问题.

数字技术的世界

为了存储和显现二维图像，在计算机中我们使用所谓的数字图像的形式来存储图像信息. 数字图像把一张图片按纵横两个方向分别等分形成一些细小的矩形网格，每一个小矩形格子就称为一个像素. 在每一个像素处，数字图像记录这张图片在这个像素处的一个或者多个数字信息，例如亮度或者颜色等. 这些数字信息按照所对应的像素的位置排列起来，就形成了数字或者数组的矩形阵列. 我们日常生活当中所说的数字图像的分辨率，就是指单位英寸里面的像素数目. 数字图像的分辨率越高，体现的原图的细节就越多，保留的原图的信息也越多. 常见的数字图片格式有黑白数字图片、灰度数字图片和彩色数字图片三种.

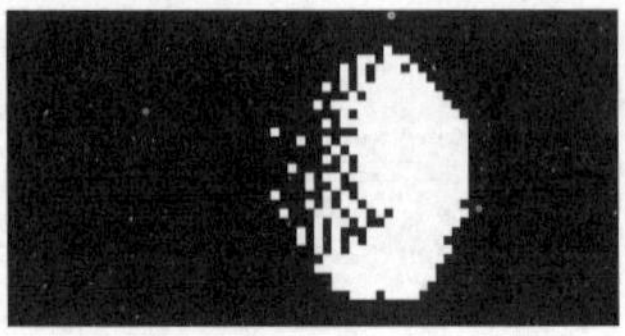

图 1.1.1

黑白数字图片，就是在每一个像素处，使用黑和白两种颜色来反映这个像素的性质，比如使用数字 0 来表示白色，数字 1 来表示黑色. 图 1.1.1 所示就是将一张照片使用黑白数字图片的格式显现出来的结果.

如果我们把图 1.1.1 中的每一个像素都替换成相应的数字 0 或者 1，那么我们就得到了图 1.1.2 中的一个矩形的数字阵列.

```
11111111111111111111111111111111111111111111111111111111111111111111111111
11111111111111111111111111111111111111111111111111111111111111111111111111
11111111111111111111111111111111111111111111111111111111111111111111111111
11111111111111111111111111111111111111111111111111111111111111111111111111
11111111111111111111111111111111111111111111101111111111111111111111111111
11111111111111111111111111111111111111111100100011111111111111111111111111
11111111111111111111111111111111111111110101000101111111111111111111111111
11111111111111111111111111111111111111110101000000111111111111111111111111
11111111111111111111111111111111111111010100000000011111111111111111111111
11111111111111111111111111111111111111111010000000001111111111111111111111
11111111111111111111111111111111111110100000000000000111111111111111111111
11111111111111111111111111111111111111110100000000000011111111111111111111
11111111111111111111111111111111111111010000000000000001111111111111111111
11111111111111111111111111111110111111110000000000000001111111111111111111
11111111111111111111111111111111111011010000000000000000111111111111111111
11111111111111111111111111111111111111101000000000000000111111111111111111
11111111111111111111111111111111111110101000000000000000111111111111111111
11111111111111111111111111111111101111101000000000000000111111111111111111
11111111111111111111111111111111111101001000000000000000111111111111111111
11111111111111111111111111111111111101101100000000000000111111111111111111
11111111111111111111111111111111011110101000000000000000111111111111111111
11111111111111111111111111111111111110101001000000000001111111111111111111
11111111111111111111111111111111011100010010100000000000111111111111111111
11111111111111111111111111111111111110100101100000000001111111111111111111
11111111111111111111111111111111111010101100000000000011111111111111111111
11111111111111111111111111111111111010101010000000000111111111111111111111
11111111111111111111111111111111111110101000000000000011111111111111111111
11111111111111111111111111111111111110000000000000000111111111111111111111
11111111111111111111111111111111111110000000000000001111111111111111111111
11111111111111111111111111111111111111000000000000001111111111111111111111
11111111111111111111111111111111111111100000000000011111111111111111111111
11111111111111111111111111111111111111111000100001111111111111111111111111
11111111111111111111111111111111111111111111111111111111111111111111111111
11111111111111111111111111111111111111111111111111111111111111111111111111
11111111111111111111111111111111111111111111111111111111111111111111111111
```

图 1.1.2

使用黑白两种颜色来记录图片信息时，一个像素只需要使用计算机当中的一个位(bit)就可以了. 这样做虽然节省存储空间，但是从上面的图片来看，给出的图像信息不是很丰富. 为了使得图像信息体现得更详细一点，我们对于每一个像素改用灰度来表示，此时使用计算机的一个字节(byte)来记录这个像素的性质，即使用 0~255 的数字来表示这个像素的灰暗程度，这就得到了所谓的灰度数字图片. 图 1.1.1 所示图像的灰度图片为图 1.1.3.

从图 1.1.3 我们可以看出来，这张图片要表现的是一块像石头一样的东西. 灰度数字图片也可以看成是一个矩形的数字阵列，其中每一个数取值都是在 0 到 255 之间的某个整数. 使用灰度数字图片格式能够表现的图像信息仍然很有限，如果我们在每一个像素处再增加两个字节，这样使用三个字节一起来表示这个像素的颜色，即一个字节用来表示这个像素红色的程度，另一个字节用来表示这个像素绿色的程度，最后一个字节用来表示这个像素蓝色的程度，那么我们将得到彩色数字图片格式. 彩色数字图片的表现力十分丰富，能够很好地反映相应的图片信息. 前面我们所看到的图像，实际上是图 1.1.4(见彩图)所示的太阳系的小行星带中的一颗小行星[⊖].

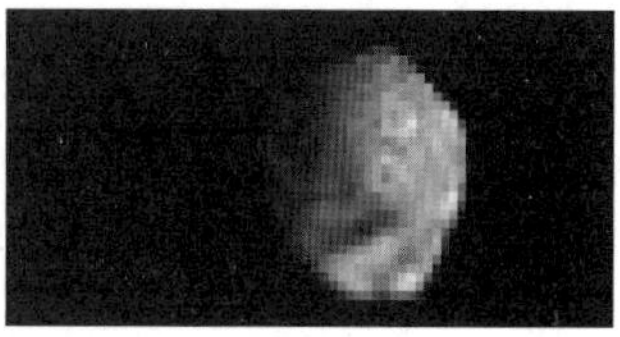

图　1.1.3

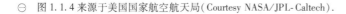

图　1.1.4(见彩图)

这样的一张彩色数字图片可以使用三个矩形的数字阵列来表示，其中一个矩形的数字阵列表示每一个像素的红色程度(每个数字都是 0~255 中的某个整数)，另一个矩形的数字阵列表示每一个像素的绿色程度(每个数字都是 0~255 中的某个整数)，最后一个矩形的数字阵列表示每个像素的蓝色程度(每个数字都是 0~255 中的某个整数). 对于图 1.1.4，它的三个表示颜色的矩形数字阵

⊖ 图 1.1.4 来源于美国国家航空航天局(Courtesy NASA/JPL-Caltech).

列分别对应于图 1.1.5~图 1.1.7[⊖].

图 1.1.5(见彩图)

图 1.1.6(见彩图)

图 1.1.7(见彩图)

彩色图片虽然表现的图像信息比较详尽，但是每个像素都使用三个字节的话，所占用的存储空间通常会很大，所以一般计算机存储彩色数字图片时都不是逐个像素地存储. 如何在不改变分辨率和视觉效果的情况下使用尽量小的空间来存储数字图片呢?

⊖ 本节其余的图片由图 1.1.4 经过处理后获得.

我们可以对这些图片所对应的矩形的数字阵列进行研究. 事实上，在下一小节我们马上就可以使用矩形的数字阵列的运算来解决某一些情形的存储问题.

图片对应的矩形的数字阵列如此炫酷，看来是时候给它们取一个专用的名字了.

定义 1.1.1　由 $m\times n$ 个数 $a_{ij}(i=1,2,\cdots,m;j=1,2,\cdots,n)$ 排成 m 行 n 列的如下矩形阵列

$$\boldsymbol{A}=\begin{pmatrix} a_{11} & a_{12} & \cdots & a_{1n} \\ a_{21} & a_{22} & \cdots & a_{2n} \\ \vdots & \vdots & & \vdots \\ a_{m1} & a_{m2} & \cdots & a_{mn} \end{pmatrix},$$

称为 m 行 n 列**矩阵**，简称 $m\times n$ 矩阵. 通常，矩阵用大写的黑体英文字母 $\boldsymbol{A},\boldsymbol{B},\boldsymbol{C},\cdots$表示. 记为 $\boldsymbol{A}=(a_{ij})_{m\times n}$，其中 a_{ij}称为矩阵 $\boldsymbol{A}$ 的第 i 行第 j 列**元**，简称 $\boldsymbol{A}$ 的(i,j)元.

当 $m=n$ 时，称矩阵 $\boldsymbol{A}$ 为 n **阶矩阵**或 n **阶方阵**.

当 $m=1$ 时，矩阵只有一行，称为**行向量**；当 $n=1$ 时，矩阵只有一列，称为**列向量**. 在不引起混淆的时候，行向量和列向量都简称向量，通常用希腊字母 $\alpha,\beta,\gamma,\cdots$表示.

矩阵是我们遇到的第一个，也是线性代数中最重要的代数对象，研究矩阵的代数结构，即矩阵的分解和分类，是贯穿这本书的理论体系. 更重要的是，随着对矩阵的代数结构的认识越来越深刻，我们将切身感受到矩阵是解决许多实际问题的一个强有力的工具.

例 2　如何给商品定价

在一个经济体系中，如何给每一种产品定价，使得该定价可以公平地体现它所标记产品的价值呢？这是诺贝尔奖获得者——经济学家里昂惕夫(Leontief)思考的问题. 我们将在后续的章节中完整回答这个问题. 当然，可以获得诺贝尔奖的工作还是蛮有难度的，所以我们还是老老实实地从一个最简单的经济模型开始吧.

假设一个原始社会的部落中，人们从事三种行业：农业生产、食品加工、缝制衣物. 最初，部落中是不存在货币制度的，所有的物品均进行实物交换. 假设农民将他们的收成平均分成三份，每一类成员得到 1/3. 食品加工者将 1/6 的产品给农民，1/3 的产品留给自己，1/2 的产品给制衣工人. 制衣工人将 1/2 的衣物给农

民，1/3 的衣物给食品加工者，1/6 的衣物留给自己. 在这个经济体系中，每个行业的产品在各个行业中的分配如表 1. 1. 1 所示.

表 1. 1. 1　行业产出分配表

消　费	生　产		
	农业生产	食品加工	缝制衣物
农民	$\frac{1}{3}$	$\frac{1}{6}$	$\frac{1}{2}$
食品加工者	$\frac{1}{3}$	$\frac{1}{3}$	$\frac{1}{3}$
制衣工人	$\frac{1}{3}$	$\frac{1}{2}$	$\frac{1}{6}$

该表格的第二列展示农民生产的产品的分配情况，第三列展示食品加工者生产的产品的分配情况，第四列则展示制衣工人生产的产品的分配情况. 我们先将表 1. 1. 1 用一个三阶方阵形式地表示出来，即

$$\boldsymbol{A}=\begin{pmatrix}\frac{1}{3} & \frac{1}{6} & \frac{1}{2}\\ \frac{1}{3} & \frac{1}{3} & \frac{1}{3}\\ \frac{1}{3} & \frac{1}{2} & \frac{1}{6}\end{pmatrix}.$$

当部落规模增大时，用实物交易就显得非常不方便，因此货币系统应时而生. 问题是，在这个经济体系中，如何给三种产品定价，才能公平地体现当前的实物交换系统呢？里昂惕夫的想法是这样的：假设没有资本的积累和债务，并且每一种产品的价格均可反映实物交换系统中该产品的价值. 令 x_1 为所有农产品的价值，x_2 为所有食品的价值，x_3 为所有衣物的价值. 由表 1. 1. 1 的第二行，农民获得的产品价值是所有农产品价值的 1/3，加上 1/6 的食品的价值，再加上 1/2 的衣物的价值. 因此，农民获得的产品总价值为$\frac{1}{3}x_1+\frac{1}{6}x_2+\frac{1}{2}x_3$. 如果这个系统是公平的，那么各行业的产出和消耗要相等，以维持持续的生产，即农民获得的产品总价值应该等于农民生产的产品总价值 x_1，从而得到如下线性方程：

$$\frac{1}{3}x_1+\frac{1}{6}x_2+\frac{1}{2}x_3=x_1.$$

利用表 1. 1. 1 的第三行，将食品加工者获得和生产的产品价值写成方程，得到第二个线性方程

$$\frac{1}{3}x_1+\frac{1}{3}x_2+\frac{1}{3}x_3=x_2.$$

最后，利用表 1.1.1 的第四行，类似地得到第三个线性方程

$$\frac{1}{3}x_1+\frac{1}{2}x_2+\frac{1}{6}x_3=x_3.$$

这些方程适当变形后可以写成一个线性方程组

$$\begin{cases}-\frac{2}{3}x_1+\frac{1}{6}x_2+\frac{1}{2}x_3=0,\\ \frac{1}{3}x_1-\frac{2}{3}x_2+\frac{1}{3}x_3=0,\\ \frac{1}{3}x_1+\frac{1}{2}x_2-\frac{5}{6}x_3=0.\end{cases}$$

这个简单的经济体系是封闭型的里昂惕夫“生产—消费模型”的例子，这里的封闭是指该体系不与其他经济体系产生联系. 后续我们将运用矩阵的初等变换求出该模型的通解，并且更进一步地针对封闭型模型与开放型模型做细致的讨论.

正如例 2 所展示的那样，许多实际问题转化为数学模型的时候都将涉及具有如下形式的**线性方程组**：

$$\begin{cases}a_{11}x_1+a_{12}x_2+\cdots+a_{1n}x_n=b_1,\\ a_{21}x_1+a_{22}x_2+\cdots+a_{2n}x_n=b_2,\\ \qquad\vdots\\ a_{m1}x_1+a_{m2}x_2+\cdots+a_{mn}x_n=b_m,\end{cases}\tag{1-1-1}$$

其中 $x_1,x_2,\cdots,x_n$ 是未知量，a_{ij} 是第 i 个方程中 x_j 的**系数**，$i=1$，2，…，m；$j=1$，2，…，n. 方程组(1-1-1)右端的 $b_i(i=1,2,\cdots,m)$ 是常数，称为**常数项**. 我们将方程组(1-1-1)的未知量的系数按照它们原有的位置排列成下面的一个矩阵：

$$\begin{pmatrix}a_{11} & a_{12} & \cdots & a_{1n}\\ a_{21} & a_{22} & \cdots & a_{2n}\\ \vdots & \vdots & & \vdots\\ a_{m1} & a_{m2} & \cdots & a_{mn}\end{pmatrix},\tag{1-1-2}$$

再将常数项按照它们在线性方程组(1-1-1)中的位置放置在矩阵(1-1-2)的最后一列，得到矩阵

$$\begin{pmatrix}a_{11} & a_{12} & \cdots & a_{1n} & b_1\\ a_{21} & a_{22} & \cdots & a_{2n} & b_2\\ \vdots & \vdots & & \vdots & \vdots\\ a_{m1} & a_{m2} & \cdots & a_{mn} & b_m\end{pmatrix}.\tag{1-1-3}$$

矩阵(1-1-2)称为线性方程组(1-1-1)的**系数矩阵**，矩阵(1-1-3)称为线性方程组(1-1-1)的**增广矩阵**.

我们将在后续章节中学习如何利用系数矩阵和增广矩阵的性

质回答这样几个问题：一般线性方程组(1-1-1)是否有解？有解时，有多少个解？如果解不止一个时，解集的结构又如何？

例 3 人口迁移

老规矩，我们还是先从最简单的模型开始：假设一个大城市的总人口保持相对固定，初始时，30%的人生活在城市，70%的人生活在郊区. 然而，每年有 6%的人从城市搬到郊区，2%的人从郊区搬到城市，那么 10 年后城市和郊区生活的人口比例有什么变化呢？30 年后呢？50 年后呢？足够长的时间后城市和郊区人口比例会是什么样的?

假设 $\boldsymbol{\alpha}_n=\begin{pmatrix}x_n\\y_n\end{pmatrix}$，其中 x_n 和 y_n 分别表示第 n 年的城市人口比例和郊区人口比例. 根据初始条件，$\boldsymbol{\alpha}_1=\begin{pmatrix}0.3\\0.7\end{pmatrix}$，并且第 $n+1$ 年在城市和郊区生活的人口比例只与第 n 年的人口比例有关. 因此有

$$\begin{cases}x_{n+1}=0.94x_n+0.02y_n,\\y_{n+1}=0.06x_n+0.98y_n.\end{cases}$$

借助计算机计算 $n=10$，30 和 50 时的百分比，并将它们四舍五入后，有

$$\boldsymbol{\alpha}_{10}=\begin{pmatrix}0.27\\0.73\end{pmatrix},\boldsymbol{\alpha}_{30}=\begin{pmatrix}0.25\\0.75\end{pmatrix},\boldsymbol{\alpha}_{50}=\begin{pmatrix}0.25\\0.75\end{pmatrix}.$$

事实上，当 n 增加时，向量 $\boldsymbol{\alpha}_n$ 收敛到极限 $\boldsymbol{\alpha}=\begin{pmatrix}0.25\\0.75\end{pmatrix}$. 向量序列 $\boldsymbol{\alpha}_n$ 的极限称为该过程的**稳态向量**. 也就是说经过足够长的时间后该城市有 25%的人生活在城市，75%的人生活在郊区.

为了理解该过程趋向于一个稳态的原因，按如下方式构造矩阵 $\boldsymbol{A}$. 矩阵 $\boldsymbol{A}$ 的第一行元分别是 1 年后仍然生活在城市的城市人口比例和新搬入城市的郊区人口比例. 第二行元分别为 1 年后从城市搬到郊区的城市人口比例和仍生活在郊区的郊区人口比例. 因此

$$\boldsymbol{A}=\begin{pmatrix}0.94&0.02\\0.06&0.98\end{pmatrix}. \tag{1-1-4}$$

在后续章节，利用矩阵的特征值与特征向量的理论，我们可以写出 $\boldsymbol{\alpha}_n$ 的表达式，从而解开向量序列 $\boldsymbol{\alpha}_n$ 收敛到极限 $\boldsymbol{\alpha}$ 的奥秘.

例 3 是一类被称为马尔可夫(Markov)过程的数学模型的一个例子. 马尔可夫过程是一种很有效的简化模型的工具. 如果某个过程下一刻的状态只和这一刻的状态有关，而和之前的状态没有关

系，则称该过程具有马尔可夫性. 例如，用户浏览网页时，除了起始网页和关闭最后网页之外，总是沿着超链接的指引从一个网页转移到另一个网页，用户在网上的浏览过程可以看作是一个马尔可夫过程. 马尔可夫过程的理论和方法已经被广泛地应用于自然科学、工程技术和公共事业中.

在描述马尔可夫性时，形如式(1-1-4)的矩阵是非常关键的，称为转移矩阵. 假设状态空间有 n 个状态，那么转移矩阵就是一个 n 阶矩阵 $\boldsymbol{A}=(a_{ij})_{n\times n}$，其中 a_{ij} 是从第 j 个状态转移到第 i 个状态的概率. 这时，$\boldsymbol{A}$ 的每一列的元都是非负的，并且每列的元之和为 1. 对于一般的马尔可夫过程，利用转移矩阵的特征值与特征向量的理论，可以证明在一定的条件下，马尔可夫过程在足够长的时间后趋于稳定状态.

习题 1-1

基础知识篇：

1. 写出下述线性方程组的系数矩阵与增广矩阵：

$$\begin{cases} x_1-2x_2+3x_3-x_4=1, \\ 3x_1-x_2+5x_3-3x_4=2, \\ 2x_1+x_2+2x_3-2x_4=3. \end{cases}$$

2. 某家电制造厂第一季度向甲、乙两个商店提供的彩电、冰箱、洗衣机的数量(单位：台)如统计表 1.1.2 所示.

表　1.1.2

商　店	彩电/台	冰箱/台	洗衣机/台
甲店	75	102	64
乙店	56	97	89

假设三种家电每台售价和利润如表 1.1.3 所示.

表　1.1.3

家　电	单价/元	单位利润/元
彩电	3500	1675
冰箱	2680	1235
洗衣机	1890	876

(1) 将统计表 1.1.2 中的数据按原来的位置次序表示成矩阵 $\boldsymbol{A}$；

(2) 将统计表 1.1.3 中的数据按原来的位置次序表示成矩阵 $\boldsymbol{B}$.

应用提高篇：

3. 在甲、乙二人的“石头——剪刀——布”游戏中，当二人各选定一个出法时，就确定了各自的输赢，规定：胜者得 1 分，负者得 -1 分，平手各得 0 分. 请将甲的得分情况用矩阵表示出来，并找出其中的规律.

4. 某港口在一月份出口到三个地区的两种货物的数量以及两种货物的单位价格、重量、体积如表 1.1.4 所示.

表 1.1.4　港口出口情况

出口量		地　区			单位价格/万元	单位重量/t	单位体积/m^3
		南非	日本	印度			
货物	a	1500	2300	1200	0.3	0.02	0.4
	b	3000	780	950	0.6	0.05	0.2

试将该港口两种货物出口量与单位价格、单位重量、单位体积情况分别用矩阵表示.

1.2 矩阵的运算

这一节我们将从实际案例中抽象出矩阵的一些运算，使之形成一个代数对象. 当然读者也将感受到这些运算在处理实际问题中的妙用.

1.2.1 矩阵的相等

我们先来玩个游戏吧，找出图 1.2.1 所示的两张图片当中的不同之处[⊖].

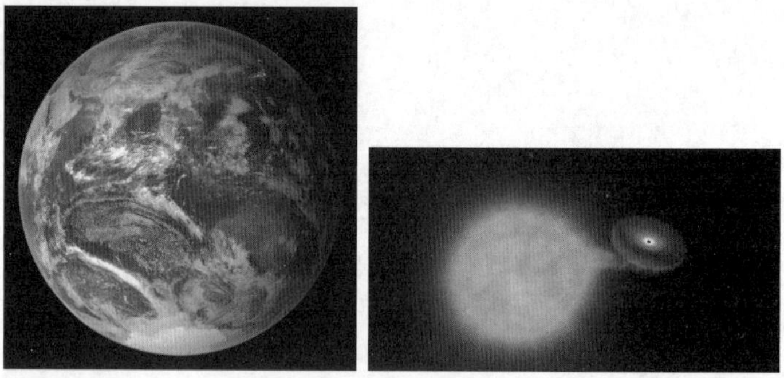

图　1.2.1(见彩图)

我们实际上和读者开了一个玩笑. 图 1.2.1 所示的两张图片的不同之处实在太多了，最明显的一点是它们的形状就完全不一样. 图 1.2.2 所示的两张图片当中有三个不同的地方，你能不能把它们都找出来呢?

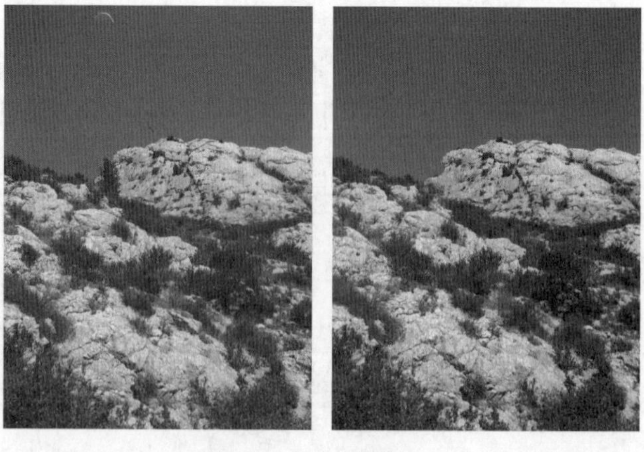

图　1.2.2(见彩图)

⊖ 这两张图片均来源于美国国家航空航天局(Courtesy NASA/GSFC NASA Goddard 与 Courtesy NASA/JPL-Caltech).

太难了吗？可能接下来这个游戏会更容易一点. 请找出下面两个矩阵的七个不同之处.

$$\begin{pmatrix}1&2&3&4\\2&3&4&1\\3&4&1&2\\4&1&2&3\end{pmatrix},\begin{pmatrix}1&2&3&4\\4&1&2&3\\3&4&1&2\\2&3&4&3\end{pmatrix}.$$

最后这个游戏告诉我们，对于两个矩阵我们有一个很直观的衡量它们是否相同的标准.

定义 1.2.1 对于任意给定的两个矩阵 $\boldsymbol{A}$ 和 $\boldsymbol{B}$，我们认为 $\boldsymbol{A}$ 与 $\boldsymbol{B}$ 是同一个矩阵，如果它们满足以下两点：

(1) $\boldsymbol{A}$ 的行数和 $\boldsymbol{B}$ 的行数相同，$\boldsymbol{A}$ 的列数和 $\boldsymbol{B}$ 的列数相同（此时我们称 $\boldsymbol{A}$ 与 $\boldsymbol{B}$ **同型**）；

(2) 任意取定行指标 i 和列指标 j，总有 $\boldsymbol{A}$ 的 (i,j) 元 a_{ij} 和 $\boldsymbol{B}$ 的 (i,j) 元 b_{ij} 相等.

此时，称矩阵 $\boldsymbol{A}$ 与 $\boldsymbol{B}$ **相等**，并记作 $\boldsymbol{A}=\boldsymbol{B}$.

一个所有元都等于 0 的 $m\times n$ 矩阵称为 $m\times n$ 阶**零矩阵**. 当给定 m 和 n 时，$m\times n$ 阶零矩阵只有一个，通常记作 $\boldsymbol{O}_{m\times n}$ 或者 $\boldsymbol{0}_{m\times n}$，在不引起混淆的情况下简单记作 $\boldsymbol{O}$ 或者 $\boldsymbol{0}$.

1.2.2 矩阵的加法、数乘和乘法

例 1 商店账目上的统计学

一家超市在甲和乙两个城市各有一家分店，超市的老板在查账的时候想要了解三种商品 A、B 和 C 的销售情况，为该超市的后续决策提供参考. 根据账目上的记录，表 1.2.1 和表 1.2.2 分别是 2018 年和 2019 年这些商品在两个城市的销售量(单位：万件).

表 1.2.1

2018 年的销售量	A	B	C
甲	30	35	40
乙	28	36	32

表 1.2.2

2019 年的销售量	A	B	C
甲	33	37	36
乙	31	40	40

这三种商品在这两年内的进货价和销售价如表 1.2.3 和表 1.2.4 所示(单位：元/件).

表 1.2.3

2018 年的商品	进　价	售　价
A	2	3
B	3	4
C	4	5

表 1.2.4

2019 年的商品	进　价	售　价
A	2.5	3.5
B	3.5	4.5
C	4.5	5.5

从这些数据我们可以依次抽取出来四个矩阵：

$$\boldsymbol{X}_1=\begin{pmatrix}30 & 35 & 40\\28 & 36 & 32\end{pmatrix},\boldsymbol{X}_2=\begin{pmatrix}33 & 37 & 36\\31 & 40 & 40\end{pmatrix},$$

$$\boldsymbol{J}_1=\begin{pmatrix}2 & 3\\3 & 4\\4 & 5\end{pmatrix},\boldsymbol{J}_2=\begin{pmatrix}2.5 & 3.5\\3.5 & 4.5\\4.5 & 5.5\end{pmatrix}.$$

如果我们想要知道每家分店每种商品在这两年的销售总量的话，那么可以将 $\boldsymbol{X}_1$ 和 $\boldsymbol{X}_2$ 两个矩阵中的对应位置上的元相加，得到

$$\begin{pmatrix}30+33 & 35+37 & 40+36\\28+31 & 36+40 & 32+40\end{pmatrix}=\begin{pmatrix}63 & 72 & 76\\59 & 76 & 72\end{pmatrix}. \quad (1\text{-}2\text{-}1)$$

用表格的形式来展示就如表 1.2.5 所示.

表 1.2.5

2018 年、2019 年的销售量	A	B	C
甲	63	72	76
乙	59	76	72

我们把上面的式(1-2-1)中的矩阵称为 $\boldsymbol{X}_1$ 和 $\boldsymbol{X}_2$ 的**和矩阵**. 类似地，我们可以使用 $\boldsymbol{J}_2$ 和 $\boldsymbol{J}_1$ 这两个矩阵中的对应位置上的元的差得到 2019 年相对于 2018 年的三种商品的进货价和销售价的增加值，得到

$$\begin{pmatrix}2.5-2 & 3.5-3\\3.5-3 & 4.5-4\\4.5-4 & 5.5-5\end{pmatrix}=\begin{pmatrix}0.5 & 0.5\\0.5 & 0.5\\0.5 & 0.5\end{pmatrix},$$

此矩阵称为 $\boldsymbol{J}_2$ 和 $\boldsymbol{J}_1$ 的**差矩阵**.

从 $\boldsymbol{X}_1$ 和 $\boldsymbol{X}_2$ 的和矩阵出发，将其每个位置上的元都乘以 $\frac{1}{2}$，我们可以得到这两年里甲、乙两个城市三种商品分别的平均销售量：

$$\begin{pmatrix} \frac{63}{2} & \frac{72}{2} & \frac{76}{2} \\ \frac{59}{2} & \frac{76}{2} & \frac{72}{2} \end{pmatrix} = \begin{pmatrix} 31.5 & 36 & 38 \\ 29.5 & 38 & 36 \end{pmatrix}. \qquad (1\text{-}2\text{-}2)$$

正如中学时候我们学习过的向量的数乘一样，我们也把一个矩阵上每个元都乘以同一个数的运算称为矩阵的**数乘**.

使用 $\boldsymbol{X}_1$ 和 $\boldsymbol{J}_1$ 我们可以分别得到 2018 年两城市的三种商品的总进货价和总销售价如表 1.2.6 所示.

表 1.2.6　2018 年两城市三种商品总价表

城市	总进货价	总销售价
甲	30×2+35×3+40×4	30×3+35×4+40×5
乙	28×2+36×3+32×4	28×3+36×4+32×5

从表 1.2.6 我们可以抽取出矩阵

$$\boldsymbol{P} = \begin{pmatrix} 30\times2+35\times3+40\times4 & 30\times3+35\times4+40\times5 \\ 28\times2+36\times3+32\times4 & 28\times3+36\times4+32\times5 \end{pmatrix} = \begin{pmatrix} 325 & 430 \\ 292 & 388 \end{pmatrix}.$$

我们把这个矩阵 $\boldsymbol{P}$ 称为 $\boldsymbol{X}_1$ 与 $\boldsymbol{J}_1$ 的**乘积矩阵**.

上面例 1 当中出现的几种矩阵运算在研究矩阵的性质时非常重要，在实际应用当中也非常频繁地出现，因此我们有必要使用同样的方法来定义一般的矩阵加法、数乘和乘法.

定义 1.2.2　任意给定两个同型的矩阵 $\boldsymbol{A}=(a_{ij})_{m\times n}$ 和 $\boldsymbol{B}=(b_{ij})_{m\times n}$，我们定义矩阵

$$\begin{pmatrix} a_{11}+b_{11} & a_{12}+b_{12} & \cdots & a_{1n}+b_{1n} \\ a_{21}+b_{21} & a_{22}+b_{22} & \cdots & a_{2n}+b_{2n} \\ \vdots & \vdots & & \vdots \\ a_{m1}+b_{m1} & a_{m2}+b_{m2} & \cdots & a_{mn}+b_{mn} \end{pmatrix}$$

为矩阵 $\boldsymbol{A}=(a_{ij})_{m\times n}$ 和 $\boldsymbol{B}=(b_{ij})_{m\times n}$ 的**和矩阵**，简称**和**，并将这个和记作 $\boldsymbol{A}+\boldsymbol{B}$. 从两个同型矩阵出发得到它们的和的运算称为矩阵的**加法运算**.

任意给定一个常数 λ 和一个矩阵 $\boldsymbol{A}=(a_{ij})_{m\times n}$，我们定义

$$\begin{pmatrix} \lambda a_{11} & \lambda a_{12} & \cdots & \lambda a_{1n} \\ \lambda a_{21} & \lambda a_{22} & \cdots & \lambda a_{2n} \\ \vdots & \vdots & & \vdots \\ \lambda a_{m1} & \lambda a_{m2} & \cdots & \lambda a_{mn} \end{pmatrix}$$

为数 λ 和矩阵 $\boldsymbol{A}$ 的**数量积**，并将其记作 $\lambda\boldsymbol{A}$. 从一个常数和一个矩阵出发得到它们的数量积的运算称为矩阵的**数乘运算**.

矩阵的加法和数乘统称为矩阵的**线性运算**. 这些运算和我们在中学的时候学习过的向量的加法和数乘类似，具有相同的性质.

定理 1.2.3 矩阵的加法和数乘满足以下性质：对于任意的同型矩阵 $\boldsymbol{A}$、$\boldsymbol{B}$ 和 $\boldsymbol{C}$，任意的两个数 λ 和 μ，都有

（1）**加法结合律**：$(\boldsymbol{A}+\boldsymbol{B})+\boldsymbol{C}=\boldsymbol{A}+(\boldsymbol{B}+\boldsymbol{C})$.

（2）和 $\boldsymbol{A}$ 同型的零矩阵满足：$\boldsymbol{A}+\boldsymbol{O}=\boldsymbol{O}+\boldsymbol{A}=\boldsymbol{A}$.

（3）总存在唯一的与 $\boldsymbol{A}$ 同型的矩阵 $\boldsymbol{D}$，满足 $\boldsymbol{A}+\boldsymbol{D}=\boldsymbol{D}+\boldsymbol{A}=\boldsymbol{O}$. 这个唯一确定的同型矩阵 $\boldsymbol{D}$ 称为矩阵 $\boldsymbol{A}$ 的**负矩阵**，并记作 $-\boldsymbol{A}$. 事实上，$-\boldsymbol{A}=(-1)\boldsymbol{A}$. 若矩阵 $\boldsymbol{G}$ 与 $\boldsymbol{A}$ 同型，则总有 $\boldsymbol{A}-\boldsymbol{G}=\boldsymbol{A}+(-\boldsymbol{G})$.

（4）**加法交换律**：$\boldsymbol{A}+\boldsymbol{B}=\boldsymbol{B}+\boldsymbol{A}$.

（5）$1\boldsymbol{A}=\boldsymbol{A}$.

（6）$(\lambda\mu)\boldsymbol{A}=\lambda(\mu\boldsymbol{A})=\mu(\lambda\boldsymbol{A})$.

（7）$(\lambda+\mu)\boldsymbol{A}=\lambda\boldsymbol{A}+\mu\boldsymbol{A}$.

（8）$\lambda(\boldsymbol{A}+\boldsymbol{B})=\lambda\boldsymbol{A}+\lambda\boldsymbol{B}$.

矩阵乘法的概念对于读者来讲是陌生的，然而这种运算却是非常有趣而且实用的.

定义 1.2.4 任意给定两个矩阵 $\boldsymbol{A}=(a_{ij})_{m\times n}$ 和 $\boldsymbol{B}=(b_{ij})_{n\times p}$，其中 $\boldsymbol{A}$ 的列数和 $\boldsymbol{B}$ 的行数相等，那么我们定义 $\boldsymbol{A}$ 和 $\boldsymbol{B}$ 的**乘积矩阵**，简称**乘积**或者**积**，为一个 $m\times p$ 矩阵 $\boldsymbol{C}=(c_{ij})_{m\times p}$，满足

$$c_{ij}=a_{i1}b_{1j}+a_{i2}b_{2j}+\cdots+a_{in}b_{nj}=\sum_{k=1}^{n}a_{ik}b_{kj}.$$

此时我们把 $\boldsymbol{A}$ 和 $\boldsymbol{B}$ 的乘积矩阵记作 $\boldsymbol{AB}$，把获得乘积矩阵的运算称为矩阵的**乘法运算**.

矩阵的乘法定义如图 1.2.3 所示：

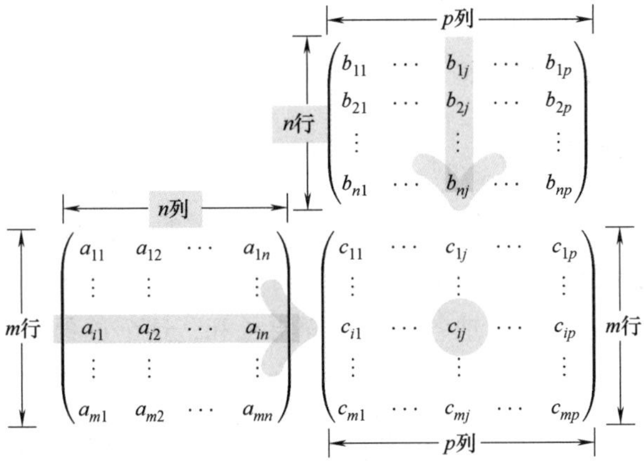

图　1.2.3

例 2　再论商店账目上的统计学

在例 1 当中，我们有 $\boldsymbol{P}=\boldsymbol{X}_1\boldsymbol{J}_1$. 计算过程如图 1.2.4 所示.

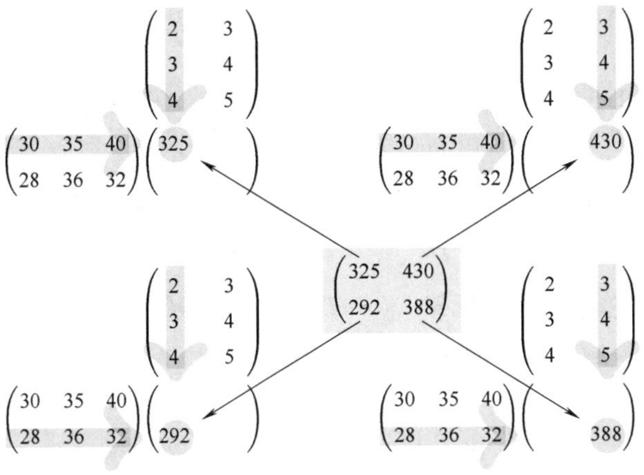

图　1.2.4

也就是说我们有

$$\boldsymbol{P}=\boldsymbol{X}_1\boldsymbol{J}_1=\begin{pmatrix}30 & 35 & 40\\28 & 36 & 32\end{pmatrix}\begin{pmatrix}2 & 3\\3 & 4\\4 & 5\end{pmatrix}$$

$$=\begin{pmatrix}30\times2+35\times3+40\times4 & 30\times3+35\times4+40\times5\\28\times2+36\times3+32\times4 & 28\times3+36\times4+32\times5\end{pmatrix}$$

$$=\begin{pmatrix}325 & 430\\292 & 388\end{pmatrix}.$$

我们还可以使用矩阵的乘法来得到 2018 年两城市这三种商品的总进货价值以及总销售额. 要得到这些数据，只需要将 $\boldsymbol{P}$ 的两行上的元分别对应相加即可. 这可以使用矩阵乘法实现为

$$(1,1)\boldsymbol{P}=(1,1)\begin{pmatrix}325 & 430\\292 & 388\end{pmatrix}=(325+292,430+388)=(617,818).$$

那么这两家分店 2018 年内销售这些商品所获得的总利润是多少呢？我们可以用上面两个数相减得到，这又可以使用矩阵的乘法实现为

$$(617,818)\begin{pmatrix}-1\\1\end{pmatrix}=(617\times(-1)+818\times1)=(201).$$

即这两家分店 2018 年销售这些商品所获得的总利润是 201 万元. 当然，为了计算出这个总利润，我们也可以先从 $\boldsymbol{P}$ 出发，将它的两列相减分别得到两地各自的利润再求和，这个过程用矩阵的乘法表示的话，先算

$$\boldsymbol{P}\begin{pmatrix}-1\\1\end{pmatrix}=\begin{pmatrix}325&430\\292&388\end{pmatrix}\begin{pmatrix}-1\\1\end{pmatrix}=\begin{pmatrix}430-325\\388-292\end{pmatrix}=\begin{pmatrix}105\\96\end{pmatrix},$$

然后再算得

$$(1,1)\begin{pmatrix}105\\96\end{pmatrix}=(105+96)=(201).$$

两种计算方法得到同样的结果，这就是矩阵乘法满足结合律的体现.

定理 1.2.5　矩阵的乘法满足以下性质：对于任意的三个矩阵 $\boldsymbol{A}_{m\times n}$、$\boldsymbol{B}_{n\times p}$ 和 $\boldsymbol{C}_{p\times s}$，以及任意的一个数 λ 总有

（1）**乘法结合律**：$(\boldsymbol{AB})\boldsymbol{C}=\boldsymbol{A}(\boldsymbol{BC})$.

（2）对于任意的 $\boldsymbol{D}_{n\times p}$，总有**左乘分配律**：$\boldsymbol{A}(\boldsymbol{B}+\boldsymbol{D})=\boldsymbol{AB}+\boldsymbol{AD}$；也总有**右乘分配律**：$(\boldsymbol{B}+\boldsymbol{D})\boldsymbol{C}=\boldsymbol{BC}+\boldsymbol{DC}$.

（3）$\lambda(\boldsymbol{AB})=(\lambda\boldsymbol{A})\boldsymbol{B}=\boldsymbol{A}(\lambda\boldsymbol{B})$.

（4）记 $\boldsymbol{E}_n=\begin{pmatrix}1&0&\cdots&0\\0&1&\cdots&0\\\vdots&\vdots&&\vdots\\0&0&\cdots&1\end{pmatrix}_{n\times n}$，并称其为 n 阶**单位矩阵**，或 n 阶**单位阵**. 则 $\boldsymbol{E}_m\boldsymbol{A}=\boldsymbol{AE}_n=\boldsymbol{A}$.

动动手：从定义可以看出矩阵的乘法对于两个因子 $\boldsymbol{A}_{m\times n}$ 和 $\boldsymbol{B}_{n\times p}$ 是不对称的，即矩阵的乘法不满足交换律，因为 $\boldsymbol{B}$ 的列数 p 可能和 $\boldsymbol{A}$ 的行数 m 不相等，此时 $\boldsymbol{BA}$ 是没有定义的. 即使 $\boldsymbol{AB}$ 和 $\boldsymbol{BA}$ 都有定义，它们一般情况下也不相等. 假设

$$\boldsymbol{A}=\begin{pmatrix}1&2&3\\4&5&6\end{pmatrix},\boldsymbol{B}=\begin{pmatrix}1&2\\3&4\\5&6\end{pmatrix},$$

请算出 $\boldsymbol{AB}$ 和 $\boldsymbol{BA}$ 并判断它们是否相等.

动动手：两个非零矩阵的乘积有可能是零矩阵. 假设

$$A=\begin{pmatrix}1&0&0\\2&0&0\end{pmatrix},B=\begin{pmatrix}0&0\\3&4\\5&6\end{pmatrix},$$

求 AB.

1.2.3 矩阵的转置

例 3 平面向量的内积

读者可能观察到了矩阵乘法和中学时学习的平面向量的内积（也称为点积）之间有相似之处. 对于两个平面上的二维向量⊖

$$\boldsymbol{\alpha}=(a,b),\boldsymbol{\beta}=(x,y),$$

如果我们使用 $\langle\boldsymbol{\alpha},\boldsymbol{\beta}\rangle$ 表示 $\boldsymbol{\alpha}$ 和 $\boldsymbol{\beta}$ 的内积，那么 $\langle\boldsymbol{\alpha},\boldsymbol{\beta}\rangle=ax+by$，这个数恰好就是乘积矩阵

$$(a,b)\begin{pmatrix}x\\y\end{pmatrix}=(ax+by)$$

中的唯一元. 这里，我们把 $\begin{pmatrix}x\\y\end{pmatrix}$ 称为 $\boldsymbol{\beta}$ 的转置矩阵，并记作 $\boldsymbol{\beta}^{\mathrm{T}}$. 如果我们把 1×1 矩阵和它的元作为数等同起来，那么

$$\langle\alpha,\beta\rangle=\alpha\beta^{\mathrm{T}}.$$

定义 1.2.6 从任意给定一个矩阵 $\boldsymbol{A}=(a_{ij})_{m\times n}$ 出发，构造出一个 $n\times m$ 矩阵使得它的第 i 行上的元就是 $\boldsymbol{A}$ 的第 i 列的元，这个矩阵称为 $\boldsymbol{A}$ 的**转置（矩阵）**，记作 $\boldsymbol{A}^{\mathrm{T}}$. 即

$$\boldsymbol{A}^{\mathrm{T}}=\begin{pmatrix}a_{11}&a_{21}&\cdots&a_{m1}\\a_{12}&a_{22}&\cdots&a_{m2}\\\vdots&\vdots&&\vdots\\a_{1n}&a_{2n}&\cdots&a_{mn}\end{pmatrix},$$

特别地，$\boldsymbol{A}^{\mathrm{T}}$ 的 (i,j) 元就是 $\boldsymbol{A}$ 的 (j,i) 元.

例 4 表格的转置

在本节例 1 当中，表 1.2.1 对应于矩阵 $\boldsymbol{X}_1$，那么 $\boldsymbol{X}_1^{\mathrm{T}}$ 对应于表 1.2.7.

⊖ 为避免混淆，本书中行向量的元之间都加入逗号，即我们把 $(a\quad b)$ 记作 (a,b).

表 1.2.7

2018年的销售量	甲	乙
A	30	28
B	35	36
C	40	32

定理 1.2.7 矩阵的转置满足以下性质:

(1) 对于任意的矩阵 $\boldsymbol{A}$, 总有$(\boldsymbol{A}^{\mathrm{T}})^{\mathrm{T}}=\boldsymbol{A}$.

(2) 对于任意的两个同型矩阵 $\boldsymbol{A}$ 和 $\boldsymbol{B}$, 总有$(\boldsymbol{A}+\boldsymbol{B})^{\mathrm{T}}=\boldsymbol{A}^{\mathrm{T}}+\boldsymbol{B}^{\mathrm{T}}$.

(3) 对于任意一个矩阵 $\boldsymbol{A}$ 和一个数 λ, 总有$(\lambda\boldsymbol{A})^{\mathrm{T}}=\lambda\boldsymbol{A}^{\mathrm{T}}$.

(4) 对于任意的两个矩阵 $\boldsymbol{A}_{m\times n}$ 和 $\boldsymbol{B}_{n\times p}$, 总有$(\boldsymbol{AB})^{\mathrm{T}}=\boldsymbol{B}^{\mathrm{T}}\boldsymbol{A}^{\mathrm{T}}$.

上述定理 1.2.7 中的第(4)条性质并不显然, 但是它可以用图 1.2.5展示出来.

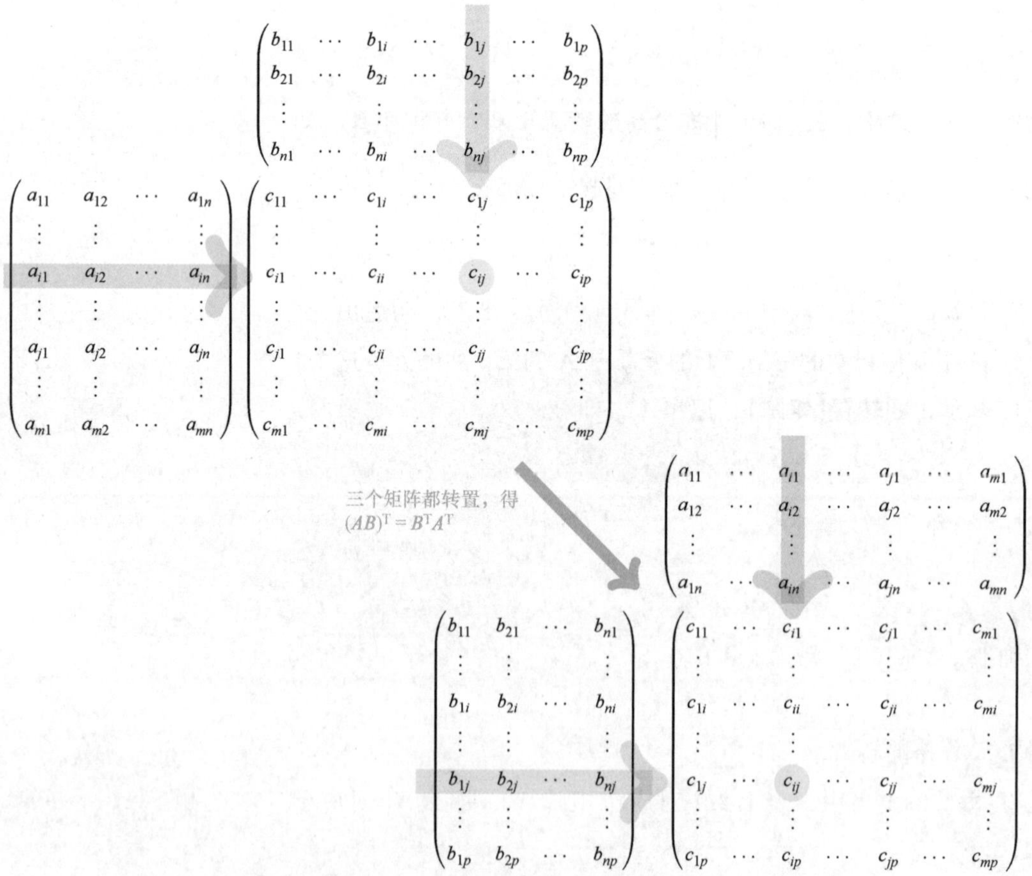

图 1.2.5

1.2.4 更多的例子

例 5　再论数字图像处理

我们接着本章 1.1 节的例 1 继续讨论数字图像处理存储问题. 假设我们现在有一张图片是分辨率比较低的某国国旗的图像，使用灰度图像它是如下的一个矩阵

$$A=\begin{pmatrix} a & a & b & b & c & c \\ a & a & b & b & c & c \\ a & a & b & b & c & c \\ a & a & b & b & c & c \\ a & a & b & b & c & c \\ a & a & b & b & c & c \end{pmatrix},$$

其中 a,b 和 c 分别代表介于 0 和 255 之间的一个整数. 那么实际上，我们发现

$$\begin{pmatrix} a & a & b & b & c & c \\ a & a & b & b & c & c \\ a & a & b & b & c & c \\ a & a & b & b & c & c \\ a & a & b & b & c & c \\ a & a & b & b & c & c \end{pmatrix}=\begin{pmatrix} 1 \\ 1 \\ 1 \\ 1 \\ 1 \\ 1 \end{pmatrix}(a,a,b,b,c,c),$$

所以，为了存储 A，我们需要存储 $6\times6=36$ 个像素的值，但是通过上式，我们可以转而存储

$$\begin{pmatrix} 1 \\ 1 \\ 1 \\ 1 \\ 1 \\ 1 \end{pmatrix},(a,a,b,b,c,c)$$

这两个向量，然后通过做矩阵乘法来重新获得 A. 这样做的话我们只需要存储 $6+6=12$ 个数值即可，从而可以在不改变 A 的情况下减少存储空间的使用.

再比如说，我们有一张图片是英文字母 H 如下：

$$B=\begin{pmatrix}1&1&1&0&0&0&1&1&1\\1&1&1&0&0&0&1&1&1\\1&1&1&0&0&0&1&1&1\\1&1&1&1&1&1&1&1&1\\1&1&1&1&1&1&1&1&1\\1&1&1&1&1&1&1&1&1\\1&1&1&0&0&0&1&1&1\\1&1&1&0&0&0&1&1&1\\1&1&1&0&0&0&1&1&1\end{pmatrix}_{9\times 9}.$$

使用矩阵的运算，我们可以得到

$$B=\begin{pmatrix}1\\1\\1\\1\\1\\1\\1\\1\\1\end{pmatrix}(1,1,1,0,0,0,1,1,1)+$$

$$\begin{pmatrix}0\\0\\0\\1\\1\\1\\0\\0\\0\end{pmatrix}(0,0,0,1,1,1,0,0,0).$$

所以本来需要使用 $9\times 9=81$ 个数值来存储 B，现在只要使用 $2\times(9+9)=36$ 个数值就可以了.

这两个例子都是比较特殊的例子，同样的方法对于比较复杂的图像就不再适用了. 但是可以看到，通过对矩阵的性质和运算的研究，我们确实可以做得更好. 等我们在不久的将来对矩阵的性质有了更深刻的了解之后，我们会再次回到数字图像的存储问题上来.

例 6 再论如何给商品定价

本章 1.1 节的例 2 在对原始部落的产品定价问题的讨论中，

我们得到了如下的线性方程组：

$$\begin{cases} -\dfrac{2}{3}x_1+\dfrac{1}{6}x_2+\dfrac{1}{2}x_3=0, \\ \dfrac{1}{3}x_1-\dfrac{2}{3}x_2+\dfrac{1}{3}x_3=0, \\ \dfrac{1}{3}x_1+\dfrac{1}{2}x_2-\dfrac{5}{6}x_3=0. \end{cases}$$

如果我们使用

$$\boldsymbol{A}=\begin{pmatrix} -\dfrac{2}{3} & \dfrac{1}{6} & \dfrac{1}{2} \\ \dfrac{1}{3} & -\dfrac{2}{3} & \dfrac{1}{3} \\ \dfrac{1}{3} & \dfrac{1}{2} & -\dfrac{5}{6} \end{pmatrix}$$

来表示这个方程组的系数矩阵，用

$$\boldsymbol{x}=\begin{pmatrix} x_1 \\ x_2 \\ x_3 \end{pmatrix}$$

来表示这个方程组中的三个未知数形成的列向量，那么这个方程组又可以用矩阵乘法表示成为

$$\boldsymbol{Ax}=\boldsymbol{0}.$$

事实上，对于一个线性方程组

$$\begin{cases} a_{11}x_1+a_{12}x_2+\cdots+a_{1n}x_n=b_1, \\ a_{21}x_1+a_{22}x_2+\cdots+a_{2n}x_n=b_2, \\ \qquad\vdots \\ a_{m1}x_1+a_{m2}x_2+\cdots+a_{mn}x_n=b_m, \end{cases}$$

我们如果用

$$\boldsymbol{A}=\begin{pmatrix} a_{11} & a_{12} & \cdots & a_{1n} \\ a_{21} & a_{22} & \cdots & a_{2n} \\ \vdots & \vdots & & \vdots \\ a_{m1} & a_{m2} & \cdots & a_{mn} \end{pmatrix}$$

来表示它的系数矩阵，用

$$\boldsymbol{x}=\begin{pmatrix} x_1 \\ x_2 \\ \vdots \\ x_n \end{pmatrix}$$

来表示未知数所形成的列向量，用

$$\boldsymbol{\beta}=\begin{pmatrix} b_1 \\ b_2 \\ \vdots \\ b_m \end{pmatrix}$$

来表示方程的常数项按原顺序形成的列向量，那么这个方程组就可以用矩阵的乘法记成

$$\boldsymbol{Ax}=\boldsymbol{\beta}.$$

例 7　再论人口迁移

本章 1.1 节的例 3 当中，我们在研究人口迁移模型的时候得到了一个递推公式

$$\begin{cases} x_{n+1}=0.94x_n+0.02y_n, \\ y_{n+1}=0.06x_n+0.98y_n. \end{cases}$$

沿用当时的记号

$$\boldsymbol{\alpha}_n=\begin{pmatrix} x_n \\ y_n \end{pmatrix}, \boldsymbol{A}=\begin{pmatrix} 0.94 & 0.02 \\ 0.06 & 0.98 \end{pmatrix}.$$

那么这个递推公式就变成了

$$\boldsymbol{\alpha}_{n+1}=\boldsymbol{A}\boldsymbol{\alpha}_n.$$

因此，我们又有

$$\begin{aligned} \boldsymbol{\alpha}_{n+1} &= \boldsymbol{A}\boldsymbol{\alpha}_n=\boldsymbol{A}(\boldsymbol{A}\boldsymbol{\alpha}_{n-1}) \\ &= (\boldsymbol{AA})\boldsymbol{\alpha}_{n-1}=(\boldsymbol{AA})(\boldsymbol{A}\boldsymbol{\alpha}_{n-2}) \\ &= (\boldsymbol{AAA})\boldsymbol{\alpha}_{n-2} \\ &\ \ \vdots \\ &= (\underbrace{\boldsymbol{AA}\cdots\boldsymbol{A}}_{n})\boldsymbol{\alpha}_1. \end{aligned}$$

定义 1.2.8　给定任意的一个方阵 $\boldsymbol{A}$，我们定义 $\boldsymbol{A}$ 的 n 次幂为 n 个 $\boldsymbol{A}$ 相乘后得到的方阵，记为

$$\boldsymbol{A}^n=\underbrace{\boldsymbol{AA}\cdots\boldsymbol{A}}_{n}.$$

方阵的幂满足下列性质：

$$\boldsymbol{A}^k\boldsymbol{A}^l=\boldsymbol{A}^{k+l}, (\boldsymbol{A}^k)^l=\boldsymbol{A}^{kl}.$$

由于矩阵乘法不满足交换律，一般情况下，$(\boldsymbol{AB})^k \neq \boldsymbol{A}^k\boldsymbol{B}^k$.

动动手：令

$$\boldsymbol{A}=\begin{pmatrix} 1 & 1 \\ 0 & 1 \end{pmatrix},$$

请用数学归纳法计算 $\boldsymbol{A}^n$.

例 8　利用矩阵分解的思想来计算方阵的幂

下面我们使用矩阵分解的思想来计算 $\boldsymbol{A}^n$，其中

$$\boldsymbol{A}=\begin{pmatrix}1&1\\0&1\end{pmatrix}.$$

解：令

$$\boldsymbol{N}=\begin{pmatrix}0&1\\0&0\end{pmatrix},$$

那么显然 $\boldsymbol{A}=\boldsymbol{E}_2+\boldsymbol{N}$，而且同时我们有 $\boldsymbol{E}_2\boldsymbol{N}=\boldsymbol{N}\boldsymbol{E}_2=\boldsymbol{N}$. 注意到 $\boldsymbol{N}^2=\boldsymbol{O}$，所以对于任意的正整数 $k\geqslant 3$，我们也有 $\boldsymbol{N}^k=\boldsymbol{N}^{2+k-2}=\boldsymbol{N}^2\boldsymbol{N}^{k-2}=\boldsymbol{O}\boldsymbol{N}^{k-2}=\boldsymbol{O}$. 因此

$$\begin{aligned}\boldsymbol{A}^n&=(\boldsymbol{E}_2+\boldsymbol{N})^n\\&=(\boldsymbol{E}_2+\boldsymbol{N})(\boldsymbol{E}_2+\boldsymbol{N})\cdots(\boldsymbol{E}_2+\boldsymbol{N})\\&=\mathrm{C}_n^0\boldsymbol{E}_2^n+\mathrm{C}_n^1\boldsymbol{E}_2^{n-1}\boldsymbol{N}+\mathrm{C}_n^2\boldsymbol{E}_2^{n-2}\boldsymbol{N}^2+\cdots+\mathrm{C}_n^{n-1}\boldsymbol{E}_2\boldsymbol{N}^{n-1}+\mathrm{C}_n^n\boldsymbol{N}^n\\&=\boldsymbol{E}_2+n\boldsymbol{N}\\&=\begin{pmatrix}1&n\\0&1\end{pmatrix}.\end{aligned}$$

习题 1-2

基础知识篇：

1. 设矩阵

$$\boldsymbol{A}=\begin{pmatrix}1&3&-1\\2&1&0\end{pmatrix},\boldsymbol{B}=\begin{pmatrix}1&-3&1\\4&2&-5\end{pmatrix},$$

求 $\boldsymbol{A}+\boldsymbol{B}$，$\boldsymbol{A}-\boldsymbol{B}$，$3\boldsymbol{A}-2\boldsymbol{B}$.

2. 计算下列矩阵的乘积.

(1) $(2,3,-1)\begin{pmatrix}-1\\1\\-1\end{pmatrix}$；

(2) $\begin{pmatrix}-1\\1\\-1\end{pmatrix}(2,3,-1)$；

(3) $\begin{pmatrix}2&-3&1\\-1&4&3\\5&6&0\end{pmatrix}\begin{pmatrix}4\\2\\1\end{pmatrix}$；

(4) $\begin{pmatrix}1&-1&0\\2&1&-1\\-1&0&1\end{pmatrix}\begin{pmatrix}0&1\\-1&2\\1&0\end{pmatrix}$.

3. 设 $\boldsymbol{A}=\begin{pmatrix}2&3&1\\-1&1&0\\1&2&-1\end{pmatrix},\boldsymbol{B}=\begin{pmatrix}1&2&1\\0&1&2\\3&1&1\end{pmatrix}$，求：

(1) $2\boldsymbol{A}\boldsymbol{B}-\boldsymbol{A}$；　　(2) $\boldsymbol{A}^{\mathrm{T}}\boldsymbol{B}$.

4. 设 $\boldsymbol{A}=\begin{pmatrix}1&2\\1&3\end{pmatrix},\boldsymbol{B}=\begin{pmatrix}1&0\\1&2\end{pmatrix}$，验证 $\boldsymbol{A}\boldsymbol{B}\neq\boldsymbol{B}\boldsymbol{A}$，并说明下列公式：

(1) $(\boldsymbol{A}+\boldsymbol{B})^2=\boldsymbol{A}^2+2\boldsymbol{A}\boldsymbol{B}+\boldsymbol{B}^2$；

(2) $(\boldsymbol{A}+\boldsymbol{B})(\boldsymbol{A}-\boldsymbol{B})=\boldsymbol{A}^2-\boldsymbol{B}^2$

是否成立.

5. 设 $f(x)=x^2-5x+3,\boldsymbol{A}=\begin{pmatrix}2&-1\\-3&3\end{pmatrix}$，求 $f(\boldsymbol{A})$.

6. 求下列方阵的 n 次幂 $\boldsymbol{A}^n$：

(1) $\boldsymbol{A}=\begin{pmatrix}1&\boldsymbol{\lambda}\\0&1\end{pmatrix}$；　　(2) $\boldsymbol{A}=\begin{pmatrix}\lambda&1&\\&\lambda&1\\&&\lambda\end{pmatrix}$.

7. 证明

$$\begin{pmatrix}\cos\theta&-\sin\theta\\\sin\theta&\cos\theta\end{pmatrix}^n=\begin{pmatrix}\cos n\theta&-\sin n\theta\\\sin n\theta&\cos n\theta\end{pmatrix}.$$

8. 设方阵 $\boldsymbol{A}=(a_{ij})_{n\times n}$，$\boldsymbol{A}$ 的全体主对角元的和 $\sum_{i=1}^{n}a_{ii}$ 称为 $\boldsymbol{A}$ 的**迹**，记作 $\mathrm{tr}(\boldsymbol{A})$. 设方阵 $\boldsymbol{A}=(a_{ij})_{n\times n}$，$\boldsymbol{B}=(b_{ij})_{n\times n}$，证明：

(1) $\mathrm{tr}(\boldsymbol{A}+\boldsymbol{B})=\mathrm{tr}(\boldsymbol{A})+\mathrm{tr}(\boldsymbol{B})$；

(2) $\mathrm{tr}(k\boldsymbol{A})=k\mathrm{tr}(\boldsymbol{A})$，$k$ 为常数；

(3) $\mathrm{tr}(\boldsymbol{AB})=\mathrm{tr}(\boldsymbol{BA})$.

9. 设 $\boldsymbol{A}=(a_{ij})_{m\times n}$，其中 $a_{ij}\in\mathbb{C}$，记 $\overline{a}_{ij}$ 为 a_{ij} 的共轭复数. 定义

$$\overline{\boldsymbol{A}}=(\overline{a}_{ij})_{m\times n}$$

为 $\boldsymbol{A}$ 的**共轭矩阵**，$(\overline{\boldsymbol{A}})^{\mathrm{T}}$ 称为 $\boldsymbol{A}$ 的**共轭转置矩阵**，证明：

(1) $\overline{\boldsymbol{A}+\boldsymbol{B}}=\overline{\boldsymbol{A}}+\overline{\boldsymbol{B}}$；

(2) $\overline{k\boldsymbol{A}}=\overline{k}\,\overline{\boldsymbol{A}}$；

(3) $\overline{\boldsymbol{AB}}=\overline{\boldsymbol{A}}\,\overline{\boldsymbol{B}}$；

(4) $(\overline{\boldsymbol{A}})^{\mathrm{T}}=\overline{(\boldsymbol{A}^{\mathrm{T}})}$.

应用提高篇：

10. 假设制造三种不同物品所需资源的数量如表 1.2.8 所示.

表 1.2.8

物品	木　材	钢　材	劳　力
物品一	5	10	20
物品二	4	8	25
物品三	10	5	10

相应资源在两个不同国家的价格如表 1.2.9 所示.

表 1.2.9

资源	西班牙	意大利
木材	\$ 2	\$ 3
钢材	\$ 3	\$ 4
劳力	\$ 6	\$ 5

问每个国家制造每种物品需要多少费用?

11. 设甲、乙、丙、丁四人的数学、语文、外语的期中、期末考试成绩如表 1.2.10 和表 1.2.11 所示.

(1) 分别写出表示甲、乙、丙、丁四人的期中、期末考试成绩的矩阵 $\boldsymbol{A},\boldsymbol{B}$；

(2) 学生的学期成绩的计算方法是期中考试成绩占 30%，期末考试成绩占 70%，若表示甲、乙、丙、丁四人的学期成绩的矩阵为 $\boldsymbol{C}$，写出 $\boldsymbol{C}$ 与 $\boldsymbol{A},\boldsymbol{B}$ 的关系，并求出 $\boldsymbol{C}$(最后成绩四舍五入到整数).

表 1.2.10　期中考试成绩

人员	数学	语文	外语
甲	95	90	92
乙	85	80	75
丙	90	95	90
丁	70	60	75

表 1.2.11　期末考试成绩

人员	数学	语文	外语
甲	85	90	95
乙	80	75	85
丙	92	90	95
丁	72	64	78

12. 情报检索模型

因特网上数字图书馆的发展对情报的储存和检索提出了更高的要求，现代情报检索技术就构筑在矩阵理论的基础上. 通常，数据库中收集了大量的文件(书名)，我们希望从中搜索那些能与特定关键词相匹配的文件. 假如数据库中包括了 n 个文件，而搜索所用的关键词有 m 个，将关键词按字母顺序排列，就可以把数据库表示为 $m\times n$ 矩阵 $\boldsymbol{A}$. 例如，数据库包括的书名和搜索的关键词(按拼音字母顺序排列)用表 1.2.12 表示.

表 1.2.12

关键词	书　名		
	线性代数	线性代数与空间解析几何	线性代数及应用
代数	1	1	1
几何	0	1	0
线性	1	1	1
应用	0	0	1

若读者输入的关键词是："代数""几何"，则数据库矩阵和关键词搜索向量分别为

$$\boldsymbol{A}=\begin{pmatrix}1&1&1\\0&1&0\\1&1&1\\0&0&1\end{pmatrix},\boldsymbol{x}=\begin{pmatrix}1\\1\\0\\0\end{pmatrix}.$$

搜索结果可以表示为

$$\boldsymbol{y}=\boldsymbol{A}^{\mathrm{T}}\boldsymbol{x},$$

其中 $\boldsymbol{y}$ 的分量表示各书名与搜索关键词相匹配的程度，即 $\boldsymbol{y}$ 的分量值越大，匹配程度越高，在搜索结果中越排在前面. 通过计算 $\boldsymbol{y}$ 的结果，找出在本次搜索中哪本书排在最前面.

1.3 矩阵的初等变换

经过两节的学习，读者是否获得了这样的感受呢：矩阵挺有用的，但是它的运算太复杂了，尤其是乘法. 放心，数学的一个思维习惯就是化简，但是我们需要寻找一个化简的标准. 让我们从封闭型的里昂惕夫“生产—消费模型”中找找灵感吧.

引例 再论如何给商品定价

在 1.1 节的例 2 中，为了给出三种产品的价值，我们得到了如下的线性方程组

$$\begin{cases} -\frac{2}{3}x_1+\frac{1}{6}x_2+\frac{1}{2}x_3=0, \\ \frac{1}{3}x_1-\frac{2}{3}x_2+\frac{1}{3}x_3=0, \\ \frac{1}{3}x_1+\frac{1}{2}x_2-\frac{5}{6}x_3=0. \end{cases} \tag{1-3-1}$$

用中学学过的消元法求解该线性方程组的步骤如下：

解：第一个方程与第二个方程互换，即得

$$\begin{cases} \frac{1}{3}x_1-\frac{2}{3}x_2+\frac{1}{3}x_3=0, \\ -\frac{2}{3}x_1+\frac{1}{6}x_2+\frac{1}{2}x_3=0, \\ \frac{1}{3}x_1+\frac{1}{2}x_2-\frac{5}{6}x_3=0. \end{cases} \tag{1-3-2}$$

将方程组(1-3-2)的第二个方程加上第一个方程的 2 倍，第三个方程减去第一个方程，得

$$\begin{cases} \frac{1}{3}x_1-\frac{2}{3}x_2+\frac{1}{3}x_3=0, \\ \quad -\frac{7}{6}x_2+\frac{7}{6}x_3=0, \\ \quad \frac{7}{6}x_2-\frac{7}{6}x_3=0. \end{cases} \tag{1-3-3}$$

将方程组(1-3-3)的第三个方程加上第二个方程，得

$$\begin{cases} \frac{1}{3}x_1-\frac{2}{3}x_2+\frac{1}{3}x_3=0, \\ \quad -\frac{7}{6}x_2+\frac{7}{6}x_3=0. \end{cases} \tag{1-3-4}$$

将方程组(1-3-4)的第二个方程两边乘$-\frac{6}{7}$，第一个方程两边乘3，得

$$\begin{cases} x_1-2x_2+x_3=0, \\ \qquad x_2-x_3=0. \end{cases} \tag{1-3-5}$$

将方程组(1-3-5)的第一个方程加上第二个方程的2倍，得

$$\begin{cases} x_1 \qquad -x_3=0, \\ \qquad x_2-x_3=0\ . \end{cases} \tag{1-3-6}$$

根据方程组(1-3-6)我们可以写出所有的解满足

$$\begin{pmatrix} x_1 \\ x_2 \\ x_3 \end{pmatrix}=\begin{pmatrix} c \\ c \\ c \end{pmatrix},\text{其中 } c \text{ 为任意常数.}$$

这个通解公式告诉我们三种产品的价值为1∶1∶1，因此在定价时只需让它们的价格相同就可以公平地体现当前的实物交易系统. 而上述求解过程就是对原方程组反复进行变换直至化为最简的过程. 从方程组(1-3-1)到方程组(1-3-5)的过程称为**消元过程**，形如方程组(1-3-4)和方程组(1-3-5)的方程组称为**阶梯形方程组**. 从方程组(1-3-5)到方程组(1-3-6)的过程称为**回代过程**.

分析一下，上述的消元过程实际上是把方程组作为一个整体看待，从一个方程组变化为另一个方程组，其中用到了下列3种变换：

（1）**互换变换**：交换两个方程的次序；

（2）**倍法变换**：用一个非零常数k乘某个方程；

（3）**消法变换**：把某个方程的k倍加到另一个方程上.

定义 1.3.1　上述三种变换均称为线性方程组的**初等变换**.

读者可以验证上述三种变换都是可逆的，即经过这三种变换后的方程组与变换前的方程组同解，所以这三种变换是方程组的**同解变换**.

1.3.1　矩阵初等变换的定义及其应用

在引例中用消元法求解线性方程组的过程，实际上我们只对方程组的系数和常数项进行了运算，未知数并未参与. 因此，我们可以把对方程组所做的三种初等变换实施到与线性方程组一一对应的增广矩阵

$$\boldsymbol{B}=(\boldsymbol{A},\boldsymbol{\beta})=\begin{pmatrix} -\frac{2}{3} & \frac{1}{6} & \frac{1}{2} & 0 \\ \frac{1}{3} & -\frac{2}{3} & \frac{1}{3} & 0 \\ \frac{1}{3} & \frac{1}{2} & -\frac{5}{6} & 0 \end{pmatrix}$$

上，这便是矩阵的三种初等行变换.

定义 1.3.2　矩阵的**初等行变换**指的是：

(1) 互换变换：交换矩阵的两行(第 i,j 两行交换，记作 $r_i \leftrightarrow r_j$)；

(2) 倍法变换：用非零常数 k 乘矩阵某一行的各元(用 $k \neq 0$ 乘第 i 行，记作 $r_i \times k$)；

(3) 消法变换：把某一行的所有元的 k 倍加到另一行对应的元上去(第 j 行的 k 倍加到第 i 行上去，记作 $r_i + kr_j$).

如果把定义 1.3.2 中的“行”换成“列”，记号“r”(row 的首字母)换成“c”(column 的首字母)，则对应的变换称为矩阵的**初等列变换**.

矩阵的初等行变换与初等列变换统称为矩阵的**初等变换**.

例 1　利用矩阵的初等行变换化简线性方程组(1-3-1)的增广矩阵，从而来求解方程组.

解：
$$\boldsymbol{B}=(\boldsymbol{A},\boldsymbol{\beta})=\begin{pmatrix} -\frac{2}{3} & \frac{1}{6} & \frac{1}{2} & 0 \\ \frac{1}{3} & -\frac{2}{3} & \frac{1}{3} & 0 \\ \frac{1}{3} & \frac{1}{2} & -\frac{5}{6} & 0 \end{pmatrix}$$

$$\xrightarrow{r_1 \leftrightarrow r_2}\begin{pmatrix} \frac{1}{3} & -\frac{2}{3} & \frac{1}{3} & 0 \\ -\frac{2}{3} & \frac{1}{6} & \frac{1}{2} & 0 \\ \frac{1}{3} & \frac{1}{2} & -\frac{5}{6} & 0 \end{pmatrix}=\boldsymbol{B}_1$$

$$\xrightarrow[r_3-r_1]{r_2+2r_1}\begin{pmatrix} \frac{1}{3} & -\frac{2}{3} & \frac{1}{3} & 0 \\ 0 & -\frac{7}{6} & \frac{7}{6} & 0 \\ 0 & \frac{7}{6} & -\frac{7}{6} & 0 \end{pmatrix}=\boldsymbol{B}_2$$

$$\xrightarrow{r_3+r_2}\begin{pmatrix} \frac{1}{3} & -\frac{2}{3} & \frac{1}{3} & 0 \\ 0 & -\frac{7}{6} & \frac{7}{6} & 0 \\ 0 & 0 & 0 & 0 \end{pmatrix}=\boldsymbol{B}_3$$

$$\xrightarrow[-\frac{6}{7}r_2]{3r_1}\begin{pmatrix}1 & -2 & 1 & 0\\0 & 1 & -1 & 0\\0 & 0 & 0 & 0\end{pmatrix}=\boldsymbol{B}_4$$

$$\xrightarrow{r_1+2r_2}\begin{pmatrix}1 & 0 & -1 & 0\\0 & 1 & -1 & 0\\0 & 0 & 0 & 0\end{pmatrix}=\boldsymbol{B}_5.$$

矩阵 $\boldsymbol{B}_5$ 对应的方程组为

$$\begin{cases}x_1 \quad -x_3=0,\\ \quad x_2-x_3=0.\end{cases}$$

所以原方程组的所有解为

$$\begin{pmatrix}x_1\\x_2\\x_3\end{pmatrix}=\begin{pmatrix}c\\c\\c\end{pmatrix},\text{其中 } c \text{ 为任意常数}.$$

矩阵 $\boldsymbol{B}_3$，$\boldsymbol{B}_4$ 与阶梯形方程组相对应，故称为**行阶梯形矩阵**，其特点是：零行在下方；每个非零行的第一个不为零的元(称为**主元**)的列指标随着行指标的增大而严格增大. 从增广矩阵 $\boldsymbol{B}$ 化简到矩阵 $\boldsymbol{B}_4$ 的过程恰好对应于线性方程组的消元过程. 而从 $\boldsymbol{B}_4$ 到 $\boldsymbol{B}_5$ 的变换对应的是回代过程，阶梯形矩阵 $\boldsymbol{B}_5$ 又称为**简化行阶梯形矩阵**(或称为**行最简形矩阵**)，其特点是：每个非零行的主元都是 1，且这些主元所在的列的其他元都是 0.

一般地，由于简化行阶梯形矩阵与线性方程组的解集一一对应，所以可猜测任意矩阵的简化行阶梯形矩阵一定是唯一确定的. 相关细节我们将在第 3 章为读者呈现. 由此可知，我们求解线性方程组的时候，可以将线性方程组的增广矩阵经过初等行变换化简为简化行阶梯形矩阵，然后写出其对应的方程组，此方程组与原方程组同解，从而得到原方程组的解集.

例 2 解线性方程组

$$\begin{cases}3x_1+4x_2-6x_3=4,\\ x_1-2x_2+7x_3=0,\\ x_1-\ x_2+4x_3=1.\end{cases}$$

解：对增广矩阵做初等行变换，得

$$\boldsymbol{B}=\begin{pmatrix}3 & 4 & -6 & 4\\1 & -2 & 7 & 0\\1 & -1 & 4 & 1\end{pmatrix}\xrightarrow{r_1\leftrightarrow r_2}\begin{pmatrix}1 & -2 & 7 & 0\\3 & 4 & -6 & 4\\1 & -1 & 4 & 1\end{pmatrix}$$

$$\xrightarrow[r_3-r_1]{r_2-3r_1}\begin{pmatrix}1&-2&7&0\\0&10&-27&4\\0&1&-3&1\end{pmatrix}\xrightarrow{r_2\leftrightarrow r_3}\begin{pmatrix}1&-2&7&0\\0&1&-3&1\\0&10&-27&4\end{pmatrix}$$

$$\xrightarrow{r_3-10r_2}\begin{pmatrix}1&-2&7&0\\0&1&-3&1\\0&0&3&-6\end{pmatrix}\xrightarrow{\frac{1}{3}r_3}\begin{pmatrix}1&-2&7&0\\0&1&-3&1\\0&0&1&-2\end{pmatrix}$$

$$\xrightarrow[r_1-7r_3]{r_2+3r_3}\begin{pmatrix}1&-2&0&14\\0&1&0&-5\\0&0&1&-2\end{pmatrix}\xrightarrow{r_1+2r_2}\begin{pmatrix}1&0&0&4\\0&1&0&-5\\0&0&1&-2\end{pmatrix}.$$

所以方程组的解为 $x_1=4$，$x_2=-5$，$x_3=-2$.

利用增广矩阵的初等行变换解线性方程组是有利于计算机编程的.

1.3.2 初等矩阵

矩阵的初等变换可以用来解线性方程组，所以很重要！可是这么重要的工具是可以用矩阵的乘法实现的，你会感到意外吗？为了方便你接受这个事实，我们引入下列定义.

定义 1.3.3 对 n 阶单位矩阵 $\boldsymbol{E}$ 实施一次初等变换后得到的矩阵称为 n 阶**初等矩阵**.

三种初等变换对应于三种类型的初等矩阵：

(1) 交换单位阵 $\boldsymbol{E}$ 的第 i，j 两行(或第 i，j 两列)，得到的初等矩阵记为 $\boldsymbol{E}(i,j)$，即

$$\boldsymbol{E}(i,j)=\begin{pmatrix}1&&&&&&&&&\\&\ddots&&&&&&&&\\&&1&&&&&&&\\&&&0&&\cdots&&1&&\\&&&&1&&&&&\\&&&\vdots&&\ddots&&\vdots&&\\&&&&&&1&&&\\&&&1&&\cdots&&0&&\\&&&&&&&&1&\\&&&&&&&&&\ddots\\&&&&&&&&&&1\end{pmatrix}\begin{matrix}\\\\\\\leftarrow\text{第 } i \text{ 行}\\\\\\\\\leftarrow\text{第 } j \text{ 行}\\\\\\\\\end{matrix}.$$

$\uparrow$ 第 i 列　　　$\uparrow$ 第 j 列

(2) 用非零常数 k 乘单位阵 $\boldsymbol{E}$ 的第 i 行(或第 i 列)，得到的初等矩阵记为 $\boldsymbol{E}(i(k))$，即

$$\boldsymbol{E}(i(k))=\begin{pmatrix}1&&&&&&\\&\ddots&&&&&\\&&1&&&&\\&&&k&&&\\&&&&1&&\\&&&&&\ddots&\\&&&&&&1\end{pmatrix}\begin{matrix}\\\\\\\leftarrow\text{第 } i \text{ 行}.\\\\\\\\\end{matrix}$$

$$\uparrow$$
$$\text{第 } i \text{ 列}$$

(3) 将单位阵 $\boldsymbol{E}$ 的第 j 行的 k 倍加到第 i 行上(或将单位阵 $\boldsymbol{E}$ 的第 i 列的 k 倍加到第 j 列上)，得到初等矩阵记为 $\boldsymbol{E}(i,j(k))$，即

$$\boldsymbol{E}(i,j(k))=\begin{pmatrix}1&&&&&\\&\ddots&&&&\\&&1&\cdots&k&&\\&&&\ddots&\vdots&&\\&&&&1&&\\&&&&&\ddots&\\&&&&&&1\end{pmatrix}\begin{matrix}\\\\\leftarrow\text{第 } i \text{ 行}\\\\\leftarrow\text{第 } j \text{ 行}\\\\\\\end{matrix}.$$

$$\uparrow\qquad\uparrow$$
$$\text{第 } i \text{ 列}\quad\text{第 } j \text{ 列}$$

下述定理指出矩阵的初等变换可以通过矩阵的乘法来实现.

定理 1.3.4(初等变换和初等矩阵的关系)

设 $\boldsymbol{A}$ 是一个 $m\times n$ 矩阵，对 $\boldsymbol{A}$ 进行一次初等行变换，相当于在 $\boldsymbol{A}$ 的左边乘以相应的 m 阶初等矩阵；对 $\boldsymbol{A}$ 进行一次初等列变换，相当于在 $\boldsymbol{A}$ 的右边乘以相应的 n 阶初等矩阵. 即

$$\boldsymbol{A}\xrightarrow{r_i\leftrightarrow r_j}\boldsymbol{E}(i,j)\boldsymbol{A},\quad \boldsymbol{A}\xrightarrow{kr_i}\boldsymbol{E}(i(k))\boldsymbol{A},\quad \boldsymbol{A}\xrightarrow{r_i+kr_j}\boldsymbol{E}(i,j(k))\boldsymbol{A},$$

$$\boldsymbol{A}\xrightarrow{c_i\leftrightarrow c_j}\boldsymbol{A}\boldsymbol{E}(i,j),\quad \boldsymbol{A}\xrightarrow{kc_i}\boldsymbol{A}\boldsymbol{E}(i(k)),\quad \boldsymbol{A}\xrightarrow{c_j+kc_i}\boldsymbol{A}\boldsymbol{E}(i,j(k)).$$

定理 1.3.4 常被称为初等矩阵的“左行右列，从内到外”原则.

例如 令 $\boldsymbol{A}=\begin{pmatrix}a_{11}&a_{12}\\a_{21}&a_{22}\\a_{31}&a_{32}\end{pmatrix}$，则

$$\boldsymbol{E}(1,2)\boldsymbol{A}=\begin{pmatrix}0&1&0\\1&0&0\\0&0&1\end{pmatrix}\begin{pmatrix}a_{11}&a_{12}\\a_{21}&a_{22}\\a_{31}&a_{32}\end{pmatrix}=\begin{pmatrix}a_{21}&a_{22}\\a_{11}&a_{12}\\a_{31}&a_{32}\end{pmatrix}.$$

$$\boldsymbol{A}\boldsymbol{E}(1,2)=\begin{pmatrix}a_{11}&a_{12}\\a_{21}&a_{22}\\a_{31}&a_{32}\end{pmatrix}\begin{pmatrix}0&1\\1&0\end{pmatrix}=\begin{pmatrix}a_{12}&a_{11}\\a_{22}&a_{21}\\a_{32}&a_{31}\end{pmatrix}.$$

$$\boldsymbol{E}(2(k))\boldsymbol{A}=\begin{pmatrix}1&0&0\\0&k&0\\0&0&1\end{pmatrix}\begin{pmatrix}a_{11}&a_{12}\\a_{21}&a_{22}\\a_{31}&a_{32}\end{pmatrix}=\begin{pmatrix}a_{11}&a_{12}\\ka_{21}&ka_{22}\\a_{31}&a_{32}\end{pmatrix}.$$

$$\boldsymbol{A}\boldsymbol{E}(2(k))=\begin{pmatrix}a_{11}&a_{12}\\a_{21}&a_{22}\\a_{31}&a_{32}\end{pmatrix}\begin{pmatrix}1&0\\0&k\end{pmatrix}=\begin{pmatrix}a_{11}&ka_{12}\\a_{21}&ka_{22}\\a_{31}&ka_{32}\end{pmatrix}.$$

$$\boldsymbol{E}(1,2(k))\boldsymbol{A}=\begin{pmatrix}1&k&0\\0&1&0\\0&0&1\end{pmatrix}\begin{pmatrix}a_{11}&a_{12}\\a_{21}&a_{22}\\a_{31}&a_{32}\end{pmatrix}=\begin{pmatrix}a_{11}+ka_{21}&a_{12}+ka_{22}\\a_{21}&a_{22}\\a_{31}&a_{32}\end{pmatrix}.$$

$$\boldsymbol{A}\boldsymbol{E}(1,2(k))=\begin{pmatrix}a_{11}&a_{12}\\a_{21}&a_{22}\\a_{31}&a_{32}\end{pmatrix}\begin{pmatrix}1&k\\0&1\end{pmatrix}=\begin{pmatrix}a_{11}&a_{12}+ka_{11}\\a_{21}&a_{22}+ka_{21}\\a_{31}&a_{32}+ka_{31}\end{pmatrix}.$$

定理 1.3.4 建立了矩阵初等变换与矩阵乘法的联系，因此，我们可以用等式来描述矩阵通过初等变换化简的过程.

动动手：将如下矩阵 $\boldsymbol{A}$ 化为简化行阶梯形矩阵的过程用矩阵乘法表示出来. 即

$$\boldsymbol{A}=\begin{pmatrix}1&1&2\\2&3&4\\-1&0&-1\end{pmatrix}\xrightarrow[r_3+r_1]{r_2-2r_1}\begin{pmatrix}1&1&2\\0&1&0\\0&1&1\end{pmatrix}\xrightarrow{r_3-r_2}\begin{pmatrix}1&1&2\\0&1&0\\0&0&1\end{pmatrix}$$

$$\xrightarrow{r_1-2r_3}\begin{pmatrix}1&1&0\\0&1&0\\0&0&1\end{pmatrix}\xrightarrow{r_1-r_2}\begin{pmatrix}1&0&0\\0&1&0\\0&0&1\end{pmatrix}.$$

1.3.3 相抵分类

我们接下来考虑对一个矩阵连续施行初等(行、列)变换，那么它变换后的矩阵可能拥有的最简单的形式是什么样子呢?

定义 1.3.5　如果矩阵 $\boldsymbol{A}$ 经过有限次初等变换变成 $\boldsymbol{B}$，则称 $\boldsymbol{A}$ 与 $\boldsymbol{B}$ 相抵，记作 $\boldsymbol{A}\cong\boldsymbol{B}$.

容易验证，矩阵的相抵关系具有下列性质：

(1) 反身性：$\boldsymbol{A}\cong\boldsymbol{A}$；

(2) 对称性：若 $\boldsymbol{A}\cong\boldsymbol{B}$，则 $\boldsymbol{B}\cong\boldsymbol{A}$；

(3) 传递性：若 $\boldsymbol{A}\cong\boldsymbol{B}$，$\boldsymbol{B}\cong\boldsymbol{C}$，则 $\boldsymbol{A}\cong\boldsymbol{C}$.

设 $\boldsymbol{A}$ 是一个 $m\times n$ 矩阵，定义集合 $[\boldsymbol{A}]=\{\boldsymbol{M}\mid\boldsymbol{A}\cong\boldsymbol{M}\}$. 反身性保证了 $[\boldsymbol{A}]$ 是一个非空集合，我们不加证明地指出：给定两个 $m\times n$ 矩阵 $\boldsymbol{A}$ 与 $\boldsymbol{B}$，则要么 $[\boldsymbol{A}]=[\boldsymbol{B}]$，要么 $[\boldsymbol{A}]\cap[\boldsymbol{B}]=\varnothing$. 换言之，$[\boldsymbol{A}]$ 这种形式的集合构成了全体 $m\times n$ 矩阵的一个分类，特别地，$[\boldsymbol{A}]$ 中的矩阵看成和 $\boldsymbol{A}$ 是一类的.

类似可得：假设在一个集合 S 上定义了一个关系，如果该关系满足反身性、对称性、传递性，那么这个关系就提供了集合 S 的一个分类. 这么重要的关系我们称为**等价关系**.

在一类矩阵的集合 $[\boldsymbol{A}]$ 中寻找一个形式最简单的矩阵是有意义的，因为一方面它形式简单，便于研究；另一方面它和同类的矩阵，比如 $\boldsymbol{A}$，有很多相同的性质.

抛开矩阵的实际意义，仅从数学角度，如果对简化行阶梯形矩阵再进行初等列变换，则可将矩阵变成更为简单的形式. 例如，在本节的例 1 中对 $\boldsymbol{B}$ 的简化行阶梯形矩阵 $\boldsymbol{B}_5$ 再施以初等列变换，则有

$$\boldsymbol{B}_5=\begin{pmatrix}1&0&-1&0\\0&1&-1&0\\0&0&0&0\end{pmatrix}\xrightarrow{c_3+c_1+c_2}\begin{pmatrix}1&0&0&0\\0&1&0&0\\0&0&0&0\end{pmatrix}=\boldsymbol{F}.$$

矩阵 $\boldsymbol{F}$ 称为矩阵 $\boldsymbol{B}$ 的**相抵标准形**，其特点是：它的对角元 $a_{ii}=1(i=1,2)$，其余元为 0.

一般地，我们有：

定理 1.3.6　设 $\boldsymbol{A}$ 是一个 $m\times n$ 矩阵，则对 $\boldsymbol{A}$ 作有限次的初等变换(行变换和列变换)可将它化为相抵标准形

$$\boldsymbol{F}=\begin{pmatrix}1&0&\cdots&0&0&\cdots&0\\0&1&\cdots&0&0&\cdots&0\\\vdots&\vdots&&\vdots&\vdots&&\vdots\\0&0&\cdots&1&0&\cdots&0\\0&0&\cdots&0&0&\cdots&0\\\vdots&\vdots&&\vdots&\vdots&&\vdots\\0&0&\cdots&0&0&\cdots&0\end{pmatrix}.$$

相抵标准形矩阵 $\boldsymbol{F}$ 的左上角是一个单位阵 $\boldsymbol{E}_r$，其他元都为 0. 相抵标准形是与 $\boldsymbol{A}$ 相抵的这一类矩阵中形式最简单的矩阵，其中单位阵 $\boldsymbol{E}_r$ 的阶数 r 就是 $\boldsymbol{A}$ 变换成行阶梯形矩阵时非零行的行数.

例 3　将矩阵 $\boldsymbol{A}=\begin{pmatrix}1&4&-1\\2&4&2\\-1&-2&-1\\3&5&4\end{pmatrix}$ 化为行阶梯形、简化行阶梯形以及相抵标准形矩阵.

解：对 $\boldsymbol{A}$ 施行初等行变换，有

$$\boldsymbol{A}=\begin{pmatrix}1&4&-1\\2&4&2\\-1&-2&-1\\3&5&4\end{pmatrix}\xrightarrow[r_4-3r_1]{\substack{r_2-2r_1\\ r_3+r_1}}\begin{pmatrix}1&4&-1\\0&-4&4\\0&2&-2\\0&-7&7\end{pmatrix}$$

$$\xrightarrow{-\frac{1}{4}r_2}\begin{pmatrix}1&4&-1\\0&1&-1\\0&2&-2\\0&-7&7\end{pmatrix}\xrightarrow[r_4+7r_2]{r_3-2r_2}\begin{pmatrix}1&4&-1\\0&1&-1\\0&0&0\\0&0&0\end{pmatrix}=\boldsymbol{A}_1.$$

则 $\boldsymbol{A}_1$ 为行阶梯形矩阵，对矩阵 $\boldsymbol{A}_1$ 继续施行初等行变换，得

$$\boldsymbol{A}_1=\begin{pmatrix}1&4&-1\\0&1&-1\\0&0&0\\0&0&0\end{pmatrix}\xrightarrow{r_1-4r_2}\begin{pmatrix}1&0&3\\0&1&-1\\0&0&0\\0&0&0\end{pmatrix}=\boldsymbol{A}_2.$$

则 $\boldsymbol{A}_2$ 为简化行阶梯形矩阵，对矩阵 $\boldsymbol{A}_2$ 施行初等列变换，得标准形矩阵

$$\boldsymbol{A}_2=\begin{pmatrix}1&0&3\\0&1&-1\\0&0&0\\0&0&0\end{pmatrix}\xrightarrow{c_3-3c_1+c_2}\begin{pmatrix}1&0&0\\0&1&0\\0&0&0\\0&0&0\end{pmatrix}=\boldsymbol{F}.$$

想一想：一个矩阵的行阶梯形、简化行阶梯形以及相抵标准形是否唯一？

例 4　初等变换在图片处理中的应用

在实际工作中，我们经常需要利用计算机对图片进行一些处理，例如将一张照片逆时针旋转一定角度，或者将它沿着某条线翻转(即关于这条线作镜面对称)．相应于矩阵的三种初等(行、

列)变换，平面图形也有如下三种基本变换：

关于 $y=x$ 轴的对称变换，将平面上的点$\begin{pmatrix}a\\b\end{pmatrix}$变换为点$\begin{pmatrix}b\\a\end{pmatrix}$，对应的初等矩阵为$\begin{pmatrix}0&1\\1&0\end{pmatrix}$.

伸缩变换，包括水平伸缩变换与竖直伸缩变换. 水平伸缩变换将点$\begin{pmatrix}a\\b\end{pmatrix}$变换为点$\begin{pmatrix}ka\\b\end{pmatrix}$，即将点的 x 坐标伸展 k 倍，同时保持 y 坐标不变，对应的初等矩阵为$\begin{pmatrix}k&0\\0&1\end{pmatrix}$. 类似地，竖直伸缩变换对应的初等矩阵为$\begin{pmatrix}1&0\\0&k\end{pmatrix}$.

接下来我们仔细介绍一下矩阵的消法变换处理图片的效果. 设 $\boldsymbol{A}=\begin{pmatrix}1&k\\0&1\end{pmatrix}$ 为二阶初等矩阵，将平面上任意一点 $\boldsymbol{\alpha}=\begin{pmatrix}x_1\\x_2\end{pmatrix}$ 变换为点 $\boldsymbol{A\alpha}=\begin{pmatrix}1&k\\0&1\end{pmatrix}\begin{pmatrix}x_1\\x_2\end{pmatrix}$ 的过程称为**水平错切变换**(也称 X **方向错切**). 记 $\boldsymbol{A\alpha}=\begin{pmatrix}y_1\\y_2\end{pmatrix}$，可得点 $\boldsymbol{\alpha}$ 被变换为

$$\boldsymbol{\beta}=\begin{pmatrix}y_1\\y_2\end{pmatrix}=\boldsymbol{A\alpha}=\begin{pmatrix}1&k\\0&1\end{pmatrix}\begin{pmatrix}x_1\\x_2\end{pmatrix}=\begin{pmatrix}x_1+kx_2\\x_2\end{pmatrix}.$$

所以水平错切变换只是将平面上的点的横坐标做了平移改变，而纵坐标保持不变. 注意到当 $k>0$ 时，将平面图形向右拉伸；当 $k<0$ 时，将平面图形向左拉伸. 水平错切变换将 y 轴变换成了直线 $ky=x$.

类似地，若 $\boldsymbol{A}=\begin{pmatrix}1&0\\k&1\end{pmatrix}$，则将平面上任意一点 $\boldsymbol{\alpha}=\begin{pmatrix}x_1\\x_2\end{pmatrix}$ 变换为点 $\boldsymbol{A\alpha}=\begin{pmatrix}1&0\\k&1\end{pmatrix}\begin{pmatrix}x_1\\x_2\end{pmatrix}$ 的过程称为**竖直错切变换**(也称 Y **方向错切**)，水平错切变换与竖直错切变换统称为**错切变换**.

运用计算机程序，初等变换让我们获得如表 1.3.1 所示(见彩插)的有趣的图像.

表 1.3.1

变换矩阵	$\begin{pmatrix}1&0\\0&1\end{pmatrix}$	$\begin{pmatrix}0&1\\1&0\end{pmatrix}$	$\begin{pmatrix}2&0\\0&1\end{pmatrix}$
变换后的图片			

（续）

变换矩阵	$\begin{pmatrix}1&0\\0&2\end{pmatrix}$	$\begin{pmatrix}1&0\\1&1\end{pmatrix}$	$\begin{pmatrix}1&1\\0&1\end{pmatrix}$
变换后的图片			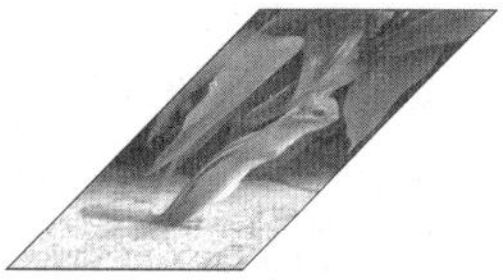

习题 1-3

基础知识篇：

1. 利用矩阵的初等行变换将下列矩阵化成行最简形矩阵：

（1）$\begin{pmatrix}1&2&1&-1\\3&6&-1&-3\\5&10&1&-5\end{pmatrix}$；

（2）$\begin{pmatrix}2&3&1&-3&-7\\1&2&0&-2&-4\\3&-2&8&3&0\\2&-3&7&4&3\end{pmatrix}$.

2. 将下列矩阵化为标准形：

（1）$\begin{pmatrix}1&0&0\\1&2&0\\1&2&3\end{pmatrix}$；　　（2）$\begin{pmatrix}1&2&0&0\\2&5&0&0\\0&0&1&5\\0&0&2&10\end{pmatrix}$.

3. 设 $\boldsymbol{A}=\begin{pmatrix}a_{11}&a_{12}&a_{13}&a_{14}\\a_{21}&a_{22}&a_{23}&a_{24}\\a_{31}&a_{32}&a_{33}&a_{34}\end{pmatrix}$，计算：

（1）$\boldsymbol{E}(2,3)\boldsymbol{A}$；

（2）$\boldsymbol{AE}(3(k))$；

（3）$\boldsymbol{E}(2,1(k))\boldsymbol{A}$.

4. 解线性方程组

$$\begin{cases}-2x_1+x_2+x_3=0,\\x_1-2x_2+x_3=3,\\x_1+x_2-2x_3=-3.\end{cases}$$

5. 设 $\boldsymbol{A}$，$\boldsymbol{B}$ 为 $m\times n$ 矩阵.

（1）证明：$\boldsymbol{A}$ 与 $\boldsymbol{B}$ 相抵的充分必要条件是 $\boldsymbol{A}$ 与 $\boldsymbol{B}$ 有相同的标准形；

（2）判断 $\boldsymbol{A}=\begin{pmatrix}0&1&2\\1&1&4\\2&-1&0\end{pmatrix}$ 与 $\boldsymbol{B}=\begin{pmatrix}1&0&0\\0&1&0\\3&2&1\end{pmatrix}$ 是否相抵.

应用提高篇：

6. 证明：在矩阵的初等行变换中，互换变换是可以由倍法变换和消法变换实现的，即

$\boldsymbol{E}(i,j)=\boldsymbol{E}(j(-1))\boldsymbol{E}(i,j(1))\boldsymbol{E}(j,i(-1))\boldsymbol{E}(i,j(1))$.

7. 图 1.3.1 所示是某地区的灌溉渠道网，流量与流向如图所示，假设每个节点的流入量总是等于其流出量，求各段的具体流量.

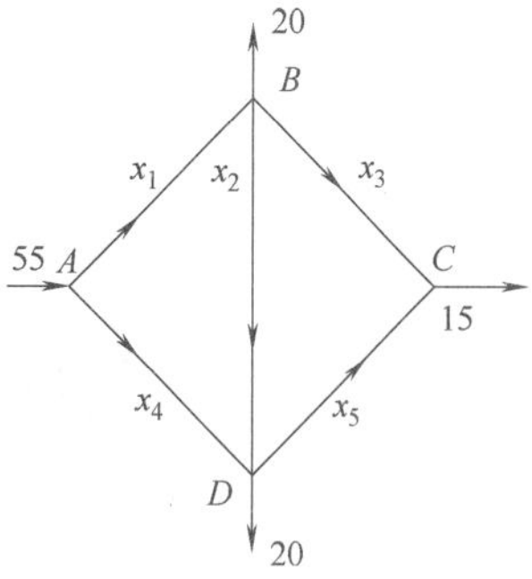

图　1.3.1

1.4 逆矩阵

矩阵作为一个代数对象拥有加法、数乘和乘法三种运算. 细心的读者一定已经发现加法的逆运算——减法——是自然出现的，而且是有实用价值的. 那么矩阵的乘法运算存在逆运算除法吗? 一个简短的分析就能让我们获得令人沮丧的结论，例如：

设 $\boldsymbol{A}$ 和 $\boldsymbol{B}$ 是两个非零矩阵，但是 $\boldsymbol{AB}=\boldsymbol{O}$. 如果除法对任意非零矩阵都存在，那么等式 $\boldsymbol{AB}=\boldsymbol{O}$ 两边同时除以 $\boldsymbol{A}$，就推出 $\boldsymbol{B}=\boldsymbol{O}$，矛盾.

看来，把数的四则运算形式地推广到矩阵是不行的，因为不是所有非零矩阵都能充当除数的角色的. 但这并不影响某些"好"的矩阵可以担起除数的担子，于是我们退而求其次，找找哪些矩阵可以被用来充当除数的角色. 下面的例子可以让我们柳暗花明.

引例 希尔加密与解密

1929 年，希尔利用矩阵乘法发明了希尔密码. 在英文中有一种对消息保密的措施，就是把消息中的每个英文字母用一个整数来表示，然后传送这组整数. 将 26 个英文字母与 26 个整数建立一一对应关系，例如图 1.4.1 展示的是一种密码本.

a	b	c	d	e	f	g	h	i	j	k	l	m
1	2	3	4	5	6	7	8	9	10	11	12	13
n	o	p	q	r	s	t	u	v	w	x	y	z
14	15	16	17	18	19	20	21	22	23	24	25	26

图 1.4.1

为使用方便，规定空格对应数字 0. 例如，要发送信息"action"，此信息的编码是"1，3，20，9，15，14". 如果直接发送这组编码，由于是没有加密的，很容易被人破译，从而会在军事上或商业中造成巨大的损失. 因此，可以考虑利用矩阵的乘法对这个编码进一步加密，让其变成密文后再进行传递，以增加非法用户破译的难度，同时让合法用户能够轻松解密.

一个加密的双向通信过程可以这样描述：设 $\boldsymbol{A}$ 是 $m\times n$ 矩阵，$\boldsymbol{B}$ 是 $n\times m$ 矩阵. 假设编码信息 $\boldsymbol{\alpha}$ 是 n 维列向量(即 $n\times1$ 矩阵)，$\boldsymbol{\beta}$ 是 m 维列向量. 用户甲将编码信息 $\boldsymbol{\alpha}$ 通过左乘矩阵 $\boldsymbol{A}$ 的方式加密后发送给用户乙，用户乙收到加密信息 $\boldsymbol{A\alpha}$ 后，再左乘矩阵 $\boldsymbol{B}$ 来解密. 同理，当用户乙将编码信息 $\boldsymbol{\beta}$ 左乘矩阵 $\boldsymbol{B}$ 加密后发送给用户甲时，用户甲收到加密信息 $\boldsymbol{B\beta}$ 后可以通过左乘矩阵 $\boldsymbol{A}$ 解密.

由于解密后的信息与原发送的信息必须是一致的，所以有 $\boldsymbol{BA\alpha}=$

$\boldsymbol{\alpha}$，$\boldsymbol{AB\beta}=\boldsymbol{\beta}$. 由 $\boldsymbol{\alpha}$ 和 $\boldsymbol{\beta}$ 的任意性可得 $\boldsymbol{BA}=\boldsymbol{E}_n$，$\boldsymbol{AB}=\boldsymbol{E}_m$. 我们声明：$m=n$. 事实上，如果 $m<n$，则线性方程组 $\boldsymbol{Ax}=\boldsymbol{O}$ 有非零解 $\boldsymbol{\alpha}$，因为该方程组包含的方程的个数小于未知数的个数，从而 $\boldsymbol{O}=\boldsymbol{BA\alpha}=\boldsymbol{\alpha}$，矛盾. 所以 $m\geqslant n$，同理可证 $n\geqslant m$，因此我们的声明是合理的. 换言之，用来加密和解密的矩阵 $\boldsymbol{A}$ 和 $\boldsymbol{B}$ 必须是同阶的方阵，且满足 $\boldsymbol{AB}=\boldsymbol{BA}=\boldsymbol{E}$. 因此我们有必要仔细考察一下满足这种性质的矩阵.

1.4.1 逆矩阵的概念与性质

定义 1.4.1 设 $\boldsymbol{A}$ 为 n 阶方阵，如果存在 n 阶方阵 $\boldsymbol{B}$，使得

$$\boldsymbol{AB}=\boldsymbol{BA}=\boldsymbol{E},$$

则称方阵 $\boldsymbol{A}$ 是**可逆的**(或**非奇异的**)，并称 $\boldsymbol{B}$ 是 $\boldsymbol{A}$ 的**逆矩阵**.

当 $\boldsymbol{B}$ 是 $\boldsymbol{A}$ 的逆矩阵时，从定义可知 $\boldsymbol{A}$ 也是 $\boldsymbol{B}$ 的逆矩阵. 若 n 阶方阵 $\boldsymbol{A}$ 可逆，则其逆矩阵是唯一的. 事实上，如果 $\boldsymbol{B}$ 和 $\boldsymbol{C}$ 都是 $\boldsymbol{A}$ 的逆矩阵，那么

$$\boldsymbol{B}=\boldsymbol{BE}=\boldsymbol{B}(\boldsymbol{AC})=(\boldsymbol{BA})\boldsymbol{C}=\boldsymbol{EC}=\boldsymbol{C}.$$

方阵 $\boldsymbol{A}$ 的唯一的逆矩阵记为 $\boldsymbol{A}^{-1}$.

想一想： 可逆矩阵是否满足消去律？即，若 $\boldsymbol{AB}=\boldsymbol{AC}$ 且 $\boldsymbol{A}$ 可逆，能否推出 $\boldsymbol{B}=\boldsymbol{C}$？

例 1 判断下列矩阵 $\boldsymbol{A}$ 是否可逆，如果可逆，求出其逆矩阵 $\boldsymbol{A}^{-1}$：

(1) $\boldsymbol{A}=\begin{pmatrix}1&1\\0&2\end{pmatrix}$；　　(2) $\boldsymbol{A}=\begin{pmatrix}1&0\\0&0\end{pmatrix}$.

解： (1) 用待定系数法，令 $\boldsymbol{B}=\begin{pmatrix}a&b\\c&d\end{pmatrix}$，由 $\boldsymbol{AB}=\boldsymbol{BA}=\boldsymbol{E}$ 得

$$\begin{pmatrix}a+c&b+d\\2c&2d\end{pmatrix}=\begin{pmatrix}a&a+2b\\c&c+2d\end{pmatrix}=\begin{pmatrix}1&0\\0&1\end{pmatrix}.$$

因此可得一个线性方程组

$$\begin{cases}a+c=1,\\b+d=0,\\2c=0,\\2d=1,\\a=1,\\a+2b=0,\\c=0,\\c+2d=1.\end{cases}$$

易得方程组有唯一解 $a=1$，$b=-\frac{1}{2}$，$c=0$，$d=\frac{1}{2}$. 因此 $\boldsymbol{A}$ 可逆，且

$$\boldsymbol{A}^{-1}=\begin{pmatrix}1 & -\frac{1}{2}\\ 0 & \frac{1}{2}\end{pmatrix}.$$

(2) 对任意的 2 阶矩阵 $\boldsymbol{B}$，由于 $\boldsymbol{A}$ 的第 2 行元素全为零，所以 $\boldsymbol{AB}$ 的第 2 行元素也全为零，从而不可能有 $\boldsymbol{AB}=\boldsymbol{E}$，故 $\boldsymbol{A}$ 不可逆.

例 1 反映出两个信息：可逆矩阵是否大量存在令人担忧；用定义计算逆矩阵太烦琐，特别是当矩阵的阶数比较大时. 我们先来考察第一个信息，运气还不算太差，因为 1.3 节已经告诉我们初等变换的过程都是可逆的，具体如下：

$$\boldsymbol{E}\xrightarrow{r_i\leftrightarrow r_j}\boldsymbol{E}(i,j)\xrightarrow{r_i\leftrightarrow r_j}\boldsymbol{E},$$

$$\boldsymbol{E}\xrightarrow{cr_i}\boldsymbol{E}(i(c))\xrightarrow{c^{-1}r_i}\boldsymbol{E},\boldsymbol{E}\xrightarrow{c^{-1}r_i}\boldsymbol{E}(i(c^{-1}))\xrightarrow{cr_i}\boldsymbol{E},$$

$$\boldsymbol{E}\xrightarrow{r_i+kr_j}\boldsymbol{E}(i,j(k))\xrightarrow{r_i-kr_j}\boldsymbol{E},\boldsymbol{E}\xrightarrow{r_i-kr_j}\boldsymbol{E}(i,j(-k))\xrightarrow{r_i+kr_j}\boldsymbol{E}.$$

由初等变换与初等矩阵的对应关系（左行右列，从内到外原则）可得

$$\boldsymbol{E}(i,j)^2=\boldsymbol{E},$$

$$\boldsymbol{E}(i(c^{-1}))\boldsymbol{E}(i(c))=\boldsymbol{E}(i(c))\boldsymbol{E}(i(c^{-1}))=\boldsymbol{E},$$

$$\boldsymbol{E}(i,j(-k))\boldsymbol{E}(i,j(k))=\boldsymbol{E}(i,j(k))\boldsymbol{E}(i,j(-k))=\boldsymbol{E}.$$

我们将这些事实概括为：

命题 1.4.2　初等矩阵都是可逆的，且

$$\boldsymbol{E}(i,j)^{-1}=\boldsymbol{E}(i,j),\boldsymbol{E}(i(c))^{-1}=\boldsymbol{E}(i(c^{-1})),\boldsymbol{E}(i,j(k))^{-1}=\boldsymbol{E}(i,j(-k)).$$

初等矩阵的逆矩阵都是同类型的初等矩阵. 根据定义读者可以直接验证下面的命题.

命题 1.4.3　设 $\boldsymbol{A}$，$\boldsymbol{B}$ 为 n 阶可逆矩阵，数 $\lambda\neq0$，则

(1) $\boldsymbol{A}^{-1}$ 可逆，且 $(\boldsymbol{A}^{-1})^{-1}=\boldsymbol{A}$；

(2) $\lambda\boldsymbol{A}$ 可逆，且 $(\lambda\boldsymbol{A})^{-1}=\lambda^{-1}\boldsymbol{A}^{-1}$；

(3) $\boldsymbol{A}^{\mathrm{T}}$ 可逆，且 $(\boldsymbol{A}^{\mathrm{T}})^{-1}=(\boldsymbol{A}^{-1})^{\mathrm{T}}$；

(4) $\boldsymbol{AB}$ 可逆，且 $(\boldsymbol{AB})^{-1}=\boldsymbol{B}^{-1}\boldsymbol{A}^{-1}$.

1.4.2　初等变换法求逆矩阵

现在我们来考察例 1 反映出来的第二个信息. 为了寻找一种

简单的求逆矩阵的方法，我们先用分类的观点仔细研究一下逆矩阵.

定理 1.4.4 设 $\boldsymbol{A}$ 是 n 阶方阵，则下列命题是等价的：

(1) $\boldsymbol{A}$ 是可逆矩阵；

(2) $\boldsymbol{A}$ 的相抵标准形是 $\boldsymbol{E}$；

(3) $\boldsymbol{A}$ 可以表示为一些初等矩阵的乘积.

证明：设 $\boldsymbol{A}$ 是 n 阶可逆矩阵，对 $\boldsymbol{A}$ 做初等行变换化成简化行阶梯形矩阵 $\boldsymbol{J}$. 由初等变换与初等矩阵的对应关系，存在初等矩阵 $\boldsymbol{P}_1, \boldsymbol{P}_2, \cdots, \boldsymbol{P}_s$ 使得 $\boldsymbol{P}_s\cdots\boldsymbol{P}_2\boldsymbol{P}_1\boldsymbol{A}=\boldsymbol{J}$. 注意到 $\boldsymbol{J}$ 是 n 阶可逆矩阵，如果 $\boldsymbol{J}$ 有零列，从而 $\boldsymbol{E}=\boldsymbol{J}^{-1}\boldsymbol{J}$ 有零列，矛盾. 类似可证 $\boldsymbol{J}$ 没有零行. 根据简化行阶梯形矩阵的特点可知 $\boldsymbol{J}=\boldsymbol{E}$. 这样就证明了(1)$\Rightarrow$(2)；另一方面，(2)$\Rightarrow$(3)$\Rightarrow$(1)由命题 1.4.2 和命题 1.4.3 立即可证. □

推论 1.4.5 设 $\boldsymbol{A}, \boldsymbol{B}$ 是 $m\times n$ 矩阵，则 $\boldsymbol{A}$ 与 $\boldsymbol{B}$ 相抵当且仅当存在 m 阶可逆矩阵 $\boldsymbol{P}$ 和 n 阶可逆矩阵 $\boldsymbol{Q}$，使得 $\boldsymbol{PAQ}=\boldsymbol{B}$.

定理 1.4.4 及其证明过程是重要的，因为一方面它通过分解告诉了我们任意一个可逆矩阵的形式，即初等矩阵的乘积；另一方面它包含了一种求逆矩阵的方法——**初等变换法**. 假设 $\boldsymbol{A}$ 可逆，且 $\boldsymbol{A}^{-1}=\boldsymbol{P}_s\cdots\boldsymbol{P}_2\boldsymbol{P}_1$，其中 $\boldsymbol{P}_i$ 是初等矩阵. 则

$$\boldsymbol{P}_s\cdots\boldsymbol{P}_2\boldsymbol{P}_1\boldsymbol{A}=\boldsymbol{E}, \boldsymbol{P}_s\cdots\boldsymbol{P}_2\boldsymbol{P}_1\boldsymbol{E}=\boldsymbol{A}^{-1},$$

即 $\boldsymbol{A}$ 经 s 次初等行变换化为 $\boldsymbol{E}$ 时，$\boldsymbol{E}$ 经相同的 s 次初等行变换化为 $\boldsymbol{A}^{-1}$，换言之

$$(\boldsymbol{A},\boldsymbol{E})\xrightarrow{\text{初等行变换}}(\boldsymbol{E},\boldsymbol{A}^{-1}).$$

动动手：请说明$\begin{pmatrix}\boldsymbol{A}\\ \boldsymbol{E}\end{pmatrix}\xrightarrow{\text{初等列变换}}\begin{pmatrix}\boldsymbol{E}\\ \boldsymbol{A}^{-1}\end{pmatrix}$是合理的.

例 2

设 $\boldsymbol{A}=\begin{pmatrix}1&2&3\\1&1&2\\0&1&2\end{pmatrix}$，求 $\boldsymbol{A}^{-1}$.

解：
$$(\boldsymbol{A},\boldsymbol{E})=\begin{pmatrix}1&2&3&1&0&0\\1&1&2&0&1&0\\0&1&2&0&0&1\end{pmatrix}\xrightarrow{r_2-r_1}\begin{pmatrix}1&2&3&1&0&0\\0&-1&-1&-1&1&0\\0&1&2&0&0&1\end{pmatrix}$$

$$\xrightarrow{r_3+r_2,\ -r_2}\begin{pmatrix}1&2&3&1&0&0\\0&1&1&1&-1&0\\0&0&1&-1&1&1\end{pmatrix}\xrightarrow{r_1-3r_3,\ r_2-r_3}\begin{pmatrix}1&2&0&4&-3&-3\\0&1&0&2&-2&-1\\0&0&1&-1&1&1\end{pmatrix}$$

$$\xrightarrow{r_1-2r_2}\begin{pmatrix}1&0&0&0&1&-1\\0&1&0&2&-2&-1\\0&0&1&-1&1&1\end{pmatrix}.$$

因此 $$A^{-1}=\begin{pmatrix}0&1&-1\\2&-2&-1\\-1&1&1\end{pmatrix}.$$

下面我们考察特殊的矩阵方程 $\boldsymbol{AX}=\boldsymbol{B}$ 和 $\boldsymbol{XA}=\boldsymbol{B}$. 当 $\boldsymbol{A}$ 可逆时，两个方程分别有唯一解 $\boldsymbol{X}=\boldsymbol{A}^{-1}\boldsymbol{B}$ 和 $\boldsymbol{X}=\boldsymbol{BA}^{-1}$. 读者将很快看到这两类矩阵方程在希尔密码中有很好的应用. 事实上，矩阵的初等行变换还可以用来求 $\boldsymbol{A}^{-1}\boldsymbol{B}$：

$$(\boldsymbol{A},\boldsymbol{B})\xrightarrow{r}(\boldsymbol{E},\boldsymbol{A}^{-1}\boldsymbol{B}).$$

类似地，可以用矩阵的初等列变换求 $\boldsymbol{BA}^{-1}$：

$$\begin{pmatrix}\boldsymbol{A}\\\boldsymbol{B}\end{pmatrix}\xrightarrow{c}\begin{pmatrix}\boldsymbol{E}\\\boldsymbol{BA}^{-1}\end{pmatrix}.$$

例 3 设 $\boldsymbol{A}=\begin{pmatrix}0&1\\1&1\end{pmatrix}$，$\boldsymbol{B}=\begin{pmatrix}1&0&1\\1&1&0\end{pmatrix}$，求解矩阵方程 $\boldsymbol{AX}=\boldsymbol{B}$.

解：

$$(\boldsymbol{A},\boldsymbol{B})=\begin{pmatrix}0&1&1&0&1\\1&1&1&1&0\end{pmatrix}\xrightarrow{r_1\leftrightarrow r_2}\begin{pmatrix}1&1&1&1&0\\0&1&1&0&1\end{pmatrix}$$

$$\xrightarrow{r_1-r_2}\begin{pmatrix}1&0&0&1&-1\\0&1&1&0&1\end{pmatrix},$$

所以 $$\boldsymbol{X}=\boldsymbol{A}^{-1}\boldsymbol{B}=\begin{pmatrix}0&1&-1\\1&0&1\end{pmatrix}.$$

1.4.3 应用实例——希尔加密与解密

在本节的引例中，要发送信息“action”，此信息的编码是“1，3，20，9，15，14”. 希尔加密与解密过程可以如下操作.

首先，通信的甲、乙两方约定一个可逆矩阵为密钥矩阵，如 $\boldsymbol{A}=\begin{pmatrix}1&2&3\\1&1&2\\0&1&2\end{pmatrix}$，将要发出的信息编码约定从左到右逐列写成一个矩阵 $\boldsymbol{X}=\begin{pmatrix}1&9\\3&15\\20&14\end{pmatrix}$，必要时可以补充数字 0. 甲方将信息矩阵 $\boldsymbol{X}$ 经

数字技术的世界

左乘 $\boldsymbol{A}$ 后变成密文矩阵 $\boldsymbol{C}=\boldsymbol{AX}=\begin{pmatrix}67 & 81\\44 & 52\\43 & 43\end{pmatrix}$. 其次，当乙方收到密文矩阵 $\boldsymbol{C}$ 以后，利用密钥矩阵 $\boldsymbol{A}$ 解密. 只要将收到的密文矩阵 $\boldsymbol{C}$ 左乘 $\boldsymbol{A}^{-1}$ 就可以获知原信息 $\boldsymbol{A}^{-1}\boldsymbol{C}=\boldsymbol{X}$. 最后，乙方通过密码本图 1.4.1 将数字转换成英文字母，从而得到信息“action”.

一般地，我们可以取密钥矩阵 $\boldsymbol{A}$ 是一个 n 阶可逆矩阵，将要发出的信息编码(适当补充若干个 0 后)按原来的顺序写成 s 个 n 维列向量，从而得到一个 $n\times s$ 矩阵 $\boldsymbol{X}$. 然后将 $\boldsymbol{X}$ 左乘 $\boldsymbol{A}$ 得到密文矩阵 $\boldsymbol{C}$.

例 4　小明和小丽约定必要的时候以密钥矩阵 $\boldsymbol{A}=\begin{pmatrix}1 & 1\\1 & 2\end{pmatrix}$ 建立联系通道. 某天发生了如图 1.4.2 所示的故事.

图　1.4.2(见彩图)

图 1.4.2(见彩图)(续)

习题 1-4

基础知识篇：

1. 利用初等变换法求下列矩阵的逆矩阵：

(1) $\begin{pmatrix} 1 & 2 & 2 \\ 3 & 1 & 0 \\ -1 & -1 & -1 \end{pmatrix}$； (2) $\begin{pmatrix} 0 & 1 & 2 \\ 1 & 1 & 4 \\ 2 & -1 & 0 \end{pmatrix}$；

(3) $\begin{pmatrix} 3 & -2 & 0 & -1 \\ 0 & 2 & 2 & 1 \\ 1 & -2 & -3 & -2 \\ 0 & 1 & 2 & 1 \end{pmatrix}$.

2. 求解下列矩阵方程：

(1) 设 $\boldsymbol{A}=\begin{pmatrix} 1 & -1 & 1 \\ 1 & 1 & 0 \\ 2 & 1 & 1 \end{pmatrix}$，$\boldsymbol{B}=\begin{pmatrix} 1 & 2 & 0 \\ 2 & 0 & 1 \\ 0 & -1 & 1 \end{pmatrix}$，且 $\boldsymbol{AX}=\boldsymbol{B}$，求 $\boldsymbol{X}$.

(2) 设 $\boldsymbol{A}=\begin{pmatrix} 0 & 2 & 1 \\ 2 & -1 & 3 \\ -3 & 3 & -4 \end{pmatrix}$，$\boldsymbol{B}=\begin{pmatrix} 1 & 2 & 3 \\ 2 & -3 & 1 \end{pmatrix}$，且 $\boldsymbol{XA}=\boldsymbol{B}$，求 $\boldsymbol{X}$.

(3) 设 $\boldsymbol{A}=\begin{pmatrix} 0 & 3 & 3 \\ 1 & 1 & 0 \\ -1 & 2 & 3 \end{pmatrix}$，且 $\boldsymbol{AX}=\boldsymbol{A}+2\boldsymbol{X}$，求 $\boldsymbol{X}$.

3. 利用逆矩阵解线性方程组

$$\begin{cases} x_1+2x_2+3x_3=1, \\ 2x_1+2x_2+5x_3=2, \\ 3x_1+5x_2+x_3=3. \end{cases}$$

4. 假设有线性方程组

$$\begin{cases} x_1 = 2y_1+2y_2+y_3, \\ x_2 = 3y_1+y_2+5y_3, \\ x_3 = 3y_1+2y_2+3y_3, \end{cases}$$

其中 y_1，y_2，y_3 视为自变量. 请把它改写为以 x_1，x_2，x_3 为自变量的线性方程组.

5. 设 $\boldsymbol{A}=\begin{pmatrix} 1 & 0 & 1 \\ 0 & 2 & 0 \\ 1 & 0 & 1 \end{pmatrix}$，且 $\boldsymbol{AB}+\boldsymbol{E}=\boldsymbol{A}^2+\boldsymbol{B}$，求 $\boldsymbol{B}$.

6. 设 $\boldsymbol{P}=\begin{pmatrix} 1 & 2 \\ 1 & 4 \end{pmatrix}$，$\boldsymbol{D}=\begin{pmatrix} 1 & 0 \\ 0 & 2 \end{pmatrix}$，且 $\boldsymbol{AP}=\boldsymbol{PD}$，求 $\boldsymbol{A}^n$.

7. 设方阵 $\boldsymbol{A}$ 满足 $\boldsymbol{A}^2-2\boldsymbol{A}-3\boldsymbol{E}=\boldsymbol{O}$，试证明：$\boldsymbol{A}$ 与 $\boldsymbol{A}+2\boldsymbol{E}$ 都可逆，并求 $\boldsymbol{A}^{-1}$ 与 $(\boldsymbol{A}+2\boldsymbol{E})^{-1}$.

应用提高篇：

8. 设方阵 $\boldsymbol{A}$ 满足 $\boldsymbol{A}^k=\boldsymbol{O}$(其中 k 是一个正整数，这样的矩阵称为**幂零矩阵**)，求 $(\boldsymbol{E}-\boldsymbol{A})^{-1}$.

9. 在希尔密码通信中(密码本见图 1.4.1)，假设通信双方约定的密钥矩阵为

$$A=\begin{pmatrix}1&1&2\\1&2&3\\0&1&2\end{pmatrix}.$$

若甲发出的信息是 school，那么乙收到的信息是什么？若乙收到的加密信息为 43，64，41，42，59，22，请问甲原来发出的信息又是什么内容呢？

10. 今有 a，b 两种产品销往甲、乙两地. 已知这两种产品两地的销售量、总价值与总利润如表 1.4.1所示(销售量单位：t，总价值与总利润单位：万元)，求 a，b 两种产品的单位价格与单位利润.

表 1.4.1

销售量/t		产品		总价值/万元	总利润/万元
		a	b		
销售地	甲	300	400	930	80
	乙	150	280	561	44

1.5 分块矩阵

当两个矩阵的行数与列数非常大时，做矩阵的乘法并不是一份轻松的工作. 例如，以全世界所有网页的数量为阶数的网页链接矩阵，即使利用计算机来计算这个矩阵的平方也是一件有挑战的事情，我们在第 4 章将看到这个矩阵的幂运算的实际用途.

但是，在寻找到计算高阶矩阵乘法的完美解决方案之前，我们先玩一个号称全世界最流行的填字游戏——数独. 图 1.5.1 展示的是一个六宫格数独，要求在空方格里填上数字 1 到 6，使得每一行、每一列以及每一个粗线格内都没有重复的数字出现.

	3			2	
2					1
		1	2		
		3	6		
3					2
	5			3	

图 1.5.1

我们把这个数独看成一个 6×6 的矩阵 A，图中的粗线把这个矩阵的行分成了三组，列分成了两组，引入记号

$$A=\begin{pmatrix}A_{11}&A_{12}\\A_{21}&A_{22}\\A_{31}&A_{32}\end{pmatrix}.$$

换言之，每一个粗线格里的数字按原来的顺序排成一个矩阵 $A_{ij}(i=1,2,3;j=1,2)$，称为矩阵 A 的**块**. 读者可以观察到这样一个有意思的现象：矩阵 A 的三个块行交换位置，或者两个块列交换位置仍然可以获得一个有效的数独.

事实上，类似于数独这种划分大矩阵成若干块的处理方式在实际解决问题时会带来极大的便利. 一般地，**矩阵的分块**就是指用若干条从左到右的横线和从上到下的竖线将矩阵 A 分成若干小矩阵，其中每个小矩阵称为矩阵 A 的**块**. 这种由块组成的矩阵称为**分块矩阵**.

例如，对矩阵

$$A=\begin{pmatrix}1&-1&3&2\\-2&3&11&5\\4&-5&0&3\end{pmatrix}$$

进行分块，可得分块矩阵

$$\boldsymbol{A}=\left(\begin{array}{ccc:c}1 & -1 & 3 & 2\\ -2 & 3 & 11 & 5\\ \hdashline 4 & -5 & 0 & 3\end{array}\right)=\begin{pmatrix}\boldsymbol{A}_{11} & \boldsymbol{A}_{12}\\ \boldsymbol{A}_{21} & \boldsymbol{A}_{22}\end{pmatrix}.$$

1.5.1 分块矩阵的运算

易见，同一个矩阵可以有不同的分块方法. 由于矩阵的运算结果在分块前和分块后应该保持一致，所以分块矩阵的线性运算，即加法和数乘，以及转置是比较容易理解的.

(1) 分块矩阵的加法

设同型矩阵 $\boldsymbol{A}$ 与 $\boldsymbol{B}$ 有相同的分块方法，即

$$\boldsymbol{A}=\begin{pmatrix}\boldsymbol{A}_{11} & \cdots & \boldsymbol{A}_{1r}\\ \vdots & & \vdots\\ \boldsymbol{A}_{s1} & \cdots & \boldsymbol{A}_{sr}\end{pmatrix},\boldsymbol{B}=\begin{pmatrix}\boldsymbol{B}_{11} & \cdots & \boldsymbol{B}_{1r}\\ \vdots & & \vdots\\ \boldsymbol{B}_{s1} & \cdots & \boldsymbol{B}_{sr}\end{pmatrix},$$

其中，$\boldsymbol{A}_{ij}$与$\boldsymbol{B}_{ij}$也是同型矩阵($i=1,2,\cdots,s$；$j=1,2,\cdots,r$)，则

$$\boldsymbol{A}+\boldsymbol{B}=\begin{pmatrix}\boldsymbol{A}_{11}+\boldsymbol{B}_{11} & \cdots & \boldsymbol{A}_{1r}+\boldsymbol{B}_{1r}\\ \vdots & & \vdots\\ \boldsymbol{A}_{s1}+\boldsymbol{B}_{s1} & \cdots & \boldsymbol{A}_{sr}+\boldsymbol{B}_{sr}\end{pmatrix}.$$

(2) 数与分块矩阵相乘

设分块矩阵 $\boldsymbol{A}=\begin{pmatrix}\boldsymbol{A}_{11} & \cdots & \boldsymbol{A}_{1r}\\ \vdots & & \vdots\\ \boldsymbol{A}_{s1} & \cdots & \boldsymbol{A}_{sr}\end{pmatrix}$,$\lambda$ 为数，则

$$\lambda\boldsymbol{A}=\begin{pmatrix}\lambda\boldsymbol{A}_{11} & \cdots & \lambda\boldsymbol{A}_{1r}\\ \vdots & & \vdots\\ \lambda\boldsymbol{A}_{s1} & \cdots & \lambda\boldsymbol{A}_{sr}\end{pmatrix}.$$

(3) 分块矩阵的转置

设分块矩阵$\boldsymbol{A}=\begin{pmatrix}\boldsymbol{A}_{11} & \boldsymbol{A}_{12} & \cdots & \boldsymbol{A}_{1r}\\ \boldsymbol{A}_{21} & \boldsymbol{A}_{22} & \cdots & \boldsymbol{A}_{2r}\\ \vdots & \vdots & & \vdots\\ \boldsymbol{A}_{s1} & \boldsymbol{A}_{s2} & \cdots & \boldsymbol{A}_{sr}\end{pmatrix}$，则

$$\boldsymbol{A}^{\mathrm{T}}=\begin{pmatrix}\boldsymbol{A}_{11}^{\mathrm{T}} & \boldsymbol{A}_{21}^{\mathrm{T}} & \cdots & \boldsymbol{A}_{s1}^{\mathrm{T}}\\ \boldsymbol{A}_{12}^{\mathrm{T}} & \boldsymbol{A}_{22}^{\mathrm{T}} & \cdots & \boldsymbol{A}_{s2}^{\mathrm{T}}\\ \vdots & \vdots & & \vdots\\ \boldsymbol{A}_{1r}^{\mathrm{T}} & \boldsymbol{A}_{2r}^{\mathrm{T}} & \cdots & \boldsymbol{A}_{sr}^{\mathrm{T}}\end{pmatrix}.$$

(4) 分块矩阵的乘法

例 1 再论商店账目上的统计学

分块矩阵的乘法如何进行呢？我们继续考虑 1.2 节的例 1 和例 2，在那里我们已经获得了如下的 4 个矩阵：

$$X_1=\begin{pmatrix}30&35&40\\28&36&32\end{pmatrix},X_2=\begin{pmatrix}33&37&36\\31&40&40\end{pmatrix},$$

$$J_1=\begin{pmatrix}2&3\\3&4\\4&5\end{pmatrix},J_2=\begin{pmatrix}2.5&3.5\\3.5&4.5\\4.5&4.5\end{pmatrix}.$$

而且通过计算 $\boldsymbol{P}=\boldsymbol{X}_1\boldsymbol{J}_1$ 得到了 2018 年三种商品分别在两地的总进货价和总销售价. 类似地，通过计算 $\boldsymbol{Q}=\boldsymbol{X}_2\boldsymbol{J}_2$ 可以得到 2019 年三种商品分别在两地的总进货价和总销售价. 因此，从 $\boldsymbol{P}+\boldsymbol{Q}$ 可以读出三种商品在 2018 年与 2019 年两个年度的相关总进货价和总销售价. 我们做一个形式化的处理

$$\begin{aligned}\boldsymbol{P}+\boldsymbol{Q}&=(\boldsymbol{X}_1,\boldsymbol{X}_2)\begin{pmatrix}\boldsymbol{J}_1\\\boldsymbol{J}_2\end{pmatrix}=\boldsymbol{X}_1\boldsymbol{J}_1+\boldsymbol{X}_2\boldsymbol{J}_2\\&=\begin{pmatrix}325&430\\292&388\end{pmatrix}+\begin{pmatrix}374&480\\397.5&508.5\end{pmatrix}=\begin{pmatrix}699&910\\689.5&896.5\end{pmatrix}.\end{aligned}$$

我们将例 1 中的形式化处理过程推广如下：设 $\boldsymbol{A}$ 为 $m\times l$ 矩阵，$\boldsymbol{B}$ 为 $l\times n$ 矩阵，通过对两个矩阵进行分块来计算 $\boldsymbol{AB}$ 时，要求：

1）左矩阵 $\boldsymbol{A}$ 的块列数等于右矩阵 $\boldsymbol{B}$ 的块行数；

2）左矩阵 $\boldsymbol{A}$ 的每个块列所含的列数等于右矩阵 $\boldsymbol{B}$ 相应块行所含的行数. 总而言之，对 $\boldsymbol{A}$ 的列的划分方法与对 $\boldsymbol{B}$ 的行的划分方法一致. 得分块矩阵

$$\boldsymbol{A}=\begin{pmatrix}\boldsymbol{A}_{11}&\cdots&\boldsymbol{A}_{1t}\\\vdots&&\vdots\\\boldsymbol{A}_{s1}&\cdots&\boldsymbol{A}_{st}\end{pmatrix},\boldsymbol{B}=\begin{pmatrix}\boldsymbol{B}_{11}&\cdots&\boldsymbol{B}_{1r}\\\vdots&&\vdots\\\boldsymbol{B}_{t1}&\cdots&\boldsymbol{B}_{tr}\end{pmatrix},$$

其中，$\boldsymbol{A}_{i1}$，$\boldsymbol{A}_{i2}$，…，$\boldsymbol{A}_{it}$ 的列数分别等于 $\boldsymbol{B}_{1j}$，$\boldsymbol{B}_{2j}$，…，$\boldsymbol{B}_{tj}$ 的行数，则我们不加证明地指出

$$\boldsymbol{AB}=\begin{pmatrix}\boldsymbol{C}_{11}&\cdots&\boldsymbol{C}_{1r}\\\vdots&&\vdots\\\boldsymbol{C}_{s1}&\cdots&\boldsymbol{C}_{sr}\end{pmatrix},$$

其中，$$\boldsymbol{C}_{ij}=\sum_{k=1}^{t}\boldsymbol{A}_{ik}\boldsymbol{B}_{kj}(i=1,2,\cdots,s;j=1,2,\cdots,r).$$

我们通过例子来说明利用分块方法确实可以减少计算量.

例 2 设

$$A=\begin{pmatrix}1&0&0&0\\0&1&0&0\\-1&2&3&0\\1&1&0&3\end{pmatrix},B=\begin{pmatrix}1&0&1&0\\-1&2&0&1\\0&0&4&1\\0&0&2&0\end{pmatrix},$$

求 $\boldsymbol{AB}$.

解：将矩阵 $\boldsymbol{A}$，$\boldsymbol{B}$ 进行如下分块

$$A=\left(\begin{array}{cc:cc}1&0&0&0\\0&1&0&0\\ \hdashline -1&2&3&0\\1&1&0&3\end{array}\right)=\begin{pmatrix}\boldsymbol{E}&\boldsymbol{O}\\\boldsymbol{A}_1&3\boldsymbol{E}\end{pmatrix},$$

$$B=\left(\begin{array}{cc:cc}1&0&1&0\\-1&2&0&1\\ \hdashline 0&0&4&1\\0&0&2&0\end{array}\right)=\begin{pmatrix}\boldsymbol{B}_1&\boldsymbol{E}\\\boldsymbol{O}&\boldsymbol{B}_2\end{pmatrix}.$$

于是 $$\boldsymbol{AB}=\begin{pmatrix}\boldsymbol{E}&\boldsymbol{O}\\\boldsymbol{A}_1&3\boldsymbol{E}\end{pmatrix}\begin{pmatrix}\boldsymbol{B}_1&\boldsymbol{E}\\\boldsymbol{O}&\boldsymbol{B}_2\end{pmatrix}=\begin{pmatrix}\boldsymbol{B}_1&\boldsymbol{E}\\\boldsymbol{A}_1\boldsymbol{B}_1&\boldsymbol{A}_1+3\boldsymbol{B}_2\end{pmatrix},$$

容易计算 $$\boldsymbol{A}_1\boldsymbol{B}_1=\begin{pmatrix}-3&4\\0&2\end{pmatrix},\boldsymbol{A}_1+3\boldsymbol{B}_2=\begin{pmatrix}11&5\\7&1\end{pmatrix},$$

所以 $$\boldsymbol{AB}=\begin{pmatrix}1&0&1&0\\-1&2&0&1\\-3&4&11&5\\0&2&7&1\end{pmatrix}.$$

动动手：设 $\boldsymbol{A}$，$\boldsymbol{B}$ 是 n 阶方阵，计算

$$\begin{pmatrix}\boldsymbol{O}&\boldsymbol{A}\\\boldsymbol{B}&\boldsymbol{O}\end{pmatrix}^2.$$

一个矩阵，如果它数值等于 0 的元的数目远远多于非零元的数目时，通常被称为**稀疏矩阵**. 例如本节开始时提到的网页链接矩阵就是一个稀疏矩阵. 读者从例 2 中应该能感受到，当参与乘法的矩阵有比较多的 0 元时，特别是稀疏矩阵的乘法，采用合适的分块会非常有效地减少计算量.

1.5.2 特殊分块矩阵

下面将要介绍两种常见的特殊分块矩阵，它们具有重要的用

处，请您特别注意.

(1) 分块对角矩阵

对于 n 阶方阵 $\boldsymbol{A}$，如果 $\boldsymbol{A}$ 的分块矩阵满足主对角线上的所有块都是方阵，而其余的块全是零矩阵，即形如

$$\boldsymbol{A}=\begin{pmatrix}\boldsymbol{A}_1 & & & \\ & \boldsymbol{A}_2 & & \\ & & \ddots & \\ & & & \boldsymbol{A}_s\end{pmatrix}, \tag{1-5-1}$$

其中，$\boldsymbol{A}_i(i=1,2,\cdots,s)$ 为方阵，则称 $\boldsymbol{A}$ 为**分块对角矩阵**. 特别地，若 $s=n$，即每个对角块 $\boldsymbol{A}_i$ 都是一阶的，那么 $\boldsymbol{A}$ 称为**对角矩阵**. 为书写方便，式(5-1)常约定记为

$$\boldsymbol{A}=\mathbf{diag}(\boldsymbol{A}_1,\boldsymbol{A}_2,\cdots,\boldsymbol{A}_s). \tag{1-5-2}$$

容易验证分块对角矩阵具有下述性质：

命题 1.5.1　设 $\boldsymbol{A}=\mathbf{diag}(\boldsymbol{A}_1,\boldsymbol{A}_2,\cdots,\boldsymbol{A}_s)$ 是分块对角矩阵，则

(1) $\boldsymbol{A}^n=\mathbf{diag}(\boldsymbol{A}_1^n,\boldsymbol{A}_2^n,\cdots,\boldsymbol{A}_s^n)$；

(2) 若方阵 $\boldsymbol{A}_i(i=1,2,\cdots,s)$ 可逆，则 $\boldsymbol{A}$ 也可逆，且

$$\boldsymbol{A}^{-1}=\mathbf{diag}(\boldsymbol{A}_1^{-1},\boldsymbol{A}_2^{-1},\cdots,\boldsymbol{A}_s^{-1}).$$

例 3

设 $\boldsymbol{A}=\begin{pmatrix}4 & 2 & 0\\ 1 & 1 & 0\\ 0 & 0 & 2\end{pmatrix}$，求 $\boldsymbol{A}^{-1}$.

解：记 $\boldsymbol{A}_1=\begin{pmatrix}4 & 2\\ 1 & 1\end{pmatrix}$，$\boldsymbol{A}_2=(2)$，直接计算可得

$$\boldsymbol{A}_1^{-1}=\begin{pmatrix}\frac{1}{2} & -1\\ -\frac{1}{2} & 2\end{pmatrix},$$

$\boldsymbol{A}_2^{-1}=\left(\frac{1}{2}\right)$，所以 $\boldsymbol{A}$ 可逆，且

$$\boldsymbol{A}^{-1}=\begin{pmatrix}\boldsymbol{A}_1^{-1} & \boldsymbol{O}\\ \boldsymbol{O} & \boldsymbol{A}_2^{-1}\end{pmatrix}=\begin{pmatrix}\frac{1}{2} & -1 & 0\\ -\frac{1}{2} & 2 & 0\\ 0 & 0 & \frac{1}{2}\end{pmatrix}.$$

动动手：设 $B=\begin{pmatrix}1 & -1\\ -1 & 1\end{pmatrix}$，$A=\begin{pmatrix}E_2 & O\\ O & B\end{pmatrix}$，求 A^{2020}.

(2) 按行(列)分块

对于一个 $m\times n$ 矩阵 A 可以有下列两种不同的分块

$$A=(\alpha_1,\alpha_2,\cdots,\alpha_n)=\begin{pmatrix}\beta_1\\ \beta_2\\ \vdots\\ \beta_m\end{pmatrix},$$

其中 α_i 是 m 维列向量($i=1,2,\cdots,n$)，β_j 是 n 维行向量($j=1,2,\cdots,m$). 矩阵的按列分块与按行分块强化了矩阵与向量的联系，而这种联系具有广泛的应用.

设 A 是 $m\times n$ 矩阵，对 n 元线性方程组

$$Ax=\beta$$

的系数矩阵 A 按列分块，未知数向量 x 按行分块，则方程组可表示为

$$(\alpha_1,\alpha_2,\cdots,\alpha_n)\begin{pmatrix}x_1\\ x_2\\ \vdots\\ x_n\end{pmatrix}=\beta,$$

即

$$x_1\alpha_1+x_2\alpha_2+\cdots+x_n\alpha_n=\beta. \tag{1-5-3}$$

我们通过一种特殊情况来理解式(1-5-3)的意义：当 $n=2$ 时，不妨先假设向量 α_1，α_2 不平行，那么式(1-5-3)是否有解意味着向量 β 是否属于由 α_1，α_2 决定的平面. 这种直观的几何意义将在第 3 章中被用来建立线性方程组解的(几何)结构理论.

我们再用按行(列)分块的角度来观察一下矩阵的乘法 AB. 设 $B=(\alpha_1,\alpha_2,\cdots,\alpha_n)$为按列分块,则 AB 可表示为

$$AB=A(\alpha_1,\alpha_2,\cdots,\alpha_n)=(A\alpha_1,A\alpha_2,\cdots,A\alpha_n).$$

因此 $AB=O$ 的充分必要条件是 B 的列向量 $\alpha_i(i=1,2,\cdots,n)$都是线性方程组 $Ax=0$ 的解.

例 4 用分块矩阵的方法证明定理 1.3.4，即初等变换和初等矩阵的关系.

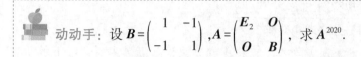

证明： 记 $\boldsymbol{\varepsilon}_1=\begin{pmatrix}1\\0\\\vdots\\0\end{pmatrix},\boldsymbol{\varepsilon}_2=\begin{pmatrix}0\\1\\\vdots\\0\end{pmatrix},\cdots,\boldsymbol{\varepsilon}_n=\begin{pmatrix}0\\0\\\vdots\\1\end{pmatrix}$，这组向量称为 n **维标准单位列向量**. 设 $\boldsymbol{A}$ 是 $m\times n$ 矩阵，记 $\boldsymbol{A}=(\boldsymbol{\alpha}_1,\boldsymbol{\alpha}_2,\cdots,\boldsymbol{\alpha}_n)$ 为按列分块. 初等矩阵的分块形式为

$$\boldsymbol{E}(i,j)=(\boldsymbol{\varepsilon}_1,\cdots,\boldsymbol{\varepsilon}_j,\cdots,\boldsymbol{\varepsilon}_i,\cdots,\boldsymbol{\varepsilon}_n),$$

$$\boldsymbol{E}(i(k))=(\boldsymbol{\varepsilon}_1,\cdots,k\boldsymbol{\varepsilon}_i,\cdots,\boldsymbol{\varepsilon}_n),$$

$$\boldsymbol{E}(i,j(k))=(\boldsymbol{\varepsilon}_1,\cdots,\boldsymbol{\varepsilon}_i,\cdots,\boldsymbol{\varepsilon}_j+k\boldsymbol{\varepsilon}_i,\cdots,\boldsymbol{\varepsilon}_n).$$

利用分块矩阵的乘法可得

$$\begin{aligned}\boldsymbol{AE}(i,j)&=(\boldsymbol{A\varepsilon}_1,\cdots,\boldsymbol{A\varepsilon}_j,\cdots,\boldsymbol{A\varepsilon}_i,\cdots,\boldsymbol{A\varepsilon}_n)\\&=(\boldsymbol{\alpha}_1,\cdots,\boldsymbol{\alpha}_j,\cdots,\boldsymbol{\alpha}_i,\cdots,\boldsymbol{\alpha}_n),\\\boldsymbol{AE}(i(k))&=(\boldsymbol{A\varepsilon}_1,\cdots,k\boldsymbol{A\varepsilon}_i,\cdots,\boldsymbol{A\varepsilon}_n)\\&=(\boldsymbol{\alpha}_1,\cdots,k\boldsymbol{\alpha}_i,\cdots,\boldsymbol{\alpha}_n),\\\boldsymbol{AE}(i,j(k))&=(\boldsymbol{A\varepsilon}_1,\cdots,\boldsymbol{A\varepsilon}_i,\cdots,\boldsymbol{A\varepsilon}_j+k\boldsymbol{A\varepsilon}_i,\cdots,\boldsymbol{A\varepsilon}_n)\\&=(\boldsymbol{\alpha}_1,\cdots,\boldsymbol{\alpha}_i,\cdots,\boldsymbol{\alpha}_j+k\boldsymbol{\alpha}_i,\cdots,\boldsymbol{\alpha}_n).\end{aligned}$$

这就证明了初等列变换与初等矩阵的关系，初等行变换的情形类似可证. □

在本节的最后，让我们回到引入分块矩阵的初衷——简化计算.

例 5　校正卫星轨道的计算

1957 年 10 月 4 日人类第一次成功地发射了人造卫星“卫星 1 号”，从此进入了一个新的时代. 图 1. 5. 2 所示是根据“卫星 1 号”的实物设计的想象图[⊖].

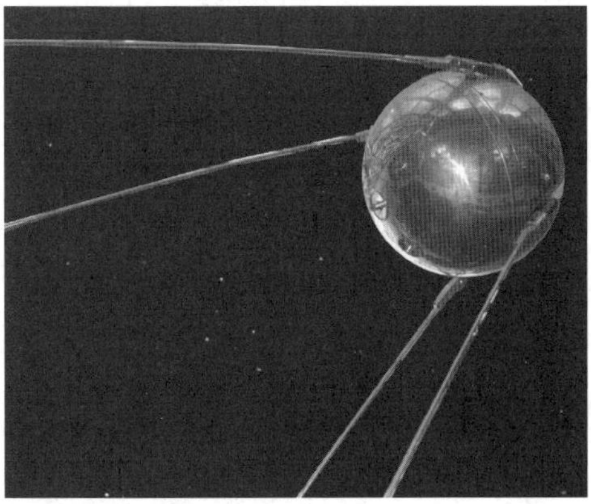

图　1. 5. 2(见彩图)

⊖ 图 1. 5. 2 来源于美国国家航空航天局(Courtesy NASA/NSSDCA).

“两弹一星”功勋科学家：孙家栋

当人造卫星发射成功之后，为了发挥卫星的作用，如无线通信等，通常需要卫星在精确计算过的轨道上运行. 然而因为诸如地球引力等因素，卫星的轨道会发生变化，这时就需要校正它的位置. 假设列向量 $\boldsymbol{\alpha}_i$ 表示卫星在第 i 时刻实际位置与计划轨道的差，那么矩阵序列 $\{\boldsymbol{A}_n=(\boldsymbol{\alpha}_1,\boldsymbol{\alpha}_2,\cdots,\boldsymbol{\alpha}_n)\}$ 会反映出随着时间的推移实际位置与计划轨道的偏差规律. 为了校正卫星的位置，矩阵 $\boldsymbol{G}_n=\boldsymbol{A}_n^{\mathrm{T}}\boldsymbol{A}_n$ 需要在雷达分析数据时计算出来(读者可以结合向量的内积来理解计算矩阵 $\boldsymbol{G}_n$ 的意义). 当雷达测量出新的数据 $\boldsymbol{\alpha}_{n+1}$ 时，矩阵 $\boldsymbol{G}_{n+1}$ 需要被快速计算出来，但是，因为数据向量高速到达，所以计算负担很重. 使用分块矩阵则可以大大简化计算，过程如下：

$$
\begin{aligned}
\boldsymbol{G}_{n+1}&=\boldsymbol{A}_{n+1}^{\mathrm{T}}\boldsymbol{A}_{n+1}=(\boldsymbol{\alpha}_1,\cdots,\boldsymbol{\alpha}_n,\boldsymbol{\alpha}_{n+1})^{\mathrm{T}}(\boldsymbol{\alpha}_1,\cdots,\boldsymbol{\alpha}_n,\boldsymbol{\alpha}_{n+1})\\
&=(\boldsymbol{A}_n,\boldsymbol{\alpha}_{n+1})^{\mathrm{T}}(\boldsymbol{A}_n,\boldsymbol{\alpha}_{n+1})\\
&=\begin{pmatrix}\boldsymbol{A}_n^{\mathrm{T}}\\ \boldsymbol{\alpha}_{n+1}^{\mathrm{T}}\end{pmatrix}(\boldsymbol{A}_n,\boldsymbol{\alpha}_{n+1})\\
&=\begin{pmatrix}\boldsymbol{G}_n & \boldsymbol{A}_n^{\mathrm{T}}\boldsymbol{\alpha}_{n+1}\\ \boldsymbol{\alpha}_{n+1}^{\mathrm{T}}\boldsymbol{A}_n & \boldsymbol{\alpha}_{n+1}^{\mathrm{T}}\boldsymbol{\alpha}_{n+1}\end{pmatrix}.
\end{aligned}
$$

注意到对任意的 n，矩阵 $\boldsymbol{G}_n$ 是**对称**的，即 $\boldsymbol{G}_n^{\mathrm{T}}=\boldsymbol{G}_n$，所以计算 $\boldsymbol{G}_{n+1}$ 的过程被简化为计算一个 n 维列向量 $\boldsymbol{A}_n^{\mathrm{T}}\boldsymbol{\alpha}_{n+1}$ 和一个数字 $\boldsymbol{\alpha}_{n+1}^{\mathrm{T}}\boldsymbol{\alpha}_{n+1}$ 即可.

习题 1-5

基础知识篇：

1. 设 $\boldsymbol{A}=\begin{pmatrix}1&2&1&0\\0&1&0&1\\0&0&2&1\\0&0&0&3\end{pmatrix}$，$\boldsymbol{B}=\begin{pmatrix}1&0&3&1\\0&1&2&-1\\0&0&-2&3\\0&0&0&-3\end{pmatrix}$，求 $\boldsymbol{AB}$.

2. 设 $\boldsymbol{A}=\begin{pmatrix}3&4&0&0\\4&-3&0&0\\0&0&2&0\\0&0&2&2\end{pmatrix}$，求：

(1) $\boldsymbol{A}^{-1}$； (2) $\boldsymbol{A}^4$；

(3) $\boldsymbol{AA}^{\mathrm{T}}$.

3. 设方阵 $\boldsymbol{A}$，$\boldsymbol{B}$ 都可逆，证明：

(1) 分块矩阵 $\begin{pmatrix}\boldsymbol{O}&\boldsymbol{A}\\ \boldsymbol{B}&\boldsymbol{O}\end{pmatrix}$ 可逆，且

$$\begin{pmatrix}\boldsymbol{O}&\boldsymbol{A}\\ \boldsymbol{B}&\boldsymbol{O}\end{pmatrix}^{-1}=\begin{pmatrix}\boldsymbol{O}&\boldsymbol{B}^{-1}\\ \boldsymbol{A}^{-1}&\boldsymbol{O}\end{pmatrix};$$

(2) 分块矩阵 $\begin{pmatrix}\boldsymbol{A}&\boldsymbol{O}\\ \boldsymbol{C}&\boldsymbol{B}\end{pmatrix}$ 可逆，且

$$\begin{pmatrix}\boldsymbol{A}&\boldsymbol{O}\\ \boldsymbol{C}&\boldsymbol{B}\end{pmatrix}^{-1}=\begin{pmatrix}\boldsymbol{A}^{-1}&\boldsymbol{O}\\ -\boldsymbol{B}^{-1}\boldsymbol{C}\boldsymbol{A}^{-1}&\boldsymbol{B}^{-1}\end{pmatrix}.$$

4. 求下列方阵的逆矩阵：

(1) $\begin{pmatrix}0&0&5&2\\0&0&2&1\\8&3&0&0\\5&2&0&0\end{pmatrix}$； (2) $\begin{pmatrix}1&0&0&0\\1&2&0&0\\3&0&2&1\\1&4&2&2\end{pmatrix}$.

5. 设 $\boldsymbol{C}$ 是 n 阶可逆矩阵，$\boldsymbol{D}$ 是 $3\times n$ 矩阵，且 $\boldsymbol{D}=\begin{pmatrix}1&2&\cdots&n\\0&0&\cdots&0\\0&0&\cdots&0\end{pmatrix}$，试用分块矩阵的乘法，求一个

$n\times(n+3)$矩阵 $\boldsymbol{A}$，使得 $\boldsymbol{A}\begin{pmatrix}\boldsymbol{C}\\\boldsymbol{D}\end{pmatrix}=\boldsymbol{E}_n$.

应用提高篇：

6. 图 1.5.3 展示了分别被标记为①~④的四个城市间的单向客运航线，若令

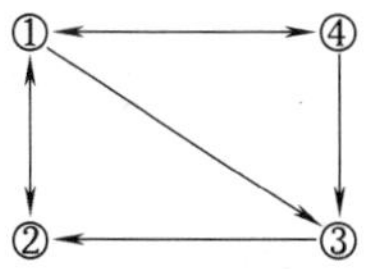

图　1.5.3

$$a_{ij}=\begin{cases}1, & 从\ i\ 城市到\ j\ 城市有\ 1\ 条单向航线,\\0, & 从\ i\ 城市到\ j\ 城市没有单向航线,\end{cases}$$

则

(1) 写出这四个城市之间的单向客运航线的表示矩阵 $\boldsymbol{A}$；

(2) 若记 $\boldsymbol{A}^2=(b_{ij})$，则 b_{ij} 表示从 i 城市经一次中转(即坐两次航班)到 j 城市的单向航线条数，并计算 $\boldsymbol{A}^2$；

(3) 请解释 $\boldsymbol{A}^n$ 的矩阵元的含义.

第 2 章 矩阵的行列式

作为求解线性方程组的一种工具，行列式这一概念是由德国数学家、微积分的奠基人之一莱布尼茨(Leibniz)和日本数学家关孝和(Seki Takakazu)提出的. 1812 年，法国数学家柯西(Cauchy)给出了行列式关于矩阵乘法的一个公式，从此行列式的系统性理论开始形成，并最终发展成为线性代数的基本内容之一.

本章的具体内容包括：2.1 节通过平行四边形的面积和平行六面体的体积引出行列式的概念，并介绍有关的组合性质. 2.2 节介绍行列式关于初等变换的性质，以及行列式关于代数运算的性质. 2.3 节介绍行列式按一行(列)展开的计算方法，并介绍与统计物理有关的多米诺骨牌覆盖问题. 2.4 节介绍行列式在解线性方程组和数据处理方面的用处. 2.5 节利用行列式定义矩阵的秩，并通过秩这个工具完成矩阵的相抵分类.

2.1 有向面积和有向体积——行列式

2.1.1 从三维扫描和三角形网格谈起

从对珍贵历史文物的保护与研究、影视作品中的视觉效果处理等，到最新的智能辅助医疗，三维扫描技术为人类生活的很多方面提供了便利. 一种十分常用的三维扫描技术就是使用某些光学方法获得被扫描的物体表面一些离散的点在三维空间当中的坐标信息. 有了这些坐标信息，我们就可以在计算机当中使用各种手段将原来的物体模拟呈现出来. 例如，构造出一个“多边形网格”或者“三角形网格”来近似地还原被扫描物体的表面形状，即将临近的点使用线段连接起来，合适的多个点确定空间当中的一个多边形或者三角形，使得这些多边形或者三角形连接在一起的时候与原物体外表面近似. 由于多边形网格总可以细分成三角形网格，所以下面我们只讨论三角形网格.

通常，如果我们采集的物体表面的点的数目足够多，那么这样的三角形网格和物体的外表面形状就足够靠近．然而考虑到数据的处理量等问题，一个三角形网格和实际物体的表面形状一般还是有差距的．这时使用合适的计算机图形成像方法，我们能够达到将这个三角形网格呈现得和实物相差无几的视觉效果．

我们的视觉通过光来认识三维物体的形状甚至是材质．计算机通过光照模型来模拟人类的视觉效果，其基本思想是在物体上的每个点处都确定一个法向量，使用法向量和光源的位置以及朝向的关系，通过一定的数学方法，计算出该点的着色．对于一个三角形网格，对每个三角形内的所有点，我们都采用垂直于整个三角形的法向量作为它们的法向量，然后使用光照模型来着色，那么这种着色法会造成同一个三角形上的点的颜色差别很小，而不同三角形上的点的颜色差距比较大．这种着色法称为平直着色法(flat shading method)．效果看起来如图 2.1.1 所示㊀．

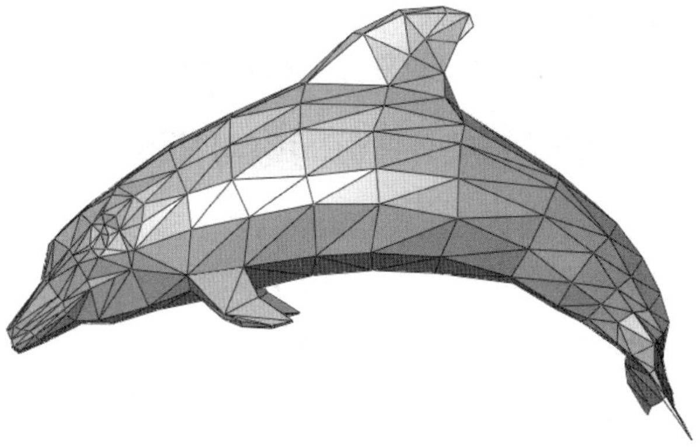

图　2.1.1

为了取得良好的视觉效果并且在某种程度上反映真实事物表面的平稳变化，还有另外一类着色法称为光滑着色法．常见的有 Gouraud 着色法和 Phong 着色法．其中 Gouraud 着色法的基本想法是使用三角形顶点处的法向量计算出顶点的着色，然后使用线性插值的方法确定三角形内部的点的着色．而 Phong 着色法是基于 Gouraud 着色法的改良版本，其思想则是利用三角形顶点处的法向量线性插值地计算出该三角形内每点的法向量，然后再结合光照模型计算出每个点的着色．一般 Phong 着色法生成图像所耗的时间比较长，但是视觉效果比较好(见图 2.1.2㊁)．

㊀　图 2.1.1 来源于公有领域图片库(Chrschn/Public domain)．

㊁　图 2.1.2 来源于公有领域图片库(Maarten Everts/Public domain)．

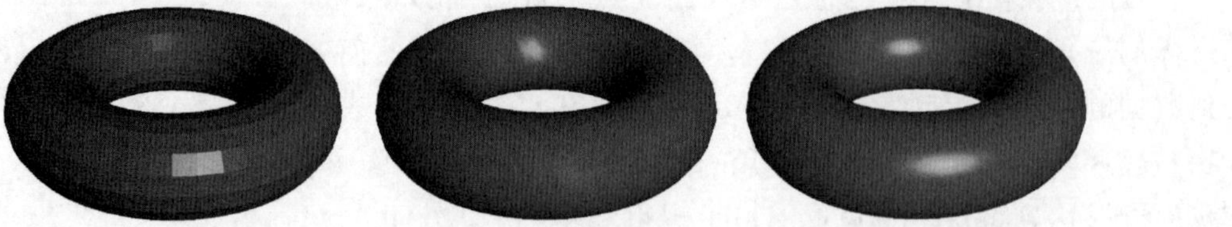

图 2.1.2(见彩图)

在三维扫描物体时，有的时候三角形网格顶点对应的原物体表面的法向量是没有被记录下来的. 这时一般采用加权求和的方法来获得法向量的一个估计值，即假设顶点 P 处以之为顶点的所有三角形为 $T_1,T_2,\cdots,T_n$，我们首先计算出每一个三角形的单位法向量 $\boldsymbol{\alpha}_1,\boldsymbol{\alpha}_2,\cdots,\boldsymbol{\alpha}_n$ 和面积 $S_1,S_2,\cdots,S_n$，那么点 P 的法向量可以取为与向量

$$S_1\boldsymbol{\alpha}_1+S_2\boldsymbol{\alpha}_2+\cdots+S_n\boldsymbol{\alpha}_n$$

同向的单位向量. 这些 $S_i\boldsymbol{\alpha}_i$ 都可以使用三角形的三个顶点的坐标通过本节将要介绍的行列式计算出来. 学习过“微积分”的读者此刻应该想起了向量的外积(也称为叉乘或向量积).

2.1.2 平行四边形的有向面积和二阶行列式

实际上，我们可以使用线性函数的观点来考察 n 维空间中的某些简单实体的体积. 下面我们通过讨论二维平面上的两个向量所确定的平行四边形(退化或者非退化)的有向面积来类推与 n 维向量相应的“有向体积”概念.

定义 2.1.1 任意给定二维平面上的两个列向量

$$\boldsymbol{\alpha}_1=\begin{pmatrix}a_{11}\\a_{21}\end{pmatrix},\quad \boldsymbol{\alpha}_2=\begin{pmatrix}a_{12}\\a_{22}\end{pmatrix},$$

由 $\mathbf{0}$，$\boldsymbol{\alpha}_1$，$\boldsymbol{\alpha}_2$，$\boldsymbol{\alpha}_1+\boldsymbol{\alpha}_2$ 这些向量的终点确定了平面上的 4 个点. 当 $\boldsymbol{\alpha}_1$ 与 $\boldsymbol{\alpha}_2$ 不共线时，以这 4 个点为顶点，唯一确定了一个平行四边形；当 $\boldsymbol{\alpha}_1$ 与 $\boldsymbol{\alpha}_2$ 共线时，这 4 个点也共线，此时有一条最短的线段(长度可能为零)包含这 4 个点，我们把这一条线段称为一个**退化的平行四边形**. 这个平行四边形或者这条线段称为由 $\boldsymbol{\alpha}_1$，$\boldsymbol{\alpha}_2$ **确定的平行四边形**.

我们先观察一下：由 $\boldsymbol{\alpha}_1$，$\boldsymbol{\alpha}_2$ 确定的平行四边形的面积与这两个向量之间有什么关系呢？首先，当延长平行四边形的一边至原来的两倍，那么平行四边形的面积也变成了原来的两倍(见

图 2.1.3). 这个结论对于任意的正数 k 都成立，也就是说 $k\boldsymbol{\alpha}_1$ 与 $\boldsymbol{\alpha}_2$ 确定的平行四边形的面积是 $\boldsymbol{\alpha}_1$ 与 $\boldsymbol{\alpha}_2$ 确定的平行四边形的面积的 k 倍. 但是当 k 是负数的时候，这个结论就不再成立了. 例如，当 $k=-1$ 时，如图 2.1.4 所示，向量 $-\boldsymbol{\alpha}_1$ 与 $\boldsymbol{\alpha}_2$ 确定的平行四边形的面积不是 $\boldsymbol{\alpha}_1$ 与 $\boldsymbol{\alpha}_2$ 确定的平行四边形的面积的 (-1) 倍，因为面积不能是一个负数. 但是，如果我们引进一种所谓的“有向面积”或者称为“带符号的面积”来取代传统面积这个概念，就可以让上述的结论对于所有的实数 k 都成立. 这样就为处理向量和面积的关系带来了便利.

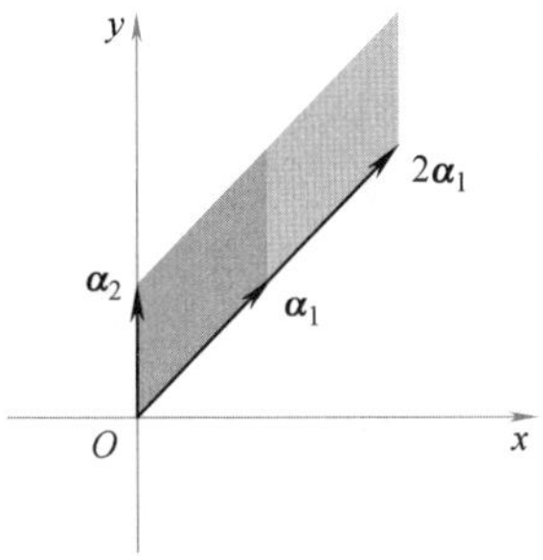

图　2.1.3(见彩图)

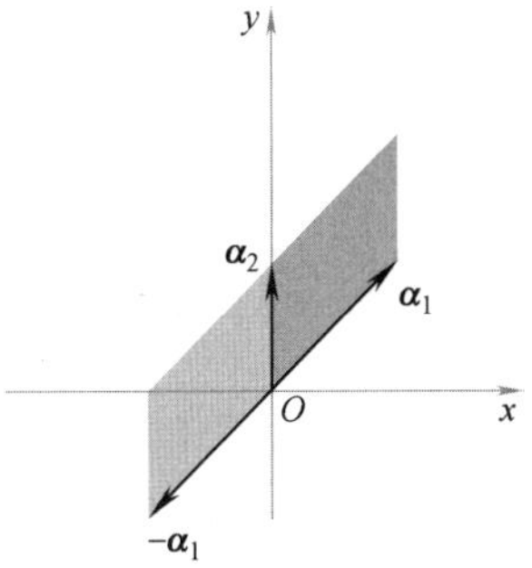

图　2.1.4(见彩图)

我们已经获得了有向面积与向量的数乘运算之间的关系，接下来看看有向面积与向量加法的联系. 事实上，平行四边形的面积对于它的某一条边具有“可加性”，如图 2.1.5 所示，即 $\boldsymbol{\alpha}_1$ 与 $\boldsymbol{\alpha}_2+\boldsymbol{\alpha}_3$ 确定的平行四边形的面积(绿色)是 $\boldsymbol{\alpha}_1$ 与 $\boldsymbol{\alpha}_2$ 确定的平行四边形的面积(紫色)加上 $\boldsymbol{\alpha}_1$ 与 $\boldsymbol{\alpha}_3$ 确定的平行四边形的面积(红色). 但是，这个“可加性”对于任意的 $\boldsymbol{\alpha}_3$ 的取法并不都是对的，问题仍然出现在面积不能是负数上面. 如果我们同样地引进“有向面积”或者称为“带符号的面积”，那么我们可以使得这个可加性对于所有的 $\boldsymbol{\alpha}_3$ 的取法都成立.

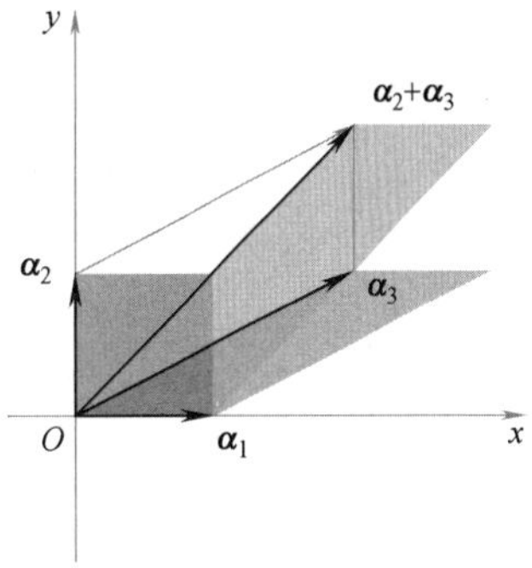

图　2.1.5(见彩图)

事实上，上面的两个观察结论再添加上两条基本而且自然的性质，就足以唯一确定“有向面积”这个概念.

定义 2.1.2　定义如下一个对应规则 V：任意给定二维平面的两个列向量 $\boldsymbol{\alpha}_1,\boldsymbol{\alpha}_2$，映射 V 都将这一对向量对应到一个数，记作 $V(\boldsymbol{\alpha}_1,\boldsymbol{\alpha}_2)$，使得 V 满足：

(1) **规范性**：当 $\boldsymbol{\alpha}_1,\boldsymbol{\alpha}_2$ 分别是 $(1,0)^{\mathrm{T}}$，$(0,1)^{\mathrm{T}}$ 时，$V(\boldsymbol{\alpha}_1,\boldsymbol{\alpha}_2)=1$.

(2) **双线性性**：对任意的二维平面上的四个列向量 $\boldsymbol{\alpha}_1,\boldsymbol{\alpha}_2,\boldsymbol{\beta}_1,\boldsymbol{\beta}_2$，总有

$$V(\boldsymbol{\alpha}_1+\boldsymbol{\beta}_1,\boldsymbol{\alpha}_2)=V(\boldsymbol{\alpha}_1,\boldsymbol{\alpha}_2)+V(\boldsymbol{\beta}_1,\boldsymbol{\alpha}_2),$$
$$V(\boldsymbol{\alpha}_1,\boldsymbol{\alpha}_2+\boldsymbol{\beta}_2)=V(\boldsymbol{\alpha}_1,\boldsymbol{\alpha}_2)+V(\boldsymbol{\alpha}_1,\boldsymbol{\beta}_2),$$

同时对于任意的数 k 总有

$$V(k\boldsymbol{\alpha}_1,\boldsymbol{\alpha}_2)=V(\boldsymbol{\alpha}_1,k\boldsymbol{\alpha}_2)=kV(\boldsymbol{\alpha}_1,\boldsymbol{\alpha}_2).$$

（3）**反对称性**：如果 $\boldsymbol{\alpha}_1=\boldsymbol{\alpha}_2$，那么 $V(\boldsymbol{\alpha}_1,\boldsymbol{\alpha}_2)=0$.

我们将在定理 2.1.7 中证明 $V(\boldsymbol{\alpha}_1,\boldsymbol{\alpha}_2)$ 这个数就是由 $\boldsymbol{\alpha}_1$ 和 $\boldsymbol{\alpha}_2$ 确定的平行四边形的“有向面积”或者称为“带符号的面积”. 因此，定义 2.1.2 中的反对称性说的就是两条边重合的退化的平行四边形的有向面积为零.

性质 2.1.3　对调两个列向量的位置，对调前后它们分别被 V 对应到的数值互为相反数；即 $V(\boldsymbol{\alpha}_2,\boldsymbol{\alpha}_1)=-V(\boldsymbol{\alpha}_1,\boldsymbol{\alpha}_2)$.

证明：由反对称性知 $V(\boldsymbol{\alpha}_1+\boldsymbol{\alpha}_2,\boldsymbol{\alpha}_1+\boldsymbol{\alpha}_2)=V(\boldsymbol{\alpha}_1,\boldsymbol{\alpha}_1)=V(\boldsymbol{\alpha}_2,\boldsymbol{\alpha}_2)=0$，其中 $V(\boldsymbol{\alpha}_1+\boldsymbol{\alpha}_2,\boldsymbol{\alpha}_1+\boldsymbol{\alpha}_2)=V(\boldsymbol{\alpha}_1,\boldsymbol{\alpha}_1)+V(\boldsymbol{\alpha}_1,\boldsymbol{\alpha}_2)+V(\boldsymbol{\alpha}_2,\boldsymbol{\alpha}_1)+V(\boldsymbol{\alpha}_2,\boldsymbol{\alpha}_2)$. 这两个式子告诉我们 $V(\boldsymbol{\alpha}_1,\boldsymbol{\alpha}_2)+V(\boldsymbol{\alpha}_2,\boldsymbol{\alpha}_1)=0$. 即 $V(\boldsymbol{\alpha}_2,\boldsymbol{\alpha}_1)=-V(\boldsymbol{\alpha}_1,\boldsymbol{\alpha}_2)$. □

沿用 1.5 节例 4 引入的 n 维标准单位列向量，记

$$\boldsymbol{\varepsilon}_1=\begin{pmatrix}1\\0\end{pmatrix},\quad \boldsymbol{\varepsilon}_2=\begin{pmatrix}0\\1\end{pmatrix},$$

那么性质 2.1.3 告诉我们 $-V(\boldsymbol{\varepsilon}_2,\boldsymbol{\varepsilon}_1)=V(\boldsymbol{\varepsilon}_1,\boldsymbol{\varepsilon}_2)=1$. 如图 2.1.6 所示.

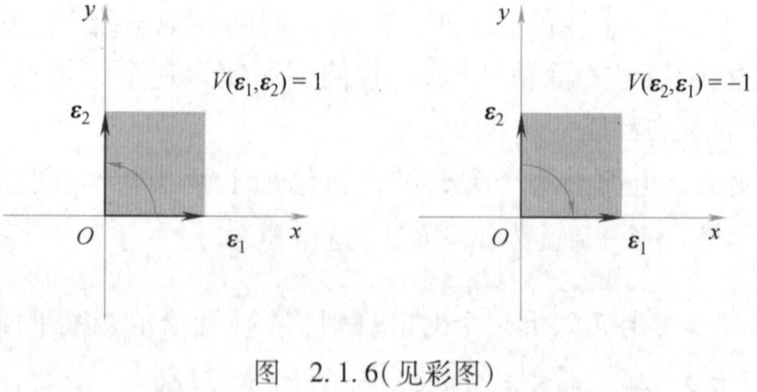

图　2.1.6(见彩图)

定理 2.1.4　定义 2.1.2 中的对应规则存在而且唯一，并且若 $\boldsymbol{\alpha}_1$ 与 $\boldsymbol{\alpha}_2$ 如定义 2.1.1 所示，那么 $V(\boldsymbol{\alpha}_1,\boldsymbol{\alpha}_2)=a_{11}a_{22}-a_{12}a_{21}$.

证明：根据定义 2.1.2 中的三条性质，如果对应规则 V 存在，那么有

$$
\begin{aligned}
V(\boldsymbol{\alpha}_1,\boldsymbol{\alpha}_2) &= V(a_{11}\boldsymbol{\varepsilon}_1+a_{21}\boldsymbol{\varepsilon}_2,a_{12}\boldsymbol{\varepsilon}_1+a_{22}\boldsymbol{\varepsilon}_2)\\
&= a_{11}a_{12}V(\boldsymbol{\varepsilon}_1,\boldsymbol{\varepsilon}_1)+a_{11}a_{22}V(\boldsymbol{\varepsilon}_1,\boldsymbol{\varepsilon}_2)+a_{12}a_{21}V(\boldsymbol{\varepsilon}_2,\boldsymbol{\varepsilon}_1)+\\
&\quad a_{21}a_{22}V(\boldsymbol{\varepsilon}_2,\boldsymbol{\varepsilon}_2)\\
&= a_{11}a_{22}-a_{12}a_{21}.
\end{aligned}
$$

即 $V(\boldsymbol{\alpha}_1,\boldsymbol{\alpha}_2)$由 $\boldsymbol{\alpha}_1$ 和 $\boldsymbol{\alpha}_2$ 唯一确定，这就证明了唯一性. 下面证明存在性. 对于任意的 $\boldsymbol{\alpha}_1$ 和 $\boldsymbol{\alpha}_2$，令 $V(\boldsymbol{\alpha}_1,\boldsymbol{\alpha}_2)=a_{11}a_{22}-a_{12}a_{21}$. 容易验证这个对应规则满足定义 2.1.2 中的所有要求，所以对应规则 V 存在. □

性质 2.1.5　对于任意的数 k，总有 $V(\boldsymbol{\alpha}_1+k\boldsymbol{\alpha}_2,\boldsymbol{\alpha}_2)=V(\boldsymbol{\alpha}_1,\boldsymbol{\alpha}_2+k\boldsymbol{\alpha}_1)=V(\boldsymbol{\alpha}_1,\boldsymbol{\alpha}_2)$.

证明：只证其中的一个等式，另外一个等式类似可得.

$$
\begin{aligned}
V(\boldsymbol{\alpha}_1+k\boldsymbol{\alpha}_2,\boldsymbol{\alpha}_2) &= V(\boldsymbol{\alpha}_1,\boldsymbol{\alpha}_2)+V(k\boldsymbol{\alpha}_2,\boldsymbol{\alpha}_2)\\
&= V(\boldsymbol{\alpha}_1,\boldsymbol{\alpha}_2)+kV(\boldsymbol{\alpha}_2,\boldsymbol{\alpha}_2)\\
&= V(\boldsymbol{\alpha}_1,\boldsymbol{\alpha}_2)+0\\
&= V(\boldsymbol{\alpha}_1,\boldsymbol{\alpha}_2).
\end{aligned}
$$

□

性质 2.1.6　假设 $\boldsymbol{\alpha}_1\perp\boldsymbol{\alpha}_2$，即 $\boldsymbol{\alpha}_1$ 与 $\boldsymbol{\alpha}_2$ 的内积$\langle\boldsymbol{\alpha}_1,\boldsymbol{\alpha}_2\rangle=\boldsymbol{\alpha}_1^{\mathrm{T}}\boldsymbol{\alpha}_2$ 为零，那么

$$
|V(\boldsymbol{\alpha}_1,\boldsymbol{\alpha}_2)|=\|\boldsymbol{\alpha}_1\|\cdot\|\boldsymbol{\alpha}_2\|.
$$

证明：使用定义 2.1.1 中的记号，那么

$$
|V(\boldsymbol{\alpha}_1,\boldsymbol{\alpha}_2)|=|a_{11}a_{22}-a_{12}a_{21}|,
$$

所以有

$$
\begin{aligned}
\|\boldsymbol{\alpha}_1\|\cdot\|\boldsymbol{\alpha}_2\| &= \sqrt{a_{11}^2+a_{21}^2}\sqrt{a_{12}^2+a_{22}^2}\\
&= \sqrt{a_{11}^2a_{12}^2+a_{11}^2a_{22}^2+a_{21}^2a_{12}^2+a_{21}^2a_{22}^2}\\
&= \sqrt{(a_{11}a_{12}+a_{21}a_{22})^2+(a_{11}a_{22}-a_{12}a_{21})^2}\\
&= \sqrt{(a_{11}a_{22}-a_{12}a_{21})^2}\\
&= |V(\boldsymbol{\alpha}_1,\boldsymbol{\alpha}_2)|.
\end{aligned}
$$

□

定理 2.1.7　对于任意的两个二维平面上的列向量 $\boldsymbol{\alpha}_1$ 和 $\boldsymbol{\alpha}_2$，$V(\boldsymbol{\alpha}_1,\boldsymbol{\alpha}_2)$的绝对值就是由 $\boldsymbol{\alpha}_1$ 和 $\boldsymbol{\alpha}_2$ 确定的平行四边形的面积 σ. 我们称 $V(\boldsymbol{\alpha}_1,\boldsymbol{\alpha}_2)$为这个平行四边形的**有向面积**或者**带符号的面积**.

证明：不妨设 $\boldsymbol{\alpha}_1\neq\mathbf{0}$. 假设 $\theta\in[0,\pi]$ 是 $\boldsymbol{\alpha}_1$ 与 $\boldsymbol{\alpha}_2$ 的夹角. 记 $\boldsymbol{\beta}=\boldsymbol{\alpha}_2-\dfrac{\langle\boldsymbol{\alpha}_2,\boldsymbol{\alpha}_1\rangle}{\|\boldsymbol{\alpha}_1\|^2}\boldsymbol{\alpha}_1$，那么 $\boldsymbol{\alpha}_1\perp\boldsymbol{\beta}$ 且 $\|\boldsymbol{\beta}\|=\|\boldsymbol{\alpha}_2\|\sin\theta$.所以

$$\begin{aligned}|V(\boldsymbol{\alpha}_1,\boldsymbol{\alpha}_2)|&=\left|V\left(\boldsymbol{\alpha}_1,\boldsymbol{\alpha}_2-\frac{\langle\boldsymbol{\alpha}_2,\boldsymbol{\alpha}_1\rangle}{\|\boldsymbol{\alpha}_1\|^2}\boldsymbol{\alpha}_1\right)\right|=|V(\boldsymbol{\alpha}_1,\boldsymbol{\beta})|\\&=\|\boldsymbol{\alpha}_1\|\cdot\|\boldsymbol{\beta}\|=\|\boldsymbol{\alpha}_1\|\cdot\|\boldsymbol{\alpha}_2\|\sin\theta=\sigma.\end{aligned}$$

□

上述定理的证明策略可以用图 2.1.7 几何直观地展示出来.

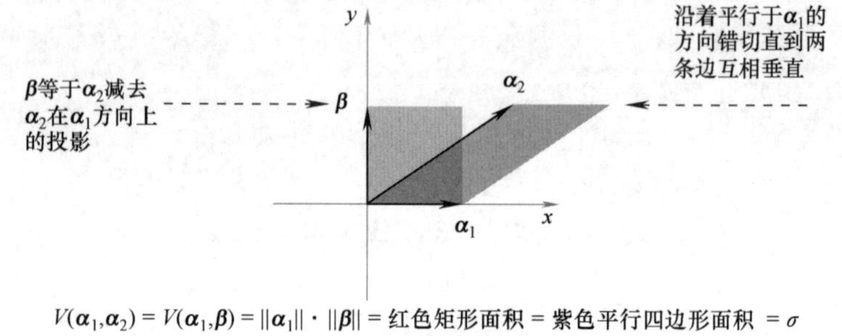

图 2.1.7(见彩图)

根据定理 2.1.7，性质 2.1.5 的几何意义就是沿着平行于平行四边形某一条边的方向上的错切不改变有向面积值(见图 2.1.8). 性质 2.1.6 的几何意义是“相邻两边互相垂直的平行四边形的面积是它的这两边长度的乘积”.

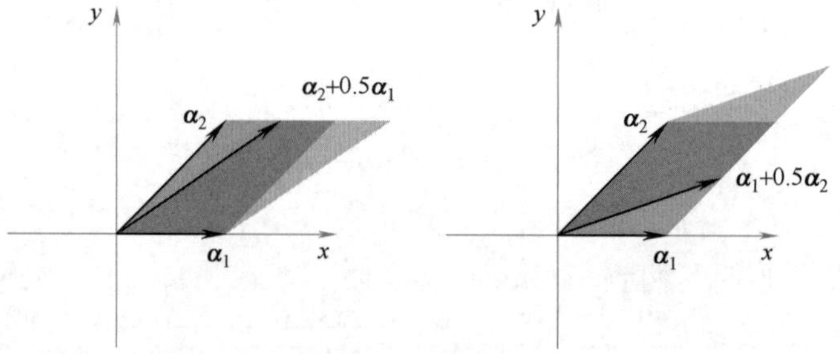

图 2.1.8(见彩图)

想一想：$V(\boldsymbol{\alpha}_1,\boldsymbol{\alpha}_2)$ 什么时候是正的，什么时候是负的?

现在我们将一个二阶方阵的两个列向量所确定的平行四边形的有向面积定义成这个方阵的行列式.

定义 2.1.8 给定一个二阶方阵 $\boldsymbol{A}=(a_{ij})$，我们定义 $\boldsymbol{A}$ 的**行列式**为数 $V(\boldsymbol{\alpha}_1,\boldsymbol{\alpha}_2)$，其中 $\boldsymbol{\alpha}_i$ 为 $\boldsymbol{A}$ 的第 i 列.我们用符号 $\det(\boldsymbol{A})$ 或者 $|\boldsymbol{A}|$ 或者

$$\begin{vmatrix} a_{11} & a_{12} \\ a_{21} & a_{22} \end{vmatrix}$$

表示 $\boldsymbol{A}$ 的行列式，即

$$\det(\boldsymbol{A}) = |\boldsymbol{A}| = V(\boldsymbol{\alpha}_1, \boldsymbol{\alpha}_2) = a_{11}a_{22} - a_{12}a_{21}.$$

一个二阶方阵的行列式称为一个**二阶行列式**.

动动手：计算二阶行列式 $\begin{vmatrix} 1 & 2 \\ 3 & 4 \end{vmatrix}$，$\begin{vmatrix} 1 & 1 \\ 0.5 & 0.5 \end{vmatrix}$.

例 1　假设 $\triangle ABC$ 是三维几何空间中某个三角形网格上的一个三角形. 那么使用顶点的坐标，我们可以得到向量 $\overrightarrow{AB}$ 和 $\overrightarrow{AC}$ 的坐标，记这两个向量为

$$\overrightarrow{AB} = (a_1, a_2, a_3),$$

$$\overrightarrow{AC} = (b_1, b_2, b_3).$$

那么令

$$\boldsymbol{\nu} = \left(\begin{vmatrix} a_2 & a_3 \\ b_2 & b_3 \end{vmatrix}, -\begin{vmatrix} a_1 & a_3 \\ b_1 & b_3 \end{vmatrix}, \begin{vmatrix} a_1 & a_2 \\ b_1 & b_2 \end{vmatrix} \right)$$

$$= (a_2b_3 - a_3b_2, a_3b_1 - a_1b_3, a_1b_2 - a_2b_1).$$

则容易验证当 $\boldsymbol{\nu} \neq \mathbf{0}$ 时，

$$\overrightarrow{AB} \perp \boldsymbol{\nu},$$

$$\overrightarrow{AC} \perp \boldsymbol{\nu},$$

即此时 $\boldsymbol{\nu}$ 就是 $\triangle ABC$ 的一个法向量.

这个法向量 $\boldsymbol{\nu}$ 的分量就是我们下一节要介绍的行列式的代数余子式. 学过几何空间的两个向量的外积的读者很快就能回忆起来，$\boldsymbol{\nu}$ 的长度刚好就是 $\triangle ABC$ 的面积的两倍. 没有学习过向量外积相关理论的读者，可以使用向量的内积以及公式 $\|\boldsymbol{\alpha}\|^2\|\boldsymbol{\beta}\|^2\sin^2\theta = \|\boldsymbol{\alpha}\|^2\|\boldsymbol{\beta}\|^2 - \|\boldsymbol{\alpha}\|^2\|\boldsymbol{\beta}\|^2\cos^2\theta$ 得到.这样我们就解决了本节一开始介绍的三角形网格涉及的法向量和面积的求解问题.

2.1.3　三阶行列式和 n 阶行列式

我们将二阶行列式的概念做一般化的推广，读者将清楚地认识到长度、面积、体积等是同一个度量概念在不同维度空间的具体名称而已.

定义 2.1.9 任意给定三维几何空间当中的 3 个列向量

$$\boldsymbol{\alpha}_1=\begin{pmatrix}a_{11}\\a_{21}\\a_{31}\end{pmatrix},\quad \boldsymbol{\alpha}_2=\begin{pmatrix}a_{12}\\a_{22}\\a_{32}\end{pmatrix},\quad \boldsymbol{\alpha}_3=\begin{pmatrix}a_{13}\\a_{23}\\a_{33}\end{pmatrix},$$

由 $\mathbf{0}$，$\boldsymbol{\alpha}_1$，$\boldsymbol{\alpha}_2$，$\boldsymbol{\alpha}_3$，$\boldsymbol{\alpha}_1+\boldsymbol{\alpha}_2$，$\boldsymbol{\alpha}_1+\boldsymbol{\alpha}_3$，$\boldsymbol{\alpha}_2+\boldsymbol{\alpha}_3$，$\boldsymbol{\alpha}_1+\boldsymbol{\alpha}_2+\boldsymbol{\alpha}_3$这些向量的终点确定了空间当中的 8 个点，以这 8 个点为顶点，唯一确定了一个(可能是退化的)平行六面体. 这个平行六面体称为由$\boldsymbol{\alpha}_1$，$\boldsymbol{\alpha}_2$，$\boldsymbol{\alpha}_3$确定的**平行六面体**.

类似于二维平面的情形，我们尝试引入平行六面体的“有向体积”这一概念.

定理 2.1.10 定义如下一个对应规则 V：任意给定三维几何空间中的三个列向量 $\boldsymbol{\alpha}_1$，$\boldsymbol{\alpha}_2$，$\boldsymbol{\alpha}_3$，映射 V 都将这一组向量对应到一个数，记作 $V(\boldsymbol{\alpha}_1,\boldsymbol{\alpha}_2,\boldsymbol{\alpha}_3)$，使得 V 满足：

(1) **规范性**：规定 $V(\boldsymbol{\varepsilon}_1,\boldsymbol{\varepsilon}_2,\boldsymbol{\varepsilon}_3)=1$，其中 $\boldsymbol{\varepsilon}_1$，$\boldsymbol{\varepsilon}_2$，$\boldsymbol{\varepsilon}_3$ 为标准单位向量.

(2) **多重线性性**：对任意的三维几何空间中的六个列向量 $\boldsymbol{\alpha}_1$，$\boldsymbol{\alpha}_2$，$\boldsymbol{\alpha}_3$，$\boldsymbol{\beta}_1$，$\boldsymbol{\beta}_2$，$\boldsymbol{\beta}_3$，总有

$$V(\boldsymbol{\alpha}_1+\boldsymbol{\beta}_1,\boldsymbol{\alpha}_2,\boldsymbol{\alpha}_3)=V(\boldsymbol{\alpha}_1,\boldsymbol{\alpha}_2,\boldsymbol{\alpha}_3)+V(\boldsymbol{\beta}_1,\boldsymbol{\alpha}_2,\boldsymbol{\alpha}_3),$$
$$V(\boldsymbol{\alpha}_1,\boldsymbol{\alpha}_2+\boldsymbol{\beta}_2,\boldsymbol{\alpha}_3)=V(\boldsymbol{\alpha}_1,\boldsymbol{\alpha}_2,\boldsymbol{\alpha}_3)+V(\boldsymbol{\alpha}_1,\boldsymbol{\beta}_2,\boldsymbol{\alpha}_3),$$
$$V(\boldsymbol{\alpha}_1,\boldsymbol{\alpha}_2,\boldsymbol{\alpha}_3+\boldsymbol{\beta}_3)=V(\boldsymbol{\alpha}_1,\boldsymbol{\alpha}_2,\boldsymbol{\alpha}_3)+V(\boldsymbol{\alpha}_1,\boldsymbol{\alpha}_2,\boldsymbol{\beta}_3).$$

同时，对于任意的数 k 总有

$$V(k\boldsymbol{\alpha}_1,\boldsymbol{\alpha}_2,\boldsymbol{\alpha}_3)=V(\boldsymbol{\alpha}_1,k\boldsymbol{\alpha}_2,\boldsymbol{\alpha}_3)=V(\boldsymbol{\alpha}_1,\boldsymbol{\alpha}_2,k\boldsymbol{\alpha}_3)=kV(\boldsymbol{\alpha}_1,\boldsymbol{\alpha}_2,\boldsymbol{\alpha}_3).$$

(3) **反对称性**：如果 $\boldsymbol{\alpha}_1$，$\boldsymbol{\alpha}_2$，$\boldsymbol{\alpha}_3$中有两个向量相等，那么 $V(\boldsymbol{\alpha}_1,\boldsymbol{\alpha}_2,\boldsymbol{\alpha}_3)=0$.

类似地，可以证明：

定理 2.1.11 定义 2.1.9 中的对应规则存在而且唯一，并且若$\boldsymbol{\alpha}_1$，$\boldsymbol{\alpha}_2$，$\boldsymbol{\alpha}_3$如定义 2.1.9 所示，那么

$$V(\boldsymbol{\alpha}_1,\boldsymbol{\alpha}_2,\boldsymbol{\alpha}_3)=a_{11}a_{22}a_{33}+a_{12}a_{23}a_{31}+a_{13}a_{21}a_{32}-a_{13}a_{22}a_{31}-a_{12}a_{21}a_{33}-a_{11}a_{23}a_{32}.$$

定理 2.1.12 对任意的三维几何空间中的列向量 $\boldsymbol{\alpha}_1$，$\boldsymbol{\alpha}_2$，$\boldsymbol{\alpha}_3$，$V(\boldsymbol{\alpha}_1,\boldsymbol{\alpha}_2,\boldsymbol{\alpha}_3)$的绝对值就是由 $\boldsymbol{\alpha}_1$，$\boldsymbol{\alpha}_2$，$\boldsymbol{\alpha}_3$确定的平行六面体的体积. 我们称 $V(\boldsymbol{\alpha}_1,\boldsymbol{\alpha}_2,\boldsymbol{\alpha}_3)$为这个平行六面体的**有向体积**或者**带符号的体积**.

同样，我们将一个三阶方阵的三个列向量所确定的平行六面体的有向体积定义成这个方阵的行列式.

定义 2.1.13　给定一个三阶方阵$\boldsymbol{A}=(a_{ij})$，我们定义 $\boldsymbol{A}$ 的**行列式**为数 $V(\boldsymbol{\alpha}_1,\boldsymbol{\alpha}_2,\boldsymbol{\alpha}_3)$，其中 $\boldsymbol{\alpha}_i$ 为 $\boldsymbol{A}$ 的第 i 列. 我们用符号 $\det(\boldsymbol{A})$或者$|\boldsymbol{A}|$或者

$$\begin{vmatrix} a_{11} & a_{12} & a_{13} \\ a_{21} & a_{22} & a_{23} \\ a_{31} & a_{32} & a_{33} \end{vmatrix}$$

表示 $\boldsymbol{A}$ 的行列式，即

$$\begin{aligned}\det(\boldsymbol{A})=|\boldsymbol{A}|&=V(\boldsymbol{\alpha}_1,\boldsymbol{\alpha}_2,\boldsymbol{\alpha}_3)\\ &=a_{11}a_{22}a_{33}+a_{12}a_{23}a_{31}+a_{13}a_{21}a_{32}-a_{13}a_{22}a_{31}-a_{12}a_{21}a_{33}-\\ &\quad a_{11}a_{23}a_{32}.\end{aligned}$$

一个三阶方阵的行列式称为一个**三阶行列式**.

动动手：计算三阶行列式$\begin{vmatrix} a_{11} & a_{12} & a_{13} \\ 0 & a_{22} & a_{23} \\ 0 & 0 & a_{33} \end{vmatrix}$.

对于具有 n 个分量(坐标)的 n 维列向量，我们形式地做如下定义.

定义 2.1.14　定义如下一个对应规则 V：给定任意 n 个 n 维列向量 $\boldsymbol{\alpha}_1$，$\boldsymbol{\alpha}_2$，$\cdots$，$\boldsymbol{\alpha}_n$，映射 V 都将这一组向量对应到一个数，记作 $V(\boldsymbol{\alpha}_1,\boldsymbol{\alpha}_2,\cdots,\boldsymbol{\alpha}_n)$，并且 V 满足：

(1) **规范性**：规定 $V(\boldsymbol{\varepsilon}_1,\boldsymbol{\varepsilon}_2,\cdots,\boldsymbol{\varepsilon}_n)=1$，其中 $\boldsymbol{\varepsilon}_1$，$\boldsymbol{\varepsilon}_2$，$\cdots$，$\boldsymbol{\varepsilon}_n$ 为标准单位向量.

(2) **多重线性性**：对任意的指标 i，n 维列向量 $\boldsymbol{\beta}_i$ 和数 k，总有

$$V(\boldsymbol{\alpha}_1,\cdots,\boldsymbol{\alpha}_i+\boldsymbol{\beta}_i,\cdots,\boldsymbol{\alpha}_n)=V(\boldsymbol{\alpha}_1,\cdots,\boldsymbol{\alpha}_i,\cdots,\boldsymbol{\alpha}_n)+V(\boldsymbol{\alpha}_1,\cdots,\boldsymbol{\beta}_i,\cdots,\boldsymbol{\alpha}_n),$$

$$V(\boldsymbol{\alpha}_1,\cdots,k\boldsymbol{\alpha}_i,\cdots,\boldsymbol{\alpha}_n)=kV(\boldsymbol{\alpha}_1,\cdots,\boldsymbol{\alpha}_i,\cdots,\boldsymbol{\alpha}_n).$$

(3) **反对称性**：如果 $\boldsymbol{\alpha}_1$，$\cdots$，$\boldsymbol{\alpha}_n$ 中有两个向量相等，那么 $V(\boldsymbol{\alpha}_1,\cdots,\boldsymbol{\alpha}_n)=0$.

使用上述对应规则 V，我们来定义 n 阶方阵的行列式.

定义 2.1.15 给定一个 n 阶方阵 $\boldsymbol{A}=(a_{ij})$，我们定义 $\boldsymbol{A}$ 的**行列式**为数 $V(\boldsymbol{\alpha}_1,\boldsymbol{\alpha}_2,\cdots,\boldsymbol{\alpha}_n)$，其中 $\boldsymbol{\alpha}_i$ 为 $\boldsymbol{A}$ 的第 i 列. 我们用符号 $\det(\boldsymbol{A})$或者 $|\boldsymbol{A}|$ 或者

$$\begin{vmatrix} a_{11} & a_{12} & \cdots & a_{1n} \\ a_{21} & a_{22} & \cdots & a_{2n} \\ \vdots & \vdots & & \vdots \\ a_{n1} & a_{n2} & \cdots & a_{nn} \end{vmatrix}$$

来表示 $\boldsymbol{A}$ 的行列式，即 $\det(\boldsymbol{A})=|\boldsymbol{A}|=V(\boldsymbol{\alpha}_1,\boldsymbol{\alpha}_2,\cdots,\boldsymbol{\alpha}_n)$. n 阶方阵的行列式简称 n **阶行列式**.

2.1.4 排列的长度、逆序数和 n 阶行列式的展开式

在矩阵的阶数比较小的时候，一个二阶、三阶的方阵 $\boldsymbol{A}$ 的行列式可以使用 $\boldsymbol{A}$ 的元唯一地表示出来. 读者会发现三阶方阵的行列式的展开表达式已经颇为复杂了，那么对一般 n 阶行列式如何获得它的展开表达式呢? 即如何获得类似定理 2.1.4 和定理 2.1.11 的结论呢.

如果 $\boldsymbol{A}=(a_{ij})_{n\times n}=(\boldsymbol{\alpha}_1,\boldsymbol{\alpha}_2,\cdots,\boldsymbol{\alpha}_n)$，那么有

$$\begin{aligned}\det(\boldsymbol{A})&=V(\boldsymbol{\alpha}_1,\boldsymbol{\alpha}_2,\cdots,\boldsymbol{\alpha}_n)=V\Big(\sum_{k=1}^{n}a_{k1}\boldsymbol{\varepsilon}_k,\sum_{k=1}^{n}a_{k2}\boldsymbol{\varepsilon}_k,\cdots,\sum_{k=1}^{n}a_{kn}\boldsymbol{\varepsilon}_k\Big)\\&=\sum_{k_1,k_2,\cdots,k_n}a_{k_11}a_{k_22}\cdots a_{k_nn}V(\boldsymbol{\varepsilon}_{k_1},\boldsymbol{\varepsilon}_{k_2},\cdots,\boldsymbol{\varepsilon}_{k_n}).\end{aligned}$$

如果 $k_1,k_2,\cdots,k_n$ 中有两个数是相同的，那么根据反对称性可得 $V(\boldsymbol{\varepsilon}_{k_1},\cdots,\boldsymbol{\varepsilon}_{k_n})=0$. 所以在上面的和式当中，我们只需对所有 $k_1,k_2,\cdots,k_n$两两不同的取法求和. 当 $k_1,k_2,\cdots,k_n$ 两两不同又在 1 和 n 之间取值时，$k_1,k_2,\cdots,k_n$ 按照顺序恰好形成数组 $1,2,\cdots,n$ 的一个排列，我们称之为一个 n **元排列**，写作 $k_1k_2\cdots k_n$. 其中 $12\cdots n$ 称为**自然排列**. 所以

$$\det(\boldsymbol{A})=\sum_{k_1k_2\cdots k_n}a_{k_11}a_{k_22}\cdots a_{k_nn}V(\boldsymbol{\varepsilon}_{k_1},\boldsymbol{\varepsilon}_{k_2},\cdots,\boldsymbol{\varepsilon}_{k_n}),$$

这里的和式取遍所有 n 元排列 $k_1k_2\cdots k_n$. 同时利用 V 的规范性和反对称性，类似于性质 2.1.3 可得 $V(\varepsilon_{k_1},\varepsilon_{k_2},\cdots,\varepsilon_{k_n})=\pm1$. 现在我们需要精确这个符号，为此引入：

定义 2.1.16 假设 $k_1k_2\cdots k_n$ 是一个 n 元排列，如果左起第一个数 k_1 不是 1，那么我们可以把 k_1 和数字 1 的位置对调，对调完之后如果得到的排列的左起第二个数不是 2，那么我们可以把它和 2 的位置对调，这样经过有限次的对调之后，我们总可以

将原排列 $k_1k_2\cdots k_n$ 变换成自然排列 $12\cdots n$. 我们称这个过程中需要做的两个数对调的变换的次数为排列 $k_1k_2\cdots k_n$ 的**长度**，记为 $l(k_1k_2\cdots k_n)$.

根据反对称性，做一次对调两列的变换映射 V 改变一次符号，所以有：

定理 2.1.17　我们有以下 n 阶行列式的展开表达式：

$$\det(\boldsymbol{A})=\sum_{k_1k_2\cdots k_n}(-1)^{l(k_1k_2\cdots k_n)}a_{k_11}a_{k_22}\cdots a_{k_nn}.$$

上述和式中的通项是矩阵 n 个元的乘积，这些元的行标互不相同，列标也互不相同，说明它们恰好来自不同的行，同时来自不同的列.

动动手：计算下述排列的长度：

(1) 87562134;　　　　(2) 21345.

对于一个 n 元排列，还有一种方法可以一次性地读出 $V(\boldsymbol{\varepsilon}_{k_1},\boldsymbol{\varepsilon}_{k_2},\cdots,\boldsymbol{\varepsilon}_{k_n})$ 的符号.

定义 2.1.18　假设 $k_1k_2\cdots k_n$ 是一个 n 元排列，如果有某两个数 k_i 和 k_j 满足 $k_i>k_j$ 而且 $i<j$，那么就称 (k_i,k_j) 形成一个逆序对. 一个 n 元排列当中逆序对的个数称为这个排列的**逆序数**，记为 $\tau(k_1k_2\cdots k_n)$. 逆序数为偶数的排列称为**偶排列**，逆序数为奇数的排列称为**奇排列**.

动动手：计算下述排列的逆序数，并和前面计算的长度进行比较：

(1) 87562134;　　　　(2) 21345.

引理 2.1.19　对换一个 n 元排列中的两个数的位置，得到的新排列的奇偶性和旧排列的奇偶性相反.

证明：先证对换的两个数是相邻的情形. 设排列为 $k_1\cdots pq\cdots k_n$，对换 p 与 q，变为 $k_1\cdots qp\cdots k_n$. 则 p，q 以外的数对构成的逆序对在两个排列中都出现了，p，q 以外的数与 p 或者 q 形成的逆序对在两个排列当中也都出现. 若 $p<q$，则经过对换后的新排列的逆序数比旧排列多 1；若 $p>q$，则经过对换后的新排列的逆序数比旧排列少 1，所以无论哪种情形，都改变了排列的奇偶性.

再证一般对换的情形. 设排列为 $k_1\cdots pk_{i+1}\cdots k_{i+s}q\cdots k_n$，把它做 s 次相邻对换，变成 $k_1\cdots pqk_{i+1}\cdots k_{i+s}\cdots k_n$，再做 $s+1$ 次相邻对换，变成 $k_1\cdots qk_{i+1}\cdots k_{i+s}p\cdots k_n$. 所以经过 $2s+1$ 次相邻对换后，旧排列 $k_1\cdots pk_{i+1}\cdots k_{i+s}q\cdots k_n$，变成了新排列 $k_1\cdots qk_{i+1}\cdots k_{i+s}p\cdots k_n$，根据刚证得的结论知这两个排列的奇偶性相反. □

所以，排列 $k_1k_2\cdots k_n$ 经过 $l(k_1k_2\cdots k_n)$ 次的对换变成自然排列 $12\cdots n$，而自然排列是一个逆序数为零的偶排列，所以 $k_1k_2\cdots k_n$ 的逆序数 $\tau(k_1k_2\cdots k_n)$ 的奇偶性和其长度 $l(k_1k_2\cdots k_n)$ 的奇偶性完全一致，因此我们有如下定理：

定理 2.1.20　我们有以下 n 阶行列式的展开表达式：

$$\det(\boldsymbol{A})=\sum_{k_1k_2\cdots k_n}(-1)^{\tau(k_1k_2\cdots k_n)}a_{k_11}a_{k_22}\cdots a_{k_nn}.$$

读者应该猜到了，行列式如此好玩的组合性质当然会被用于设计很多玩具或游戏，例如号称全世界卖得最好的玩具——魔方. 我们这里介绍另外一个游戏.

例 2　数字华容道

图 2.1.9 展示了一个数字华容道[⊖]，它的游戏规则是：盘上有 15 个滑块，游戏过程中滑块必须始终在盘内，任何一个滑块都可以滑动到它旁边的空格子里. 游戏开始的时候盘上的 15 个滑块位置是打乱的(见图 2.1.10)，游戏者需要将盘上的 15 个滑块**还原**到图 2.1.9 所示的顺序，并且使得空格子出现在右下角处.

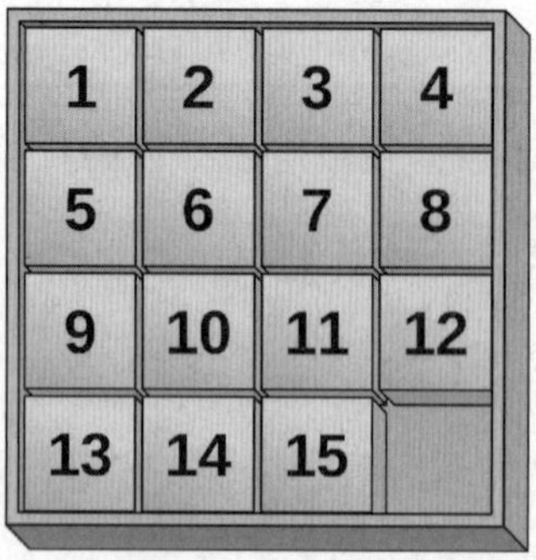

图　2.1.9(见彩图)

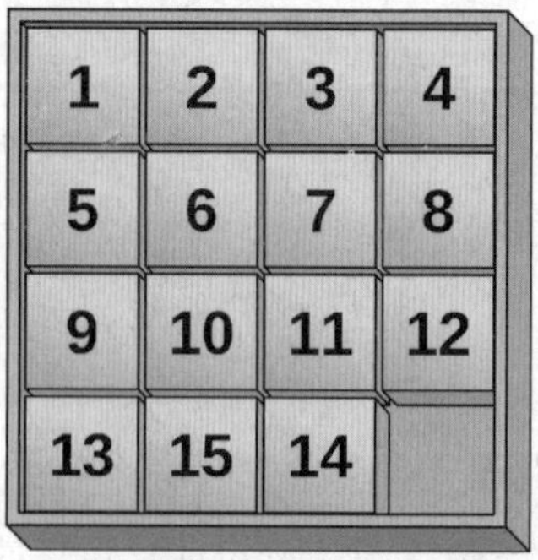

图　2.1.10(见彩图)

⊖　图 2.1.9 和图 2.1.10 来源于公有领域图片库(en:User:Booyabazooka/Public domain).

注意，如同魔方一样，有可能一个数字华容道是不能够用符合规则的滑动操作还原的，这时我们称其为一个坏的数字华容道. 例如，图 2.1.10 所示的就是一个坏的数字华容道.

事实上，我们可以使用排列的组合性质来论证一个数字华容道是不是坏的. 将数字华容道的 16 个滑块**位置**从左至右，从上到下依次排列为

1　2　3　4　5　6　7　8　9　10　11　12　13　14　15　16

即自然排列，最后一个数字 16 表示的是空格子的位置. 图 2.1.10 所示的滑块初始状态对应于排列

1　2　3　4　5　6　7　8　9　10　11　12　13　15　14　16

这里最后一个数字 16 被视为一个虚拟的滑块. 游戏开始，当滑动一个滑块时，相当于对调了排列当中的数字 16 和那个滑块上的数字，所以得到的新的排列的奇偶性发生一次变化. 为了将上述状态还原，那么我们应该最终回到自然排列. 但是，注意到每次移动一个滑块时，相当于虚拟滑块 16 要么水平移动一格要么竖直移动一格，所以当最终回到自然排列时，虚拟滑块 16 经过一番移动将回到右下角，那么它移动的次数一定是偶数次. 所以如果从图 2.1.10所示的状态要回到还原的状态，我们必须做偶数次的数字 16 和某个数字的对调；而图 2.1.10 对应的排列是一个奇排列，经过偶数次的对调，不可能变成自然排列这个偶排列. 因此，图 2.1.10 所示的状态是一个坏的数字华容道.

习题 2-1

基础知识篇：

1. 求由向量 $\boldsymbol{\alpha}_1=\begin{pmatrix}1\\2\end{pmatrix}$，$\boldsymbol{\alpha}_2=\begin{pmatrix}3\\4\end{pmatrix}$ 确定的平行四边形的面积.

2. 求由向量 $\boldsymbol{\alpha}_1=\begin{pmatrix}1\\0\\0\end{pmatrix}$，$\boldsymbol{\alpha}_2=\begin{pmatrix}1\\2\\0\end{pmatrix}$，$\boldsymbol{\alpha}_3=\begin{pmatrix}1\\1\\3\end{pmatrix}$确定的平行六面体的体积.

3. 计算下列行列式：

(1) $\begin{vmatrix}2&1\\-1&3\end{vmatrix}$；　(2) $\begin{vmatrix}1&2\\1&2\end{vmatrix}$；

(3) $\begin{vmatrix}1&2&3\\0&-1&1\\0&0&4\end{vmatrix}$；　(4) $\begin{vmatrix}1&1&1\\0&0&0\\1&2&3\end{vmatrix}$；

(5) $\begin{vmatrix}0&1&0\\1&0&0\\0&0&1\end{vmatrix}$；　(6) $\begin{vmatrix}1&2&0\\0&1&0\\0&0&1\end{vmatrix}$；

(7) $\begin{vmatrix}1&2&3\\0&-1&1\\0&2&4\end{vmatrix}$；　(8) $\begin{vmatrix}1&1&1\\-1&0&4\\1&2&3\end{vmatrix}$.

4. 求下述各排列的逆序数：

(1) 6　3　2　1　5　4；

(2) 3　5　2　1　4；

(3) 5　4　2　1　3；

(4) 1　2　3　$\cdots(n-2)$　$n\ (n-1)$.

应用提高篇：

5. 根据行列式的几何意义，计算下列各题：

(1) 设一个三角形的三个顶点的坐标分别为

$A(1,1), B(3,5), C(5,11)$，求该三角形的面积；

(2) 设一个四边形的四个顶点的坐标分别为 $A(0,0), B(2,5), C(5,1), D(5,3)$，求该四边形的面积；

(3) 设一个四面体的四个顶点的坐标分别为 $A(0,0,0), B(1,2,0), C(1,1,1), D(0,2,4)$，求该四面体的体积.

6. 设 $\boldsymbol{A}=(a_{ij})$ 是一个 4 阶方阵，请写出 $\det(\boldsymbol{A})$ 的展开式中取正号且含有 $a_{23}a_{31}$ 的项.

7. 计算下述 $2n$ 元排列的逆序数：

(1) $246\cdots(2n)13\cdots(2n-1)$；

(2) $135\cdots(2n-1)(2n)(2n-2)\cdots2$.

2.2 行列式的性质

2.1 节的定理 2.1.20 已经给出了 n 阶行列式的展开表达式，可是我们一点也高兴不起来，因为细心的读者会发现这离我们的目标——计算出行列式——还有很远的距离. 更具体而言，该求和表达式需要取遍所有的 n 元排列，也就是说展开式有 $n!$ 项. 当 n 足够大时，计算机都会崩溃的(具体原因涉及计算复杂度等理论，这里不详细解释)，别忘了，我们还需要判断每个 n 元排列的奇偶性. 当然，也不用过度悲观，定理 2.1.20 涉及了美妙的组合规律，请相信“数学中美的公式一定是有用的”.

我们先通过一些例子来看看哪些矩阵的行列式比较好计算，然后再研究怎样从一般的矩阵过渡到这些好算的矩阵. 一个直观的感受就是，当矩阵的阶数比较小时，其行列式是比较容易计算出来的，例如定义 2.1.8 和定义 2.1.13 中的二阶、三阶行列式就可以分别用图 2.2.1 和图 2.2.2 帮助我们快速计算，其中实线表示对应矩阵元乘积后取正号，虚线表示对应矩阵元乘积后取负号.

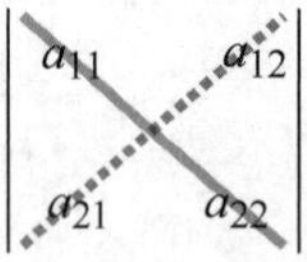

图 2.2.1(见彩图)

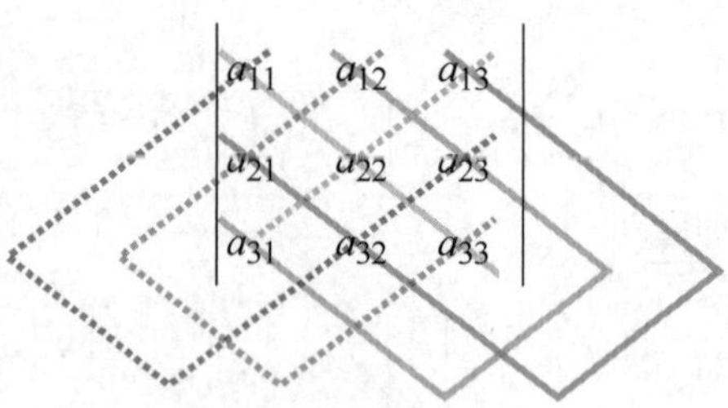

图 2.2.2(见彩图)

对于 n 阶矩阵的行列式，如果有足够多的矩阵元是 0，使得展开式

$$\sum_{k_1k_2\cdots k_n}(-1)^{\tau(k_1k_2\cdots k_n)}a_{k_11}a_{k_22}\cdots a_{k_nn}$$

实际上只有一项，那计算就简单了，我们甚至可以“过分地”要求这唯一的一项还对应于偶排列. 这促使了下述定义：

定义 2.2.1　给定一个方阵 $\boldsymbol{A}=(a_{ij})$，如果主对角线下方的元都为 0，即当 $i>j$ 时 $a_{ij}=0$，那么称 $\boldsymbol{A}$ 是一个**上三角矩阵**；如果主对角线上方的元都为 0，即当 $i<j$ 时 $a_{ij}=0$，那么称 $\boldsymbol{A}$ 是一个**下三角矩阵**.

例 1　由定理 2.1.20 立刻得到上、下三角矩阵的行列式满足

$$\begin{vmatrix} a_{11} & a_{12} & \cdots & a_{1n} \\ 0 & a_{22} & \cdots & a_{2n} \\ \vdots & \vdots & & \vdots \\ 0 & 0 & \cdots & a_{nn} \end{vmatrix} = a_{11}a_{22}\cdots a_{nn} = \begin{vmatrix} a_{11} & 0 & \cdots & 0 \\ a_{21} & a_{22} & \cdots & 0 \\ \vdots & \vdots & & \vdots \\ a_{n1} & a_{n2} & \cdots & a_{nn} \end{vmatrix}.$$

开心的时刻来了，1.3 节定义的行阶梯形矩阵就是上三角矩阵，而且我们知道一个一般的 n 阶方阵是可以通过初等行变换化为行阶梯形矩阵的. 如果你愿意引入列阶梯形矩阵这个概念的话，那么可以类似地得到，一个一般的 n 阶方阵是可以通过初等列变换化为下三角矩阵的. 总之，研究行列式与初等变换之间的关系应该被提上日程了.

2.2.1　行列式关于初等变换的性质

庆幸的是行列式的定义已经告诉我们很多信息了，定义中的规范性相当于设定了单位体积，而定义中的多重线性性包含了行列式关于倍法变换的性质，我们很乐意把多重线性性做如下解读：

性质 2.2.2　若行列式的某一列的元都是两数之和，则该行列式可以表示为两个行列式的和，即

$$\begin{vmatrix} a_{11} & \cdots & a_{1i}+b_{1i} & \cdots & a_{1n} \\ a_{21} & \cdots & a_{2i}+b_{2i} & \cdots & a_{2n} \\ \vdots & & \vdots & & \vdots \\ a_{n1} & \cdots & a_{ni}+b_{ni} & \cdots & a_{nn} \end{vmatrix} = \begin{vmatrix} a_{11} & \cdots & a_{1i} & \cdots & a_{1n} \\ a_{21} & \cdots & a_{2i} & \cdots & a_{2n} \\ \vdots & & \vdots & & \vdots \\ a_{n1} & \cdots & a_{ni} & \cdots & a_{nn} \end{vmatrix} + \begin{vmatrix} a_{11} & \cdots & b_{1i} & \cdots & a_{1n} \\ a_{21} & \cdots & b_{2i} & \cdots & a_{2n} \\ \vdots & & \vdots & & \vdots \\ a_{n1} & \cdots & b_{ni} & \cdots & a_{nn} \end{vmatrix}.$$

性质 2.2.3　设 $\boldsymbol{A}$ 是 n 阶方阵，将 $\boldsymbol{A}$ 的某一列乘以数 k 得到 $\boldsymbol{B}$，则 $\det(\boldsymbol{B})=k\det(\boldsymbol{A})$，即

$$\begin{vmatrix} a_{11} & \cdots & ka_{1i} & \cdots & a_{1n} \\ a_{21} & \cdots & ka_{2i} & \cdots & a_{2n} \\ \vdots & & \vdots & & \vdots \\ a_{n1} & \cdots & ka_{ni} & \cdots & a_{nn} \end{vmatrix} = k \begin{vmatrix} a_{11} & \cdots & a_{1i} & \cdots & a_{1n} \\ a_{21} & \cdots & a_{2i} & \cdots & a_{2n} \\ \vdots & & \vdots & & \vdots \\ a_{n1} & \cdots & a_{ni} & \cdots & a_{nn} \end{vmatrix}.$$

事实上，行列式定义中的反对称性蕴含了行列式关于互换变换的性质，请读者模仿 2.1 节的性质 2.1.3 证明：

性质 2.2.4 设 $\boldsymbol{A}$ 是 n 阶方阵，将 $\boldsymbol{A}$ 的两列互换得到 $\boldsymbol{B}$，则

$$\det(\boldsymbol{B}) = -\det(\boldsymbol{A}).$$

为了使用方便，利用性质 2.2.3 我们将反对称性做一个推广.

推论 2.2.5 若一个行列式中有两列元对应成比例，则此行列式等于零.

最后，我们模仿 2.1 节的性质 2.1.5 给出行列式关于消法变换的性质.

性质 2.2.6 设 $\boldsymbol{A}$ 是 n 阶方阵，将 $\boldsymbol{A}$ 的某一列的 k 倍加到另一列得到 $\boldsymbol{B}$，则 $\det(\boldsymbol{B}) = \det(\boldsymbol{A})$，即

$$\begin{vmatrix} a_{11} & \cdots & a_{1i}+ka_{1j} & \cdots & a_{1j} & \cdots & a_{1n} \\ a_{21} & \cdots & a_{2i}+ka_{2j} & \cdots & a_{2j} & \cdots & a_{2n} \\ \vdots & & \vdots & & \vdots & & \vdots \\ a_{n1} & \cdots & a_{ni}+ka_{nj} & \cdots & a_{nj} & \cdots & a_{nn} \end{vmatrix}$$

$$= \begin{vmatrix} a_{11} & \cdots & a_{1i} & \cdots & a_{1j} & \cdots & a_{1n} \\ a_{21} & \cdots & a_{2i} & \cdots & a_{2j} & \cdots & a_{2n} \\ \vdots & & \vdots & & \vdots & & \vdots \\ a_{n1} & \cdots & a_{ni} & \cdots & a_{nj} & \cdots & a_{nn} \end{vmatrix}.$$

证明：
$$\begin{vmatrix} a_{11} & \cdots & a_{1i}+ka_{1j} & \cdots & a_{1j} & \cdots & a_{1n} \\ a_{21} & \cdots & a_{2i}+ka_{2j} & \cdots & a_{2j} & \cdots & a_{2n} \\ \vdots & & \vdots & & \vdots & & \vdots \\ a_{n1} & \cdots & a_{ni}+ka_{nj} & \cdots & a_{nj} & \cdots & a_{nn} \end{vmatrix}$$

$$= \begin{vmatrix} a_{11} & \cdots & a_{1i} & \cdots & a_{1j} & \cdots & a_{1n} \\ a_{21} & \cdots & a_{2i} & \cdots & a_{2j} & \cdots & a_{2n} \\ \vdots & & \vdots & & \vdots & & \vdots \\ a_{n1} & \cdots & a_{ni} & \cdots & a_{nj} & \cdots & a_{nn} \end{vmatrix} +$$

$$
\begin{vmatrix} a_{11} & \cdots & ka_{1j} & \cdots & a_{1j} & \cdots & a_{1n} \\ a_{21} & \cdots & ka_{2j} & \cdots & a_{2j} & \cdots & a_{2n} \\ \vdots & & \vdots & & \vdots & & \vdots \\ a_{n1} & \cdots & ka_{nj} & \cdots & a_{nj} & \cdots & a_{nn} \end{vmatrix}
$$

$$
= \begin{vmatrix} a_{11} & \cdots & a_{1i} & \cdots & a_{1j} & \cdots & a_{1n} \\ a_{21} & \cdots & a_{2i} & \cdots & a_{2j} & \cdots & a_{2n} \\ \vdots & & \vdots & & \vdots & & \vdots \\ a_{n1} & \cdots & a_{ni} & \cdots & a_{nj} & \cdots & a_{nn} \end{vmatrix}. \qquad \square
$$

行列式关于初等列变换的性质的几何意义我们已经在 2.1 节详细展示了，这里我们再补充说明：当 $n=3$ 时，假设矩阵 $\boldsymbol{A}$ 的列向量组是 $\boldsymbol{\alpha}_1,\boldsymbol{\alpha}_2,\boldsymbol{\alpha}_3$，则 $\det(\boldsymbol{A})$就是“高等数学”或“微积分”课程中的混合积$(\boldsymbol{\alpha}_1\times\boldsymbol{\alpha}_2)\cdot\boldsymbol{\alpha}_3$. 当 $\boldsymbol{\alpha}_1,\boldsymbol{\alpha}_2,\boldsymbol{\alpha}_3$ 构成右手系时，$\det(\boldsymbol{A})$的符号取正；当 $\boldsymbol{\alpha}_1,\boldsymbol{\alpha}_2,\boldsymbol{\alpha}_3$ 构成左手系时，$\det(\boldsymbol{A})$的符号取负. 注意到当 $\boldsymbol{\alpha}_1,\boldsymbol{\alpha}_2,\boldsymbol{\alpha}_3$ 构成右手系时，$\boldsymbol{\alpha}_2,\boldsymbol{\alpha}_1,\boldsymbol{\alpha}_3$ 构成左手系，因此自然有 $\det(\boldsymbol{\alpha}_2,\boldsymbol{\alpha}_1,\boldsymbol{\alpha}_3)=-\det(\boldsymbol{\alpha}_1,\boldsymbol{\alpha}_2,\boldsymbol{\alpha}_3)$.

利用行列式关于初等列变换的性质，我们已经可以计算任意一个数字方阵的行列式了. 但是，我们并不满足于此，因为美好的事物常常具有对称性.

性质 2.2.7　设 $\boldsymbol{A}$ 为 n 阶方阵，则 $\det(\boldsymbol{A}^{\mathrm{T}})=\det(\boldsymbol{A})$.

证明：取 $\det(\boldsymbol{A})$的展开式中的一项$(-1)^{\tau(k_1k_2\cdots k_n)}a_{k_11}a_{k_22}\cdots a_{k_nn}$，交换矩阵元的顺序使得排列 $k_1k_2\cdots k_n$ 变换为自然排列 $12\cdots n$，那么对应的列指标就从自然排列变换成了一个新的排列，记为 $j_1j_2\cdots j_n$. 这时

$$(-1)^{\tau(k_1k_2\cdots k_n)}a_{k_11}a_{k_22}\cdots a_{k_nn}=(-1)^{\tau(k_1k_2\cdots k_n)}a_{1j_1}a_{2j_2}\cdots a_{nj_n}. \qquad (2\text{-}2\text{-}1)$$

设排列 $k_1k_2\cdots k_n$ 经过 s 次对换变换为 $12\cdots n$，那么 $12\cdots n$ 同样是经过 s 次对换变换为 $j_1j_2\cdots j_n$ 的，所以排列 $k_1k_2\cdots k_n$ 的奇偶性与排列 $j_1j_2\cdots j_n$ 的奇偶性相同，因此式(2-2-1)可以改写为

$$(-1)^{\tau(k_1k_2\cdots k_n)}a_{k_11}a_{k_22}\cdots a_{k_nn}=(-1)^{\tau(j_1j_2\cdots j_n)}a_{1j_1}a_{2j_2}\cdots a_{nj_n}. \qquad (2\text{-}2\text{-}2)$$

将式(2-2-2)代入定理 2.1.20 的表达式可得

$$\det(\boldsymbol{A})=\sum_{j_1j_2\cdots j_n}(-1)^{\tau(j_1j_2\cdots j_n)}a_{1j_1}a_{2j_2}\cdots a_{nj_n}=\det(\boldsymbol{A}^{\mathrm{T}}). \qquad \square$$

利用性质 2.2.7，我们可以将行列式关于初等列变换的性质全部转换为行列式关于初等行变换的性质，因此计算行列式时，我们可以自由地使用所有初等变换，这会给计算行列式带来极大的便利.

注记：除计算行列式外，我们强烈建议，如果没有特殊要求，其他所有涉及矩阵初等变换的计算，请将向量视为列向量，只做初等行变换.

例 2　计算

$$D=\begin{vmatrix} 3 & 1 & -1 & 2 \\ -5 & 1 & 3 & -4 \\ 2 & 0 & 1 & -1 \\ 1 & -5 & 3 & -3 \end{vmatrix}.$$

解：

$$D \xlongequal{c_1 \leftrightarrow c_2} \begin{vmatrix} 1 & 3 & -1 & 2 \\ 1 & -5 & 3 & -4 \\ 0 & 2 & 1 & -1 \\ -5 & 1 & 3 & -3 \end{vmatrix} \xlongequal[r_4+5r_1]{r_2-r_1} \begin{vmatrix} 1 & 3 & -1 & 2 \\ 0 & -8 & 4 & -6 \\ 0 & 2 & 1 & -1 \\ 0 & 16 & -2 & 7 \end{vmatrix}$$

$$\xlongequal{r_2 \leftrightarrow r_3} \begin{vmatrix} 1 & 3 & -1 & 2 \\ 0 & 2 & 1 & -1 \\ 0 & -8 & 4 & -6 \\ 0 & 16 & -2 & 7 \end{vmatrix} \xlongequal[r_4-8r_2]{r_3+4r_2} \begin{vmatrix} 1 & 3 & -1 & 2 \\ 0 & 2 & 1 & -1 \\ 0 & 0 & 8 & -10 \\ 0 & 0 & -10 & 15 \end{vmatrix}$$

$$\xlongequal{r_4+\frac{5}{4}r_3} \begin{vmatrix} 1 & 3 & -1 & 2 \\ 0 & 2 & 1 & -1 \\ 0 & 0 & 8 & -10 \\ 0 & 0 & 0 & \frac{5}{2} \end{vmatrix} = 40.$$

注记：为了避免麻烦的分数四则运算，首先将(1,1)位置的元变成数字“1”是一个明智的决定.

2.2.2　行列式关于矩阵乘法的性质

经过第 1 章的学习，我们知道全体 n 阶方阵组成的这个集合上有三种运算：数乘、加法和乘法. 现在我们遇到了行列式这个新鲜的事物，数学学科的一大特色就是考虑新事物与原有事物的联系，于是我们的任务来了：行列式关于矩阵的数乘、加法和乘法有什么性质呢？

设 $\boldsymbol{A}$，$\boldsymbol{B}$ 是 n 阶方阵，λ 是一个常数，根据行列式关于倍法变换的性质 2. 2. 3 可得 $\det(\lambda\boldsymbol{A})=\lambda^n\det(\boldsymbol{A})$，但是，

想一想：一般地，$\det(\boldsymbol{A}+\boldsymbol{B})\neq\det(\boldsymbol{A})+\det(\boldsymbol{B})$. 为什么？

例 3　图形处理中的面积变化

设 $\boldsymbol{A}=\begin{pmatrix}a_{11} & a_{12}\\ a_{21} & a_{22}\end{pmatrix}$ 定义了平面上的一个变换 $\varphi_A:\boldsymbol{\alpha}\mapsto\boldsymbol{A\alpha}$. 例如，$\begin{pmatrix}\cos\theta & -\sin\theta\\ \sin\theta & \cos\theta\end{pmatrix}\boldsymbol{\alpha}$ 表示将向量 $\boldsymbol{\alpha}$ 逆时针旋转 θ 角. 类似地，三阶矩阵 $\boldsymbol{A}$ 可以定义几何空间的一个变换 φ_A：$\boldsymbol{\alpha}\mapsto\boldsymbol{A\alpha}$. 在 2.1 节中，我们已经会用行列式给出某件文物的三角形网格中每个三角形的法向量和面积，从而光照模型自动计算出每个点的着色. 现在需要对该文物的图像做动态展示，例如将一尊兵马俑(三维图像)原地旋转一周，那么相当于做变换

$$\boldsymbol{\alpha}\mapsto\begin{pmatrix}\cos\theta & -\sin\theta & 0\\ \sin\theta & \cos\theta & 0\\ 0 & 0 & 1\end{pmatrix}\boldsymbol{\alpha},\quad 0\leqslant\theta\leqslant2\pi.$$

我们需要计算出旋转 θ 角时对应三角形网格中每个三角形的法向量和面积.

上述问题转化为数学模型就是：已知矩阵 $\boldsymbol{B}$ 的行列式，现在需要计算 $\boldsymbol{B}$ 被变换后的矩阵 $\boldsymbol{AB}$ 的行列式. 当然我们可以先算矩阵乘法 $\boldsymbol{AB}$，再算行列式 $\det(\boldsymbol{AB})$，不过大数学家柯西(Cauchy)的想法却是：

定理 2.2.8　设 $\boldsymbol{A}$，$\boldsymbol{B}$ 为 n 阶方阵，则

$$\det(\boldsymbol{AB})=(\det(\boldsymbol{A}))(\det(\boldsymbol{B})).$$

这样我们只需提前计算出变换矩阵 $\boldsymbol{A}$ 的行列式即可，计算量瞬间减少了许多. 这也告诉了我们行列式的另一个几何意义：当对三维几何空间做变换 φ_A：$\boldsymbol{\alpha}\mapsto\boldsymbol{A\alpha}$ 时，一个平行六面体的有向体积会变为原体积的 $\det(\boldsymbol{A})$ 倍.

现在让我们来完成数学的严密性，即证明定理 2.2.8. 本质上来说，我们只需要用到行列式关于初等变换的性质的矩阵乘法版本. 初等矩阵的行列式是容易计算的：

$$\det(\boldsymbol{E}(i,j))=-1,\det(\boldsymbol{E}(i(c)))=c,\det(\boldsymbol{E}(i,j(k)))=1.$$

所以性质 2.2.3、性质 2.2.4 和性质 2.2.6 可以写成如下的矩阵乘法版本：

$$\det(\boldsymbol{AE}(i(c)))=\det\boldsymbol{A}\det\boldsymbol{E}(i(c)),$$

$$\det(\boldsymbol{AE}(i,j))=\det\boldsymbol{A}\det\boldsymbol{E}(i,j),$$

$$\det(\boldsymbol{AE}(i,j(k)))=\det\boldsymbol{A}\det\boldsymbol{E}(i,j(k)).$$

更一般地，利用数学归纳法直接推出

引理 2.2.9 设 n 阶方阵 $\boldsymbol{A}=\boldsymbol{BP}_1\boldsymbol{P}_2\cdots\boldsymbol{P}_t$，其中 $\boldsymbol{P}_1,\boldsymbol{P}_2,\cdots,\boldsymbol{P}_t$ 是初等矩阵，则

$$\det\boldsymbol{A}=(\det\boldsymbol{B})(\det\boldsymbol{P}_1)(\det\boldsymbol{P}_2)\cdots(\det\boldsymbol{P}_t).$$

设 $\boldsymbol{A}$ 是 n 阶方阵，记 $\begin{pmatrix}\boldsymbol{E}_r & \boldsymbol{O}\\ \boldsymbol{O} & \boldsymbol{O}\end{pmatrix}$ 为矩阵 $\boldsymbol{A}$ 的相抵标准形. 那么存在初等矩阵 $\boldsymbol{P}_1,\boldsymbol{P}_2,\cdots,\boldsymbol{P}_t$ 和 $\boldsymbol{Q}_1,\boldsymbol{Q}_2,\cdots,\boldsymbol{Q}_s$ 使得 $\boldsymbol{A}=\boldsymbol{Q}_s\cdots\boldsymbol{Q}_2\boldsymbol{Q}_1\begin{pmatrix}\boldsymbol{E}_r & \boldsymbol{O}\\ \boldsymbol{O} & \boldsymbol{O}\end{pmatrix}\boldsymbol{P}_1\boldsymbol{P}_2\cdots\boldsymbol{P}_t$. 引理 2.2.9 和性质 2.2.7 导致

$$\det(\boldsymbol{A})=|\boldsymbol{Q}_s|\cdots|\boldsymbol{Q}_2||\boldsymbol{Q}_1|\begin{vmatrix}\boldsymbol{E}_r & \boldsymbol{O}\\ \boldsymbol{O} & \boldsymbol{O}\end{vmatrix}|\boldsymbol{P}_1||\boldsymbol{P}_2|\cdots|\boldsymbol{P}_t|. \tag{2-2-3}$$

因此 $\det\boldsymbol{A}\neq 0$ 当且仅当式(2-2-3)中的 $r=n$，即 $\boldsymbol{A}$ 的相抵标准形是单位矩阵，从而由定理 1.4.4 可以推出：

定理 2.2.10 设 $\boldsymbol{A}$ 为 n 阶方阵，则 $\boldsymbol{A}$ 是可逆矩阵当且仅当 $\det\boldsymbol{A}\neq 0$.

现在我们回到定理 2.2.8 的证明：当 $\boldsymbol{B}$ 可逆时，则 $\boldsymbol{B}$ 可以表示为 $\boldsymbol{B}=\boldsymbol{P}_1\boldsymbol{P}_2\cdots\boldsymbol{P}_t$，其中 $\boldsymbol{P}_1$，$\boldsymbol{P}_2$，$\cdots$，$\boldsymbol{P}_t$ 是初等矩阵，由引理 2.2.9 有

$$\begin{aligned}\det(\boldsymbol{AB})&=(\det(\boldsymbol{A}))(\det(\boldsymbol{P}_1))(\det(\boldsymbol{P}_2))\cdots(\det(\boldsymbol{P}_t))\\&=(\det(\boldsymbol{A}))(\det(\boldsymbol{B})).\end{aligned}$$

当 $\boldsymbol{B}$ 不可逆时，则 $\det\boldsymbol{B}=0$. 同时，存在初等矩阵 $\boldsymbol{P}_1,\boldsymbol{P}_2,\cdots,\boldsymbol{P}_t$ 和 $\boldsymbol{Q}_1,\boldsymbol{Q}_2,\cdots,\boldsymbol{Q}_s$ 使得

$$\boldsymbol{AB}=\boldsymbol{AQ}_s\cdots\boldsymbol{Q}_2\boldsymbol{Q}_1\begin{pmatrix}\boldsymbol{E}_r & \boldsymbol{O}\\ \boldsymbol{O} & \boldsymbol{O}\end{pmatrix}\boldsymbol{P}_1\boldsymbol{P}_2\cdots\boldsymbol{P}_t,$$

其中 $r<n$. 记 $\boldsymbol{A}_1=\boldsymbol{AQ}_s\cdots\boldsymbol{Q}_2\boldsymbol{Q}_1\begin{pmatrix}\boldsymbol{E}_r & \boldsymbol{O}\\ \boldsymbol{O} & \boldsymbol{O}\end{pmatrix}$，显然矩阵 $\boldsymbol{A}_1$ 的最后一列全为零，所以 $\det(\boldsymbol{A}_1)=0$. 再由引理 2.2.9 可得 $\det(\boldsymbol{AB})=0=(\det(\boldsymbol{A}))(\det(\boldsymbol{B}))$. □

动动手：设 $\boldsymbol{A}$ 是可逆矩阵，试证明：$|\boldsymbol{A}^{-1}|=|\boldsymbol{A}|^{-1}$.

例 4 设 $\boldsymbol{A}$，$\boldsymbol{B}$ 是 n 阶方阵，$\det(\boldsymbol{A})=2$，$\det(\boldsymbol{B})=5$，求 $|2\boldsymbol{A}^{-1}\boldsymbol{B}|$.

解：$|2\boldsymbol{A}^{-1}\boldsymbol{B}|=2^n|\boldsymbol{A}^{-1}||\boldsymbol{B}|=2^n|\boldsymbol{A}|^{-1}|\boldsymbol{B}|=5\cdot 2^{n-1}$.

例 5　一种行列式游戏.

现在，我们来介绍一种游戏，它是古老的井字游戏的升级版. 如图 2.2.3 所示，给定一个 3×3 的格子阵列，将其视为一个 3×3 的矩阵. 分别被标记为 0 和 1 的两名游戏者开始游戏，首先，游戏者 1 在某个空格中填入一个数字 1，然后游戏者 0 在余下的空格中填入一个数字 0；接下来，两人交替在剩余的空格中填入 1 和 0，直到这个 3×3 矩阵中填入了 5 个 1 和 4 个 0. 若此行列式的值为 0，则判定游戏者 0 获胜，否则判定游戏者 1 获胜. 请问有没有一种游戏策略能确保某一个游戏者一定获胜呢？

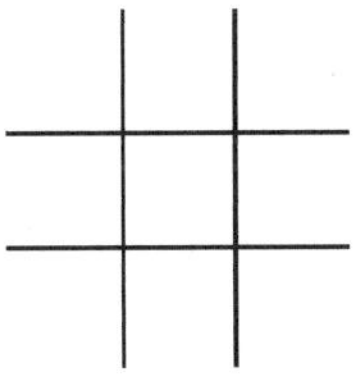

图　2.2.3

事实上，有策略能保证游戏者 0 一定能获胜. 原因如下：

根据定理 2.1.20，若填好数字的矩阵有一行或者一列全是 0，或者一个 2×2 的子矩阵的元全为 0，则该三阶行列式的值为 0. 我们将说明：当游戏者 1 在游戏中避免产生一个全 0 行或全 0 列时，那么游戏者 0 有策略能保证数字填写完毕后一定会出现一个元均为 0 的 2×2 子矩阵.

由于互换变换不会改变行列式是否为零的事实，因此不妨假设游戏者 1 第一次将 1 填在左上角空格. 此时游戏者 0 可以将 0 填入中心格，利用对称性，只需考虑游戏者 1 将 1 填到如下四个位置之一：(2,1),(3,1),(3,2),(3,3)，其中(i,j)表示位于第 i 行第 j 列的空格. 图 2.2.4 列出了所有可能策略，游戏者 1 的填充步骤依 1，2，3，4，5 的次序进行，游戏者 0 的填充步骤则按(1)，(2)，(3)，(4)进行. 每一种填充策略都将导致一个元均为 0 的 2×2 子矩阵的出现.

1	4	5
3	(1)	(2)
2	(3)	(4)

1	3	5
2	(1)	(4)
4	(2)	(3)

1	(4)	(3)
3	(1)	(2)
5	2	4

1	(3)	(4)
3	(1)	(2)
5	4	2

图　2.2.4

习题 2-2

基础知识篇：

1. 计算下列各行列式：

(1) $\begin{vmatrix} 1 & 0 & 0 \\ 0 & 0 & 1 \\ 0 & 1 & 0 \end{vmatrix}$；　(2) $\begin{vmatrix} 1 & 0 & 0 \\ 0 & 1 & 0 \\ 0 & -2 & 1 \end{vmatrix}$；

(3) $\begin{vmatrix} 3 & -4 & 6 & 4 \\ 1 & -1 & 2 & -2 \\ 2 & -3 & 4 & 5 \\ 4 & -5 & 1 & 2 \end{vmatrix}$；(4) $\begin{vmatrix} 11 & 22 & 29 \\ 10 & 20 & 30 \\ 12 & 24 & 33 \end{vmatrix}$；

(5) $\begin{vmatrix} -ab & ac & ae \\ bd & -cd & de \\ bf & cf & -ef \end{vmatrix}$；(6) $\begin{vmatrix} 1 & 2 & 3 & 4 \\ 2 & 3 & 4 & 1 \\ 3 & 4 & 1 & 2 \\ 4 & 1 & 2 & 3 \end{vmatrix}$；

(7) $\begin{vmatrix} \lambda_1 & & & \\ & \lambda_2 & & \\ & & \ddots & \\ & & & \lambda_n \end{vmatrix}$；(8) $\begin{vmatrix} & & & \lambda_1 \\ & & \lambda_2 & \\ & \iddots & & \\ \lambda_n & & & \end{vmatrix}$.

2. 已知矩阵 $\boldsymbol{A}=\begin{pmatrix} 1 & 1 \\ -1 & -1 \end{pmatrix}$，$\boldsymbol{B}=\begin{pmatrix} -1 & 1 \\ 1 & -1 \end{pmatrix}$，求 $|\boldsymbol{AB}|$，$|\boldsymbol{BA}|$.

3. 设 $\boldsymbol{A}$ 为 3 阶方阵，且 $|\boldsymbol{A}|=\dfrac{1}{2}$，求 $|(3\boldsymbol{A})^{-1}|$.

4. 已知 $\begin{pmatrix} 1 & 0 & 0 \\ 0 & 0 & 1 \\ 0 & 1 & 0 \end{pmatrix}\boldsymbol{X}\begin{pmatrix} 0 & 0 & 1 \\ 0 & 1 & 0 \\ 1 & 0 & 0 \end{pmatrix}=\begin{pmatrix} 1 & -4 & 3 \\ 2 & 0 & -1 \\ 1 & -2 & 0 \end{pmatrix}$，试判断矩阵 $\boldsymbol{X}$ 是否可逆.

5. 已知 $\boldsymbol{\alpha}_1$，$\boldsymbol{\alpha}_2$，$\boldsymbol{\alpha}_3$，$\boldsymbol{\alpha}_4$ 均为 4 维列向量，且行列式 $|\boldsymbol{\alpha}_1,\boldsymbol{\alpha}_2,\boldsymbol{\alpha}_3,\boldsymbol{\alpha}_4|=10$，求行列式 $|\boldsymbol{\alpha}_1,\boldsymbol{\alpha}_2,\boldsymbol{\alpha}_3+2\boldsymbol{\alpha}_1,\boldsymbol{\alpha}_4+3\boldsymbol{\alpha}_1|$.

6. 设 $\boldsymbol{\alpha}$，$\boldsymbol{\beta}_1$，$\boldsymbol{\beta}_2$，$\boldsymbol{\beta}_3$ 均为 3 维列向量，矩阵 $\boldsymbol{A}=(\boldsymbol{\alpha},\boldsymbol{\beta}_2,\boldsymbol{\beta}_3)$，$\boldsymbol{B}=(\boldsymbol{\beta}_1,\boldsymbol{\beta}_2,\boldsymbol{\beta}_3)$. 已知 $\det(\boldsymbol{A})=5$，$\det(\boldsymbol{B})=2$，求 $\det(\boldsymbol{A}+\boldsymbol{B})$.

应用提高篇：

7. 设 $\boldsymbol{A}$ 为三阶矩阵，$|\boldsymbol{A}|=4$，且 $\boldsymbol{A}^2+3\boldsymbol{AB}+2\boldsymbol{E}=\boldsymbol{O}$，求 $|\boldsymbol{A}+3\boldsymbol{B}|$.

8. 计算 n 阶行列式

$$D_n=\begin{vmatrix} a_1+b_1 & a_1+b_2 & \cdots & a_1+b_n \\ a_2+b_1 & a_2+b_2 & \cdots & a_2+b_n \\ \vdots & \vdots & & \vdots \\ a_n+b_1 & a_n+b_2 & \cdots & a_n+b_n \end{vmatrix}.$$

9. 已知行列式

$$D=\begin{vmatrix} a_{11} & \cdots & a_{1k} & 0 & \cdots & 0 \\ \vdots & & \vdots & \vdots & & \vdots \\ a_{k1} & \cdots & a_{kk} & 0 & \cdots & 0 \\ c_{11} & \cdots & c_{1k} & b_{11} & \cdots & b_{1n} \\ \vdots & & \vdots & \vdots & & \vdots \\ c_{n1} & \cdots & c_{nk} & b_{n1} & \cdots & b_{nn} \end{vmatrix},$$

记 $D_1=\det(a_{ij})=\begin{vmatrix} a_{11} & \cdots & a_{1k} \\ \vdots & & \vdots \\ a_{k1} & \cdots & a_{kk} \end{vmatrix}$，$D_2=\det(b_{ij})=\begin{vmatrix} b_{11} & \cdots & b_{1n} \\ \vdots & & \vdots \\ b_{n1} & \cdots & b_{nn} \end{vmatrix}$. 证明：$D=D_1D_2$.

2.3 行列式的计算

经过 2.2 节的学习，我们已经可以计算出任意给定的一个数字方阵的行列式了，但是下述行列式

$$D_n=\begin{vmatrix} a+b & ab & & & & \\ 1 & a+b & ab & & & \\ & 1 & a+b & ab & & \\ & & \ddots & \ddots & \ddots & \\ & & & 1 & a+b & ab \\ & & & & 1 & a+b \end{vmatrix}$$

如何计算呢？有趣的是我们将通过例子展示数列 $\{D_n\}$ 的通项公式有着特殊的意义和用途. 我们首先来解决计算问题吧. 正如 2.2 节中所说，一个直观的感受就是，当矩阵的阶数比较小时，其行列

式是比较容易计算出来的. 因此，我们尝试将一个高阶行列式的计算用递归的方法转化为计算一些低阶行列式的计算.

2.3.1 行列式按一行(列)展开

我们已经知道：设三阶矩阵 $\boldsymbol{A}$ 的列向量组是 $\boldsymbol{\alpha}_1$，$\boldsymbol{\alpha}_2$，$\boldsymbol{\alpha}_3$，那么 $\det(\boldsymbol{A})=(\boldsymbol{\alpha}_1\times\boldsymbol{\alpha}_2)\cdot\boldsymbol{\alpha}_3$. 另一方面，在 2.1 节的例 1 中，我们已经给出了外积 $\nu=\overrightarrow{AB}\times\overrightarrow{AC}$的计算公式. 结合这些事实，有

$$\begin{vmatrix} a_1 & b_1 & c_1 \\ a_2 & b_2 & c_2 \\ a_3 & b_3 & c_3 \end{vmatrix} = c_1\begin{vmatrix} a_2 & b_2 \\ a_3 & b_3 \end{vmatrix} - c_2\begin{vmatrix} a_1 & b_1 \\ a_3 & b_3 \end{vmatrix} + c_3\begin{vmatrix} a_1 & b_1 \\ a_2 & b_2 \end{vmatrix}.$$

我们猜想这一结论对于 n 阶行列式也成立.

定义 2.3.1　在 n 阶行列式 $\det(\boldsymbol{A})$中，把 a_{ij}所在的第 i 行和第 j 列划去后，剩下的元按照原来的顺序组成的 $n-1$ 阶行列式称为 a_{ij} 的**余子式**，记作 M_{ij}；我们称 $A_{ij}=(-1)^{i+j}M_{ij}$为 a_{ij}的**代数余子式**.

为方便理解，我们先考虑特殊情形.

引理 2.3.2　在 n 阶行列式 $\det(\boldsymbol{A})$中，若第 i 行除第$(i,\ j)$元 a_{ij} 外都为零，则 $\det(\boldsymbol{A})=a_{ij}A_{ij}$.

这里略去引理 2.3.2 的证明细节，其证明思路如下：先考虑$(i,\ j)=(1,\ 1)$的特殊情形，这时结论可由定理 2.1.20 直接得到. 针对一般情形，我们通过一系列的相邻两行互换和相邻两列互换转化为$(i,\ j)=(1,\ 1)$的情形，这就涉及了排列的逆序数的计算技巧.

定理 2.3.3　行列式 $\det(\boldsymbol{A})$等于它的任一行(列)的各元与自己的代数余子式的乘积之和，即

$$\det(\boldsymbol{A})=a_{i1}A_{i1}+a_{i2}A_{i2}+\cdots+a_{in}A_{in}\quad(i=1,2,\cdots,n),$$
$$\det(\boldsymbol{A})=a_{1j}A_{1j}+a_{2j}A_{2j}+\cdots+a_{nj}A_{nj}\quad(j=1,2,\cdots,n).$$

证明：根据性质 2.2.7，只需证明第一个等式.

$$\det(\boldsymbol{A})=\begin{vmatrix} a_{11} & a_{12} & \cdots & a_{1n} \\ \vdots & \vdots & & \vdots \\ a_{i1}+0+\cdots+0 & 0+a_{i2}+\cdots+0 & \cdots & 0+\cdots+0+a_{in} \\ \vdots & \vdots & & \vdots \\ a_{n1} & a_{n2} & \cdots & a_{nn} \end{vmatrix}$$

$$
=\begin{vmatrix} a_{11} & a_{12} & \cdots & a_{1n} \\ \vdots & \vdots & & \vdots \\ a_{i1} & 0 & \cdots & 0 \\ \vdots & \vdots & & \vdots \\ a_{n1} & a_{n2} & \cdots & a_{nn} \end{vmatrix} + \begin{vmatrix} a_{11} & a_{12} & \cdots & a_{1n} \\ \vdots & \vdots & & \vdots \\ 0 & a_{i2} & \cdots & 0 \\ \vdots & \vdots & & \vdots \\ a_{n1} & a_{n2} & \cdots & a_{nn} \end{vmatrix} + \cdots + \begin{vmatrix} a_{11} & a_{12} & \cdots & a_{1n} \\ \vdots & \vdots & & \vdots \\ 0 & 0 & \cdots & a_{in} \\ \vdots & \vdots & & \vdots \\ a_{n1} & a_{n2} & \cdots & a_{nn} \end{vmatrix}.
$$

$$
=a_{i1}A_{i1}+a_{i2}A_{i2}+\cdots+a_{in}A_{in}.
$$
□

一个有用的推论如下：

推论 2.3.4　在 n 阶行列式 $\det(\boldsymbol{A})$ 中，当 $i\neq j$ 时，第 i 行(列)元与第 j 行(列)相应元的代数余子式的乘积之和等于零，即

$$
a_{i1}A_{j1}+a_{i2}A_{j2}+\cdots+a_{in}A_{jn}=0,\quad a_{1i}A_{1j}+a_{2i}A_{2j}+\cdots+a_{ni}A_{nj}=0.
$$

证明：只证第一个等式. 将 $\det(\boldsymbol{A})$ 的第 j 行元用第 i 行的相应元代替，得到行列式

$$
D=\begin{vmatrix} a_{11} & a_{12} & \cdots & a_{1n} \\ \vdots & \vdots & & \vdots \\ a_{i1} & a_{i2} & \cdots & a_{in} \\ \vdots & \vdots & & \vdots \\ a_{i1} & a_{i2} & \cdots & a_{in} \\ \vdots & \vdots & & \vdots \\ a_{n1} & a_{n2} & \cdots & a_{nn} \end{vmatrix} \begin{matrix} \\ \\ \text{第 } i \text{ 行} \\ \\ \text{第 } j \text{ 行} \\ \\ \\ \end{matrix}.
$$

利用定理 2.3.3，将行列式 D 按第 j 行展开，结合推论 2.2.5 可得

$$
a_{i1}A_{j1}+a_{i2}A_{j2}+\cdots+a_{in}A_{jn}=D=0.
$$
□

我们成功地把 n 阶行列式的计算递归地转化为了计算 $n-1$ 阶行列式，让我们先通过例子来感受一下定理 2.3.3 的有效性，很多时候定理 2.3.3 还会带来高效率.

例 1　利用定理 2.3.3 计算 2.2 节中例 2 的行列式

$$
D=\begin{vmatrix} 3 & 1 & -1 & 2 \\ -5 & 1 & 3 & -4 \\ 2 & 0 & 1 & -1 \\ 1 & -5 & 3 & -3 \end{vmatrix}.
$$

解：保留该行列式的(3,3)元，把第 3 行其余元变为 0，然后按第 3 行展开，得

$$D=\begin{vmatrix}5&1&-1&1\\-11&1&3&-1\\0&0&1&0\\-5&-5&3&0\end{vmatrix}=(-1)^{3+3}\begin{vmatrix}5&1&1\\-11&1&-1\\-5&-5&0\end{vmatrix}\overset{r_2+r_1}{=\!=}\begin{vmatrix}5&1&1\\-6&2&0\\-5&-5&0\end{vmatrix}$$

$$=(-1)^{1+3}\begin{vmatrix}-6&2\\-5&-5\end{vmatrix}=40.$$

2.3.2 几种特殊类型的行列式

当 2.2 节中行列式的性质和定理 2.3.3 综合使用时，一扇奇妙的大门将被打开.

例 2　计算

$$D=\begin{vmatrix}3&1&1&1\\1&3&1&1\\1&1&3&1\\1&1&1&3\end{vmatrix}.$$

解：这个行列式的特点是每列 4 个数之和都是 6. 先把第 2~4 行加到第 1 行，然后提出公因子 6，得

$$D=\begin{vmatrix}6&6&6&6\\1&3&1&1\\1&1&3&1\\1&1&1&3\end{vmatrix}=6\begin{vmatrix}1&1&1&1\\1&3&1&1\\1&1&3&1\\1&1&1&3\end{vmatrix}=6\begin{vmatrix}1&1&1&1\\0&2&0&0\\0&0&2&0\\0&0&0&2\end{vmatrix}=48.$$

动动手：计算行列式 $D_n=\begin{vmatrix}1+a_1&1&\cdots&1\\1&1+a_1&\cdots&1\\\vdots&\vdots&&\vdots\\1&1&\cdots&1+a_1\end{vmatrix}$.

例 3

计算 n 阶行列式 $D_n=\begin{vmatrix}1+a_1&1&\cdots&1\\1&1+a_2&\cdots&1\\\vdots&\vdots&&\vdots\\1&1&\cdots&1+a_n\end{vmatrix}$，其中 $a_1a_2\cdots a_n\neq 0$.

解：先把第 1 行的(−1)倍分别加到第 2 行，…，第 n 行，然后各列分别提出公因子 a_1，a_2，…，a_n：

$$D_n=\begin{vmatrix}1+a_1 & 1 & \cdots & 1\\ -a_1 & a_2 & \cdots & 0\\ \vdots & \vdots & & \vdots\\ -a_1 & 0 & \cdots & a_n\end{vmatrix}=a_1a_2\cdots a_n\begin{vmatrix}1+\dfrac{1}{a_1} & \dfrac{1}{a_2} & \cdots & \dfrac{1}{a_n}\\ -1 & 1 & \cdots & 0\\ \vdots & \vdots & & \vdots\\ -1 & 0 & \cdots & 1\end{vmatrix}$$

$$=a_1a_2\cdots a_n\begin{vmatrix}1+\sum\limits_{i=1}^{n}\dfrac{1}{a_i} & \dfrac{1}{a_2} & \cdots & \dfrac{1}{a_n}\\ 0 & 1 & \cdots & 0\\ \vdots & \vdots & & \vdots\\ 0 & 0 & \cdots & 1\end{vmatrix}=\left(1+\sum_{i=1}^{n}\frac{1}{a_i}\right)a_1a_2\cdots a_n .$$

当 $n=1$ 时，上述结论也成立.

例 4 计算 n 阶行列式(我们约定没有写出的元都是 0)

$$D_n=\begin{vmatrix}2 & -1 & & & & \\ -1 & 2 & -1 & & & \\ & -1 & 2 & -1 & & \\ & & \ddots & \ddots & \ddots & \\ & & & -1 & 2 & -1\\ & & & & -1 & 2\end{vmatrix}.$$

解: 显然 $D_1=2$. 当 $n>1$ 时，将第 2 列，…，第 n 列加到第 1 列，然后按第 1 列展开，得

$$D_n=\begin{vmatrix}1 & -1 & & & & \\ 0 & 2 & -1 & & & \\ 0 & -1 & 2 & -1 & & \\ \vdots & & \ddots & \ddots & \ddots & \\ 0 & & & -1 & 2 & -1\\ 1 & & & & -1 & 2\end{vmatrix}=D_{n-1}+(-1)^{n+1}\cdot(-1)^{n-1}=D_{n-1}+1.$$

于是 $\{D_n\}$ 构成首项为 2，公差为 1 的等差数列，因此 $D_n=n+1$.

动动手：计算行列式 $D_n=\begin{vmatrix}a & b & & & \\ & a & b & & \\ & & \ddots & \ddots & \\ & & & a & b\\ b & & & & a\end{vmatrix}$，其中 $n>1$.

现在让我们来解决本节刚开始时遇到的问题.

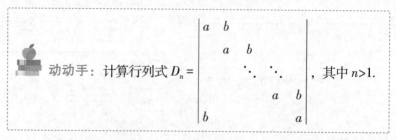

例 5　计算 n 阶行列式

$$D_n=\begin{vmatrix} a+b & ab & & & & \\ 1 & a+b & ab & & & \\ & 1 & a+b & ab & & \\ & & \ddots & \ddots & \ddots & \\ & & & 1 & a+b & ab \\ & & & & 1 & a+b \end{vmatrix}.$$

解：直接计算可得 $D_1=a+b$，$D_2=a^2+b^2+ab$. 当 $n>3$ 时，将 D_n 按第 1 列展开，得

$$D_n=(a+b)D_{n-1}-abD_{n-2}. \tag{2-3-1}$$

我们这里先用归纳法给出 D_n 的表达式，配方可得

$$D_n-aD_{n-1}=b(D_{n-1}-aD_{n-2})=\cdots=b^{n-2}(D_2-aD_1)=b^n. \tag{2-3-2}$$

当 $a=b$ 时，有 $D_n=aD_{n-1}+a^n$，再次递归可得

$$\begin{aligned} D_n &=a(aD_{n-2}+a^{n-1})+a^n=a^2D_{n-2}+2a^n=\cdots \\ &=a^{n-1}D_1+(n-1)a^n=(n+1)a^n. \end{aligned}$$

当 $a\neq b$ 时，由于式(2-3-1)对 a,b 互换也是成立的，所以对称地有

$$D_n-bD_{n-1}=a^n. \tag{2-3-3}$$

联立式(2-3-2)和式(2-3-3)，可解得

$$D_n=\frac{a^{n+1}-b^{n+1}}{a-b}.$$

取值 $a=\frac{1+\sqrt{5}}{2}$，$b=\frac{1-\sqrt{5}}{2}$时，数列$\{D_n\}$满足初始条件 $D_1=1$，$D_2=2$，以及递推公式 $D_n=D_{n-1}+D_{n-2}$，这就是著名的斐波那契(Fibonacci)数列. 这里我们观察到一个有趣的现象，一个由自然整数构成的数列，通项公式却是用无理数来表达的. 我们将在第 4 章给大家详细展示斐波那契数列的奥秘，以及隐藏在本节例 5 的计算过程背后的秘密.

例 6　证明范德蒙德(Vandermonde)行列式

$$D_n=\begin{vmatrix} 1 & 1 & \cdots & 1 \\ x_1 & x_2 & \cdots & x_n \\ x_1^2 & x_2^2 & \cdots & x_n^2 \\ \vdots & \vdots & & \vdots \\ x_1^{n-1} & x_2^{n-1} & \cdots & x_n^{n-1} \end{vmatrix}=\prod_{n\geqslant i>j\geqslant 1}(x_i-x_j), \tag{2-3-4}$$

其中 $n\geqslant 2$，记号“$\prod$”表示全体同类因子的乘积，即

$$\begin{aligned}\prod_{n\geqslant i>j\geqslant 1}(x_i-x_j)=&(x_2-x_1)(x_3-x_1)\cdots(x_n-x_1)\cdot \\ &(x_3-x_2)\cdots(x_n-x_2)\cdot\cdots(x_n-x_{n-1}).\end{aligned}$$

证明：用数学归纳法. 当 $n=2$ 时，

$$\begin{vmatrix} 1 & 1 \\ x_1 & x_2 \end{vmatrix}=x_2-x_1,$$

所以式(2-3-4)成立. 假设结论对 $n-1$ 阶范德蒙德行列式成立，现在来计算 n 阶范德蒙德行列式. 把第 $n-1$ 行的$(-x_1)$倍加到第 n 行，然后把第 $n-2$ 行的$(-x_1)$倍加到第 $n-1$ 行，依次类推，可得

$$D_n=\begin{vmatrix} 1 & 1 & 1 & \cdots & 1 \\ 0 & x_2-x_1 & x_3-x_1 & \cdots & x_n-x_1 \\ 0 & x_2(x_2-x_1) & x_3(x_3-x_1) & \cdots & x_n(x_n-x_1) \\ \vdots & \vdots & \vdots & & \vdots \\ 0 & x_2^{n-2}(x_2-x_1) & x_3^{n-2}(x_3-x_1) & \cdots & x_n^{n-2}(x_n-x_1) \end{vmatrix},$$

再按第 1 列展开，并把每列的公因子(x_i-x_1)提出，就有

$$D_n=(x_2-x_1)(x_3-x_1)\cdots(x_n-x_1)\begin{vmatrix} 1 & 1 & \cdots & 1 \\ x_2 & x_3 & \cdots & x_n \\ \vdots & \vdots & & \vdots \\ x_2^{n-2} & x_3^{n-2} & \cdots & x_n^{n-2} \end{vmatrix}.$$

这时，上式右端是一个 $n-1$ 阶的范德蒙德行列式，根据归纳法假设可得

$$D_n=(x_2-x_1)(x_3-x_1)\cdots(x_n-x_1)\prod_{n\geqslant i>j\geqslant 2}(x_i-x_j)=\prod_{n\geqslant i>j\geqslant 1}(x_i-x_j).$$

□

2.3.3 多米诺骨牌覆盖

有这样一个组合问题：给定一个包含 $m\times n$ 个单位正方形的矩形棋盘，要求用 2×1(长为 2 个单位，宽为 1 个单位)的多米诺骨牌覆盖，要求棋盘的每个单位正方形都要被盖住，而多米诺骨牌不能重叠放置，也不能超出棋盘的范围. 请问这样的覆盖方式有多少种呢？类似的问题还有：在一个中国象棋的棋盘上固定两点 A，B，问一匹“马”从 A 走到 B 共有多少条路径？

这些问题不仅是好玩的游戏，而且在统计物理、工业设计等领域常常遇到. 可惜的是这样的问题通常很复杂，我们先积累一些感性认识吧. 例如，当 mn 是偶数时，满足要求的多米诺骨牌覆盖才存在. 图 2.3.1展示了对 4×4 棋盘的一种多米诺骨牌覆盖，我们用不同的颜色表示多米诺骨牌. 记 $F(m,n)$为满足要求的多米诺骨牌覆盖的种数. 当 $m=2$ 时，图 2.3.2 说明 $F(2,n)=F(2,n-1)+F(2,n-2)$. 另一方面，易得 $F(2,1)=1$，$F(2,2)=2$，所以$\{F(2,n)\}$构成斐波那契数列，通项公式见本节例 5.

图 2.3.1(见彩图)

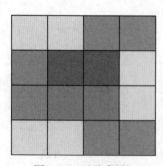

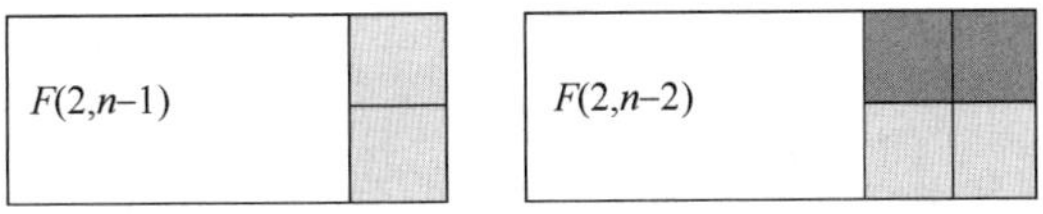

图　2.3.2(见彩图)

接下来，我们以 4×4 棋盘为例给出计算 $F(m,n)$ 的过程[㊀].

第一步，将单位正方形标记为顶点，两个单位正方形相邻(有公共边)时，在对应的两个顶点之间连接一条线，如图 2.3.3 所示，获得 $m\times n$ 矩形棋盘的连接图 G.

第二步，对连接图 G 从上到下，蛇形依次标记顶点为 $X_1,Y_1,X_2,Y_2,\cdots$，如图 2.3.4 所示. 令 $N=\frac{mn}{2}$，定义 $N\times N$ 阶的关联矩阵 $\boldsymbol{A}=(a_{ij})$，满足

$$a_{ij}=\begin{cases}1,当\{X_i,Y_j\}是图 G 的一条边,\\0,否则.\end{cases}$$

这时一种满足要求的多米诺骨牌覆盖恰好对应一个 N 元排列 $j_1j_2\cdots j_N$ 使得 $a_{1j_1}a_{2j_2}\cdots a_{Nj_N}=1$.

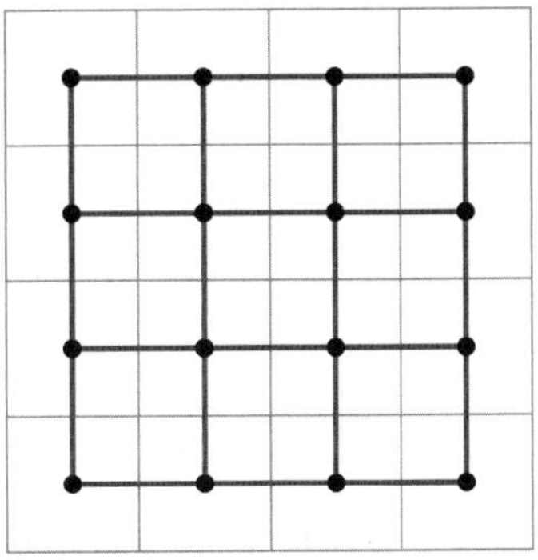

图　2.3.3(见彩图)

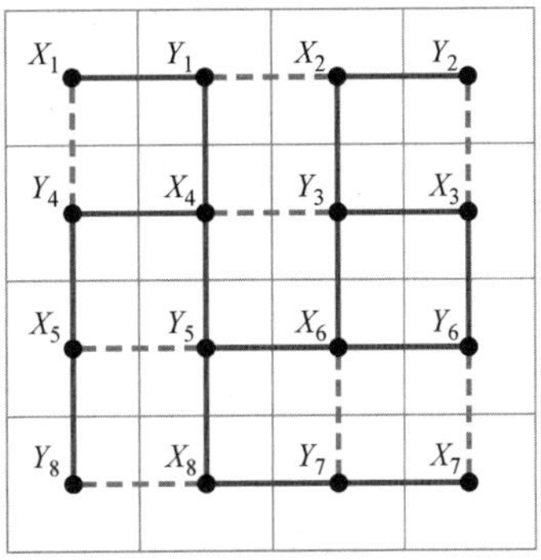

图　2.3.4(见彩图)

图 2.3.4 中粗虚线(见彩图中红色线)标记的全体边对应一种满足要求的覆盖，其对应的排列为 41235768. 图 2.3.4 对应的关联矩阵为

$$\boldsymbol{A}=\begin{pmatrix}1&0&0&1&0&0&0&0\\1&1&1&0&0&0&0&0\\0&1&1&0&0&1&0&0\\1&0&1&1&1&0&0&0\\0&0&0&1&1&0&0&1\\0&0&1&0&1&1&1&0\\0&0&0&0&0&1&1&0\\0&0&0&0&1&0&1&1\end{pmatrix}.$$

㊀ 理论细节请参考 Matoušek J.: Thirty-three miniatures: mathematical and algorithmic applications of linear algebra, AMS, 2010.

第三步，根据满足要求的覆盖与 N 元排列的对应关系可得

$$F(m,n)=\sum_{j_1j_2\cdots j_N}a_{1j_1}a_{2j_2}\cdots a_{Nj_N}. \tag{2-3-5}$$

读者会发现式(2-3-5)非常接近 $\det(\boldsymbol{A})$ 的展开式，但事实上，当 m 和 n 都比较大时，式(2-3-5)是不好计算的，一个根本的原因就在于式(2-3-5)没有行列式所拥有的那些好的性质. 于是我们想办法构造一个符号关联矩阵 $\boldsymbol{S}=(s_{ij})$ 使得 $s_{ij}=\pm a_{ij}$，而且 $|\det(\boldsymbol{S})|=F(m,n)$.

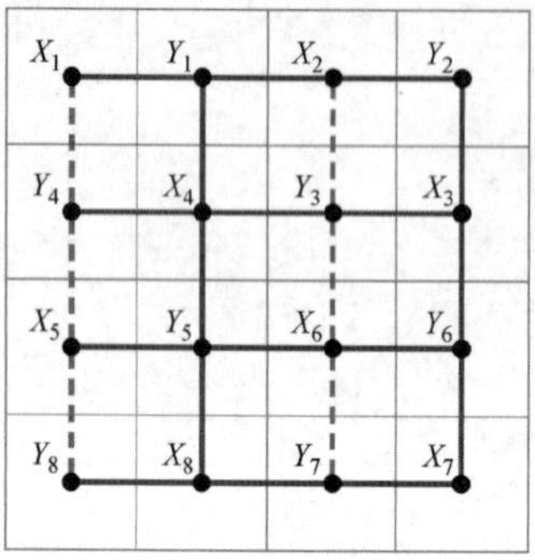

图　2.3.5(见彩图)

具体构造过程如下：把连接图 G 的所有水平边都标记为粗实线(见彩图中蓝线)，然后从右往左，对每列竖直边依次间隔标记粗实线(见彩图中蓝线)、粗虚线(见彩图中红线)，如图 2.3.5 所示. 如果边 $\{X_i,Y_j\}$ 被标记为粗虚线(见彩图中红线)，则令 $s_{ij}=-a_{ij}$，否则令 $s_{ij}=a_{ij}$.

图 2.3.5 对应的符号关联矩阵为

$$\boldsymbol{S}=\begin{pmatrix}1&0&0&-1&0&0&0&0\\1&1&-1&0&0&0&0&0\\0&1&1&0&0&1&0&0\\1&0&1&1&1&0&0&0\\0&0&0&-1&1&0&0&-1\\0&0&-1&0&1&1&-1&0\\0&0&0&0&0&1&1&0\\0&0&0&0&1&0&1&1\end{pmatrix},$$

则 $\det(\boldsymbol{S})=F(4,4)=36$. 事实上，符号关联矩阵 $\boldsymbol{S}$ 的复特征值是容易求出来的，利用第 4 章的特征值理论就可以直接写出计数公式

$$F(m,n)=\prod_{j=1}^{m}\prod_{i=1}^{n}\sqrt[4]{4\cos^2\frac{j\pi}{m+1}+4\cos^2\frac{i\pi}{n+1}}.$$

习题 2-3

基础知识篇：

1. 计算下列各行列式：

(1) $\begin{vmatrix}x&y&x+y\\y&x+y&x\\x+y&x&y\end{vmatrix}$；　(2) $\begin{vmatrix}4&2&3\\1&1&0\\-1&2&3\end{vmatrix}$；

(3) $\begin{vmatrix}2&-2&1&0\\-1&4&0&2\\5&3&-1&1\\1&0&-2&1\end{vmatrix}$；　(4) $\begin{vmatrix}1&2&3&4\\2&3&4&1\\3&4&1&2\\4&1&2&3\end{vmatrix}$.

2. 设

$$D=\begin{vmatrix} 3 & -5 & 2 & 1 \\ 1 & 1 & 0 & -5 \\ -1 & 3 & 1 & 3 \\ 2 & -4 & -1 & -3 \end{vmatrix},$$

D 的(i,j)元的余子式和代数余子式分别记作 M_{ij} 和 A_{ij}，求 $A_{11}+A_{12}+A_{13}+A_{14}$.

3. 设

$$D=\begin{vmatrix} 3 & 1 & -1 & 2 \\ -5 & 2 & 3 & -4 \\ 0 & 0 & 1 & -1 \\ 1 & 1 & 1 & 1 \end{vmatrix},$$

记 M_{ij} 为 D 的(i,j)元的余子式，求 $M_{13}-M_{23}+M_{33}-M_{43}$.

4. 计算下列各行列式(D_k 表示 k 阶行列式)：

(1) $D_n=\begin{vmatrix} a & & 1 \\ & \ddots & \\ 1 & & a \end{vmatrix}$，其中主对角线上的元都是 a，未写出的元都是 0；

(2) $D_n=\begin{vmatrix} b & a & \cdots & a \\ a & b & \cdots & a \\ \vdots & \vdots & & \vdots \\ a & a & \cdots & b \end{vmatrix}$；

(3) $D_n=\begin{vmatrix} 1 & 1 & \cdots & 1 \\ 1 & 2 & \cdots & 1 \\ \vdots & \vdots & & \vdots \\ 1 & 1 & \cdots & n \end{vmatrix}$；

(4) $D_{n+1}=\begin{vmatrix} a^n & (a-1)^n & \cdots & (a-n)^n \\ a^{n-1} & (a-1)^{n-1} & \cdots & (a-n)^{n-1} \\ \vdots & \vdots & & \vdots \\ a & a-1 & \cdots & a-n \\ 1 & 1 & \cdots & 1 \end{vmatrix}$.

应用提高篇：

5. 设 4 阶矩阵 $\boldsymbol{A}$ 的第 2 行元分别是 2,2,3,3；第 4 行元分别是 3,3,5,5. 若 $|\boldsymbol{A}|=1$，求 $A_{21}+A_{22}$ 和 $A_{43}+A_{44}$.

6. 某 4 阶行列式中第 1 列元依次是 a,a,b,b，第 4 列元的代数余子式依次为 a,a,b,x，其中 a,b 为非零的常数，求 x.

7. 给定一个包含 4×3 个单位正方形的矩形棋盘，要求用 2×1 的多米诺骨牌覆盖，求满足要求的多米诺骨牌覆盖的种数 $F(4,3)$.

2.4 克拉默法则

这一节我们来学习行列式在矩阵理论方面的应用，突出其在数据处理领域的特色. 假设方阵 $\boldsymbol{A}$ 可逆，那么线性方程组 $\boldsymbol{Ax}=\boldsymbol{\beta}$ 的解就是 $\boldsymbol{x}=\boldsymbol{A}^{-1}\boldsymbol{\beta}$. 在 1.4 节我们已经会用初等变换法求逆矩阵了，遗憾的是这个过程在计算机上实现时有些麻烦：当矩阵的阶数增大时，计算量增加很快(计算复杂度问题)；通常在计算过程中会出现分数，这时计算机就有了舍入误差，用带有舍入误差的数据继续计算会累积误差，从而导致最终结果与精确值的偏差较大(计算精度问题). 关于这些问题，请看行列式的“表演”.

2.4.1 伴随矩阵

先看看行列式如何直接用于矩阵求逆吧. 我们在上一节遇到了两个有意思的等式

$$\det \boldsymbol{A}=a_{i1}A_{i1}+a_{i2}A_{i2}+\cdots+a_{in}A_{in} \quad (i=1,2,\cdots,n), \tag{2-4-1}$$
$$0=a_{i1}A_{j1}+a_{i2}A_{j2}+\cdots+a_{in}A_{jn} \quad (i\neq j). \tag{2-4-2}$$

说这两个等式有意思是因为等号右边的和式很像矩阵乘法的定义，那我们看看把这两个式子用矩阵乘法表示出来后会出现什么奇迹呢？

定义 2.4.1 设 $\boldsymbol{A}=(a_{ij})_{n\times n}$是一个 n 阶方阵，由行列式 $|\boldsymbol{A}|$ 的所有元的代数余子式 A_{ij}构成的矩阵

$$\boldsymbol{A}^*=\begin{pmatrix} A_{11} & A_{21} & \cdots & A_{n1} \\ A_{12} & A_{22} & \cdots & A_{n2} \\ \vdots & \vdots & & \vdots \\ A_{1n} & A_{2n} & \cdots & A_{nn} \end{pmatrix},$$

称为方阵 $\boldsymbol{A}$ 的**伴随矩阵**(请注意伴随矩阵 $\boldsymbol{A}^*$ 的行、列指标的排序).

联立式(2-4-1)和式(2-4-2)，可得：

定理 2.4.2 设 $\boldsymbol{A}=(a_{ij})_{n\times n}$是一个 n 阶方阵，则

$$\boldsymbol{A}\boldsymbol{A}^*=\boldsymbol{A}^*\boldsymbol{A}=\det(\boldsymbol{A})\boldsymbol{E}.$$

证明：直接计算

$$\boldsymbol{A}\boldsymbol{A}^*=\begin{pmatrix} a_{11} & a_{12} & \cdots & a_{1n} \\ a_{21} & a_{22} & \cdots & a_{2n} \\ \vdots & \vdots & & \vdots \\ a_{n1} & a_{n2} & \cdots & a_{nn} \end{pmatrix}\begin{pmatrix} A_{11} & A_{21} & \cdots & A_{n1} \\ A_{12} & A_{22} & \cdots & A_{n2} \\ \vdots & \vdots & & \vdots \\ A_{1n} & A_{2n} & \cdots & A_{nn} \end{pmatrix}$$
$$=\begin{pmatrix} |\boldsymbol{A}| & 0 & \cdots & 0 \\ 0 & |\boldsymbol{A}| & \cdots & 0 \\ \vdots & \vdots & & \vdots \\ 0 & 0 & \cdots & |\boldsymbol{A}| \end{pmatrix}=|\boldsymbol{A}|\boldsymbol{E}.$$

利用行列式按一列展开，类似可得 $\boldsymbol{A}^*\boldsymbol{A}=|\boldsymbol{A}|\boldsymbol{E}$. □

定理 2.2.10 告诉我们矩阵 $\boldsymbol{A}$ 可逆的充分必要条件为 $\det(\boldsymbol{A})\neq 0$. 上述定理 2.4.2 不仅对这一结论给出了一个新的证明，而且当 $\boldsymbol{A}$ 可逆时，我们可以直接写出 $\boldsymbol{A}^{-1}$的表达式.

推论 2.4.3 设 n 阶方阵 $\boldsymbol{A}$ 可逆，则

$$\boldsymbol{A}^{-1}=\frac{1}{\det(\boldsymbol{A})}\boldsymbol{A}^*.$$

推论 2.4.3 给出的求逆矩阵的方法，我们称之为**伴随矩阵法**.

例 1　求下列方阵的逆矩阵：

（1）$\boldsymbol{A}=\begin{pmatrix} a & b \\ c & d \end{pmatrix}$；　　（2）$\boldsymbol{A}=\begin{pmatrix} 1 & 2 & 0 \\ 2 & 4 & 1 \\ 0 & 1 & 1 \end{pmatrix}$.

解：（1）$\det(\boldsymbol{A})=\begin{vmatrix} a & b \\ c & d \end{vmatrix}=ad-bc$，当 $ad-bc\neq 0$ 时，方阵 $\boldsymbol{A}$ 可逆. 这时 $\boldsymbol{A}$ 的伴随矩阵 $\boldsymbol{A}^*=\begin{pmatrix} d & -b \\ -c & a \end{pmatrix}$，所以

$$\boldsymbol{A}^{-1}=\frac{\boldsymbol{A}^*}{\det(\boldsymbol{A})}=\frac{1}{ad-bc}\begin{pmatrix} d & -b \\ -c & a \end{pmatrix}.$$

（2）首先计算 $\det(\boldsymbol{A})$ 的余子式：

$$M_{11}=3, M_{21}=2, M_{31}=2,$$
$$M_{12}=2, M_{22}=1, M_{32}=1,$$
$$M_{13}=2, M_{23}=1, M_{33}=0,$$

从而，$\boldsymbol{A}$ 的伴随矩阵为

$$\boldsymbol{A}^*=\begin{pmatrix} M_{11} & -M_{21} & M_{31} \\ -M_{12} & M_{22} & -M_{32} \\ M_{13} & -M_{23} & M_{33} \end{pmatrix}=\begin{pmatrix} 3 & -2 & 2 \\ -2 & 1 & -1 \\ 2 & -1 & 0 \end{pmatrix}.$$

再计算行列式 $\det\boldsymbol{A}=a_{11}A_{11}+a_{12}A_{12}+a_{13}A_{13}=-1$，于是

$$\boldsymbol{A}^{-1}=\frac{1}{\det(\boldsymbol{A})}\boldsymbol{A}^*=\begin{pmatrix} -3 & 2 & -2 \\ 2 & -1 & 1 \\ -2 & 1 & 0 \end{pmatrix}.$$

动动手：设 n 阶方阵 $\boldsymbol{A}$ 可逆，试证：$|\boldsymbol{A}^*|=|\boldsymbol{A}|^{n-1}$.

例 2　设 $\boldsymbol{A}$ 是三阶方阵，且 $|\boldsymbol{A}|=2$，求 $\left|\left(\frac{1}{3}\boldsymbol{A}\right)^{-1}-2\boldsymbol{A}^*\right|$ 的值.

解：由已知条件得 $\boldsymbol{A}$ 可逆，且

$$\left(\frac{1}{3}\boldsymbol{A}\right)^{-1}=3\boldsymbol{A}^{-1}=3\frac{\boldsymbol{A}^*}{|\boldsymbol{A}|}=\frac{3}{2}\boldsymbol{A}^*,$$

所以

$$\left|\left(\frac{1}{3}\boldsymbol{A}\right)^{-1}-2\boldsymbol{A}^*\right|=\left|-\frac{1}{2}\boldsymbol{A}^*\right|=\left(-\frac{1}{2}\right)^3|\boldsymbol{A}^*|=\left(-\frac{1}{2}\right)^3|\boldsymbol{A}|^{3-1}=-\frac{1}{2}.$$

2.4.2　克拉默(Cramer)法则的定义及应用

针对含有 n 个方程的 n 元线性方程组

$$\begin{cases} a_{11}x_1+a_{12}x_2+\cdots+a_{1n}x_n=b_1, \\ a_{21}x_1+a_{22}x_2+\cdots+a_{2n}x_n=b_2, \\ \quad\vdots \\ a_{n1}x_1+a_{n2}x_2+\cdots+a_{nn}x_n=b_n, \end{cases} \tag{2-4-3}$$

其解满足如下定理.

定理 2.4.4(克拉默法则) 如果线性方程组(2-4-3)的系数矩阵的行列式 $|\boldsymbol{A}|\neq 0$，则该方程组有唯一解

$$x_j=\frac{|\boldsymbol{D}_j|}{|\boldsymbol{A}|}\quad (j=1,2,\cdots,n),$$

其中 $\boldsymbol{D}_j$ 是将 $\boldsymbol{A}$ 的第 j 列元更换成常数项元 b_1，b_2，…，b_n 后得到的矩阵.

证明：由于 $|\boldsymbol{A}|\neq 0$，故 $\boldsymbol{A}$ 可逆，所以方程组(2-4-3)有唯一解

$$\begin{pmatrix} x_1 \\ x_2 \\ \vdots \\ x_n \end{pmatrix}=\boldsymbol{x}=\boldsymbol{A}^{-1}\boldsymbol{\beta}=\frac{1}{|\boldsymbol{A}|}\boldsymbol{A}^*\boldsymbol{\beta}$$

$$=\frac{1}{|\boldsymbol{A}|}\begin{pmatrix} A_{11} & A_{21} & \cdots & A_{n1} \\ A_{12} & A_{22} & \cdots & A_{n2} \\ \vdots & \vdots & & \vdots \\ A_{1n} & A_{2n} & \cdots & A_{nn} \end{pmatrix}\begin{pmatrix} b_1 \\ b_2 \\ \vdots \\ b_n \end{pmatrix},$$

比较两端对应元可得

$$x_j=\frac{1}{|\boldsymbol{A}|}(b_1A_{1j}+b_2A_{2j}+\cdots+b_nA_{nj})=\frac{|\boldsymbol{D}_j|}{|\boldsymbol{A}|}. \qquad \square$$

例 3 用克拉默法则解线性方程组

$$\begin{cases} 2x_1+x_2-5x_3+x_4=8, \\ x_1-3x_2-6x_4=9, \\ 2x_2-x_3+2x_4=-5, \\ x_1+4x_2-7x_3+6x_4=0. \end{cases}$$

解：

$$|\boldsymbol{A}|=\begin{vmatrix} 2 & 1 & -5 & 1 \\ 1 & -3 & 0 & -6 \\ 0 & 2 & -1 & 2 \\ 1 & 4 & -7 & 6 \end{vmatrix}\overset{r_1-2r_2}{\underset{r_4-r_2}{=\!=\!=}}\begin{vmatrix} 0 & 7 & -5 & 13 \\ 1 & -3 & 0 & -6 \\ 0 & 2 & -1 & 2 \\ 0 & 7 & -7 & 12 \end{vmatrix}$$

$$=-\begin{vmatrix}7&-5&13\\2&-1&2\\7&-7&12\end{vmatrix}\xlongequal[c_3+2c_2]{c_1+2c_2}-\begin{vmatrix}-3&-5&3\\0&-1&0\\-7&-7&-2\end{vmatrix}=\begin{vmatrix}-3&3\\-7&-2\end{vmatrix}=27\neq 0,$$

$$|\boldsymbol{D}_1|=\begin{vmatrix}8&1&-5&1\\9&-3&0&-6\\-5&2&-1&2\\0&4&-7&6\end{vmatrix}=81,\ |\boldsymbol{D}_2|=\begin{vmatrix}2&8&-5&1\\1&9&0&-6\\0&-5&-1&2\\1&0&-7&6\end{vmatrix}=-108,$$

$$|\boldsymbol{D}_3|=\begin{vmatrix}2&1&8&1\\1&-3&9&-6\\0&2&-5&2\\1&4&0&6\end{vmatrix}=-27,\ |\boldsymbol{D}_4|=\begin{vmatrix}2&1&-5&8\\1&-3&0&9\\0&2&-1&-5\\1&4&-7&0\end{vmatrix}=27,$$

于是可得唯一解：$x_1=\dfrac{|\boldsymbol{D}_1|}{|\boldsymbol{A}|}=3$，$x_2=\dfrac{|\boldsymbol{D}_2|}{|\boldsymbol{A}|}=-4$，$x_3=\dfrac{|\boldsymbol{D}_3|}{|\boldsymbol{A}|}=-1$，

$x_4=\dfrac{|\boldsymbol{D}_4|}{|\boldsymbol{A}|}=1$.

在例 3 中，读者也许会觉得用克拉默法则解线性方程组的计算量太大了，这是一个得不偿失的算法. 事实上，根据定理 2.4.4 的证明过程，我们需要做的事情是：首先判断 $\det(\boldsymbol{A})$是否为零；如果 $\det(\boldsymbol{A})\neq 0$，那么线性方程组 $\boldsymbol{A}\boldsymbol{x}=\boldsymbol{\beta}$ 的唯一解就是 $\boldsymbol{x}=\dfrac{1}{\det(\boldsymbol{A})}\boldsymbol{A}^*\boldsymbol{\beta}$. 换言之，本质上我们只需计算系数矩阵 $\boldsymbol{A}$ 的全部代数余子式(当然这个计算量还是很大的)，但是很多时候只有最后涉及除以 $\det(\boldsymbol{A})$时才会出现舍入误差. 因此，相对于初等变换法而言，通常克拉默法则(伴随矩阵法)会在计算复杂度方面做出牺牲，从而换取更高的计算精度.

克拉默法则真正发挥威力的地方是解含参数的线性方程组. 在工程领域，特别是电子工程和控制论方面，有时会出现这样的情况：一个线性控制系统，即一个线性微分方程组，经过拉普拉斯(Laplace)变换后会转变成一个线性方程组，而它的系数矩阵含有一个参数.

例 4　考虑下述方程组

$$\begin{cases}3sx_1-2x_2=4,\\-6x_1+sx_2=1,\end{cases}$$

其中 s 是一个未定参数，确定 s 的值，使得这个方程组有唯一解，然后使用克拉默法则写出这个解.

解：系数矩阵的行列式 $|\boldsymbol{A}|=\begin{vmatrix}3s&-2\\-6&s\end{vmatrix}=3s^2-12=3(s+2)(s-2)$，

同时，

$$|\boldsymbol{D}_1|=\begin{vmatrix}4 & -2\\ 1 & s\end{vmatrix}=4s+2,\ |\boldsymbol{D}_2|=\begin{vmatrix}3s & 4\\ -6 & 1\end{vmatrix}=3s+24.$$

由克拉默法则知，当 $|\boldsymbol{A}|\neq 0$ 时，即 $s\neq \pm 2$，这个方程组有唯一解：

$$\boldsymbol{x}_1=\frac{|\boldsymbol{D}_1|}{|\boldsymbol{A}|}=\frac{4s+2}{3(s+2)(s-2)},x_2=\frac{|\boldsymbol{D}_2|}{|\boldsymbol{A}|}=\frac{s+8}{(s+2)(s-2)}.$$

定理 2.4.4 的逆否命题也是有用的.

命题 2.4.5 如果线性方程组(2-4-3)无解或至少有两个不同的解，则它的系数矩阵的行列式 $\det\boldsymbol{A}=0$.

设 $\boldsymbol{A}$ 是 n 阶方阵，齐次线性方程组 $\boldsymbol{Ax}=\boldsymbol{0}$ 要么只有零解，要么存在非零解，所以根据命题 2.4.5，下述推论是显然的，却也是极重要的.

推论 2.4.6 设 $\boldsymbol{A}$ 是 n 阶方阵，若齐次线性方程组 $\boldsymbol{Ax}=\boldsymbol{0}$ 有非零解，则它的系数矩阵的行列式 $\det\boldsymbol{A}=0$.

动动手：问 λ 为何值时，齐次线性方程组

$$\begin{cases}(1-\lambda)x_1 & -2x_2 & +4x_3=0,\\ 2x_1+(3-\lambda)x_2 & & +x_3=0,\\ x_1 & +x_2+(1-\lambda)x_3=0 & \end{cases}$$

有非零解？

例 5 克拉默法则与数据的拉格朗日(Lagrange)拟合

在使用计算机处理数据时，我们有时希望用一个光滑(即无穷阶可微)的函数来拟合采集到的离散数据，当这些采集到的数据准确而且特别重要时，还要求这些离散数据落在拟合曲线上. 实践证明多项式就是一个不错的选择，这就是拉格朗日拟合，也称为拉格朗日插值. 假设已经采集到数据点$(x_1,y_1),(x_2,y_2),\cdots,(x_n,y_n)$，而且 x_1，x_2，…，x_n 两两不同，我们试图构造一个次数不超过 $n-1$ 的多项式使得这些数据点都落在多项式的曲线上.

假设次数不超过 $n-1$ 的多项式

$$P_n(x)=a_0+a_1x+a_2x^2+\cdots+a_{n-1}x^{n-1}$$

满足条件 $P_n(x_i)=y_i(i=1,2,\cdots,n)$，那么得到线性方程组

$$\begin{cases}a_0+a_1x_1+a_2x_1^2+\cdots+a_{n-1}x_1^{n-1}=y_1,\\a_0+a_1x_2+a_2x_2^2+\cdots+a_{n-1}x_2^{n-1}=y_2,\\\vdots\\a_0+a_1x_n+a_2x_n^2+\cdots+a_{n-1}x_n^{n-1}=y_n.\end{cases}\tag{2-4-4}$$

方程组(2-4-4)是以 $a_0,a_1,\cdots,a_{n-1}$ 为变量的线性方程组，其系数矩阵的行列式 $\det(\boldsymbol{A})$ 是 n 阶范德蒙德行列式的转置，根据 2.3 节的例 6 可得

$$\det(\boldsymbol{A})=\det(\boldsymbol{A}^{\mathrm{T}})=\begin{vmatrix}1&1&\cdots&1\\x_1&x_2&\cdots&x_n\\x_1^2&x_2^2&\cdots&x_n^2\\\vdots&\vdots&&\vdots\\x_1^{n-1}&x_2^{n-1}&\cdots&x_n^{n-1}\end{vmatrix}=\prod_{n\geqslant i>j\geqslant 1}(x_i-x_j),$$

由于 $x_1,x_2,\cdots,x_n$ 两两不同，所以 $\det(\boldsymbol{A})\neq 0$. 根据克拉默法则，方程组(2-4-4)有唯一解

$$a_0=\frac{|\boldsymbol{D}_1|}{|\boldsymbol{A}|},a_1=\frac{|\boldsymbol{D}_2|}{|\boldsymbol{A}|},\cdots,a_{n-1}=\frac{|\boldsymbol{D}_n|}{|\boldsymbol{A}|},$$

换言之，满足条件的多项式 $P_n(x)=a_0+a_1x+a_2x^2+\cdots+a_{n-1}x^{n-1}$ 存在且唯一.

习题 2-4

基础知识篇：

1. 求下列矩阵的逆矩阵：

(1) $\begin{pmatrix}1&2\\3&5\end{pmatrix}$；

(2) $\begin{pmatrix}3&1\\4&2\end{pmatrix}$；

(3) $\begin{pmatrix}0&1&2\\1&1&4\\2&-1&0\end{pmatrix}$.

2. 设 $\boldsymbol{A}$ 为 3 阶方阵，且 $|\boldsymbol{A}|=\frac{5}{2}$，求 $|(2\boldsymbol{A})^{-1}-\boldsymbol{A}^*|$.

3. 用克拉默法则解下列方程组：

(1) $\begin{cases}x_1+x_2+x_3=2,\\x_1+2x_2+4x_3=3,\\x_1+3x_2+9x_3=5;\end{cases}$

(2) $\begin{cases}x_1+x_2+x_3+x_4=5,\\x_1+2x_2-x_3+4x_4=-2,\\2x_1-3x_2-x_3-5x_4=-2,\\3x_1+x_2+2x_3+11x_4=0.\end{cases}$

4. 问 λ 取何值时，齐次线性方程组

$$\begin{cases}(1-\lambda)x_1-2x_2+2x_3=0,\\-2x_1+(-2-\lambda)x_2+4x_3=0,\\2x_1+4x_2+(-2-\lambda)x_3=0\end{cases}$$

有非零解?

5. 设方阵 $\boldsymbol{A}$ 可逆，证明：$\boldsymbol{A}$ 的伴随矩阵 $\boldsymbol{A}^*$ 也可逆，且 $(\boldsymbol{A}^*)^{-1}=(\boldsymbol{A}^{-1})^*$.

应用提高篇：

6. 设 $\boldsymbol{A}^*$ 是 n 阶方阵 $\boldsymbol{A}$ 的伴随矩阵，证明：若 $|\boldsymbol{A}|=0$，则 $|\boldsymbol{A}^*|=0$.

7. 试确定一个 3 次多项式 $f(x)=a_0+a_1x+a_2x^2+a_3x^3$，使其满足 $f(1)=4$，$f(-1)=0$，$f(2)=3$，$f(3)=16$.

2.5 矩阵的秩

在误入歧途之前，也许是时候回头看看我们走过的路了：我们已经建立了研究对象被称为“矩阵”的一个代数系统；学习了这个系统与几何的一个直接联系——行列式；而且这一切看起来还蛮有用. 想一想，助力我们完成这段路程的最大帮手应该是初等变换. 可是我们似乎对这个帮手认识不足，因为我们还不能回答这样一个基本的问题：给定两个矩阵，例如

$$\boldsymbol{A}=\begin{pmatrix}1&0&0\\0&0&0\\0&0&0\end{pmatrix},\boldsymbol{B}=\begin{pmatrix}1&0&0\\0&1&0\\0&0&0\end{pmatrix},$$

请问 $\boldsymbol{A}$ 是否能通过初等变换转化为 $\boldsymbol{B}$ 呢？换言之，$\boldsymbol{A}$ 和 $\boldsymbol{B}$ 是否相抵呢？因为矩阵的相抵作为等价关系满足传递性，所以这个问题等价于“一个矩阵的相抵标准形是否唯一？”

本节的任务就是回答刚刚提出的问题，完善我们已有的工具，准备好再出发.

2.5.1 矩阵的子式与秩

设 $\boldsymbol{A}$ 是一个 $m\times n$ 矩阵，在 1.3 节我们定义了集合 $\{\boldsymbol{A}\}=\{\boldsymbol{M}\mid \boldsymbol{A}\cong\boldsymbol{M}\}$ 为与矩阵 $\boldsymbol{A}$ 相抵的全体矩阵，而且我们知道这样的集合构成了全体 $m\times n$ 矩阵的一个分类. 我们期望给每一类贴上一个简单的标签方便区分于别的类. 这就仿佛把一所学校里同一个班级的学生看成一类，给每一个班级贴上一个标签，即他们的班级编号，仅仅使用这个数字编号我们就能够判断任意两名同学是否同班——班级编号一致则同班，否则就不同班.

矩阵相抵分类使用的标签和有向面积(体积)有关. 为了大致解释这个思想，我们做如下观察：给定矩阵

$$\boldsymbol{A}=\begin{pmatrix}1&0&0\\0&0&0\\0&0&0\end{pmatrix},\ \boldsymbol{B}=\begin{pmatrix}1&0&0\\0&1&0\\0&0&0\end{pmatrix},\ \boldsymbol{C}=\begin{pmatrix}1&0&0\\0&1&0\\0&0&1\end{pmatrix},$$

我们把它们的三个列拆开看成三个向量，并将一个矩阵的三个列向量在同一个空间直角坐标系里面画出来，得到图 2.5.1.

可以看出，矩阵 $\boldsymbol{A}$ 的三个列向量只能确定一条具有非零长度的线段，对提供具有非零面积或者非零体积的几何体没有贡献；矩阵 $\boldsymbol{B}$ 的三个列向量则确定了一个具有非零面积的平行四边形，自然就能提供具有非零长度的线段，但是对提供具有非零体积的

几何体没有贡献；而矩阵 $\boldsymbol{C}$ 的三个列向量确定了一个体积不为零的平行六面体，从而自然能提供具有非零长度的线段和具有非零面积的平行四边形. 我们将会看到，正是这种内在几何结构的差异导致这三个矩阵两两互不相抵.

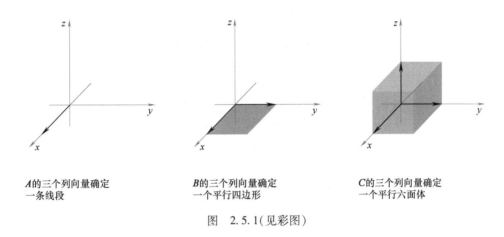

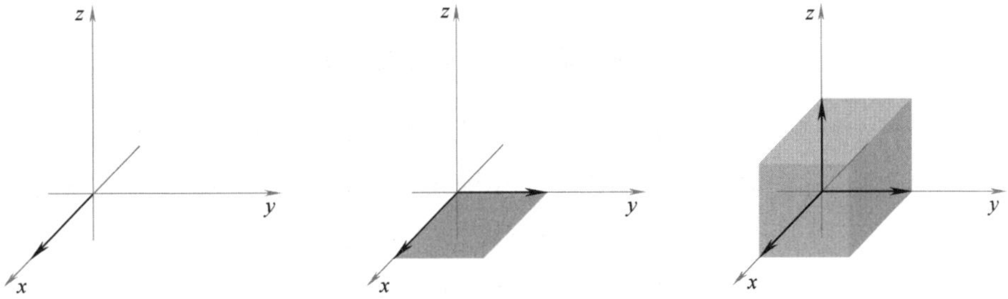

$\boldsymbol{A}$的三个列向量确定一条线段　　$\boldsymbol{B}$的三个列向量确定一个平行四边形　　$\boldsymbol{C}$的三个列向量确定一个平行六面体

图　2.5.1(见彩图)

定义 2.5.1　给定一个 $m\times n$ 矩阵 $\boldsymbol{A}$ 和一个正整数 k，$\boldsymbol{A}$ 中的任意 k 行和任意 k 列相交处的 k^2 个数按照原来的顺序形成一个新的矩阵，称为 $\boldsymbol{A}$ 的一个 k 阶**子(矩)阵**. $\boldsymbol{A}$ 的一个 k 阶子阵的行列式称为 $\boldsymbol{A}$ 的一个 k 阶**子式**.

根据定义，只有当 $k\leqslant m$，n 时，k 阶子阵才存在，这时 $\boldsymbol{A}$ 有 $\mathrm{C}_m^k\mathrm{C}_n^k$ 个 k 阶子阵(子式).

例 1　图 2.5.1 涉及的三个矩阵中，每个矩阵都分别有 9 个一阶子式、9 个二阶子式和一个三阶子式. 它们都没有更高阶的子式了. 差异是 $\boldsymbol{A}$ 有一个一阶非零子式，所有的二阶和三阶子式都是 0；$\boldsymbol{B}$ 有一个二阶非零子式(自然包含非零的一阶子式)，但是没有非零的三阶子式；$\boldsymbol{C}$ 则有一个三阶非零子式(自然包含非零的一阶和二阶子式)，而更高阶的子式就不存在了.

定义 2.5.2　如果一个矩阵存在一个 r 阶非零子式，且所有 $r+1$ 阶子式(如果存在的话)全等于零，那么我们就称 r 为这个矩阵**的秩**；零矩阵的秩定义为 0. 矩阵 $\boldsymbol{A}$ 的秩记为 $R(\boldsymbol{A})$.

例 1 中的三个矩阵，$R(\boldsymbol{A})=1$，$R(\boldsymbol{B})=2$，$R(\boldsymbol{C})=3$.

想一想：一个矩阵是零矩阵当且仅当它的秩为零.

根据行列式按一行或者一列展开的计算方法，我们知道如果 $R(\boldsymbol{A})=r$，那么 $\boldsymbol{A}$ 的 $r+2$ 阶子式(如果存在的话)全等于零. 依次类推，若 $\boldsymbol{A}$ 有超过 r 阶的子式，则它们全等于零. 因此 $R(\boldsymbol{A})$ 就是 $\boldsymbol{A}$ 的**非零子式的最高阶数**. 特别地，如果 $\boldsymbol{A}$ 有一个 t 阶子式非零，那么 $R(\boldsymbol{A})\geqslant t$.

2.5.2 秩与初等变换的关系

细心的读者会发现矩阵的秩关心的是(子矩阵)行列式是否为零，而并不关心这些行列式具体等于多少. 这与初等变换是紧密联系的，因为根据行列式关于初等变换的性质立即可得，初等变换不会改变一个行列式是否为零的特性.

现在我们需要更仔细地考察矩阵的初等变换与其子式的关系. 首先，显然有：

命题 2.5.3 $R(\boldsymbol{A})=R(\boldsymbol{A}^{\mathrm{T}})$.

更进一步，

定理 2.5.4 初等变换不改变矩阵的秩.

证明：根据命题 2.5.3，我们只讨论初等行变换的情况. 又因为初等行变换是可逆的，所以我们只需证明矩阵 $\boldsymbol{A}$ 经过一次初等行变换变成 $\boldsymbol{B}$ 时，不等式 $R(\boldsymbol{A})\leqslant R(\boldsymbol{B})$ 成立，再由初等行变换可逆得到不等式 $R(\boldsymbol{A})\geqslant R(\boldsymbol{B})$ 成立，即可得到等式 $R(\boldsymbol{A})=R(\boldsymbol{B})$.

如果 $\boldsymbol{A}=\boldsymbol{O}$，那么经过一次初等行变换后，仍然有 $\boldsymbol{B}=\boldsymbol{O}$，所以 $R(\boldsymbol{A})\leqslant R(\boldsymbol{B})$ 成立. 我们不妨假设 $\boldsymbol{A}\neq\boldsymbol{O}$，此时 $\boldsymbol{A}$ 至少有一个非零元，并且记 $R(\boldsymbol{A})=r$，那么 $\boldsymbol{A}$ 有一个 r 阶子矩阵 $\boldsymbol{D}$ 满足 $|\boldsymbol{D}|\neq 0$. 当对 $\boldsymbol{A}$ 实施一次行的互换变换得到矩阵 $\boldsymbol{B}$ 时，显然 $\boldsymbol{B}$ 存在一个 r 阶非零子式，所以 $R(\boldsymbol{B})\geqslant r=R(\boldsymbol{A})$.

当矩阵 $\boldsymbol{A}$ 的第 i 行乘以非零常数 c 变成矩阵 $\boldsymbol{B}$ 时，若 $\boldsymbol{A}$ 的子矩阵 $\boldsymbol{D}$ 包含第 i 行，那么 $\boldsymbol{B}$ 存在相应的 r 阶子矩阵 $\boldsymbol{M}$ 满足 $|\boldsymbol{M}|=c|\boldsymbol{D}|$；若 $\boldsymbol{A}$ 的子矩阵 $\boldsymbol{D}$ 不包含第 i 行，那么 $\boldsymbol{B}$ 存在相应的 r 阶子矩阵 $\boldsymbol{M}$ 满足 $|\boldsymbol{M}|=|\boldsymbol{D}|$. 所以 $R(\boldsymbol{B})\geqslant r=R(\boldsymbol{A})$.

如果将矩阵 $\boldsymbol{A}$ 的第 j 行乘以常数 k 加到第 i 行上得到矩阵 $\boldsymbol{B}$，那么我们需要考虑三种情形：

(1) 子矩阵 $\boldsymbol{D}$ 不包含第 i 行；

(2) 子矩阵 $\boldsymbol{D}$ 包含第 i 行但是不包含第 j 行；

(3) 子矩阵 $\boldsymbol{D}$ 同时包含第 i 行和第 j 行.

针对情形(1)，显然 $\boldsymbol{B}$ 存在相应的 r 阶子矩阵 $\boldsymbol{M}$ 满足 $|\boldsymbol{M}|=|\boldsymbol{D}|$，所以 $R(\boldsymbol{B})\geqslant r$. 针对情形(3)，$\boldsymbol{B}$ 中相应的 r 阶子矩阵 $\boldsymbol{M}$ 是 $\boldsymbol{D}$ 经过消法变换得到的，从而 $|\boldsymbol{M}|=|\boldsymbol{D}|$，所以 $R(\boldsymbol{B})\geqslant r$. 针对情形(2)，把 $\boldsymbol{B}$ 中相应于 $\boldsymbol{D}$ 的 r 阶子矩阵记作 $\boldsymbol{D}_1$，再将 $\boldsymbol{D}$ 的第 i 行元换成 $\boldsymbol{A}$ 的第 j 行相应位置上的元，得 r 阶子矩阵 $\boldsymbol{D}_2$. 那么 $\boldsymbol{D}_2$ 经过适当的互换变换后其实是 $\boldsymbol{B}$ 的一个子矩阵. 根据性质 2.2.2 可得 $0\neq|\boldsymbol{D}|=|\boldsymbol{D}_1|-k|\boldsymbol{D}_2|$，所以 $|\boldsymbol{D}_1|$ 和 $|\boldsymbol{D}_2|$ 不同时为零，换言之，$\boldsymbol{B}$ 存在一个 r 阶非零子式，因此 $R(\boldsymbol{B})\geqslant r$. □

定理 2.5.4 和下述结论给我们提供了计算矩阵的秩的方法.

命题 2.5.5 行阶梯形矩阵的秩等于它的非零行的行数，等于其主元的个数.

证明：假设 $\boldsymbol{B}$ 是一个行阶梯形矩阵，且非零行的行数为 r. 取所有的非零行和主元所在的列构成一个对角元都非零的上三角矩阵，它的行列式不为零，所以 $R(\boldsymbol{B})\geqslant r$. 另一方面，对 $\boldsymbol{B}$ 的任意一个 $r+1$ 阶子式(如果存在的话)，那么它必有一行元全部为零，即该子式等于零. 因此 $R(\boldsymbol{B})=r$. □

例 2 计算下述矩阵的秩：

$$\boldsymbol{A}=\begin{pmatrix}-1&4&2&0\\5&1&0&3\\3&-2&-1&4\\-2&9&4&-5\end{pmatrix}.$$

解：使用初等行变换把矩阵 $\boldsymbol{A}$ 转化为行阶梯形，得

$$\boldsymbol{A}=\begin{pmatrix}-1&4&2&0\\5&1&0&3\\3&-2&-1&4\\-2&9&4&-5\end{pmatrix}\to\begin{pmatrix}-1&4&2&0\\0&1&0&-5\\0&0&5&54\\0&0&0&0\end{pmatrix}=\boldsymbol{J}.$$

根据定理 2.5.4 和命题 2.5.5 可得，$R(\boldsymbol{A})=R(\boldsymbol{J})=3$.

幸运的是秩这个数字标签恰好可以用来标记矩阵的相抵分类，使得秩成为区分不同类矩阵的“身份证明”.

定理 2.5.6 两个同型矩阵相抵当且仅当它们具有相同的秩.

证明：假设 $\boldsymbol{A}$ 和 $\boldsymbol{B}$ 是两个同型矩阵. 如果 $\boldsymbol{A}$ 和 $\boldsymbol{B}$ 相抵，即 $\boldsymbol{A}$ 经过有限次初等变换可以变成 $\boldsymbol{B}$，那么由定理 2.5.4 得 $R(\boldsymbol{A})=R(\boldsymbol{B})$.

反之，假设 $R(\boldsymbol{A})=R(\boldsymbol{B})=r$. 那么根据定理 2.5.4，$\boldsymbol{A}$ 经过有

限次初等变换可以化成标准形$\begin{pmatrix} \boldsymbol{E}_r & \boldsymbol{O} \\ \boldsymbol{O} & \boldsymbol{O} \end{pmatrix}$，同样 $\boldsymbol{B}$ 也可以化成标准形$\begin{pmatrix} \boldsymbol{E}_r & \boldsymbol{O} \\ \boldsymbol{O} & \boldsymbol{O} \end{pmatrix}$. 因为矩阵的相抵具有传递性，所以 $\boldsymbol{A}$ 相抵于 $\boldsymbol{B}$. □

推论 2.5.7 一个矩阵的相抵标准形是唯一确定的.

动动手：计算矩阵$\begin{pmatrix} 1 & 2 & 3 \\ 4 & 5 & 6 \\ 7 & 8 & 9 \end{pmatrix}$的秩和相抵标准形.

推论 2.5.8 设 $\boldsymbol{P}$，$\boldsymbol{Q}$ 是可逆矩阵，则

$$R(\boldsymbol{A})=R(\boldsymbol{PA})=R(\boldsymbol{AQ})=R(\boldsymbol{PAQ}).$$

证明：因为可逆矩阵是有限个初等矩阵的乘积，而矩阵 $\boldsymbol{A}$ 左(右)乘一个初等矩阵相当于对 $\boldsymbol{A}$ 做一次相应的行(列)初等变换. □

例 3 再论数字图像处理.

我们接着 1.2 节和 1.3 节来进一步地讨论数字图像的存储问题. 首先，利用矩阵的相抵分类理论我们可以得到一个关于矩阵分解的结果：假设 $\boldsymbol{A}_{m\times n}$ 是一个秩为 r 的矩阵，那么存在一个 $m\times r$ 矩阵 $\boldsymbol{B}$ 和一个 $r\times n$ 矩阵 $\boldsymbol{C}$ 使得 $\boldsymbol{A}=\boldsymbol{BC}$.

事实上，由 $R(\boldsymbol{A})=r$ 可知 $\boldsymbol{A}$ 相抵于标准形

$$\begin{pmatrix} \boldsymbol{E}_r & \boldsymbol{O} \\ \boldsymbol{O} & \boldsymbol{O} \end{pmatrix}=\begin{pmatrix} \boldsymbol{E}_r \\ \boldsymbol{O} \end{pmatrix}(\boldsymbol{E}_r \quad \boldsymbol{O}),$$

所以存在一个 m 阶可逆矩阵 $\boldsymbol{P}$ 和一个 n 阶可逆矩阵 $\boldsymbol{Q}$ 使得

$$\boldsymbol{A}=\boldsymbol{P}\begin{pmatrix} \boldsymbol{E}_r & \boldsymbol{O} \\ \boldsymbol{O} & \boldsymbol{O} \end{pmatrix}\boldsymbol{Q}=\boldsymbol{P}\begin{pmatrix} \boldsymbol{E}_r \\ \boldsymbol{O} \end{pmatrix}(\boldsymbol{E}_r \quad \boldsymbol{O})\boldsymbol{Q}.$$

令 $\boldsymbol{B}=\boldsymbol{P}\begin{pmatrix} \boldsymbol{E}_r \\ \boldsymbol{O} \end{pmatrix}$，$\boldsymbol{C}=(\boldsymbol{E}_r \quad \boldsymbol{O})\boldsymbol{Q}$，那么显然 $\boldsymbol{B}$ 为一个 $m\times r$ 矩阵，$\boldsymbol{C}$ 为一个 $r\times n$ 矩阵，而且满足 $\boldsymbol{A}=\boldsymbol{BC}$.

现在假设我们有一张灰度数字图片，把它看成是一个 $m\times n$ 矩阵 $\boldsymbol{A}$，再假设该矩阵的秩为 r. 那么根据刚刚获得的结果，我们可以把它分解成一个 $m\times r$ 矩阵 $\boldsymbol{B}$ 和一个 $r\times n$ 矩阵 $\boldsymbol{C}$ 的乘积. 我们使用分解后得到的两个矩阵来存储原来的数字图片，那么我们需要使用的空间是 $(m+n)r$ 个数字占用的存储空间. 但是在 $\boldsymbol{A}=\boldsymbol{BC}$ 这个分解式中矩阵 $\boldsymbol{B}$ 和 $\boldsymbol{C}$ 的元通常不是整数，因此需要使用浮点数据

类型来存储，如 double 类型. 这时一个 double 数据需要 8 个字节来存储，因此利用上述分解理论来存储图片 $\boldsymbol{A}$ 需要 $8(m+n)r$ 字节. 所以，当 $r<\frac{mn}{8(m+n)}$ 时，我们需要使用的存储空间就比直接存储原来的 $m\times n$ 矩阵所需要使用的存储空间更小. 例如，当 $m=1920$，$n=1080$ 时，只要灰度数字图片的秩 $r<86.4$，就可以使用这种分解的方法来存储以节省存储空间.

令人遗憾的是，从上面的计算过程中我们容易发现这个方法仅对于秩比较小的数字图片才能达到节省存储空间的目的. 而现实当中很多图片的秩都非常大，所以这种方法的使用范围比较窄. 读者可以尝试使用计算机技术考察一下图 2.5.2 中的灰度数字图片的秩是多少，是否可以使用上述分解的方法来减少存储空间.

图　2.5.2

习题 2-5

基础知识篇：

1. 求下列矩阵的秩，并对每个矩阵找出一个最高阶的非零子式：

(1) $\boldsymbol{A}=\begin{pmatrix}0&0&1\\2&1&0\\1&0&-1\end{pmatrix}$；

(2) $\boldsymbol{A}=\begin{pmatrix}3&1&0&2\\1&3&-4&4\\1&-1&2&-1\end{pmatrix}$；

(3) $\boldsymbol{A}=\begin{pmatrix}3&2&0&5&0\\3&-2&3&6&-1\\2&0&1&5&-3\\1&6&-4&-1&4\end{pmatrix}$；

(4) $\boldsymbol{A}=\begin{pmatrix}3&2&-1&-3&-1\\2&-1&3&1&-3\\7&0&5&-1&-8\end{pmatrix}$.

2. 对4×3 矩阵全体，它包含了多少个相抵等价类?

3. 设 $\boldsymbol{A}=\begin{pmatrix}3\\2\\1\end{pmatrix}(1,\ 2,\ 3)$，求矩阵 $\boldsymbol{A}$ 的秩.

4. 设 $\boldsymbol{A}=\begin{pmatrix}2&0&4\\-1&1&a\\1&2&6\end{pmatrix}$，且 $R(\boldsymbol{A})=2$，求 a.

5. 设 $\boldsymbol{A}=\begin{pmatrix}a&1&1&1\\1&a&1&1\\1&1&a&1\\1&1&1&a\end{pmatrix}$，且 $R(\boldsymbol{A})=3$，求 a.

应用提高篇：

6. 设矩阵 $\boldsymbol{A}$ 的秩为 r，证明：$\boldsymbol{A}$ 可以分解为 r 个秩为 1 的矩阵的和.

7. 设 $\boldsymbol{A}=\begin{pmatrix}1&-2&3k\\-1&2k&-3\\k&-2&3\end{pmatrix}$，求 k，使

(1) $R(\boldsymbol{A})=1$；　(2) $R(\boldsymbol{A})=2$；

(3) $R(\boldsymbol{A})=3$.

8. 扫描二维码获取图 2.5.2 所示的数字图像. 利用 MATLAB 计算该灰度图片对应的矩阵的秩，并验证：使用本节例 3 所述的方法来存储图像时，不能节省存储空间.

第3章 线性方程组与向量空间

数学和实际问题直接联系的最常见桥梁就是各种类型的方程组. 而这其中的线性方程组可能是最简单的，同时也是最根本的，它在线性代数甚至整个数学体系中都是基础性的研究对象. 本章系统地研究线性方程组的理论，突出空间化的格局体系.

本章的具体内容包括：3.1节利用矩阵这个工具给出线性方程组解的情况及其判别准则，同时考虑高斯消元法的数据处理意义. 3.2节介绍向量空间，认识在向量空间中建立坐标系的过程. 3.3节介绍向量组的秩，并详细展示它与向量空间中的坐标系之间的联系. 3.4节用向量空间的语言来解读线性方程组的解集的结构信息，并应用于开放型的里昂惕夫“生产—消费模型”.

3.1 线性方程组解的情况

正如1.1节例2讨论的商品定价问题那样，许多实际问题建立的数学模型是如下的一个线性方程组

$$\begin{cases} a_{11}x_1+a_{12}x_2+\cdots+a_{1n}x_n=b_1, \\ a_{21}x_1+a_{22}x_2+\cdots+a_{2n}x_n=b_2, \\ \qquad\vdots \\ a_{m1}x_1+a_{m2}x_2+\cdots+a_{mn}x_n=b_m. \end{cases} \tag{3-1-1}$$

针对线性方程组(3-1-1)，我们关心它是否有解？有解时，有多少个解呢？如果解不止一个时，解集的结构又如何呢？

在回答这些问题之前，先回顾一下我们已经拥有的事实材料. 首先，任意类型的一个方程组在求解时本质上只有降次和消元两种方法. 而线性方程组中的未知量都是一次的，所以消元法成了我们自然的选择. 其次，我们在中学阶段对线性方程组有几何直观的认识. 已知平面上的直线满足方程 $ax+by=c$，其中 a，b，c 是实数且 a，b 不同时为零. 平面上两条直线之间的位置关系有3种情况：相交于一点，重合或者平行，这个几何事实恰好对应于由两个直线方程构成的二元线性方程组

$$\begin{cases} a_1x+b_1y=c_1, \\ a_2x+b_2y=c_2 \end{cases}$$

的解的情况：有唯一解，有无穷多解或者无解.

3.1.1 高斯(Gauss)消元法

在 1.3 节我们已经使用消元法求解过具体的线性方程组，这种由互换变换、倍法变换和消法变换组成的求解线性方程组的过程称为**高斯消元法**. 事实上，高斯消元法可以给出一般线性方程组的解的判别准则.

为叙述方便，我们将一般线性方程组(3-1-1)改写成矩阵形式 $\boldsymbol{Ax}=\boldsymbol{\beta}$. 利用高斯消元法将增广矩阵$(\boldsymbol{A},\boldsymbol{\beta})$转化为行最简形矩阵

$$\begin{pmatrix} 1 & 0 & \cdots & 0 & b_{11} & \cdots & b_{1,n-r} & d_1 \\ 0 & 1 & \cdots & 0 & b_{21} & \cdots & b_{2,n-r} & d_2 \\ \vdots & \vdots & & \vdots & \vdots & & \vdots & \vdots \\ 0 & 0 & \cdots & 1 & b_{r1} & \cdots & b_{r,n-r} & d_r \\ 0 & 0 & \cdots & 0 & 0 & \cdots & 0 & d_{r+1} \\ 0 & 0 & \cdots & 0 & 0 & \cdots & 0 & 0 \\ \vdots & \vdots & & \vdots & \vdots & & \vdots & \vdots \\ 0 & 0 & \cdots & 0 & 0 & \cdots & 0 & 0 \end{pmatrix}, \tag{3-1-2}$$

这里我们假设了主元分布在前 r 列(相当于在需要的情况下，交换了未知量的顺序). 命题 2.5.5 告诉我们一个行阶梯形矩阵的秩等于它的非零行的行数，所以 $R(\boldsymbol{A})=r$，而 $R(\boldsymbol{A},\boldsymbol{\beta})=r$ 或者 $R(\boldsymbol{A},\boldsymbol{\beta})=r+1$. 当 $R(\boldsymbol{A},\boldsymbol{\beta})=r+1$ 时，那么 $d_{r+1}\neq 0$，这时式(3-1-2)对应的线性方程组会出现“$0=d_{r+1}$”这种方程，所以此时方程组(3-1-1)无解. 当 $R(\boldsymbol{A},\boldsymbol{\beta})=r=n$ 时，式(3-1-2)中的矩阵就是

$$\begin{pmatrix} 1 & 0 & \cdots & 0 & d_1 \\ 0 & 1 & \cdots & 0 & d_2 \\ \vdots & \vdots & & \vdots & \vdots \\ 0 & 0 & \cdots & 1 & d_n \\ 0 & 0 & \cdots & 0 & 0 \\ \vdots & \vdots & & \vdots & \vdots \\ 0 & 0 & \cdots & 0 & 0 \end{pmatrix},$$

从而方程组(3-1-1)有唯一解. 当 $R(\boldsymbol{A},\boldsymbol{\beta})=r<n$ 时，未知量 x_{r+1}，x_{r+2}，…，x_n 可以任意取值(所以这样的未知量称为**自由变量**)，因此方程组(3-1-1)有无穷多解. 注意到系数矩阵的秩满足 $R(\boldsymbol{A})=r\leqslant \min\{n,m\}$，所以线性方程组(3-1-1)的解的情况只有刚刚讨论过的

这三种情形. 综上所述，我们得到一个基础性的结论：

定理 3.1.1 n 元线性方程组 $\boldsymbol{Ax}=\boldsymbol{\beta}$

(1) 无解的充分必要条件是 $R(\boldsymbol{A})<R(\boldsymbol{A},\boldsymbol{\beta})$；

(2) 有唯一解的充分必要条件是 $R(\boldsymbol{A})=R(\boldsymbol{A},\boldsymbol{\beta})=n$；

(3) 有无穷多解的充分必要条件是 $R(\boldsymbol{A})=R(\boldsymbol{A},\boldsymbol{\beta})<n$.

我们经常会用到如下的推论.

推论 3.1.2 n 元线性方程组 $\boldsymbol{Ax}=\boldsymbol{\beta}$ 有解的充分必要条件是 $R(\boldsymbol{A})=R(\boldsymbol{A},\boldsymbol{\beta})$.

例 1 设有线性方程组

$$\begin{cases}\lambda x_1+x_2+x_3=0,\\ x_1+\lambda x_2+x_3=3,\\ x_1+x_2+\lambda x_3=\lambda-1.\end{cases}$$

问 λ 取何值时，此方程组(1)有唯一解？(2)无解？(3)有无穷多个解？并在有无穷多解时求其通解.

解： 方法一，用高斯消元法

$$(\boldsymbol{A},\boldsymbol{\beta})=\begin{pmatrix}\lambda & 1 & 1 & 0\\ 1 & \lambda & 1 & 3\\ 1 & 1 & \lambda & \lambda-1\end{pmatrix}\xrightarrow{r_1\leftrightarrow r_3}\begin{pmatrix}1 & 1 & \lambda & \lambda-1\\ 1 & \lambda & 1 & 3\\ \lambda & 1 & 1 & 0\end{pmatrix}$$

$$\longrightarrow\begin{pmatrix}1 & 1 & \lambda & \lambda-1\\ 0 & \lambda-1 & 1-\lambda & 4-\lambda\\ 0 & 1-\lambda & 1-\lambda^2 & -\lambda(\lambda-1)\end{pmatrix}$$

$$\longrightarrow\begin{pmatrix}1 & 1 & \lambda & \lambda-1\\ 0 & \lambda-1 & 1-\lambda & 4-\lambda\\ 0 & 0 & -(\lambda+2)(\lambda-1) & -(\lambda+2)(\lambda-2)\end{pmatrix}.$$

(1) 当 $\lambda\neq-2$ 且 $\lambda\neq1$ 时，$R(\boldsymbol{A})=R(\boldsymbol{A},\boldsymbol{\beta})=3$，方程组有唯一解；

(2) 当 $\lambda=1$ 时，$R(\boldsymbol{A})=1<2=R(\boldsymbol{A},\boldsymbol{\beta})$，方程组无解；

(3) 当 $\lambda=-2$ 时，$R(\boldsymbol{A})=R(\boldsymbol{A},\boldsymbol{\beta})=2<3$，方程组有无穷多解. 这时，

$$(\boldsymbol{A},\boldsymbol{\beta})\longrightarrow\left(\begin{array}{ccc:c}1 & 1 & -2 & -3\\ 0 & -3 & 3 & 6\\ 0 & 0 & 0 & 0\end{array}\right)\longrightarrow\left(\begin{array}{ccc:c}1 & 0 & -1 & -1\\ 0 & 1 & -1 & -2\\ 0 & 0 & 0 & 0\end{array}\right),$$

对应的线性方程组是 $\begin{cases}x_1=x_3-1,\\ x_2=x_3-2,\end{cases}$ 其中 x_3 是自由变量. 故方程组的

一般解是

$$\begin{pmatrix} x_1 \\ x_2 \\ x_3 \end{pmatrix} = \begin{pmatrix} c-1 \\ c-2 \\ c \end{pmatrix}, \text{其中 } c \text{ 是任意常数.}$$

方法二，用克拉默法则，计算系数矩阵行列式得

$$|\boldsymbol{A}| = \begin{vmatrix} \lambda & 1 & 1 \\ 1 & \lambda & 1 \\ 1 & 1 & \lambda \end{vmatrix} = \begin{vmatrix} \lambda+2 & \lambda+2 & \lambda+2 \\ 1 & \lambda & 1 \\ 1 & 1 & \lambda \end{vmatrix} = \begin{vmatrix} \lambda+2 & 0 & 0 \\ 1 & \lambda-1 & 0 \\ 1 & 0 & \lambda-1 \end{vmatrix}$$

$$= (\lambda+2)(\lambda-1)^2.$$

所以当 $\lambda \neq -2$ 且 $\lambda \neq 1$ 时，方程组有唯一解.

当 $\lambda = 1$ 时，$(\boldsymbol{A}, \boldsymbol{\beta}) = \begin{pmatrix} 1 & 1 & 1 & 0 \\ 1 & 1 & 1 & 3 \\ 1 & 1 & 1 & 0 \end{pmatrix} \to \begin{pmatrix} 1 & 1 & 1 & 0 \\ 0 & 0 & 0 & 3 \\ 0 & 0 & 0 & 0 \end{pmatrix}$，$R(\boldsymbol{A}) < R(\boldsymbol{A},\boldsymbol{\beta})$，方程组无解.

当 $\lambda = -2$ 时，$(\boldsymbol{A},\boldsymbol{\beta}) = \left(\begin{array}{ccc:c} -2 & 1 & 1 & 0 \\ 1 & -2 & 1 & 3 \\ 1 & 1 & -2 & -3 \end{array}\right) \to \left(\begin{array}{ccc:c} 1 & 0 & -1 & -1 \\ 0 & 1 & -1 & -2 \\ 0 & 0 & 0 & 0 \end{array}\right)$，

$R(\boldsymbol{A}) = R(\boldsymbol{A},\boldsymbol{\beta}) = 2 < 3$，方程组有无穷多解，且一般解为

$$\begin{pmatrix} x_1 \\ x_2 \\ x_3 \end{pmatrix} = \begin{pmatrix} c-1 \\ c-2 \\ c \end{pmatrix}, \text{其中 } c \text{ 是任意常数.}$$

对齐次线性方程组，我们更关心非零解的存在性.

推论 3.1.3　n 元齐次线性方程组 $\boldsymbol{Ax}=\boldsymbol{0}$ 有非零解的充分必要条件是 $R(\boldsymbol{A}) < n$.

动动手：问 a，b 为何值时，齐次线性方程组

$$\begin{cases} x_1+2x_2-x_3=0, \\ 2x_1-x_2+x_3=0, \\ 3x_1+x_2+ax_3=0, \\ x_1+bx_2+2x_3=0 \end{cases}$$

有非零解？

3.1.2　矩阵的 LU 分解

我们接下来研究高斯消元法在数据处理方面的效果. 在 1.3

节，利用高斯消元法将线性方程组转化为阶梯形方程组的过程称为消元过程，进一步转化为行最简形方程组的过程称为回代过程. 细心的读者会发现在消元过程中其实只需要用到互换变换和消法变换.

设有 n 个方程的 n 元线性方程组 $\boldsymbol{Ax}=\boldsymbol{\beta}$，进一步假设对该方程组使用高斯消元法时，消元过程仅需消法变换. 例如：设 $\boldsymbol{A}=(a_{ij})_{n\times n}$，取 $\boldsymbol{A}$ 的前 k 行和前 k 列形成的子式我们称为**顺序主子式**，记为 $\boldsymbol{A}\begin{pmatrix}1,2,\cdots,k\\1,2,\cdots,k\end{pmatrix}$. 如果系数矩阵的前 $n-1$ 个顺序主子式 $\boldsymbol{A}\begin{pmatrix}1,2,\cdots,i\\1,2,\cdots,i\end{pmatrix}\neq 0$，$i=1,2,\cdots,n-1$，则 $a_{11}\neq 0$，从而 $\boldsymbol{A}$ 可经过消法变换化为 $\begin{pmatrix}a_{11} & *\\ \boldsymbol{0} & B_1\end{pmatrix}$. 由于消法变换不改变行列式的值，所以 $\boldsymbol{B}_1$ 的前 $n-2$ 个顺序主子式都不为零. 根据数学归纳法可得 $\boldsymbol{A}$ 经过有限次的消法变换后将变化为上三角矩阵 $\boldsymbol{U}$. 因此存在与消法变换对应的初等矩阵 $\boldsymbol{P}_1,\boldsymbol{P}_2,\cdots,\boldsymbol{P}_s$ 使得 $\boldsymbol{P}_s\cdots\boldsymbol{P}_2\boldsymbol{P}_1\boldsymbol{A}=\boldsymbol{U}$. 令 $\boldsymbol{L}=(\boldsymbol{P}_s\cdots\boldsymbol{P}_2\boldsymbol{P}_1)^{-1}$，则 $\boldsymbol{A}=\boldsymbol{LU}$. 注意到消元过程是从上而下进行的，我们易知 $\boldsymbol{L}$ 是对角元全为 1 的下三角矩阵. 事实上，我们有：

定理 3.1.4 设 $\boldsymbol{A}$ 是 n 阶可逆矩阵，且 $\boldsymbol{A}$ 的前 $n-1$ 个顺序主子式都不为零，则 $\boldsymbol{A}$ 可唯一地分解为 $\boldsymbol{A}=\boldsymbol{LU}$，其中 $\boldsymbol{L}$ 是对角元全为 1 的下三角矩阵，$\boldsymbol{U}$ 是上三角矩阵.

证明：只需证明分解的唯一性. 若还有 $\boldsymbol{A}=\boldsymbol{L}_1\boldsymbol{U}_1$，其中 $\boldsymbol{L}_1$ 是对角元全为 1 的下三角矩阵，$\boldsymbol{U}_1$ 是上三角矩阵. 则 $\boldsymbol{L}_1^{-1}\boldsymbol{L}=\boldsymbol{U}_1\boldsymbol{U}^{-1}$ 既是下三角矩阵，又是上三角矩阵，且对角元全为 1，因此 $\boldsymbol{L}_1^{-1}\boldsymbol{L}=\boldsymbol{U}_1\boldsymbol{U}^{-1}=\boldsymbol{E}$，即 $\boldsymbol{L}=\boldsymbol{L}_1$，$\boldsymbol{U}=\boldsymbol{U}_1$. □

例 2 将矩阵 $\boldsymbol{A}=\begin{pmatrix}2&3&1\\4&5&4\\3&4&2\end{pmatrix}$ 进行 LU 分解.

解：
$$\boldsymbol{A}=\begin{pmatrix}2&3&1\\4&5&4\\3&4&2\end{pmatrix}\xrightarrow[r_3-\frac{3}{2}r_1]{r_2-2r_1}\begin{pmatrix}2&3&1\\0&-1&2\\0&-\frac{1}{2}&\frac{1}{2}\end{pmatrix}$$
$$\xrightarrow{r_3-\frac{1}{2}r_2}\begin{pmatrix}2&3&1\\0&-1&2\\0&0&-\frac{1}{2}\end{pmatrix}=\boldsymbol{U}.$$

因此，$E\left(3,2\left(-\frac{1}{2}\right)\right)E\left(3,1\left(-\frac{3}{2}\right)\right)E(2,1(-2))\boldsymbol{A}=\boldsymbol{U}$.

令

$$\begin{aligned}\boldsymbol{L}&=\left(E\left(3,2\left(-\frac{1}{2}\right)\right)E\left(3,1\left(-\frac{3}{2}\right)\right)E(2,1(-2))\right)^{-1}\\&=E(2,1(2))E\left(3,1\left(\frac{3}{2}\right)\right)E\left(3,2\left(\frac{1}{2}\right)\right)\\&=\begin{pmatrix}1&0&0\\2&1&0\\\frac{3}{2}&\frac{1}{2}&1\end{pmatrix},\end{aligned}$$

则 $\boldsymbol{A}=\boldsymbol{LU}$.

矩阵的 LU 分解在数据处理中有重要的意义，特别是在求解大型线性方程组时. 设 $\boldsymbol{A}$ 是 n 阶可逆矩阵，当 $\boldsymbol{A}$ 的 LU 分解确定后，线性方程组 $\boldsymbol{Ax}=\boldsymbol{\beta}$ 即可写成 $\boldsymbol{Ly}=\boldsymbol{\beta}$，其中 $\boldsymbol{Ux}=\boldsymbol{y}$. 通过例 2 读者可以发现通常矩阵 $\boldsymbol{L}$ 和 $\boldsymbol{U}$ 是可以快速算出的；另一方面，顺序计算下三角方程组 $\boldsymbol{Ly}=\boldsymbol{\beta}$ 和上三角方程组 $\boldsymbol{Ux}=\boldsymbol{y}$ 也是容易的. 因此，与克拉默法则相比，或者说与计算 $\boldsymbol{A}^{-1}\boldsymbol{\beta}$ 相比，这种方法涉及较少的运算量，是一种高效的算法.

让我们用一个实际问题来结束这一节.

例 3　交通网络流量.

某城市有三条单行道，构成了一个包含三个节点 A，B，C 的局部交通网，如图 3.1.1 所示，其中的数字表示该路段 30min 内按箭头方向进出节点路口的车流量. 求在这 30min 内 AB 段、BC 段和 CA 段的交通流量 x_1，x_2 和 x_3.

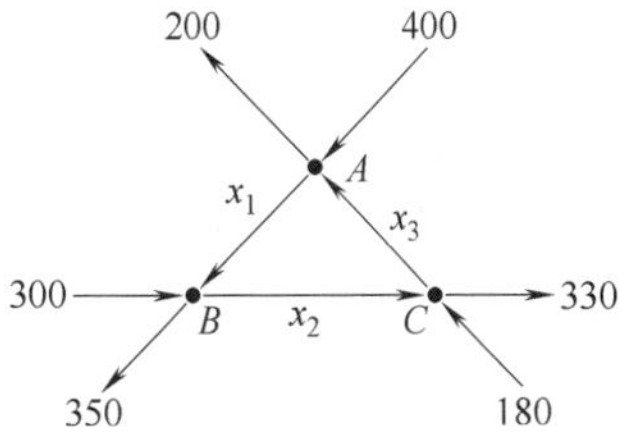

图　3.1.1

解： 在 30min 内每个节点路口进入的车辆数与离开的车辆数相等，因此有方程组

$$\begin{cases}x_1+200=x_3+400,\\x_1+300=x_2+350,\\x_2+180=x_3+330.\end{cases}$$

整理后得线性方程组

$$\begin{cases}x_1-x_3=200,\\x_1-x_2=50,\\x_2-x_3=150.\end{cases}$$

对其增广矩阵做初等行变换有

$$(\boldsymbol{A},\boldsymbol{\beta})=\left(\begin{array}{ccc:c}1&0&-1&200\\1&-1&0&50\\0&1&-1&150\end{array}\right)\rightarrow\left(\begin{array}{ccc:c}1&0&-1&200\\0&-1&1&-150\\0&1&-1&150\end{array}\right)\rightarrow\left(\begin{array}{ccc:c}1&0&-1&200\\0&1&-1&150\\0&0&0&0\end{array}\right).$$

因为 $R(\boldsymbol{A})=R(\boldsymbol{A},\boldsymbol{\beta})=2<3$，所以方程组有无穷多解，且一般解为

$$\begin{pmatrix}x_1\\x_2\\x_3\end{pmatrix}=\begin{pmatrix}200+c\\150+c\\c\end{pmatrix}=\begin{pmatrix}200\\150\\0\end{pmatrix}+c\begin{pmatrix}1\\1\\1\end{pmatrix}.$$

我们已经回答了本节刚开始提出的问题中的前两个. 但是，当线性方程组有无穷多解时，其解集具有什么结构呢？要回答这个问题我们还有很漫长的路要走.

习题 3-1

基础知识篇：

1. 设有非齐次线性方程组

$$\begin{cases}(1+\lambda)x_1+x_2+x_3=0,\\x_1+(1+\lambda)x_2+x_3=3,\\x_1+x_2+(1+\lambda)x_3=\lambda.\end{cases}$$

问 λ 为何值时，此方程组(1) 有唯一解？(2) 无解？(3) 有无穷多解？并在有无穷多解时，求其通解.

2. 设有非齐次线性方程组

$$\begin{cases}ax_1+x_2+x_3=4,\\x_1+bx_2+x_3=3,\\x_1+2bx_2+x_3=4.\end{cases}$$

问 a，b 为何值时，此方程组(1) 有唯一解？(2) 无解？(3) 有无穷多解？并在有无穷多解时，求其通解.

3. 设齐次线性方程组

$$\begin{cases}\lambda x_1+x_2+x_3=0,\\x_1+\lambda x_2+x_3=0,\\x_1+x_2+\lambda x_3=0.\end{cases}$$

问 λ 为何值时，此方程组(1) 只有零解？(2) 有非零解？并求其通解.

4. 判断下列线性方程组是否有解？若有解，求出全部的解.

(1) $\begin{cases}x_1-2x_2+3x_3-x_4=1,\\3x_1-x_2+5x_3-3x_4=2,\\2x_1+x_2+2x_3-2x_4=3;\end{cases}$

(2) $\begin{cases}4x_1+3x_2-2x_3=14,\\2x_1-x_2+4x_3=2,\\x_1+2x_2-3x_3=6.\end{cases}$

5. 对下列矩阵进行 LU 分解：

(1) $\begin{pmatrix}1&2&1\\2&5&-1\\3&-2&-1\end{pmatrix}$；

(2) $\begin{pmatrix}1&1&-2&0\\2&1&-6&-1\\3&2&-7&-1\\1&-1&-6&0\end{pmatrix}$.

应用提高篇：

6. 设 $\boldsymbol{U}$ 是一个可逆的上三角矩阵，证明：$\boldsymbol{U}$ 的逆矩阵还是上三角矩阵.

7. 配平化学方程：

$$C_3H_8+O_2\rightarrow CO_2+H_2O.$$

(配平化学方程的原则是要求各分子式的系数为正整数，且除了 1 之外没有其他公约数，使得化学方程两边的各原子数相等.)

8. **(互付工资问题)** 互付工资问题是在多方合作相互提供劳动的过程中产生的. 例如装修房屋时，掌握不同技术的个人组成互助组，共同完成各家的装修工作. 由于不同工种的劳动量有所不同，为了均衡各方的利益，需要计算互付工资的标准.

现有木工、电工、油漆工、粉刷工各一人，四人同意彼此互助装修他们自己的房屋. 并约定

每人工作 13 天(包括给自己家干活)，每人的日工资根据市价在 300~380 元之间(取整数)，且日工资数应使得每人的**总收入与总支出相等(收入—支出的封闭模型)**. 表 3.1.1 是他们协商后制定的工作天数分配方案. 试问他们每人的日工资具体是多少?

表 3.1.1　工作天数分配方案

地　点	工　种			
	木工	电工	油漆工	粉刷工
木工家	4	3	2	3
电工家	5	4	2	3
油漆工家	2	5	3	3
粉刷工家	2	1	6	4

9. 图 3.1.2 所示是某城市某区域的单行道路网. 据统计进入交叉路口 A 的车流量为每小时 500 辆，路口 B 和 C 出来的车流量分别为每小时 350 辆和 150 辆.

(1) 求各路段每小时的车流量;

(2) 若 CB 路段因故封闭，求此时各路段的每小时车流量.

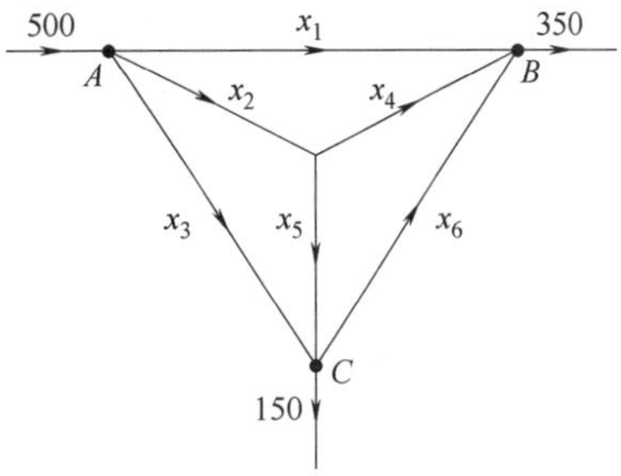

图　3.1.2

3.2 向量组的线性相关性

从现在开始，我们踏上漫漫征程，目标就是回答那个让人一头雾水的问题：当线性方程组有无穷多解时，其解集具有什么结构呢? 也许你的中学数学老师已经不厌其烦地告诉过你：要想了解清楚某个数学集合的结构信息，“数形结合”是最重要的思想.

再看看我们这门课程已经学过的内容，从矩阵的相抵分类到行列式都源于或者说依赖于几何. 让我们回到“数形结合”最开始的状态吧，“召唤”笛卡儿(Descartes)，一切都是从坐标系的建立开始.

3.2.1 向量空间和子空间

首先准备建立坐标系的载体. 把我们熟悉的二维平面、三维几何空间做一个推广.

定义 3.2.1　由 n 个数 a_1, a_2, $\cdots$, a_n 所组成的有序数组称为 n **维向量**，其中第 i 个数 a_i 称为这个向量的第 i 个**分量**$(i=1,2,\cdots,n)$.

由 $a_1,a_2,\cdots,a_n$ 所组成的 n 维向量在使用时，根据方便情况可以写成一行，即$(a_1,a_2,\cdots,a_n)$，也可以写成一列，即$\begin{pmatrix}a_1\\a_2\\\vdots\\a_n\end{pmatrix}$. 也就

是说一个 n 维向量可以看成是一个 $1\times n$ 矩阵，或者 $n\times 1$ 矩阵，因此全体 n 维向量构成的集合自动继承了矩阵的加法运算和数乘运算.

定义 3.2.2　全体 n 维向量，连同定义在它上面的加法运算和数乘运算(满足定理 1.2.3 中的性质)一起，称为 **n 维向量空间**.

同第 1 章一样，向量的加法运算和数乘运算称为向量的**线性运算**. 考虑到平面可以嵌入三维几何空间的事实，我们再做如下规定：

定义 3.2.3　设 V 是 n 维向量空间的非空子集，且满足：

(1) 加法封闭性：$\boldsymbol{\alpha}, \boldsymbol{\beta}\in V\Rightarrow\boldsymbol{\alpha}+\boldsymbol{\beta}\in V$；

(2) 数乘封闭性：$\boldsymbol{\alpha}\in V\Rightarrow k\boldsymbol{\alpha}\in V$，其中 k 是任意常数，

那么称 V 是该向量空间的一个**线性子空间**，简称**子空间**.

给定 n 维向量空间后，显然零向量构成的集合 $\{\mathbf{0}\}$ 是它的一个子空间，称为**零子空间**. 注意到零向量属于任何子空间.

动动手：请验证过原点的直线是二维向量空间的一个子空间.

载体准备完毕，我们再分析一下坐标系的要素. 给定 n 维向量空间的一个子空间 V，坐标系的第一个要素“原点”显然可以由零向量来扮演. 第二个要素“坐标轴”，可以取一组向量 $\boldsymbol{\alpha}_1,\boldsymbol{\alpha}_2,\cdots,\boldsymbol{\alpha}_m\in V$，将每个向量延长成坐标轴，即集合 $\{k\boldsymbol{\alpha}_i \mid k$ 是任意常数$\}$ 充当一条坐标轴，其中 $i=1,2,\cdots,m$. 第三个要素“单位长度”，这涉及内积决定的几何性质，我们在第 4 章建立直角坐标系时再讨论.

假设向量组 $\boldsymbol{\alpha}_1,\boldsymbol{\alpha}_2,\cdots,\boldsymbol{\alpha}_m$ 承担起了子空间 V 的某个坐标系中坐标轴的角色，那么坐标系的要害在于 V 中的任意一个向量可以由 $\boldsymbol{\alpha}_1,\boldsymbol{\alpha}_2,\cdots,\boldsymbol{\alpha}_m$ **唯一地表示**出来. 我们先通过一个例子来体会这里所说的“表示”的含义，然后再去理解“唯一性”的要求.

例 1　混凝土配料问题.

混凝土主要由水泥、水、沙、石和灰五种原料组成，不同的成分会导致混凝土的不同特性. 例如，水与水泥的比例影响混凝土的最终强度，沙与石的比例影响混凝土的易加工性，灰与水泥

的比例影响混凝土的耐久性等，所以不同用途的混凝土需要不同的原料配比.

假设一个混凝土生产企业只能生产三种基本类型的混凝土：超硬型、通用型和长寿型. 它们的配方如表 3.2.1 所示.

多元的陶瓷

表　3.2.1

成　分	超硬型 A	通用型 B	长寿型 C
水泥	20	18	12
水	10	10	10
沙	20	25	15
石	10	5	15
灰	0	2	8

厂家希望，客户订购的其他混凝土都可以由这三种基本类型按一定比例混合而成.

（1）假如某客户要求的混凝土 D 的五种成分分别为 16,10,21,9,4，问这种混凝土能用 A,B,C 三种类型配成吗？如果可以，这三种类型各占多少比例？

（2）如果客户要求的混凝土 E 的五种成分分别为 16,12,19,9,4，问这种混凝土能用 A,B,C 三种类型配成吗？

（3）问该厂家能否满足所有客户的需求？如果不能，你对厂家有什么建议？

一种混凝土的类型由水泥、水、沙、石和灰五种原料的比例确定，因此从数学上看，一种混凝土的类型对应一个 5 维向量，其中的 5 个分量分别表示 60g 这种混凝土中 5 种原料各自的质量. 记

$$\boldsymbol{\alpha}_1=\begin{pmatrix}20\\10\\20\\10\\0\end{pmatrix},\boldsymbol{\alpha}_2=\begin{pmatrix}18\\10\\25\\5\\2\end{pmatrix},\boldsymbol{\alpha}_3=\begin{pmatrix}12\\10\\15\\15\\8\end{pmatrix},\boldsymbol{\beta}=\begin{pmatrix}16\\10\\21\\9\\4\end{pmatrix},\boldsymbol{\gamma}=\begin{pmatrix}16\\12\\19\\9\\4\end{pmatrix}.$$

则该厂家所能生产的混凝土类型构成的集合为

$$L(\boldsymbol{\alpha}_1,\boldsymbol{\alpha}_2,\boldsymbol{\alpha}_3)=\{a_1\boldsymbol{\alpha}_1+a_2\boldsymbol{\alpha}_2+a_3\boldsymbol{\alpha}_3 \mid a_i\geqslant 0, a_1+a_2+a_3=1\}.$$

因此例子中的(1)和(2)其实是问 $\boldsymbol{\beta}$，$\boldsymbol{\gamma}$ 是否属于 $L(\boldsymbol{\alpha}_1,\boldsymbol{\alpha}_2,\boldsymbol{\alpha}_3)$，即是否可由 $\boldsymbol{\alpha}_1,\boldsymbol{\alpha}_2,\boldsymbol{\alpha}_3$ 通过向量的线性运算表示出来. 为解决这些问题，我们先考虑更一般的情形.

3.2.2 线性表出

定义 3.2.4 给定向量$\boldsymbol{\beta}$和向量组$\boldsymbol{\alpha}_1,\boldsymbol{\alpha}_2,\cdots,\boldsymbol{\alpha}_m$，如果存在一组数$k_1,k_2,\cdots,k_m$使得$\boldsymbol{\beta}=k_1\boldsymbol{\alpha}_1+k_2\boldsymbol{\alpha}_2+\cdots+k_m\boldsymbol{\alpha}_m$，则称向量$\boldsymbol{\beta}$是向量组$\boldsymbol{\alpha}_1,\boldsymbol{\alpha}_2,\cdots,\boldsymbol{\alpha}_m$的**线性组合**，或称向量$\boldsymbol{\beta}$可由向量组$\boldsymbol{\alpha}_1,\boldsymbol{\alpha}_2,\cdots,\boldsymbol{\alpha}_m$ **线性表出**(或线性表示).

例 2 (1) 零向量可由任意向量组线性表出，因为$\mathbf{0}=0\boldsymbol{\alpha}_1+0\boldsymbol{\alpha}_2+\cdots+0\boldsymbol{\alpha}_m$.

(2) 向量组$\boldsymbol{\alpha}_1,\boldsymbol{\alpha}_2,\cdots,\boldsymbol{\alpha}_m$中的任一向量都可由这个向量组线性表出. 事实上，$\boldsymbol{\alpha}_i=0\boldsymbol{\alpha}_1+0\boldsymbol{\alpha}_2+\cdots+0\boldsymbol{\alpha}_{i-1}+1\boldsymbol{\alpha}_i+0\boldsymbol{\alpha}_{i+1}+\cdots+0\boldsymbol{\alpha}_m$.

动动手：任意n维向量$\boldsymbol{\alpha}=\begin{pmatrix}a_1\\a_2\\\vdots\\a_n\end{pmatrix}$可由标准单位向量组$\boldsymbol{\varepsilon}_1=\begin{pmatrix}1\\0\\\vdots\\0\end{pmatrix}$，$\boldsymbol{\varepsilon}_2=\begin{pmatrix}0\\1\\\vdots\\0\end{pmatrix}$，$\cdots$，$\boldsymbol{\varepsilon}_n=\begin{pmatrix}0\\0\\\vdots\\1\end{pmatrix}$线性表出.

结合 1.5 节按行(列)分块的知识以及推论 3.1.2，我们对线性方程组有了新的认识.

命题 3.2.5 对列向量$\boldsymbol{\beta}$和列向量组$\boldsymbol{\alpha}_1,\boldsymbol{\alpha}_2,\cdots,\boldsymbol{\alpha}_m$，记$\boldsymbol{A}=(\boldsymbol{\alpha}_1,\boldsymbol{\alpha}_2,\cdots,\boldsymbol{\alpha}_m)$，我们有下列等价叙述：

(1) 向量$\boldsymbol{\beta}$可由向量组$\boldsymbol{\alpha}_1,\boldsymbol{\alpha}_2,\cdots,\boldsymbol{\alpha}_m$线性表出；

(2) 线性方程组$x_1\boldsymbol{\alpha}_1+x_2\boldsymbol{\alpha}_2+\cdots+x_m\boldsymbol{\alpha}_m=\boldsymbol{\beta}$有解；

(3) $R(\boldsymbol{A})=R(\boldsymbol{A},\boldsymbol{\beta})$.

例 3 已知

$$\boldsymbol{\alpha}_1=\begin{pmatrix}\lambda\\1\\1\end{pmatrix},\boldsymbol{\alpha}_2=\begin{pmatrix}1\\\lambda\\1\end{pmatrix},\boldsymbol{\alpha}_3=\begin{pmatrix}1\\1\\\lambda\end{pmatrix},\boldsymbol{\beta}=\begin{pmatrix}0\\3\\\lambda-1\end{pmatrix}.$$

问当λ取何值时，向量$\boldsymbol{\beta}$

(1) 能唯一由$\boldsymbol{\alpha}_1,\boldsymbol{\alpha}_2,\boldsymbol{\alpha}_3$线性表出？

（2）不能由 $\boldsymbol{\alpha}_1,\boldsymbol{\alpha}_2,\boldsymbol{\alpha}_3$ 线性表出？

（3）能由 $\boldsymbol{\alpha}_1,\boldsymbol{\alpha}_2,\boldsymbol{\alpha}_3$ 线性表出，但表出方式不唯一？

解： 根据命题 3.2.5，解答过程同 3.1 节的例 1.

在理解线性表出的“唯一性”要求之前，我们将一个向量由某个向量组线性表出的定义推广到多个向量的情形.

定义 3.2.6　设有两个向量组（Ⅰ）：$\boldsymbol{\alpha}_1,\boldsymbol{\alpha}_2,\cdots,\boldsymbol{\alpha}_m$ 和（Ⅱ）：$\boldsymbol{\beta}_1,\boldsymbol{\beta}_2,\cdots,\boldsymbol{\beta}_s$. 若向量组（Ⅰ）中的每个向量都可由向量组（Ⅱ）线性表出，则称向量组（Ⅰ）可由向量组（Ⅱ）**线性表出**. 特别地，若向量组（Ⅰ）与向量组（Ⅱ）可相互线性表出，则称它们**等价**.

向量组的等价是一个等价关系，即满足反身性、对称性和传递性.

将命题 3.2.5 平行推广，我们有以下结论：

命题 3.2.7　设矩阵 $\boldsymbol{A}=(\boldsymbol{\alpha}_1,\boldsymbol{\alpha}_2,\cdots,\boldsymbol{\alpha}_m)$，$\boldsymbol{B}=(\boldsymbol{\beta}_1,\boldsymbol{\beta}_2,\cdots,\boldsymbol{\beta}_s)$. 则下列叙述等价：

（1）向量组 $\boldsymbol{\beta}_1,\boldsymbol{\beta}_2,\cdots,\boldsymbol{\beta}_s$ 可由向量组 $\boldsymbol{\alpha}_1,\boldsymbol{\alpha}_2,\cdots,\boldsymbol{\alpha}_m$ 线性表出；

（2）矩阵方程 $\boldsymbol{AX}=\boldsymbol{B}$ 有解；

（3）$R(\boldsymbol{A})=R(\boldsymbol{A},\boldsymbol{B})$.

证明：论断(1)和(2)的等价是显然的.

(1)⇒(3)：根据命题 3.2.5 可得 $R(\boldsymbol{A})=R(\boldsymbol{A},\boldsymbol{\beta}_1)$. 由已知条件向量 $\boldsymbol{\beta}_2$ 可由向量组 $\boldsymbol{\alpha}_1,\boldsymbol{\alpha}_2,\cdots,\boldsymbol{\alpha}_m$ 线性表出，从而可由向量组 $\boldsymbol{\alpha}_1,\boldsymbol{\alpha}_2,\cdots,\boldsymbol{\alpha}_m,\boldsymbol{\beta}_1$ 线性表出，所以再次根据命题 3.2.5 可得 $R(\boldsymbol{A},\boldsymbol{\beta}_1)=R(\boldsymbol{A},\boldsymbol{\beta}_1,\boldsymbol{\beta}_2)$. 依次类推可得 $R(\boldsymbol{A})=R(\boldsymbol{A},\boldsymbol{B})$.

(3)⇒(1)：由于 $R(\boldsymbol{A})\leqslant R(\boldsymbol{A},\boldsymbol{\beta}_i)\leqslant R(\boldsymbol{A},\boldsymbol{B})=R(\boldsymbol{A})$，其中 $i=1,2,\cdots,s$，所以 $R(\boldsymbol{A})=R(\boldsymbol{A},\boldsymbol{\beta}_i)$，命题 3.2.5 保证了论断(1)成立. □

下述推论是常用的.

推论 3.2.8　若向量组 $\boldsymbol{\beta}_1,\boldsymbol{\beta}_2,\cdots,\boldsymbol{\beta}_s$ 可由向量组 $\boldsymbol{\alpha}_1,\boldsymbol{\alpha}_2,\cdots,\boldsymbol{\alpha}_m$ 线性表出，则 $R(\boldsymbol{B})\leqslant R(\boldsymbol{A})$，其中 $\boldsymbol{A}=(\boldsymbol{\alpha}_1,\boldsymbol{\alpha}_2,\cdots,\boldsymbol{\alpha}_m)$，$\boldsymbol{B}=(\boldsymbol{\beta}_1,\boldsymbol{\beta}_2,\cdots,\boldsymbol{\beta}_s)$.

证明：由命题 3.2.7 可知，$R(\boldsymbol{B})\leqslant R(\boldsymbol{A},\boldsymbol{B})=R(\boldsymbol{A})$. □

推论 3.2.9 向量组$\boldsymbol{\alpha}_1,\boldsymbol{\alpha}_2,\cdots,\boldsymbol{\alpha}_m$与向量组$\boldsymbol{\beta}_1,\boldsymbol{\beta}_2,\cdots,\boldsymbol{\beta}_s$等价的充分必要条件是$R(\boldsymbol{A})=R(\boldsymbol{B})=R(\boldsymbol{A},\boldsymbol{B})$，其中$\boldsymbol{A}=(\boldsymbol{\alpha}_1,\boldsymbol{\alpha}_2,\cdots,\boldsymbol{\alpha}_m)$，$\boldsymbol{B}=(\boldsymbol{\beta}_1,\boldsymbol{\beta}_2,\cdots,\boldsymbol{\beta}_s)$.

3.2.3 向量组线性相关性的定义

现在我们来考虑在线性子空间中建立坐标系时，向量表出的"唯一性"要求. 换言之，如果向量组$\boldsymbol{\alpha}_1,\boldsymbol{\alpha}_2,\cdots,\boldsymbol{\alpha}_m$想要承担起坐标轴的重任，那么它需要满足什么条件才能使得任意的向量$\boldsymbol{\beta}$可由其唯一地线性表出呢?

反向思维一下，假设存在一个向量$\boldsymbol{\beta}$不能由$\boldsymbol{\alpha}_1,\boldsymbol{\alpha}_2,\cdots,\boldsymbol{\alpha}_m$唯一地线性表出，即存在两个不同的线性表出的表达式：

$$\boldsymbol{\beta}=k_1\boldsymbol{\alpha}_1+k_2\boldsymbol{\alpha}_2+\cdots+k_m\boldsymbol{\alpha}_m,$$

$$\boldsymbol{\beta}=c_1\boldsymbol{\alpha}_1+c_2\boldsymbol{\alpha}_2+\cdots+c_m\boldsymbol{\alpha}_m,$$

其中$k_i,c_i(i=1,2,\cdots,m)$是固定的常数，而且存在至少一个指标j使得$k_j\neq c_j$. 那么

$$(k_1-c_1)\boldsymbol{\alpha}_1+(k_2-c_2)\boldsymbol{\alpha}_2+\cdots+(k_m-c_m)\boldsymbol{\alpha}_m=\mathbf{0},$$

也就是说齐次线性方程组$x_1\boldsymbol{\alpha}_1+x_2\boldsymbol{\alpha}_2+\cdots+x_m\boldsymbol{\alpha}_m=\mathbf{0}$有非零解. 这时，向量组$\boldsymbol{\alpha}_1,\boldsymbol{\alpha}_2,\cdots,\boldsymbol{\alpha}_m$就没有能力来承担坐标轴的任务了.

我们给上述条件取一个名字.

定义 3.2.10 给定向量组$\boldsymbol{\alpha}_1,\boldsymbol{\alpha}_2,\cdots,\boldsymbol{\alpha}_m$. 如果存在不全为零的数$k_1,k_2,\cdots,k_m$使得$k_1\boldsymbol{\alpha}_1+k_2\boldsymbol{\alpha}_2+\cdots+k_m\boldsymbol{\alpha}_m=\mathbf{0}$，则称向量组$\boldsymbol{\alpha}_1,\boldsymbol{\alpha}_2,\cdots,\boldsymbol{\alpha}_m$**线性相关**；否则，就称向量组$\boldsymbol{\alpha}_1,\boldsymbol{\alpha}_2,\cdots,\boldsymbol{\alpha}_m$**线性无关**.

根据上述定义，向量组$\boldsymbol{\alpha}_1,\boldsymbol{\alpha}_2,\cdots,\boldsymbol{\alpha}_m$线性无关的充分必要条件是齐次线性方程组$x_1\boldsymbol{\alpha}_1+x_2\boldsymbol{\alpha}_2+\cdots+x_m\boldsymbol{\alpha}_m=\mathbf{0}$只有零解.

让我们先看几个简单的例子，增加对"线性相关性"的感性认识.

例 4 (1) 单个向量$\boldsymbol{\alpha}$线性相关当且仅当$\boldsymbol{\alpha}=\mathbf{0}$.

(2) 向量组$\boldsymbol{\alpha}$, $\boldsymbol{\beta}$线性相关当且仅当$\boldsymbol{\alpha}$与$\boldsymbol{\beta}$的对应分量成比例.

(3) 标准单位向量组$\boldsymbol{\varepsilon}_1,\boldsymbol{\varepsilon}_2,\cdots,\boldsymbol{\varepsilon}_n$线性无关.

(4) 含有零向量的向量组线性相关.

(5) 若一个向量组的部分组线性相关，则整个向量组也线性

相关.

解：(1)，(2)和(3)由定义验证即可.

(4) 设 $\boldsymbol{\alpha}_1=\mathbf{0}$，则 $1\boldsymbol{\alpha}_1+0\boldsymbol{\alpha}_2+\cdots+0\boldsymbol{\alpha}_m=\mathbf{0}$. 因此，向量组 $\mathbf{0},\boldsymbol{\alpha}_2,\cdots,\boldsymbol{\alpha}_m$ 线性相关.

(5) 设向量组 $\boldsymbol{\alpha}_1,\boldsymbol{\alpha}_2,\cdots,\boldsymbol{\alpha}_m$ 线性相关，则存在不全为零的数 $k_1,k_2,\cdots,k_m$ 使得 $k_1\boldsymbol{\alpha}_1+k_2\boldsymbol{\alpha}_2+\cdots+k_m\boldsymbol{\alpha}_m=\mathbf{0}$. 因此，$k_1\boldsymbol{\alpha}_1+k_2\boldsymbol{\alpha}_2+\cdots+k_m\boldsymbol{\alpha}_m+0\boldsymbol{\alpha}_{m+1}+\cdots+0\boldsymbol{\alpha}_{m+s}=\mathbf{0}$. 所以向量组 $\boldsymbol{\alpha}_1,\boldsymbol{\alpha}_2,\cdots,\boldsymbol{\alpha}_m,\boldsymbol{\alpha}_{m+1},\cdots,\boldsymbol{\alpha}_{m+s}$ 线性相关.

向量组的线性相关性在三维几何空间中有更直观的表现. 根据例 4 的论断(2)，向量组 $\boldsymbol{\alpha}_1,\boldsymbol{\alpha}_2$ 线性相关当且仅当向量 $\boldsymbol{\alpha}_1$ 与 $\boldsymbol{\alpha}_2$ 共线(我们默认向量的起始点都是原点).

想一想： 向量组 $\boldsymbol{\alpha}_1,\boldsymbol{\alpha}_2,\boldsymbol{\alpha}_3$ 线性相关当且仅当向量 $\boldsymbol{\alpha}_1,\boldsymbol{\alpha}_2,\boldsymbol{\alpha}_3$ 共面.

给定一个向量组 $\boldsymbol{\alpha}_1,\boldsymbol{\alpha}_2,\cdots,\boldsymbol{\alpha}_m$，根据定义，它的线性相关性完全由齐次线性方程组 $x_1\boldsymbol{\alpha}_1+x_2\boldsymbol{\alpha}_2+\cdots+x_m\boldsymbol{\alpha}_m=\mathbf{0}$ 是否只有零解决定. 我们再从行列式的角度看看线性相关性.

推论 3.2.11　n 维列向量组 $\boldsymbol{\alpha}_1,\boldsymbol{\alpha}_2,\cdots,\boldsymbol{\alpha}_n$ 线性相关的充分必要条件是 $\det(\boldsymbol{A})=0$，其中 $\boldsymbol{A}=(\boldsymbol{\alpha}_1,\boldsymbol{\alpha}_2,\cdots,\boldsymbol{\alpha}_n)$.

例 5　判断下列向量组的线性相关性：

$$\boldsymbol{\alpha}_1=\begin{pmatrix}1\\2\\3\end{pmatrix},\boldsymbol{\alpha}_2=\begin{pmatrix}2\\1\\0\end{pmatrix},\boldsymbol{\alpha}_3=\begin{pmatrix}3\\1\\2\end{pmatrix},\boldsymbol{\alpha}_4=\begin{pmatrix}4\\5\\3\end{pmatrix}.$$

解： 考虑齐次线性方程组 $x_1\boldsymbol{\alpha}_1+x_2\boldsymbol{\alpha}_2+x_3\boldsymbol{\alpha}_3+x_4\boldsymbol{\alpha}_4=\mathbf{0}$，由于系数矩阵只有 3 行，所以该系数矩阵的秩 $\leqslant 3<4$. 根据推论 3.1.3，原齐次线性方程组有非零解，从而向量组 $\boldsymbol{\alpha}_1,\boldsymbol{\alpha}_2,\boldsymbol{\alpha}_3,\boldsymbol{\alpha}_4$ 线性相关.

最后我们从线性表出的角度来看看向量组的线性相关性.

命题 3.2.12　向量组 $\boldsymbol{\alpha}_1,\boldsymbol{\alpha}_2,\cdots,\boldsymbol{\alpha}_m(m\geqslant 2)$ 线性相关的充分必要条件是至少有一个向量 $\boldsymbol{\alpha}_i$ 可由其余 $m-1$ 个向量线性表出.

证明：若向量组 $\boldsymbol{\alpha}_1,\boldsymbol{\alpha}_2,\cdots,\boldsymbol{\alpha}_m$ 线性相关，则存在不全为零的数 $k_1,k_2,\cdots,k_m$ 使得 $k_1\boldsymbol{\alpha}_1+k_2\boldsymbol{\alpha}_2+\cdots+k_m\boldsymbol{\alpha}_m=\mathbf{0}$. 不妨设 $k_1\neq 0$，则

$$\boldsymbol{\alpha}_1=-\frac{k_2}{k_1}\boldsymbol{\alpha}_2-\frac{k_3}{k_1}\boldsymbol{\alpha}_3-\cdots-\frac{k_m}{k_1}\boldsymbol{\alpha}_m.$$

反之，若有一个向量 $\boldsymbol{\alpha}_i$ 可由其余 $m-1$ 个向量线性表出. 不妨设 $\boldsymbol{\alpha}_1=a_2\boldsymbol{\alpha}_2+\cdots+a_m\boldsymbol{\alpha}_m$，则 $(-1)\boldsymbol{\alpha}_1+a_2\boldsymbol{\alpha}_2+\cdots+a_m\boldsymbol{\alpha}_m=\mathbf{0}$. 因此，向量组 $\boldsymbol{\alpha}_1,\boldsymbol{\alpha}_2,\cdots,\boldsymbol{\alpha}_m$ 线性相关. □

定理 3.2.13　若向量组 $\boldsymbol{\alpha}_1,\boldsymbol{\alpha}_2,\cdots,\boldsymbol{\alpha}_m$ 线性无关，而 $\boldsymbol{\alpha}_1,\boldsymbol{\alpha}_2,\cdots,\boldsymbol{\alpha}_m,\boldsymbol{\beta}$ 线性相关，则 $\boldsymbol{\beta}$ 可由 $\boldsymbol{\alpha}_1,\boldsymbol{\alpha}_2,\cdots,\boldsymbol{\alpha}_m$ 线性表出，且表出方式唯一.

证明：令 $\boldsymbol{A}=(\boldsymbol{\alpha}_1,\boldsymbol{\alpha}_2,\cdots,\boldsymbol{\alpha}_m)$，则齐次线性方程组 $\boldsymbol{Ax}=\mathbf{0}$ 只有零解，根据推论 3.1.3 有 $R(\boldsymbol{A})=m$. 同理可得 $R(\boldsymbol{A},\boldsymbol{\beta})<m+1$. 从而 $R(\boldsymbol{A})=R(\boldsymbol{A},\boldsymbol{\beta})=m$，所以线性方程组 $\boldsymbol{Ax}=\boldsymbol{\beta}$ 有唯一解，即 $\boldsymbol{\beta}$ 可由 $\boldsymbol{\alpha}_1,\boldsymbol{\alpha}_2,\cdots,\boldsymbol{\alpha}_m$ 唯一地线性表出. □

定理 3.2.13 指出了只有线性无关的向量组才有资格扮演坐标轴的角色. 现在我们来总结一下建立坐标系的过程：设 V 是 n 维向量空间的一个线性子空间，要在 V 中建立坐标系，首先需要确定一个向量组 $\boldsymbol{\alpha}_1,\boldsymbol{\alpha}_2,\cdots,\boldsymbol{\alpha}_m$，使得对任意的 $\boldsymbol{\beta}\in V$，$\boldsymbol{\beta}$ 可由 $\boldsymbol{\alpha}_1,\boldsymbol{\alpha}_2,\cdots,\boldsymbol{\alpha}_m$ 线性表出；然后利用命题 3.2.12 在 $\boldsymbol{\alpha}_1,\boldsymbol{\alpha}_2,\cdots,\boldsymbol{\alpha}_m$ 中寻找一个线性无关的子向量组，不妨记为 $\boldsymbol{\alpha}_1,\boldsymbol{\alpha}_2,\cdots,\boldsymbol{\alpha}_s(s\leqslant m)$，使得 $\boldsymbol{\alpha}_{s+1},\cdots,\boldsymbol{\alpha}_m$ 可由 $\boldsymbol{\alpha}_1,\boldsymbol{\alpha}_2,\cdots,\boldsymbol{\alpha}_s$ 线性表出. 那么根据定理 3.2.13，线性无关的向量组 $\boldsymbol{\alpha}_1,\boldsymbol{\alpha}_2,\cdots,\boldsymbol{\alpha}_s$ 就是我们期望的坐标轴.

上述寻找坐标轴过程的优点在于只涉及解线性方程组，而不涉及几何对象，容易计算实现，所以这个过程可以被视为坐标系的数字化过程.

是时候解决本节例 1 提出来的问题了.

令 $\boldsymbol{A}=(\boldsymbol{\alpha}_1,\boldsymbol{\alpha}_2,\boldsymbol{\alpha}_3)$. (1)和(2)主要是判断 $\boldsymbol{\beta}$ 和 $\boldsymbol{\gamma}$ 能否由 $\boldsymbol{\alpha}_1,\boldsymbol{\alpha}_2,\boldsymbol{\alpha}_3$ 线性表出，如果可以，写出表达式.

(1) $$(\boldsymbol{A},\boldsymbol{\beta})=\left(\begin{array}{ccc:c}20&18&12&16\\10&10&10&10\\20&25&15&21\\10&5&15&9\\0&2&8&4\end{array}\right)\xrightarrow{r_1\leftrightarrow r_2}\left(\begin{array}{ccc:c}10&10&10&10\\20&18&12&16\\20&25&15&21\\10&5&15&9\\0&2&8&4\end{array}\right)$$

$$\rightarrow\left(\begin{array}{ccc:c}10&10&10&10\\0&-2&-8&-4\\0&5&-5&1\\0&-5&5&-1\\0&2&8&4\end{array}\right)\rightarrow\left(\begin{array}{ccc:c}1&1&1&1\\0&1&4&2\\0&5&-5&1\\0&0&0&0\\0&0&0&0\end{array}\right)\rightarrow\left(\begin{array}{ccc:c}1&0&0&0.08\\0&1&0&0.56\\0&0&1&0.36\\0&0&0&0\\0&0&0&0\end{array}\right).$$

所以 $\boldsymbol{\beta}$ 可以由 $\boldsymbol{\alpha}_1,\boldsymbol{\alpha}_2,\boldsymbol{\alpha}_3$ 唯一线性表出，且 $\boldsymbol{\beta}=0.08\boldsymbol{\alpha}_1+0.56\boldsymbol{\alpha}_2+$

$0.36\boldsymbol{\alpha}_3$. 因此，混凝土 D 可以用 A,B,C 三种类型配成，且三种类型的比例各占 8%,56%,36%.

$$(2)\ (A,\boldsymbol{\gamma})=\left(\begin{array}{ccc:c}20&18&12&16\\10&10&10&12\\20&25&15&19\\10&5&15&9\\0&2&8&4\end{array}\right)\xrightarrow{r_1\leftrightarrow r_2}\left(\begin{array}{ccc:c}10&10&10&12\\20&18&12&16\\20&25&15&19\\10&5&15&9\\0&2&8&4\end{array}\right)$$

$$\rightarrow\left(\begin{array}{ccc:c}10&10&10&12\\0&-2&-8&-8\\0&5&-5&-5\\0&-5&5&-3\\0&2&8&4\end{array}\right)\rightarrow\left(\begin{array}{ccc:c}10&10&10&12\\0&-2&-8&-8\\0&5&-5&-5\\0&0&0&-8\\0&0&0&-4\end{array}\right)$$

$$\rightarrow\left(\begin{array}{ccc:c}10&10&10&12\\0&1&4&4\\0&1&-1&-1\\0&0&0&-8\\0&0&0&0\end{array}\right)\rightarrow\left(\begin{array}{ccc:c}10&10&10&12\\0&1&4&4\\0&0&-5&-5\\0&0&0&-8\\0&0&0&0\end{array}\right).$$

所以 $\boldsymbol{\gamma}$ 不能由 $\boldsymbol{\alpha}_1,\boldsymbol{\alpha}_2,\boldsymbol{\alpha}_3$ 线性表出. 因此，混凝土 E 不可能用 A, B,C 三种类型配成.

(3) 由第(2)部分知，该厂家不能满足所有客户的需求. 我们可以建议厂家引进新的技术或设备，使得能够生产五种基本类型的混凝土. 这里所说的五种基本类型从数学的角度来说是指它们对应的向量是线性无关的. 类似于例 5 可知，6 个 5 维的向量必线性相关，然后由定理 3. 2. 13 可得，任意类型的混凝土都可以由五种基本类型的混凝土按一定的比例混合而成.

习题 3-2

基础知识篇：

1. 假设有向量组 $\boldsymbol{\alpha}_1=\begin{pmatrix}1\\1\\2\\2\end{pmatrix}$, $\boldsymbol{\alpha}_2=\begin{pmatrix}1\\2\\1\\3\end{pmatrix}$, $\boldsymbol{\alpha}_3=\begin{pmatrix}1\\-1\\4\\0\end{pmatrix}$ 和向量 $\boldsymbol{\beta}=\begin{pmatrix}1\\0\\3\\1\end{pmatrix}$，证明：向量 $\boldsymbol{\beta}$ 能由向量组 $\boldsymbol{\alpha}_1$, $\boldsymbol{\alpha}_2,\boldsymbol{\alpha}_3$ 线性表出，并给出线性组合的表达式.

2. 设向量组

$\boldsymbol{\alpha}_1=\begin{pmatrix}0\\1\\2\\3\end{pmatrix}$, $\boldsymbol{\alpha}_2=\begin{pmatrix}3\\0\\1\\2\end{pmatrix}$, $\boldsymbol{\alpha}_3=\begin{pmatrix}2\\3\\0\\1\end{pmatrix}$; $\boldsymbol{\beta}_1=\begin{pmatrix}2\\1\\1\\2\end{pmatrix}$, $\boldsymbol{\beta}_2=\begin{pmatrix}0\\2\\1\\1\end{pmatrix}$, $\boldsymbol{\beta}_3=\begin{pmatrix}4\\4\\1\\3\end{pmatrix}$.

问向量组 $\boldsymbol{\beta}_1,\boldsymbol{\beta}_2,\boldsymbol{\beta}_3$ 能否由向量组 $\boldsymbol{\alpha}_1,\boldsymbol{\alpha}_2,\boldsymbol{\alpha}_3$ 线性

表出?

3. 设向量组

$$\boldsymbol{\alpha}_1=\begin{pmatrix}1\\-1\\1\\-1\end{pmatrix},\boldsymbol{\alpha}_2=\begin{pmatrix}3\\1\\1\\3\end{pmatrix};\boldsymbol{\beta}_1=\begin{pmatrix}2\\0\\1\\1\end{pmatrix},\boldsymbol{\beta}_2=\begin{pmatrix}1\\1\\0\\2\end{pmatrix},\boldsymbol{\beta}_3=\begin{pmatrix}3\\-1\\2\\0\end{pmatrix},$$

证明：向量组 $\boldsymbol{\alpha}_1,\boldsymbol{\alpha}_2$ 与向量组 $\boldsymbol{\beta}_1,\boldsymbol{\beta}_2,\boldsymbol{\beta}_3$ 等价.

4. 判断下列向量组的线性相关性：

(1) $\begin{pmatrix}-1\\3\\1\end{pmatrix},\begin{pmatrix}2\\1\\0\end{pmatrix},\begin{pmatrix}1\\4\\1\end{pmatrix}$；

(2) $\begin{pmatrix}2\\2\\7\\-1\end{pmatrix},\begin{pmatrix}3\\-1\\2\\4\end{pmatrix},\begin{pmatrix}1\\1\\3\\1\end{pmatrix}$.

5. 设 $\boldsymbol{\alpha}_1=\begin{pmatrix}1\\2\\3\end{pmatrix}$，$\boldsymbol{\alpha}_2=\begin{pmatrix}2\\1\\6\end{pmatrix}$，$\boldsymbol{\alpha}_3=\begin{pmatrix}3\\4\\\lambda\end{pmatrix}$，问 λ 为何值时，向量组 $\boldsymbol{\alpha}_1,\boldsymbol{\alpha}_2,\boldsymbol{\alpha}_3$ 线性相关？当 λ 为何值时，向量组 $\boldsymbol{\alpha}_1,\boldsymbol{\alpha}_2,\boldsymbol{\alpha}_3$ 线性无关？

6. 判断下列集合是否为 n 维向量空间 $\mathbb{R}^n$ 的线性子空间：

(1) 全体 n 维实向量的集合 $\mathbb{R}^n$；

(2) 集合 $V=\{\boldsymbol{x}=(0,x_2,\cdots,x_n)^{\mathrm{T}}\mid x_2,\cdots,x_n\in\mathbb{R}\}$；

(3) 集合 $V=\{\boldsymbol{x}=(1,x_2,\cdots,x_n)^{\mathrm{T}}\mid x_2,\cdots,x_n\in\mathbb{R}\}$.

应用提高篇：

7. 设向量组 $\boldsymbol{\alpha}_1,\boldsymbol{\alpha}_2,\boldsymbol{\alpha}_3$ 线性无关，令 $\boldsymbol{\beta}_1=\boldsymbol{\alpha}_1+\boldsymbol{\alpha}_2$，$\boldsymbol{\beta}_2=\boldsymbol{\alpha}_2+\boldsymbol{\alpha}_3$，$\boldsymbol{\beta}_3=\boldsymbol{\alpha}_3+\boldsymbol{\alpha}_1$，证明：向量组 $\boldsymbol{\beta}_1,\boldsymbol{\beta}_2,\boldsymbol{\beta}_3$ 也线性无关.

8. 设向量组 $\boldsymbol{\alpha}_1,\boldsymbol{\alpha}_2,\boldsymbol{\alpha}_3,\boldsymbol{\alpha}_4$ 线性无关，令 $\boldsymbol{\beta}_1=\boldsymbol{\alpha}_1+\boldsymbol{\alpha}_2$，$\boldsymbol{\beta}_2=\boldsymbol{\alpha}_2+\boldsymbol{\alpha}_3$，$\boldsymbol{\beta}_3=\boldsymbol{\alpha}_3+\boldsymbol{\alpha}_4$，$\boldsymbol{\beta}_4=\boldsymbol{\alpha}_4+\boldsymbol{\alpha}_1$，判断向量组 $\boldsymbol{\beta}_1,\boldsymbol{\beta}_2,\boldsymbol{\beta}_3,\boldsymbol{\beta}_4$ 的线性相关性.

9. 设向量组 $\boldsymbol{\alpha}_1,\boldsymbol{\alpha}_2,\boldsymbol{\alpha}_3$ 线性相关，$\boldsymbol{\alpha}_2,\boldsymbol{\alpha}_3,\boldsymbol{\alpha}_4$ 线性无关，请问：

(1) $\boldsymbol{\alpha}_1$ 能否由 $\boldsymbol{\alpha}_2,\boldsymbol{\alpha}_3$ 线性表出？

(2) $\boldsymbol{\alpha}_4$ 能否由 $\boldsymbol{\alpha}_1,\boldsymbol{\alpha}_2,\boldsymbol{\alpha}_3$ 线性表出？

3.3 向量组的秩

在上一节中我们完成了坐标系的数字化建立过程：首先确定建立坐标系的载体——某个线性子空间；然后确定一个向量组 $\boldsymbol{\alpha}_1,\boldsymbol{\alpha}_2,\cdots,\boldsymbol{\alpha}_m$ 使得子空间的任意向量都可以由该向量组线性表出；最后利用命题 3.2.12 确定 $\boldsymbol{\alpha}_1,\boldsymbol{\alpha}_2,\cdots,\boldsymbol{\alpha}_m$ 的一个线性无关的子向量组，不妨记为 $\boldsymbol{\alpha}_1,\boldsymbol{\alpha}_2,\cdots,\boldsymbol{\alpha}_s(s\leqslant m)$，使得 $\boldsymbol{\alpha}_{s+1},\cdots,\boldsymbol{\alpha}_m$ 可由 $\boldsymbol{\alpha}_1,\boldsymbol{\alpha}_2,\cdots,\boldsymbol{\alpha}_s$ 线性表出. 这样子空间的任意向量都可以由 $\boldsymbol{\alpha}_1,\boldsymbol{\alpha}_2,\cdots,\boldsymbol{\alpha}_s$ 唯一地线性表出，从而完成坐标系的建立.

漂亮！但是还不完美，因为几个细节还有待商榷：在允许向量组里的向量可以交换位置的意义下，上述过程能保证建立的坐标系是唯一的吗？如果不唯一，那么用来充当坐标轴的不同向量组之间显然是等价的(定义 3.2.6)，因此什么样的标签可以用来唯一地区分不同的等价类呢？而我们习以为常的二维平面、三维几何空间的坐标系与这些内容都兼容吗？

3.3.1 极大线性无关组与向量组的秩

为了使坐标系的数字化建立过程不存在瑕疵，我们首先来看看扮演坐标轴的向量组 $\boldsymbol{\alpha}_1,\boldsymbol{\alpha}_2,\cdots,\boldsymbol{\alpha}_s$ 满足的性质在多大程度上决定了这个向量组本身. 这需要把 $\boldsymbol{\alpha}_1,\boldsymbol{\alpha}_2,\cdots,\boldsymbol{\alpha}_s$ 满足的性质做成一个检验标尺.

定义 3.3.1　向量组的一个部分组 $\boldsymbol{\alpha}_1,\boldsymbol{\alpha}_2,\cdots,\boldsymbol{\alpha}_r$ 称为该向量组的一个**极大线性无关组**(简称**极大无关组**), 如果满足:

(1) 部分组 $\boldsymbol{\alpha}_1,\boldsymbol{\alpha}_2,\cdots,\boldsymbol{\alpha}_r$ 线性无关;

(2) 向量组中其余的向量(如果存在的话)均可由 $\boldsymbol{\alpha}_1,\boldsymbol{\alpha}_2,\cdots,\boldsymbol{\alpha}_r$ 线性表示.

扮演坐标轴的向量组就是一个极大线性无关组. 对任意的一个向量组, 正如本节开始的叙述, 我们先来解决其极大无关组的存在性和唯一性问题. 下面的例子让我们受益良多.

例 1　求下列向量组的极大无关组:

(1) 向量组 $\boldsymbol{\alpha}_1=(0,0,0)^{\mathrm{T}}$;

(2) 向量组 $\boldsymbol{\alpha}_1=(1,0,0)^{\mathrm{T}}$, $\boldsymbol{\alpha}_2=(0,1,0)^{\mathrm{T}}$, $\boldsymbol{\alpha}_3=(0,0,1)^{\mathrm{T}}$;

(3) 向量组 $\boldsymbol{\alpha}_1=(1,0,0)^{\mathrm{T}}$, $\boldsymbol{\alpha}_2=(0,1,0)^{\mathrm{T}}$, $\boldsymbol{\alpha}_3=(1,1,0)^{\mathrm{T}}$.

解: (1) 因为包含零向量的向量组一定线性相关, 所以不存在极大无关组.

(2) $\boldsymbol{\alpha}_1,\boldsymbol{\alpha}_2,\boldsymbol{\alpha}_3$ 是三维标准单位向量组, 故线性无关, 又每一个 $\boldsymbol{\alpha}_i(i=1,2,3)$ 都可由 $\boldsymbol{\alpha}_1,\boldsymbol{\alpha}_2,\boldsymbol{\alpha}_3$ 线性表示, 所以该向量组的极大无关组就是 $\boldsymbol{\alpha}_1,\boldsymbol{\alpha}_2,\boldsymbol{\alpha}_3$ 本身.

(3) 显然 $\boldsymbol{\alpha}_1,\boldsymbol{\alpha}_2$ 线性无关, 而 $\boldsymbol{\alpha}_3=\boldsymbol{\alpha}_1+\boldsymbol{\alpha}_2$; 另一方面 $\boldsymbol{\alpha}_1,\boldsymbol{\alpha}_3$ 也线性无关, 而 $\boldsymbol{\alpha}_2=-\boldsymbol{\alpha}_1+\boldsymbol{\alpha}_3$; 对称地, $\boldsymbol{\alpha}_2,\boldsymbol{\alpha}_3$ 线性无关, 而 $\boldsymbol{\alpha}_1=-\boldsymbol{\alpha}_2+\boldsymbol{\alpha}_3$. 故该向量组的极大无关组有三个: $\boldsymbol{\alpha}_1,\boldsymbol{\alpha}_2$; $\boldsymbol{\alpha}_1,\boldsymbol{\alpha}_3$; $\boldsymbol{\alpha}_2,\boldsymbol{\alpha}_3$.

通过例 1 的分析, 结合定义 3.3.1, 我们可以总结出如下事实: 线性无关的向量组的极大无关组就是其自身; 向量组的极大无关组可能不唯一. 关于极大无关组的存在性我们有下述结论.

命题 3.3.2　包含非零向量的向量组一定有极大线性无关组.

证明: 设向量组 $\boldsymbol{\alpha}_1,\boldsymbol{\alpha}_2,\cdots,\boldsymbol{\alpha}_m$ 包含至少一个非零向量. 不妨令 $\boldsymbol{\alpha}_1\neq\mathbf{0}$, 则向量组 $\boldsymbol{\alpha}_1$ 是线性无关的. 剩余的向量如果都可由 $\boldsymbol{\alpha}_1$ 线性表出, 则 $\boldsymbol{\alpha}_1$ 就是一个极大线性无关组. 否则存在一个向量, 不妨记为 $\boldsymbol{\alpha}_2$, 不能由 $\boldsymbol{\alpha}_1$ 线性表出, 此时由定理 3.2.13 可以推出向量组 $\boldsymbol{\alpha}_1,\boldsymbol{\alpha}_2$ 是线性无关的. 如果剩余的向量都可由 $\boldsymbol{\alpha}_1,\boldsymbol{\alpha}_2$ 线性表出, 则 α_1,α_2 就是一个极大线性无关组. 否则存在一个向量, 不妨

记为 $\boldsymbol{\alpha}_3$，不能由 $\boldsymbol{\alpha}_1,\boldsymbol{\alpha}_2$ 线性表出，此时定理 3.2.13 可以推出向量组 $\boldsymbol{\alpha}_1,\boldsymbol{\alpha}_2,\boldsymbol{\alpha}_3$ 是线性无关的. 如此下去，有限步后算法终止，最后得到的线性无关组就是一个极大线性无关组. □

关于向量组的极大线性无关组和自身的联系，请读者

想一想：向量组与它的极大线性无关组是等价的.

从例 1 中我们还可以注意到，尽管一个向量组的极大无关组不是唯一的，但这些极大无关组所包含向量的个数却是相同的. 事实上这是一个一般性的结论，在证明它之前我们需要一个以后会频繁使用的技术性引理.

引理 3.3.3 若向量组 $\boldsymbol{\alpha}_1,\boldsymbol{\alpha}_2,\cdots,\boldsymbol{\alpha}_r$ 可由向量组 $\boldsymbol{\beta}_1,\boldsymbol{\beta}_2,\cdots,\boldsymbol{\beta}_s$ 线性表出. 如果 $r>s$，那么向量组 $\boldsymbol{\alpha}_1,\boldsymbol{\alpha}_2,\cdots,\boldsymbol{\alpha}_r$ 线性相关.

证明：记矩阵 $\boldsymbol{A}=(\boldsymbol{\alpha}_1,\boldsymbol{\alpha}_2,\cdots,\boldsymbol{\alpha}_r)$，$\boldsymbol{B}=(\boldsymbol{\beta}_1,\boldsymbol{\beta}_2,\cdots,\boldsymbol{\beta}_s)$. 用反证法，假设向量组 $\boldsymbol{\alpha}_1,\boldsymbol{\alpha}_2,\cdots,\boldsymbol{\alpha}_r$ 线性无关，那么根据推论 3.2.8 知，$r=R(\boldsymbol{A})\leqslant R(\boldsymbol{B})\leqslant s$，矛盾. □

引理 3.3.3 可以方便地记忆为“多被少表出，多必相关”.

推论 3.3.4 等价的线性无关的向量组所含向量的数目相等.

证明：设向量组 $\boldsymbol{\alpha}_1,\boldsymbol{\alpha}_2,\cdots,\boldsymbol{\alpha}_r$ 和向量组 $\boldsymbol{\beta}_1,\boldsymbol{\beta}_2,\cdots,\boldsymbol{\beta}_s$ 等价，并且它们都是线性无关的. 如果 $r>s$，则根据引理 3.3.3 可得 $\boldsymbol{\alpha}_1,\boldsymbol{\alpha}_2,\cdots,\boldsymbol{\alpha}_r$ 线性相关，矛盾，所以 $r\leqslant s$. 同理，$s\leqslant r$. □

利用推论 3.3.4 我们可以立即获得期望的一般性结论.

命题 3.3.5 向量组的任意两个极大线性无关组所含向量的数目相等.

根据命题 3.3.5，坐标系的数字化建立过程中，获得的扮演坐标轴角色的不同向量组可以用“所含向量的数目”这个标签来标记身份，即同一个线性子空间的极大线性无关组所含向量的数目相等. 给这个有用的标签取个专用的名字吧.

定义 3.3.6 向量组 $\boldsymbol{\alpha}_1,\boldsymbol{\alpha}_2,\cdots,\boldsymbol{\alpha}_m$ 的极大无关组所含向量的数目称为该**向量组的秩**，记作 $\boldsymbol{R}\{\alpha_1,\alpha_2,\cdots,\alpha_m\}$. 特别地，只含零向量的向量组规定它的秩为零.

根据定义，等价的向量组有相同的秩.

3.3.2 子空间的基和维数

现在我们来考虑数字化的坐标系与我们熟悉的几何空间的坐标系的兼容性问题.

定义 3.3.7　设 V 是 n 维向量空间的一个子空间，V 中的向量组 $\boldsymbol{\alpha}_1,\boldsymbol{\alpha}_2,\cdots,\boldsymbol{\alpha}_r$ 如果满足下述两个条件：

(1) $\boldsymbol{\alpha}_1,\boldsymbol{\alpha}_2,\cdots,\boldsymbol{\alpha}_r$ 线性无关；

(2) V 中的每个向量都可以由 $\boldsymbol{\alpha}_1,\boldsymbol{\alpha}_2,\cdots,\boldsymbol{\alpha}_r$ 线性表示，

则称 $\boldsymbol{\alpha}_1,\boldsymbol{\alpha}_2,\cdots,\boldsymbol{\alpha}_r$ 是 V 的一个**基**.

当 $\boldsymbol{\alpha}_1,\boldsymbol{\alpha}_2,\cdots,\boldsymbol{\alpha}_r$ 是线性子空间 V 的一个基时，对任意的 $\boldsymbol{\beta}\in V$，那么 $\boldsymbol{\beta}$ 由 $\boldsymbol{\alpha}_1,\boldsymbol{\alpha}_2,\cdots,\boldsymbol{\alpha}_r$ 线性表出的方式是唯一的.

例 2　标准单位向量组 $\boldsymbol{\varepsilon}_1,\boldsymbol{\varepsilon}_2,\cdots,\boldsymbol{\varepsilon}_n$ 是 n 维向量空间的一个基. 事实上，对任意的 n 维向量 $\boldsymbol{\alpha}=(a_1,a_2,\cdots,a_n)^{\mathrm{T}}$，有唯一的线性表出方式 $\boldsymbol{\alpha}=a_1\boldsymbol{\varepsilon}_1+a_2\boldsymbol{\varepsilon}_2+\cdots+a_n\boldsymbol{\varepsilon}_n$.

将 n 维向量空间的子空间 V 中的全体向量视为一个向量组，那么容易看出 V 的一个基就是一个极大线性无关组，反过来，V 的一个极大线性无关组也是一个基. 遵照习惯，我们称 V 的一个基所含向量的数目为 V 的**维数**，记作 $\dim V$. 特别地，零子空间的维数规定为 0.

在 n 维向量空间中任意取定一个向量组 $\boldsymbol{\alpha}_1,\boldsymbol{\alpha}_2,\cdots,\boldsymbol{\alpha}_m$，可以观察到 $\boldsymbol{\alpha}_1,\boldsymbol{\alpha}_2,\cdots,\boldsymbol{\alpha}_m$ 的全体线性组合构成的集合

$$L(\boldsymbol{\alpha}_1,\boldsymbol{\alpha}_2,\cdots,\boldsymbol{\alpha}_m)=\{k_1\boldsymbol{\alpha}_1+k_2\boldsymbol{\alpha}_2+\cdots+k_m\boldsymbol{\alpha}_m \mid k_i\text{ 是任意常数}\}$$

是一个线性子空间，从而 $\dim L(\boldsymbol{\alpha}_1,\boldsymbol{\alpha}_2,\cdots,\boldsymbol{\alpha}_m)=R\{\boldsymbol{\alpha}_1,\boldsymbol{\alpha}_2,\cdots,\boldsymbol{\alpha}_m\}$. 因此坐标系的数字化建立过程与我们熟悉的几何空间是相容的.

3.3.3 计算向量组的秩

向量组的秩本质上就是几何空间的维数，和坐标系相伴相生，而坐标系与维数的重要性已经不需要我们再强调了，可见向量组的秩是一个多么深刻的概念！但令人遗憾的是，到目前为止我们并不能快速计算出一个向量组的秩.

事实上，我们已经有两种算法来计算一个向量组的秩了. 给定一个向量组 $\boldsymbol{\alpha}_1,\boldsymbol{\alpha}_2,\cdots,\boldsymbol{\alpha}_m$，一种算法是从任何一个非零向量出发，利用命题 3.3.2 的构造证明过程逐渐添加向量；另一种算法

就是本节刚开始时提到的利用命题 3.2.12 构造数字化的坐标系. 读者可以预见，两种算法通常都需要解很多个线性方程组. 这种时候，又该矩阵大显神威了.

我们已经多次把向量组 $\boldsymbol{\alpha}_1,\boldsymbol{\alpha}_2,\cdots,\boldsymbol{\alpha}_m$ 视为一个矩阵的列向量组，如引理 3.3.3，然后将线性相关性问题联系到矩阵的秩. 我们将看到这种联系是本质的.

定义 3.3.8 矩阵 $\boldsymbol{A}$ 的行向量组的秩称为 $\boldsymbol{A}$ 的**行秩**，$\boldsymbol{A}$ 的列向量组的秩称为 $\boldsymbol{A}$ 的**列秩**.

定理 3.3.9 矩阵 $\boldsymbol{A}$ 的秩等于它的行秩，也等于它的列秩.

在开始抽象证明之前，我们活动活动筋骨.

动动手：给定 n 维向量组 $\boldsymbol{\alpha}_1,\boldsymbol{\alpha}_2,\cdots,\boldsymbol{\alpha}_s$，把每个向量都添上 m 个分量(要求所填分量的位置对于 $\boldsymbol{\alpha}_1,\boldsymbol{\alpha}_2,\cdots,\boldsymbol{\alpha}_s$ 是一样的)，得到 $n+m$ 维向量组 $\tilde{\boldsymbol{\alpha}}_1,\tilde{\boldsymbol{\alpha}}_2,\cdots,\tilde{\boldsymbol{\alpha}}_s$. 尝试证明：当 $\boldsymbol{\alpha}_1,\boldsymbol{\alpha}_2,\cdots,\boldsymbol{\alpha}_s$ 线性无关时，$\tilde{\boldsymbol{\alpha}}_1,\tilde{\boldsymbol{\alpha}}_2,\cdots,\tilde{\boldsymbol{\alpha}}_s$ 也线性无关.

定理 3.3.9 的证明：设 $\boldsymbol{A}=(\boldsymbol{\alpha}_1,\boldsymbol{\alpha}_2,\cdots,\boldsymbol{\alpha}_n)$，$R(\boldsymbol{A})=r$，且 $\boldsymbol{A}$ 的 r 阶子式 $D_r\neq 0$. 根据推论 3.2.11，由 $D_r\neq 0$ 可得 D_r 所在的 r 列线性无关. 假设 $\boldsymbol{A}$ 存在 $r+1$ 个列向量也线性无关，那么 $\boldsymbol{A}$ 的列向量至少具有 $r+1$ 个分量，从而根据推论 3.2.11 知 $\boldsymbol{A}$ 存在 $r+1$ 阶的非零子式，矛盾. 因此 $\boldsymbol{A}$ 中任意 $r+1$ 个列向量都线性相关，从而 D_r 所在的 r 列就是 $\boldsymbol{A}$ 的列向量组的一个极大无关组，因此 $\boldsymbol{A}$ 的列向量组的秩等于 r.

而转置矩阵 $\boldsymbol{A}^{\mathrm{T}}$ 的列向量就是矩阵 $\boldsymbol{A}$ 的行向量，我们刚证明，$R(\boldsymbol{A}^{\mathrm{T}})$ 等于 $\boldsymbol{A}^{\mathrm{T}}$ 的列向量组的秩，也就是 $\boldsymbol{A}$ 的行向量组的秩；又 $R(\boldsymbol{A}^{\mathrm{T}})=R(\boldsymbol{A})$，从而定理得证. □

结合定理 3.3.9 与 2.5 节的知识，我们获得了一个求向量组的秩、判别向量组线性相关性的高效方法. 但是，这个方法中有一个极危险的陷阱，我们现在来分析一下.

命题 3.3.10 如果矩阵 $\boldsymbol{A}$ 经过初等行变换化成 $\boldsymbol{B}$，则矩阵 $\boldsymbol{A}$ 的列向量组与 $\boldsymbol{B}$ 的列向量组具有相同的线性关系(即线性相关性和线性组合关系).

证明：将矩阵 $\boldsymbol{A}$ 按列分块，并做矩阵的初等行变换，设

$$\boldsymbol{A}=(\boldsymbol{\alpha}_1,\boldsymbol{\alpha}_2,\cdots,\boldsymbol{\alpha}_m)\xrightarrow{r}\boldsymbol{B}=(\boldsymbol{\beta}_1,\boldsymbol{\beta}_2,\cdots,\boldsymbol{\beta}_m).$$

则齐次线性方程组 $\boldsymbol{Ax}=\boldsymbol{0}$ 与 $\boldsymbol{Bx}=\boldsymbol{0}$ 同解，因此矩阵 $\boldsymbol{A}$ 的列向量组 $\boldsymbol{\alpha}_1,\boldsymbol{\alpha}_2,\cdots,\boldsymbol{\alpha}_m$ 线性相关当且仅当 $\boldsymbol{B}$ 的列向量组 $\boldsymbol{\beta}_1,\boldsymbol{\beta}_2,\cdots,\boldsymbol{\beta}_m$ 线性相关.

更进一步地，假设 $\boldsymbol{A}$ 的第 $j_1,j_2,\cdots,j_r$ 列构成 $\boldsymbol{\alpha}_1,\boldsymbol{\alpha}_2,\cdots,\boldsymbol{\alpha}_m$ 的一个极大无关组，我们断言 $\boldsymbol{B}$ 的第 $j_1,j_2,\cdots,j_r$ 列构成 $\boldsymbol{\beta}_1,\boldsymbol{\beta}_2,\cdots,\boldsymbol{\beta}_m$ 的一个极大无关组. 事实上，根据第一段的结论，显然 $\boldsymbol{B}$ 的第 $j_1,j_2,\cdots,j_r$ 列是线性无关的. 在 $\boldsymbol{B}$ 的其余列中任取一列，譬如说第 s 列，这时已知 $\boldsymbol{A}$ 的第 $j_1,j_2,\cdots,j_r,s$ 列是线性相关的，从而再次利用第一段的结论可得 $\boldsymbol{B}$ 的第 $j_1,j_2,\cdots,j_r,s$ 列是线性相关的. 所以断言成立. 由于初等行变换是可逆的，因此 $\boldsymbol{\alpha}_1,\boldsymbol{\alpha}_2,\cdots,\boldsymbol{\alpha}_m$ 的极大无关组与 $\boldsymbol{\beta}_1,\boldsymbol{\beta}_2,\cdots,\boldsymbol{\beta}_m$ 的极大无关组是相应的. □

我们对定理 2.5.4、定理 3.3.9、命题 3.3.10 做总结如下：

注记：初等变换不改变向量组的秩. 初等**行**变换不改变**列**向量组的线性关系，但是可能改变**行**向量组的线性关系. 鉴于初等变换和线性相关性的基础地位，这就是为什么我们在 2.2 节就强烈建议“除计算行列式外，如果没有特殊要求，其他所有涉及矩阵初等变换的计算，请将向量视为列向量，只做初等行变换”.

动动手：请举例说明初等行变换可能改变行向量组的线性关系.

例 3　设向量组

$$\boldsymbol{\alpha}_1=\begin{pmatrix}2\\1\\4\\3\end{pmatrix},\boldsymbol{\alpha}_2=\begin{pmatrix}-1\\1\\-6\\6\end{pmatrix},\boldsymbol{\alpha}_3=\begin{pmatrix}-1\\-2\\2\\-9\end{pmatrix},\boldsymbol{\alpha}_4=\begin{pmatrix}1\\1\\-2\\7\end{pmatrix},\boldsymbol{\alpha}_5=\begin{pmatrix}2\\4\\4\\9\end{pmatrix}.$$

（1）求该向量组的秩，并判定它的线性相关性；

（2）求该向量组的一个极大无关组；

（3）将其余向量用所求出的极大无关组线性表示.

解：以 $\boldsymbol{\alpha}_1,\boldsymbol{\alpha}_2,\boldsymbol{\alpha}_3,\boldsymbol{\alpha}_4,\boldsymbol{\alpha}_5$ 为列向量作矩阵 $\boldsymbol{A}$，对 $\boldsymbol{A}$ 进行初等行变换，得

$$A=\begin{pmatrix}2&-1&-1&1&2\\1&1&-2&1&4\\4&-6&2&-2&4\\3&6&-9&7&9\end{pmatrix}\xrightarrow{r}\begin{pmatrix}1&0&-1&0&4\\0&1&-1&0&3\\0&0&0&1&-3\\0&0&0&0&0\end{pmatrix}$$

$$=(\boldsymbol{\beta}_1,\boldsymbol{\beta}_2,\boldsymbol{\beta}_3,\boldsymbol{\beta}_4,\boldsymbol{\beta}_5)=\boldsymbol{B}.$$

(1) 因为 $R(\boldsymbol{A})=3<5$，所以该向量组的秩为 3，从而线性相关.

(2) 由命题 3.3.10 立即可得 $\boldsymbol{\alpha}_1,\boldsymbol{\alpha}_2,\boldsymbol{\alpha}_4$ 是向量组 $\boldsymbol{\alpha}_1,\boldsymbol{\alpha}_2,\boldsymbol{\alpha}_3,\boldsymbol{\alpha}_4,\boldsymbol{\alpha}_5$ 的一个极大无关组.

(3) 显然 $\boldsymbol{B}$ 的其余向量 $\boldsymbol{\beta}_3,\boldsymbol{\beta}_5$ 可由 $\boldsymbol{\beta}_1,\boldsymbol{\beta}_2,\boldsymbol{\beta}_4$ 线性表示，且

$$\boldsymbol{\beta}_3=-\boldsymbol{\beta}_1-\boldsymbol{\beta}_2,$$
$$\boldsymbol{\beta}_5=4\boldsymbol{\beta}_1+3\boldsymbol{\beta}_2-3\boldsymbol{\beta}_4.$$

而初等行变换并不改变矩阵的列向量之间的线性关系，因此，对应地有

$$\boldsymbol{\alpha}_3=-\boldsymbol{\alpha}_1-\boldsymbol{\alpha}_2,$$
$$\boldsymbol{\alpha}_5=4\boldsymbol{\alpha}_1+3\boldsymbol{\alpha}_2-3\boldsymbol{\alpha}_4.$$

利用定理 3.3.9 可以将向量组的秩转化为矩阵的秩来计算. 另一方面，有时把矩阵的秩转化为向量组的秩来考虑也会收获惊喜，例如研究矩阵的秩与加法运算和乘法运算的关系时.

例 4 证明：$R(\boldsymbol{A}+\boldsymbol{B})\leqslant R(\boldsymbol{A})+R(\boldsymbol{B})$.

证明：设 $\boldsymbol{A}$，$\boldsymbol{B}$ 均为 $m\times n$ 矩阵，$R(\boldsymbol{A})=r,R(\boldsymbol{B})=s$. 将 $\boldsymbol{A}$，$\boldsymbol{B}$ 按列分块，记为

$$\boldsymbol{A}=(\boldsymbol{\alpha}_1,\boldsymbol{\alpha}_2,\cdots,\boldsymbol{\alpha}_n),\boldsymbol{B}=(\boldsymbol{\beta}_1,\boldsymbol{\beta}_2,\cdots,\boldsymbol{\beta}_n),$$

则
$$\boldsymbol{A}+\boldsymbol{B}=(\boldsymbol{\alpha}_1+\boldsymbol{\beta}_1,\boldsymbol{\alpha}_2+\boldsymbol{\beta}_2,\cdots,\boldsymbol{\alpha}_n+\boldsymbol{\beta}_n).$$

设 $\boldsymbol{A},\boldsymbol{B}$ 的列向量组的一个极大无关组分别为 $\boldsymbol{\alpha}_{i_1},\boldsymbol{\alpha}_{i_2},\cdots,\boldsymbol{\alpha}_{i_r}$ 和 $\boldsymbol{\beta}_{j_1},\boldsymbol{\beta}_{j_2},\cdots,\boldsymbol{\beta}_{j_s}$. 则向量组 $\boldsymbol{\alpha}_1+\boldsymbol{\beta}_1,\boldsymbol{\alpha}_2+\boldsymbol{\beta}_2,\cdots,\boldsymbol{\alpha}_n+\boldsymbol{\beta}_n$ 可以由向量组 $\boldsymbol{\alpha}_{i_1},\boldsymbol{\alpha}_{i_2},\cdots,\boldsymbol{\alpha}_{i_r},\boldsymbol{\beta}_{j_1},\boldsymbol{\beta}_{j_2},\cdots,\boldsymbol{\beta}_{j_s}$ 线性表示，因此由推论 3.2.8 可得

$$R(\boldsymbol{A}+\boldsymbol{B})\leqslant R\{\boldsymbol{\alpha}_{i_1},\boldsymbol{\alpha}_{i_2},\cdots,\boldsymbol{\alpha}_{i_r},\boldsymbol{\beta}_{j_1},\boldsymbol{\beta}_{j_2},\cdots,\boldsymbol{\beta}_{j_s}\}\leqslant r+s.$$ □

例 5 设 $\boldsymbol{C}=\boldsymbol{AB}$，证明：$R(\boldsymbol{C})\leqslant\min\{R(\boldsymbol{A}),R(\boldsymbol{B})\}$.

证明：设 $\boldsymbol{A}$，$\boldsymbol{B}$ 分别为 $m\times s$，$s\times n$ 矩阵. 将 $\boldsymbol{C}$ 和 $\boldsymbol{A}$ 按列分块，记为

$$\boldsymbol{C}=(\boldsymbol{\gamma}_1,\boldsymbol{\gamma}_2,\cdots,\boldsymbol{\gamma}_n),\boldsymbol{A}=(\boldsymbol{\alpha}_1,\boldsymbol{\alpha}_2,\cdots,\boldsymbol{\alpha}_s),$$

同时记 $\boldsymbol{B}=(b_{ij})$，则由 $\boldsymbol{C}=\boldsymbol{AB}$ 知

$$(\boldsymbol{\gamma}_1,\boldsymbol{\gamma}_2,\cdots,\boldsymbol{\gamma}_n)=(\boldsymbol{\alpha}_1,\boldsymbol{\alpha}_2,\cdots,\boldsymbol{\alpha}_s)\begin{pmatrix}b_{11}&\cdots&b_{1n}\\\vdots&&\vdots\\b_{s1}&\cdots&b_{sn}\end{pmatrix}.$$

所以向量组 $\boldsymbol{\gamma}_1,\boldsymbol{\gamma}_2,\cdots,\boldsymbol{\gamma}_n$ 能由向量组 $\boldsymbol{\alpha}_1,\boldsymbol{\alpha}_2,\cdots,\boldsymbol{\alpha}_s$ 线性表示，因此推论 3.2.8 推出 $R(\boldsymbol{C})\leqslant R(\boldsymbol{A})$. 又因为 $\boldsymbol{C}^{\mathrm{T}}=\boldsymbol{B}^{\mathrm{T}}\boldsymbol{A}^{\mathrm{T}}$，我们刚证明了 $R(\boldsymbol{C}^{\mathrm{T}})\leqslant R(\boldsymbol{B}^{\mathrm{T}})$，即 $R(\boldsymbol{C})\leqslant R(\boldsymbol{B})$，从而 $R(\boldsymbol{C})\leqslant \min\{R(\boldsymbol{A}),R(\boldsymbol{B})\}$. □

注意，矩阵 $\boldsymbol{A}$ 左乘或右乘一个可逆矩阵时不改变 $\boldsymbol{A}$ 的秩. 最后，让我们用一个实际问题来结束这一节.

例 6　设某中药厂用 9 种中草药原料(A～I)根据不同的比例配制了 7 种成药，各成分用量(单位：g)如表 3.3.1 所示.

表 3.3.1　成分用量表　　(单位：g)

原料	1 号成药	2 号成药	3 号成药	4 号成药	5 号成药	6 号成药	7 号成药
A	10	14	2	12	38	20	100
B	12	12	0	25	60	35	55
C	5	11	3	0	14	5	0
D	7	25	9	5	47	15	35
E	0	2	1	25	33	5	6
F	25	35	5	5	55	35	50
G	9	17	4	25	39	2	25
H	6	16	5	10	35	10	10
I	8	12	2	0	6	0	20

(1) 某医院要购买这 7 种成药，但药厂的第 2 号成药和第 5 号成药已经卖完，问能否用其他成药配制出这两种脱销的药品？

(2) 现在该医院想用这 7 种成药再配制 3 种新的成药，表 3.3.2 所示是这三种新的成药的配方，问能否配制？如何配制？

表　3.3.2　　(单位：g)

原料	1 号新药	2 号新药	3 号新药
A	26	192	88
B	37	209	67
C	11	25	8
D	30	99	51
E	27	46	7
F	40	210	80
G	22	74	38
H	26	62	21
I	12	36	30

解：(1) 把每一种成药看作一个 9 维列向量，讨论这 7 个列向量组成的向量组的线性关系. 设成分用量表 3.3.1 对应的矩阵为

$$A=(\boldsymbol{\alpha}_1,\boldsymbol{\alpha}_2,\boldsymbol{\alpha}_3,\boldsymbol{\alpha}_4,\boldsymbol{\alpha}_5,\boldsymbol{\alpha}_6,\boldsymbol{\alpha}_7)=\begin{pmatrix}10&14&2&12&38&20&100\\12&12&0&25&60&35&55\\5&11&3&0&14&5&0\\7&25&9&5&47&15&35\\0&2&1&25&33&5&6\\25&35&5&5&55&35&50\\9&17&4&25&39&2&25\\6&16&5&10&35&10&10\\8&12&2&0&6&0&20\end{pmatrix},$$

这样问题就转化为 $\boldsymbol{\alpha}_2,\boldsymbol{\alpha}_5$ 是否由 $\boldsymbol{\alpha}_1,\boldsymbol{\alpha}_3,\boldsymbol{\alpha}_4,\boldsymbol{\alpha}_6,\boldsymbol{\alpha}_7$ 线性表出. 对矩阵 $\boldsymbol{A}$ 进行初等行变换，化成行阶梯形矩阵(去掉第 2,5 列后是行最简形矩阵)：

$$\boldsymbol{A}\xrightarrow{r}\begin{pmatrix}1&1&0&0&0&0&0\\0&2&1&0&3&0&0\\0&0&0&1&1&0&0\\0&0&0&0&1&1&0\\0&0&0&0&0&0&1\\0&0&0&0&0&0&0\\0&0&0&0&0&0&0\\0&0&0&0&0&0&0\\0&0&0&0&0&0&0\end{pmatrix}.$$

可见，$R(\boldsymbol{A})=5<7$，所以 $\boldsymbol{A}$ 的列向量组线性相关，且 $\boldsymbol{\alpha}_1,\boldsymbol{\alpha}_3,\boldsymbol{\alpha}_4,\boldsymbol{\alpha}_6,\boldsymbol{\alpha}_7$ 是列向量组的一个极大无关组. 又

$$\boldsymbol{\alpha}_2=\boldsymbol{\alpha}_1+2\boldsymbol{\alpha}_3,$$

$$\boldsymbol{\alpha}_5=3\boldsymbol{\alpha}_3+\boldsymbol{\alpha}_4+\boldsymbol{\alpha}_6,$$

故可以配制第 2 号和第 5 号两种脱销药品.

(2) 设 3 种新的成药用 $\boldsymbol{\beta}_1,\boldsymbol{\beta}_2,\boldsymbol{\beta}_3$ 表示，若 $\boldsymbol{\beta}_1,\boldsymbol{\beta}_2,\boldsymbol{\beta}_3$ 能用 $\boldsymbol{\alpha}_1,\boldsymbol{\alpha}_3,\boldsymbol{\alpha}_4,\boldsymbol{\alpha}_6,\boldsymbol{\alpha}_7$ 线性表示，则 3 种新的成药可以由原来的 7 种特效药配制，否则，不能配制.

记 $\boldsymbol{B}=(\boldsymbol{\alpha}_1,\boldsymbol{\alpha}_3,\boldsymbol{\alpha}_4,\boldsymbol{\alpha}_6,\boldsymbol{\alpha}_7,\boldsymbol{\beta}_1,\boldsymbol{\beta}_2,\boldsymbol{\beta}_3)$，做初等行变换将其化成行最简形矩阵：

$$\boldsymbol{B}=(\boldsymbol{\alpha}_1,\boldsymbol{\alpha}_3,\boldsymbol{\alpha}_4,\boldsymbol{\alpha}_6,\boldsymbol{\alpha}_7,\boldsymbol{\beta}_1,\boldsymbol{\beta}_2,\boldsymbol{\beta}_3)\xrightarrow{r}\begin{pmatrix}1&0&0&0&0&1&2&0\\0&1&0&0&0&2&0&0\\0&0&1&0&0&1&1&0\\0&0&0&1&0&0&3&0\\0&0&0&0&1&0&1&0\\0&0&0&0&0&0&0&1\\0&0&0&0&0&0&0&0\\0&0&0&0&0&0&0&0\\0&0&0&0&0&0&0&0\end{pmatrix}.$$

因此，

$$\boldsymbol{\beta}_1=\boldsymbol{\alpha}_1+2\boldsymbol{\alpha}_3+\boldsymbol{\alpha}_4,$$
$$\boldsymbol{\beta}_2=2\boldsymbol{\alpha}_1+\boldsymbol{\alpha}_4+3\boldsymbol{\alpha}_6+\boldsymbol{\alpha}_7,$$

这说明第 1、2 号新药可以由原来的 7 种成药配制，其线性组合表达式给出了配制方法；但 $\boldsymbol{\beta}_3$ 不能由 $\boldsymbol{\alpha}_1,\boldsymbol{\alpha}_3,\boldsymbol{\alpha}_4,\boldsymbol{\alpha}_6,\boldsymbol{\alpha}_7$ 线性表出，所以第 3 号新药无法配制.

习题 3-3

基础知识篇：

1. 求下列向量组的秩和一个极大无关组：

(1) $\boldsymbol{\alpha}_1=\begin{pmatrix}1\\0\\1\end{pmatrix}$，$\boldsymbol{\alpha}_2=\begin{pmatrix}-2\\1\\0\end{pmatrix}$，$\boldsymbol{\alpha}_3=\begin{pmatrix}3\\-1\\0\end{pmatrix}$，$\boldsymbol{\alpha}_4=\begin{pmatrix}-4\\1\\-3\end{pmatrix}$；

(2) $\boldsymbol{\alpha}_1=\begin{pmatrix}1\\2\\1\\3\end{pmatrix}$，$\boldsymbol{\alpha}_2=\begin{pmatrix}4\\-1\\-5\\-6\end{pmatrix}$，$\boldsymbol{\alpha}_3=\begin{pmatrix}1\\-3\\-4\\-7\end{pmatrix}$.

2. (1) 设向量组 $\boldsymbol{\alpha}_1=\begin{pmatrix}1\\2\\3\end{pmatrix}$，$\boldsymbol{\alpha}_2=\begin{pmatrix}2\\1\\0\end{pmatrix}$，$\boldsymbol{\alpha}_3=\begin{pmatrix}5\\k\\5\end{pmatrix}$的秩为 2，求 k；

(2) 设向量组 $\boldsymbol{\alpha}_1=\begin{pmatrix}a\\3\\1\end{pmatrix}$，$\boldsymbol{\alpha}_2=\begin{pmatrix}2\\b\\3\end{pmatrix}$，$\boldsymbol{\alpha}_3=\begin{pmatrix}1\\2\\1\end{pmatrix}$，$\boldsymbol{\alpha}_4=\begin{pmatrix}2\\3\\1\end{pmatrix}$的秩为 2，求 a,b.

3. 判断以下向量组的线性相关性，求出它们的秩和一个极大无关组，并将其余向量用所求出的极大无关组线性表示.

(1) $\boldsymbol{\alpha}_1=\begin{pmatrix}1\\2\\-1\\4\end{pmatrix}$，$\boldsymbol{\alpha}_2=\begin{pmatrix}9\\1\\1\\4\end{pmatrix}$，$\boldsymbol{\alpha}_3=\begin{pmatrix}-2\\-4\\2\\-8\end{pmatrix}$；

(2) $\boldsymbol{\alpha}_1=\begin{pmatrix}4\\-1\\-5\\-6\end{pmatrix}$，$\boldsymbol{\alpha}_2=\begin{pmatrix}1\\-3\\-4\\-7\end{pmatrix}$，$\boldsymbol{\alpha}_3=\begin{pmatrix}1\\2\\1\\3\end{pmatrix}$，$\boldsymbol{\alpha}_4=\begin{pmatrix}2\\1\\-1\\0\end{pmatrix}$.

4. 向量组 $\boldsymbol{\alpha}_1,\boldsymbol{\alpha}_2,\boldsymbol{\alpha}_3$ 线性相关，向量组 $\boldsymbol{\alpha}_2,\boldsymbol{\alpha}_3,\boldsymbol{\alpha}_4$ 线性无关，求向量组 $\boldsymbol{\alpha}_1,\boldsymbol{\alpha}_2,\boldsymbol{\alpha}_3,\boldsymbol{\alpha}_4$ 的秩，并说明理由.

5. 验证：$\boldsymbol{\alpha}_1=(1,-1,0)^{\mathrm{T}}$，$\boldsymbol{\alpha}_2=(2,1,3)^{\mathrm{T}}$，$\boldsymbol{\alpha}_3=(3,1,2)^{\mathrm{T}}$为三维向量空间 $\mathbb{R}^3$ 的一个基；并把向量 $\boldsymbol{\beta}_1=(5,0,7)^{\mathrm{T}}$，$\boldsymbol{\beta}_2=(-9,-8,-13)^{\mathrm{T}}$用这个基线性表出.

应用提高篇：

6. 设齐次线性方程组

$$\begin{cases}x_1+2x_2+x_3-2x_4=0,\\2x_1+3x_2-x_4=0,\\x_1-x_2-5x_3+7x_4=0\end{cases}$$

的全体解向量构成向量组 $\boldsymbol{S}$，求 $\boldsymbol{S}$ 的秩.

7. 设向量组 $\boldsymbol{\beta}_1,\boldsymbol{\beta}_2,\cdots,\boldsymbol{\beta}_r$ 能由向量组 $\boldsymbol{\alpha}_1,\boldsymbol{\alpha}_2,\cdots,\boldsymbol{\alpha}_s$ 线性表出，且满足

$$(\boldsymbol{\beta}_1,\boldsymbol{\beta}_2,\cdots,\boldsymbol{\beta}_r)=(\boldsymbol{\alpha}_1,\boldsymbol{\alpha}_2,\cdots,\boldsymbol{\alpha}_s)\boldsymbol{K},$$

其中 $\boldsymbol{K}$ 为 $s\times r$ 矩阵. 若向量组 $\boldsymbol{\alpha}_1,\boldsymbol{\alpha}_2,\cdots,\boldsymbol{\alpha}_s$ 线性无关，证明：向量组 $\boldsymbol{\beta}_1,\boldsymbol{\beta}_2,\cdots,\boldsymbol{\beta}_r$ 线性无关的充要条件是 $R(\boldsymbol{K})=r$.

8. 某地区有 10 个气象观测站，8 年来各观测站的年降水量如表 3.3.3 所示. 现在为了节省开支，需要适当减少气象观测站的数量. 请问减少哪些气象观测站后，我们获得的降水量的信息仍然足够大？

表 3.3.3　年降水量统计表　　（单位：mm）

年份	观测站									
	1号	2号	3号	4号	5号	6号	7号	8号	9号	10号
2011	289.9	239.1	192.7	466.2	219.7	436.2	366.3	357.4	411.1	245.7
2012	243.7	158.9	246.2	460.4	314.5	232.4	372.5	298.7	327	256.6
2013	502.4	324.8	291.7	245.6	266.5	311	254	401	289.9	251.3
2014	223.5	321	466.5	251.4	317.4	158.9	425.1	315.4	277.5	246.2
2015	432.1	282.9	258.6	256.6	413.2	327.4	403.9	389.7	199.3	466.5
2016	357.6	467.2	453.4	278.8	228.5	365.5	258.1	355.2	315.6	453.6
2017	410.2	360.7	158.5	250	179.4	271	344.2	376.4	342.4	159.2
2018	235.7	284.9	324.8	192.6	343.7	406.5	288.8	290.5	281.2	283.4

3.4 线性方程组解的结构

经过3.2节和3.3节这两节的努力，我们已经完美地建立了数字化的坐标系统. 在这一节，我们将利用这个带“几何”感的工具来描述线性方程组解集的结构，从而回答本章开始时提出的问题.

3.4.1 引例：里昂惕夫“生产—消费模型”

在1.1节的例2中我们介绍了封闭型的里昂惕夫“生产—消费模型”的一个例子，并在1.3节用高斯消元法解析了这个具体模型. 现在我们介绍一下一般意义下的开放型里昂惕夫“生产—消费模型”，将商品的定价和生产的最优化这两类问题转化为数学模型，然后利用线性方程组的知识给出模型的数学解析过程，在本节的最后再说明所获得的数学结论的经济学意义. 为便于读者理解，故事还是从一个具体的例子开始吧.

例1　假设一个经济体系由三种商品组成：工业品、粮食和劳动力. 我们将每种商品的价值用货币来体现以方便商品的流通. 假设生产一个单位(例如规定一个单位是1g黄金)的工业品需要消费0.5个单位的工业品、0.2个单位的粮食和0.1个单位的劳动力. 生产一个单位的粮食需要消费0.4个单位的工业品、0.3个单位的粮食和0.1个单位的劳动力. 生产(即产生或维持)一个单位的劳动力需要消费0.2个单位的工业品、0.1个单位的粮食和0.3个单位的劳动力. 在这个经济体系中，每种商品生产一个单位时需要消费的情况如表3.4.1所示.

表 3.4.1　消费情况表

消　费	生　产		
	工业品	粮食	劳动力
工业品	0.5	0.4	0.2
粮食	0.2	0.3	0.1
劳动力	0.1	0.1	0.3

表 3.4.1 中每一列的数值的和小于 1，意味着这个经济系统的价值在增加，该系统是可持续发展的. 假设要求该经济系统出口工业品 50 个单位、粮食 30 个单位、劳动力 20 个单位，试问各种商品的生产量应该是多少?

解: 假设该经济系统要生产工业品 x_1 个单位、粮食 x_2 个单位、劳动力 x_3个单位才能完成既定的出口任务. 记

$$\boldsymbol{x}=\begin{pmatrix}x_1\\x_2\\x_3\end{pmatrix},\boldsymbol{C}=\begin{pmatrix}0.5&0.4&0.2\\0.2&0.3&0.1\\0.1&0.1&0.3\end{pmatrix},\boldsymbol{\beta}=\begin{pmatrix}50\\30\\20\end{pmatrix},$$

那么在生产这些出口商品时，该系统自身消费的商品总量是 $\boldsymbol{Cx}$（分量分别对应于消费的工业品、粮食和劳动力的总量）. 剩余商品，即可用于出口的商品是 $\boldsymbol{x}-\boldsymbol{Cx}$，因此 $\boldsymbol{x}-\boldsymbol{Cx}=\boldsymbol{\beta}$，即满足线性方程组$(\boldsymbol{E}_3-\boldsymbol{C})\boldsymbol{x}=\boldsymbol{\beta}$. 对增广矩阵做初等行变换，得

$$(\boldsymbol{E}_3-\boldsymbol{C},\boldsymbol{\beta})=\left(\begin{array}{ccc:c}0.5&-0.4&-0.2&50\\-0.2&0.7&-0.1&30\\-0.1&-0.1&0.7&20\end{array}\right)\longrightarrow\left(\begin{array}{ccc:c}1&0&0&226\\0&1&0&119\\0&0&1&78\end{array}\right),$$

其中最后一列四舍五入到整数. 因此该经济系统需要生产工业品约 226 个单位、粮食约 119 个单位、劳动力约 78 个单位.

现在我们推广例 1 到一般情形. 设一个经济体系分为 n 个部门，这些部门生产商品和服务. 设 $\boldsymbol{x}=(x_1,x_2,\cdots,x_n)^{\mathrm{T}}$ 为**产出向量**，其中分量 x_i 是第 i 个部门在一年中的产出. 同时，假设另一些部门(称为**开放部门**)不生产商品或服务，仅仅消费商品或服务. 记$\boldsymbol{\beta}=(b_1,b_2,\cdots,b_n)^{\mathrm{T}}$ 为**最终消费向量**，其中分量 b_i 是开放部门一年中对第 i 个部门的商品或服务的总需求量.

当各部门生产商品已满足消费者需求时，生产者本身也创造了**中间消费**. 里昂惕夫“生产—消费模型”的基本假设是：总产出应该等于中间消费与最终消费的和. 假设，对每个部门有一个**单位消耗向量** $\boldsymbol{\alpha}_i=(c_{1i},c_{2i},\cdots,c_{ni})^{\mathrm{T}}$，其中 c_{ki}表示第 i 个部门生产单位商品所需消费的第 k 个部门的商品量. 这里所有的消费与产出都以货币为单位等值换算. 矩阵 $\boldsymbol{C}=(\alpha_1,\alpha_2,\cdots,\alpha_n)$ 称为**消耗矩阵**.

因此，中间消费向量可以写成 $\boldsymbol{Cx}$. 故里昂惕夫的“生产—消费模型”满足关系式

$$\boldsymbol{x}=\boldsymbol{Cx}+\boldsymbol{\beta},$$

即满足线性方程组

$$(\boldsymbol{E}_n-\boldsymbol{C})\boldsymbol{x}=\boldsymbol{\beta}.$$

当最终需求向量 $\boldsymbol{\beta}=\boldsymbol{0}$，即假设该经济体系中的每个部门生产的产品或服务仅仅用来满足各部门生产的需求时，这个模型称为封闭的.

从数学上来讲，当调整消耗矩阵 $\boldsymbol{C}$ 的某个矩阵元的数值时，我们可以通过上述模型观察到这样一个操作对整个经济系统的影响，例如通过观察实际产出向量 $\boldsymbol{x}$ 的变化了解该经济系统的运行状态，即经济(可以只针对某种商品)是否发展以及以什么样的速度在发展.

在里昂惕夫的“生产—消费模型”中，劳动力通常是作为一种原始商品而单独列出来的，而且要求它有限制地供应并满足极小化条件. 因此该模型的思想核心在于利用来源于实际经济的真实数据去解决商品的自然价格和生产的最优化问题，特别关注人力资源，即劳动力这种商品的最优化生产.

里昂惕夫“生产—消费模型”的建立将一个经济问题转化成了一个数学问题，但是该模型的数学部分我们还没有处理. 譬如，满足要求的产出向量 $\boldsymbol{x}$ 是否唯一存在？如果存在但不唯一，那么产出向量构成的集合有什么特殊的数学结构呢？回答这些问题就需要我们了解线性方程组解的结构. 当然，最后我们还需要回到实际问题，即解释上述数学问题的结论对经济学的意义和贡献.

3.4.2 齐次线性方程组解的结构

设 $\boldsymbol{A}$ 是一个 $m\times n$ 矩阵，那么 n 元齐次线性方程组 $\boldsymbol{Ax}=\boldsymbol{0}$ 的一个解是一个 n 维向量，称它是一个**解向量**. 由于零向量是齐次线性方程组的一个解向量，所以当 $\boldsymbol{Ax}=\boldsymbol{0}$ 存在非零解时，解集一定是无穷集. 为研究这个无穷解集的结构，我们先观察一下熟悉的几何事实.

在三维几何空间中，一个三元齐次线性方程 $ax+by+cz=0$(a,b,c不全为零)表示过原点的一个平面，因此三元齐次线性方程组的解集要么是过原点的一个平面，要么是过原点的一条直线，要么只是原点. 总之，解集是一个线性子空间. 事实上，这个结论具有一般性.

命题 3.4.1　n 元齐次线性方程组 $\boldsymbol{Ax}=\boldsymbol{0}$ 的解集是 n 维向量空间的一个子空间.

证明：首先 $\boldsymbol{Ax}=\boldsymbol{0}$ 的解集显然是非空的. 设 $\boldsymbol{\xi}_1,\boldsymbol{\xi}_2$ 是 $\boldsymbol{Ax}=\boldsymbol{0}$ 的任意两个解向量，则 $\boldsymbol{A}(\boldsymbol{\xi}_1+\boldsymbol{\xi}_2)=\boldsymbol{A\xi}_1+\boldsymbol{A\xi}_2=\boldsymbol{0}+\boldsymbol{0}=\boldsymbol{0}$，即解集关于加法运算封闭. 设 $\boldsymbol{\xi}$ 是 $\boldsymbol{Ax}=\boldsymbol{0}$ 的任意一个解向量，c 是任意一个常数，则 $\boldsymbol{A}(c\boldsymbol{\xi})=c\boldsymbol{A\xi}=c\boldsymbol{0}=\boldsymbol{0}$，即解集关于数乘运算封闭. 因此 $\boldsymbol{Ax}=\boldsymbol{0}$ 的解集是 n 维向量空间的一个子空间. □

根据上述命题，我们称齐次线性方程组的解集为**解空间**，而解空间是可以建立坐标系的.

定义 3.4.2　齐次线性方程组 $\boldsymbol{Ax}=\boldsymbol{0}$ 的解空间的一个基(极大线性无关组)$\boldsymbol{\xi}_1$，$\boldsymbol{\xi}_2$，…，$\boldsymbol{\xi}_s$ 称为 $\boldsymbol{Ax}=\boldsymbol{0}$ 的一个**基础解系**. 解空间的代表元素 $c_1\boldsymbol{\xi}_1+c_2\boldsymbol{\xi}_2+\cdots+c_s\boldsymbol{\xi}_s$ 称为 $\boldsymbol{Ax}=\boldsymbol{0}$ 的**通解**，其中 c_1，c_2，…，c_s 为任意常数.

显然，只有当 $\boldsymbol{Ax}=\boldsymbol{0}$ 有非零解时方程组才有基础解系. 下述结论通常被称为齐次线性方程组解的结构定理.

定理 3.4.3　设 $\boldsymbol{Ax}=\boldsymbol{0}$ 是 n 元齐次线性方程组，若 $R(\boldsymbol{A})=r$，则方程组 $\boldsymbol{Ax}=\boldsymbol{0}$ 的解空间的维数是 $n-r$.

证明：如果 $\boldsymbol{Ax}=\boldsymbol{0}$ 只有零解，则推论 3.1.3 表明 $n=R(\boldsymbol{A})=r$. 而此时解空间是零维的，因此结论成立. 下面假设 $r<n$，我们来具体寻找解空间的一个基础解系. 不妨设 $\boldsymbol{A}$ 的前 r 个列向量是一个极大无关组，则 $\boldsymbol{A}$ 的行最简形矩阵为

$$\boldsymbol{J}=\begin{pmatrix}1 & \cdots & 0 & b_{11} & \cdots & b_{1,n-r}\\ \vdots & & \vdots & \vdots & & \vdots\\ 0 & \cdots & 1 & b_{r1} & \cdots & b_{r,n-r}\\ 0 & \cdots & 0 & 0 & \cdots & 0\\ \vdots & & \vdots & \vdots & & \vdots\\ 0 & \cdots & 0 & 0 & \cdots & 0\end{pmatrix},$$

对应的同解方程组为

$$\begin{cases}x_1=-b_{11}x_{r+1}-\cdots-b_{1,n-r}x_n,\\ \quad\vdots\\ x_r=-b_{r1}x_{r+1}-\cdots-b_{r,n-r}x_n.\end{cases}\tag{3-4-1}$$

令自由变量 x_{r+1}，x_{r+2}，…，x_n 依次取下述 $n-r$ 组数：

$$\begin{pmatrix} x_{r+1} \\ x_{r+2} \\ \vdots \\ x_n \end{pmatrix} = \begin{pmatrix} 1 \\ 0 \\ \vdots \\ 0 \end{pmatrix}, \begin{pmatrix} 0 \\ 1 \\ \vdots \\ 0 \end{pmatrix}, \cdots, \begin{pmatrix} 0 \\ 0 \\ \vdots \\ 1 \end{pmatrix},$$

从而得到方程组 $\boldsymbol{Ax}=\boldsymbol{0}$ 的 $n-r$ 个解向量为

$$\boldsymbol{\xi}_1 = \begin{pmatrix} -b_{11} \\ \vdots \\ -b_{r1} \\ 1 \\ 0 \\ \vdots \\ 0 \end{pmatrix}, \boldsymbol{\xi}_2 = \begin{pmatrix} -b_{12} \\ \vdots \\ -b_{r2} \\ 0 \\ 1 \\ \vdots \\ 0 \end{pmatrix}, \cdots, \boldsymbol{\xi}_{n-r} = \begin{pmatrix} -b_{1,n-r} \\ \vdots \\ -b_{r,n-r} \\ 0 \\ 0 \\ \vdots \\ 1 \end{pmatrix}.$$

下面证明 $\boldsymbol{\xi}_1,\boldsymbol{\xi}_2,\cdots,\boldsymbol{\xi}_{n-r}$ 就是 $\boldsymbol{Ax}=\boldsymbol{0}$ 的基础解系.

首先，令 $\boldsymbol{B}=(\boldsymbol{\xi}_1,\boldsymbol{\xi}_2,\cdots,\boldsymbol{\xi}_{n-r})$，则 $\boldsymbol{B}$ 有一个 $n-r$ 阶子式 $|\boldsymbol{E}_{n-r}|=1\neq 0$，所以 $R(\boldsymbol{B})=n-r$，从而 $\boldsymbol{\xi}_1$，$\boldsymbol{\xi}_2$，…，$\boldsymbol{\xi}_{n-r}$ 线性无关. 其次，设 $\boldsymbol{\eta}=(c_1,\cdots,c_r,c_{r+1},\cdots,c_n)^{\mathrm{T}}$ 是方程组 $\boldsymbol{Ax}=\boldsymbol{0}$ 的任意一个解，代入同解方程组(3-4-1)可得 $\boldsymbol{\eta}=c_{r+1}\boldsymbol{\xi}_1+c_{r+2}\boldsymbol{\xi}_2+\cdots+c_n\boldsymbol{\xi}_{n-r}$. 因此，向量组 $\boldsymbol{\xi}_1,\boldsymbol{\xi}_2,\cdots,\boldsymbol{\xi}_{n-r}$ 就是 $\boldsymbol{Ax}=\boldsymbol{0}$ 的一个基础解系，从而解空间维数等于 $n-r$. □

定理 3.4.3 的证明过程给出了寻找基础解系的一种办法. 值得注意的是基础解系通常是不唯一的.

例 2 求齐次线性方程组

$$\begin{cases} x_1-x_2-x_3+x_4=0, \\ x_1-x_2+x_3-3x_4=0, \\ x_1-x_2-2x_3+3x_4=0 \end{cases}$$

的一个基础解系，并给出通解.

解： 将系数矩阵做初等行变换化为行最简形，即

$$\boldsymbol{A}=\begin{pmatrix} 1 & -1 & -1 & 1 \\ 1 & -1 & 1 & -3 \\ 1 & -1 & -2 & 3 \end{pmatrix} \longrightarrow \begin{pmatrix} 1 & -1 & 0 & -1 \\ 0 & 0 & 1 & -2 \\ 0 & 0 & 0 & 0 \end{pmatrix}.$$

对应的齐次线性方程组为

$$\begin{cases} x_1=x_2+x_4, \\ x_3=2x_4, \end{cases}$$

其中 x_2,x_4 是自由变量. 分别令 $\begin{pmatrix} x_2 \\ x_4 \end{pmatrix}=\begin{pmatrix} 1 \\ 0 \end{pmatrix},\begin{pmatrix} 0 \\ 1 \end{pmatrix}$，得 $\begin{pmatrix} x_1 \\ x_3 \end{pmatrix}=\begin{pmatrix} 1 \\ 0 \end{pmatrix}$，

$\begin{pmatrix}1\\2\end{pmatrix}$. 因此,

$$\boldsymbol{\xi}_1=\begin{pmatrix}1\\1\\0\\0\end{pmatrix},\boldsymbol{\xi}_2=\begin{pmatrix}1\\0\\2\\1\end{pmatrix}$$

是齐次线性方程组 $\boldsymbol{Ax}=\boldsymbol{0}$ 的一个基础解系. 通解为 $\boldsymbol{\eta}=c_1\boldsymbol{\xi}_1+c_2\boldsymbol{\xi}_2$，其中 c_1，c_2 为任意常数.

下面我们通过例子展示一下齐次线性方程组解的结构定理的强大力量.

例 3　若 $\boldsymbol{A}_{m\times n}\boldsymbol{B}_{n\times l}=\boldsymbol{O}$，则 $R(\boldsymbol{A})+R(\boldsymbol{B})\leqslant n$.

证明：对矩阵 $\boldsymbol{B}$ 按列分块，由 $\boldsymbol{AB}=\boldsymbol{O}$ 可知 $\boldsymbol{B}$ 的每一列都是齐次线性方程组 $\boldsymbol{Ax}=\boldsymbol{0}$ 的解. 而 $\boldsymbol{Ax}=\boldsymbol{0}$ 的基础解系包含 $n-R(\boldsymbol{A})$ 个解，因此 $\boldsymbol{Ax}=\boldsymbol{0}$ 的任意一组解至多包含 $n-R(\boldsymbol{A})$ 个线性无关的解向量. 所以，$R(\boldsymbol{B})\leqslant n-R(\boldsymbol{A})$，即 $R(\boldsymbol{A})+R(\boldsymbol{B})\leqslant n$. □

想一想：设 n 阶方阵 $\boldsymbol{A}$ 满足 $(\boldsymbol{E}-\boldsymbol{A})(\boldsymbol{E}+\boldsymbol{A})=\boldsymbol{O}$，那么 $R(\boldsymbol{E}-\boldsymbol{A})+R(\boldsymbol{E}+\boldsymbol{A})=n$.

例 4　设 $\boldsymbol{A}$ 是 n 阶方阵，证明：

$$R(\boldsymbol{A}^*)=\begin{cases}n, & 若\ R(\boldsymbol{A})=n,\\ 1, & 若\ R(\boldsymbol{A})=n-1,\\ 0, & 若\ R(\boldsymbol{A})<n-1.\end{cases}$$

证明：当 $R(\boldsymbol{A})=n$ 时,$\boldsymbol{A}$ 可逆,从而 $\boldsymbol{A}^*$ 可逆,故 $R(\boldsymbol{A}^*)=n$.

当 $R(\boldsymbol{A})=n-1$ 时，$\boldsymbol{A}$ 至少有一个 $n-1$ 阶子式不为零，因此 $\boldsymbol{A}^*$ 不是零矩阵，所以 $R(\boldsymbol{A}^*)\geqslant 1$. 由 $\boldsymbol{AA}^*=|\boldsymbol{A}|\boldsymbol{E}=\boldsymbol{O}$ 和例 3 知 $R(\boldsymbol{A})+R(\boldsymbol{A}^*)\leqslant n$，即 $R(\boldsymbol{A}^*)\leqslant 1$. 故 $R(\boldsymbol{A}^*)=1$.

当 $R(\boldsymbol{A})<n-1$ 时，$\boldsymbol{A}$ 的所有 $n-1$ 阶子式都为零，从而 $\boldsymbol{A}^*=\boldsymbol{O}$. 故 $R(\boldsymbol{A}^*)=0$. □

3.4.3 非齐次线性方程组解的结构

我们再来研究一下稍微复杂一点的非齐次线性方程组 $\boldsymbol{Ax}=\boldsymbol{\beta}$ 的解集的结构. 同样借助三维几何空间的直观认识可知，三元非齐次线性方程 $ax+by+cz=d$ 表示一个不过原点的平面，与相应的齐次线性方程 $ax+by+cz=0$ 表示的平面只是相差一个平移. 让我们用线性代数的语言描述一下两者的这种几何联系. 为表述方便，我

们将 $\boldsymbol{Ax}=\mathbf{0}$ 称为非齐次线性方程组 $\boldsymbol{Ax}=\boldsymbol{\beta}$ 的**导出组**.

性质 3.4.4　设向量 $\boldsymbol{\eta}_1$ 和 $\boldsymbol{\eta}_2$ 都是方程组 $\boldsymbol{Ax}=\boldsymbol{\beta}$ 的解，则 $\boldsymbol{\eta}_1-\boldsymbol{\eta}_2$ 是其导出组的解.

证明：$\boldsymbol{A}(\boldsymbol{\eta}_1-\boldsymbol{\eta}_2)=\boldsymbol{A\eta}_1-\boldsymbol{A\eta}_2=\boldsymbol{\beta}-\boldsymbol{\beta}=\mathbf{0}$. □

性质 3.4.5　设向量 $\boldsymbol{\eta}$ 是方程组 $\boldsymbol{Ax}=\boldsymbol{\beta}$ 的解，$\boldsymbol{\xi}$ 是导出组 $\boldsymbol{Ax}=\mathbf{0}$ 的解，则 $\boldsymbol{\xi}+\boldsymbol{\eta}$ 仍是方程组 $\boldsymbol{Ax}=\boldsymbol{\beta}$ 的解.

证明：$\boldsymbol{A}(\boldsymbol{\xi}+\boldsymbol{\eta})=\boldsymbol{A\xi}+\boldsymbol{A\eta}=\mathbf{0}+\boldsymbol{\beta}=\boldsymbol{\beta}$. □

下述定理说明非齐次线性方程组 $\boldsymbol{Ax}=\boldsymbol{\beta}$ 的解集确实是其导出组解集的一个平移.

定理 3.4.6　设 $\boldsymbol{\gamma}_0$是非齐次线性方程组 $\boldsymbol{Ax}=\boldsymbol{\beta}$ 的一个特解，$\boldsymbol{\xi}_1$，$\boldsymbol{\xi}_2,\cdots,\boldsymbol{\xi}_{n-r}$ 是导出组 $\boldsymbol{Ax}=\mathbf{0}$ 的一个基础解系，则 $\boldsymbol{Ax}=\boldsymbol{\beta}$ 的通解（解集的代表元素称为通解）为

$$\boldsymbol{\gamma}_0+c_1\boldsymbol{\xi}_1+c_2\boldsymbol{\xi}_2+\cdots+c_{n-r}\boldsymbol{\xi}_{n-r},$$

其中 c_1，c_2，…，c_{n-r}为任意常数.

证明：由性质 3.4.5 知，向量 $\boldsymbol{\gamma}_0+(c_1\boldsymbol{\xi}_1+c_2\boldsymbol{\xi}_2+\cdots+c_{n-r}\boldsymbol{\xi}_{n-r})$ 是 $\boldsymbol{Ax}=\boldsymbol{\beta}$ 的解. 反之，设 $\boldsymbol{\gamma}$ 是 $\boldsymbol{Ax}=\boldsymbol{\beta}$ 的任意一个解，那么性质 3.4.4 指出 $\boldsymbol{\gamma}-\boldsymbol{\gamma}_0$是 $\boldsymbol{Ax}=\mathbf{0}$ 的一个解. 根据定理 3.4.3 可得，存在 $n-r$ 个常数 $c_1,c_2,\cdots,c_{n-r}$，使得 $\boldsymbol{\gamma}-\boldsymbol{\gamma}_0=c_1\boldsymbol{\xi}_1+c_2\boldsymbol{\xi}_2+\cdots+c_{n-r}\boldsymbol{\xi}_{n-r}$. 因此，$\boldsymbol{\gamma}=\boldsymbol{\gamma}_0+c_1\boldsymbol{\xi}_1+c_2\boldsymbol{\xi}_2+\cdots+c_{n-r}\boldsymbol{\xi}_{n-r}$. □

受几何观点的影响，我们称非齐次线性方程组 $\boldsymbol{Ax}=\boldsymbol{\beta}$ 的解集是一个**线性流形**.

例 5　求下述非齐次线性方程组的通解：

$$\begin{cases} x_1-x_2+x_3-x_4=1, \\ x_1-x_2-x_3+x_4=0, \\ 2x_1-2x_2-4x_3+4x_4=-1. \end{cases}$$

解：第一步，对增广矩阵做初等行变换，得

$$(\boldsymbol{A},\boldsymbol{\beta})=\left(\begin{array}{cccc:c} 1 & -1 & 1 & -1 & 1 \\ 1 & -1 & -1 & 1 & 0 \\ 2 & -2 & -4 & 4 & -1 \end{array}\right)\longrightarrow\left(\begin{array}{cccc:c} 1 & -1 & 0 & 0 & \dfrac{1}{2} \\ 0 & 0 & 1 & -1 & \dfrac{1}{2} \\ 0 & 0 & 0 & 0 & 0 \end{array}\right).$$

第二步，对应的方程组为

$$\begin{cases} x_1 = x_2 + \dfrac{1}{2}, \\ x_3 = x_4 + \dfrac{1}{2}, \end{cases}$$

其中 x_2, x_4 是自由变量.

第三步，取 $x_2 = x_4 = 0$，得特解

$$\boldsymbol{\gamma}_0 = \begin{pmatrix} \dfrac{1}{2} \\ 0 \\ \dfrac{1}{2} \\ 0 \end{pmatrix}.$$

第四步，导出组的解满足线性方程组

$$\begin{cases} x_1 = x_2, \\ x_3 = x_4, \end{cases}$$

其中 x_2, x_4 是自由变量. 分别令$\begin{pmatrix} x_2 \\ x_4 \end{pmatrix} = \begin{pmatrix} 1 \\ 0 \end{pmatrix}$，$\begin{pmatrix} 0 \\ 1 \end{pmatrix}$，得 $\boldsymbol{Ax} = \boldsymbol{0}$ 的一个基础解系

$$\boldsymbol{\xi}_1 = \begin{pmatrix} 1 \\ 1 \\ 0 \\ 0 \end{pmatrix}, \boldsymbol{\xi}_2 = \begin{pmatrix} 0 \\ 0 \\ 1 \\ 1 \end{pmatrix}.$$

第五步，因此原方程组的解集是$\{\boldsymbol{\gamma}_0 + c_1\boldsymbol{\xi}_1 + c_2\boldsymbol{\xi}_2 \mid c_1, c_2$ 是任意常数$\}$.

动动手：设 $\boldsymbol{Ax} = \boldsymbol{\beta}$ 是 4 元非齐次线性方程组，已知 $R(\boldsymbol{A}) = 3$，$\boldsymbol{\eta}_1, \boldsymbol{\eta}_2, \boldsymbol{\eta}_3$ 是方程组的三个解向量，且 $\boldsymbol{\eta}_1 = \begin{pmatrix} 2 \\ 3 \\ 4 \\ 5 \end{pmatrix}$，$\boldsymbol{\eta}_2 + \boldsymbol{\eta}_3 = \begin{pmatrix} 1 \\ 2 \\ 3 \\ 4 \end{pmatrix}$，求该方程组的通解.

现在，让我们回到里昂惕夫“生产—消费模型”的数学部分，并解释数学结论的相应经济学意义.

首先，我们可以观察到模型中的消耗矩阵 $\boldsymbol{C}$ 的元都是非负的. 更进一步，$\boldsymbol{C}$ 的每个列向量的分量之和小于 1，因为一个部门要生产一单位产出所需投入的总价值应该小于 1，否则将亏损. 下述定理表明，这两个条件对里昂惕夫"生产—消费模型"来说是起决定性作用的.

定理 3.4.7　如果 n 阶矩阵 $\boldsymbol{C}$ 和 n 维向量 $\boldsymbol{\beta}$ 的元都非负，且 $\boldsymbol{C}$ 的每个列向量的分量之和都小于 1，则 $\boldsymbol{E}_n-\boldsymbol{C}$ 可逆，即线性方程组 $(\boldsymbol{E}_n-\boldsymbol{C})\boldsymbol{x}=\boldsymbol{\beta}$ 有唯一(非负)解.

该定理的证明需要用到的知识点将出现在工科、商科等学科门类在研究生阶段开设的课程"矩阵分析"中，这里就不再叙述了. 将可以计算出来的产出向量 $\boldsymbol{x}$ 视为关于消耗矩阵 $\boldsymbol{C}$ 的向量函数，当消耗矩阵随时间而改变时，我们可以了解该模型对应的经济系统的运行状态，从而追求整个经济系统或仅仅某个部门生产的最优化.

我们再来看看封闭的里昂惕夫"生产—消费模型". 此时，最终需求向量 $\boldsymbol{\beta}=\boldsymbol{0}$，经济体系中的每个部门生产的商品仅仅用来满足各部门生产的需求，总产出等于中间消费，因此消耗矩阵 $\boldsymbol{C}$ 的每一列的列元之和等于 1.

定理 3.4.8　如果 n 阶矩阵 $\boldsymbol{C}$ 的所有元都是正数，且 $\boldsymbol{C}$ 的每个列向量的分量之和都等于 1，则 $R(\boldsymbol{E}_n-\boldsymbol{C})=n-1$.

证明：因为 $\boldsymbol{C}$ 的每一列的列元之和等于 1，所以 $\boldsymbol{E}_n-\boldsymbol{C}$ 的每一列的列元之和为 0，从而 $|\boldsymbol{E}_n-\boldsymbol{C}|=0$. 另一方面，设 $\boldsymbol{D}_{n-1}$ 是 $\boldsymbol{E}_n-\boldsymbol{C}$ 的前 $n-1$ 行和前 $n-1$ 列构成的子矩阵，那么由定理 3.4.7 知，$\boldsymbol{D}_{n-1}$ 可逆，从而 $\boldsymbol{E}_n-\boldsymbol{C}$ 存在一个 $n-1$ 阶子式 $|\boldsymbol{D}_{n-1}|\neq 0$. 因此，$R(\boldsymbol{E}_n-\boldsymbol{C})=n-1$. □

事实上，当消耗矩阵 $\boldsymbol{C}$ 的元都非负时，封闭的里昂惕夫"生产—消费模型"满足 $R(\boldsymbol{E}_n-\boldsymbol{C})\leqslant n-1$. 我们将在下一章了解到，齐次线性方程组 $(\boldsymbol{E}_n-\boldsymbol{C})\boldsymbol{x}=\boldsymbol{0}$ 的解空间至少存在一个解向量，使得该解向量的每个分量都是非负的. 也就是说，该经济系统中的每种商品都是可以合理定价的. 通常，我们更关心定理 3.4.8 描述的情形. 此时，齐次线性方程组 $(\boldsymbol{E}_n-\boldsymbol{C})\boldsymbol{x}=\boldsymbol{0}$ 存在一个基础解系 $\boldsymbol{\xi}$，它的每个分量都是正的. 换言之，该经济系统中的每种商品只有一种合理的定价方式，即各种商品价格之间的比例等于 $\boldsymbol{\xi}$ 的对应分量之间的比例，如 1.3 节的引例所示.

习题 3-4

基础知识篇：

1. 求下列齐次线性方程组的一个基础解系与通解：

(1) $\begin{cases} x_1+x_2-x_3-x_4=0, \\ 2x_1-5x_2+3x_3+2x_4=0, \\ 7x_1-7x_2+3x_3+x_4=0; \end{cases}$

(2) $\begin{cases} x_1-8x_2+10x_3+2x_4=0, \\ 2x_1+4x_2+5x_3-x_4=0, \\ 3x_1+8x_2+6x_3-2x_4=0. \end{cases}$

2. 求下列非齐次线性方程组的通解：

(1) $\begin{cases} x_1+x_2=5, \\ 2x_1+x_2+x_3+2x_4=1, \\ 5x_1+3x_2+2x_3+2x_4=3; \end{cases}$

(2) $\begin{cases} 2x_1-x_2+x_4=-1, \\ x_1+3x_2-7x_3+4x_4=3, \\ 3x_1-2x_2+x_3+x_4=-2. \end{cases}$

3. 设 $\boldsymbol{Ax}=\boldsymbol{\beta}$ 是 4 元非齐次线性方程组，已知 $R(\boldsymbol{A})=3$，$\boldsymbol{\eta}_1$，$\boldsymbol{\eta}_2$，$\boldsymbol{\eta}_3$ 是方程组的三个解向量，且

$\boldsymbol{\eta}_1=\begin{pmatrix} 3 \\ -4 \\ 1 \\ 2 \end{pmatrix}$，$\boldsymbol{\eta}_2+\boldsymbol{\eta}_3=\begin{pmatrix} 4 \\ 6 \\ 8 \\ 0 \end{pmatrix}$，求该方程组的通解.

4. 设 $\boldsymbol{\eta}$ 是非齐次线性方程组 $\boldsymbol{Ax}=\boldsymbol{\beta}$ 的一个解，$\boldsymbol{\xi}_1$，$\boldsymbol{\xi}_2$，…，$\boldsymbol{\xi}_{n-r}$ 是其导出组 $\boldsymbol{Ax}=\boldsymbol{0}$ 的一个基础解系，证明：

(1) $\boldsymbol{\eta}$，$\boldsymbol{\xi}_1$，$\boldsymbol{\xi}_2$，…，$\boldsymbol{\xi}_{n-r}$ 线性无关；

(2) $\boldsymbol{\eta}+\boldsymbol{\xi}_1$，$\boldsymbol{\eta}+\boldsymbol{\xi}_2$，…，$\boldsymbol{\eta}+\boldsymbol{\xi}_{n-r}$ 线性无关.

5. 设 $\boldsymbol{\eta}_1$，$\boldsymbol{\eta}_2$，…，$\boldsymbol{\eta}_s$ 是非齐次线性方程组 $\boldsymbol{Ax}=\boldsymbol{\beta}$ 的 s 个解，k_1，k_2，…，k_s 为实数，且满足 $k_1+k_2+\cdots+k_s=1$，证明

$$k_1\boldsymbol{\eta}_1+k_2\boldsymbol{\eta}_2+\cdots+k_s\boldsymbol{\eta}_s$$

也是它的解.

应用提高篇：

6. 某品牌化妆品在某市有三家供应商，各供应商的顾客经常互相流动. 本月顾客增减情况如表 3.4.2 所示(假设顾客总数不变，所有新增加的顾客均为来自其他供应商原有的顾客，所失去的顾客都转化为其他供应商的顾客).

(1) 定义：$市场占有率=\dfrac{当期供应商客户数}{市场客户总数}$，写出本月底市场占有率分布情况 $\boldsymbol{x}_0$；

(2) 定义：转移矩阵 $\boldsymbol{A}=(a_{ij})_{3\times3}$，其中

$a_{ij}=\dfrac{从 j 供应商流向 i 供应商的客户数}{j 供应商初期客户总数}, i,j=1,2,3$，

写出下月底市场占有率的预测式 $\boldsymbol{x}_1=\boldsymbol{Ax}_0$，并计算预测值 $\boldsymbol{x}_1$；

(3) 假设市场发展会达到一个稳定平衡的状态，即上一期市场占有率与下一期市场占有率不变，求出平衡状态下的市场占有率.

表 3.4.2　顾客增减情况表

供应商	初期客户数	新增客户数			失去客户数			末期客户数
		来自1	来自2	来自3	流向1	流向2	流向3	
1	500	—	80	30	—	10	20	580
2	250	10	—	20	80	—	60	140
3	250	20	60	—	30	20	—	280

7. 假设某地区有三个重要产业，一个煤矿、一个发电厂和一条地方铁路. 开采 1 元钱的煤，需消耗 0.25 元的电费及 0.35 元的运输费；生产 1 元钱的电，需消耗 0.40 元的煤费、0.05 元的电费及 0.10 元的运输费；而提供 1 元钱的铁路运输服务，需消耗 0.45 元的煤费、0.10 元的电费及 0.10 元的运输费. 在某一周内，除了这三个企业间的彼此需求，煤矿接到了 50000 元的订货，发电厂接到了 25000 元的电量供应要求，而铁路需要提供价值 30000 元的运输服务. 每个产业的投入产出如表 3.4.3 所示.

表 3.4.3　三个生产企业的投入产出表（单位：元）

投入	产出			
	消耗系数(单位产品的消耗)			最终产品
	煤矿	发电厂	铁路	
煤	0	0.40	0.45	50000
发电	0.25	0.05	0.10	25000
铁路运输	0.35	0.10	0.10	30000

试问这三个企业在这一周内各应生产多少产值才能满足自身及外界的需求？

第 4 章 矩阵的相似分类与可对角化

本书的前三章可以归纳为以初等变换为主线串联起矩阵、行列式、线性方程组三个研究对象. 根据本书引言的叙述, 代数类课程的基本目标是研究代数对象的分类或分解. 因此, 本书前三章的内容又可以看成是以矩阵的相抵分类为基础展开的. 在这一章中, 我们将引入比相抵更加细致的一种分类——矩阵的相似分类, 特别地关注矩阵的相似对角化, 这可以说是线性代数中最精华的部分, 当然其用途也是最为广泛和深入的.

本章的具体内容包括: 4.1 节以简化矩阵的幂运算为导向引入矩阵的相似分类, 以及相似对角化这种特殊情形. 4.2 节介绍矩阵的特征值、特征向量理论, 这是矩阵之所以能够成为强有力工具的基石; 我们将通过包括网络搜索引擎在内的马尔可夫过程来展示矩阵的力量. 4.3 节研究矩阵相似对角化的充要条件, 展示特征值和特征向量对矩阵理论本身的贡献. 4.4 节介绍构建数字化的直角坐标系的过程及其在图像识别领域的应用. 4.5 节以实对称矩阵为范例考察它的相似分类; 通过实矩阵的奇异值分解理论解决数字图片的压缩存储问题.

4.1 矩阵的相似分类

在数学应用和数学理论两个层面, 我们都面临着一个艰巨的任务: 如何快速且有效地计算矩阵的幂 $\boldsymbol{A}^n$. 细致分析起来, 完成这个任务的路上有两只拦路虎. 其一是矩阵 $\boldsymbol{A}$ 的阶数可能非常大, 例如以全世界所有网页的数量为阶数的网页链接矩阵; 其二是次数 n 可能非常大, 例如在马尔可夫过程中, 这个次数 n 是要趋于无穷大的. 当然, 更糟糕的情况是这两只拦路虎联合行动.

我们在 1.5 节已经考虑过用矩阵的分块来对付阶数非常大的问题, 这是一种关注于分解的技术. 现在是时候想办法用侧重于分类的技术来计算矩阵的幂 $\boldsymbol{A}^n$ 了.

4.1.1 斐波那契数列与矩阵的相似

从中学开始，当出现与任意自然数 n 有关的问题时，数列和数学归纳法似乎就再也没有离开过我们的视线. 所以，我们的故事就从著名的斐波那契(Fibonacci)数列开始吧. 相信读者对于斐波那契数列的广泛应用已经有所耳闻，2.3 节已经利用行列式计算过该数列的通项公式了. 在这里，我们更愿意为读者呈现它的全貌以及与它有关的传闻.

假设兔子在出生满一个月后就具有繁殖能力，而一对兔子每个月能生出一对小兔子，让我们理想地假设所有兔子都有永生的能力吧. 现在我们有一对小兔子，问 10 年后会拥有多少对兔子呢?

设第 n 个月我们拥有的兔子是 f_n 对. 显然 $f_0=1$，第 1 个月由于小兔子没有繁殖能力，所以还是一对，即 $f_1=1$. 第 2 个月，它们有了一对幼崽兔子，这时 $f_2=2$. 第 3 个月，最初的一对兔子又生下一对，而第 2 个月生的那一对小兔子还没有繁殖能力，所以一共是三对，即 $f_3=3$. 类似地，第 $n+2$ 个月我们拥有的成年兔子是第 $n+1$ 个月的兔子总数，即 f_{n+1} 对；同时第 $n+2$ 个月我们拥有的幼崽兔子是第 $n+1$ 个月的成年兔子对数，即第 n 个月的兔子总数 f_n 对. 因此第 $n+2$ 个月我们拥有的兔子总数为 $f_{n+2}=f_{n+1}+f_n$ 对. 换言之，我们得到数列

$$1,1,2,3,5,8,13,21,\cdots$$

它满足递推公式：

$$f_{n+2}=f_{n+1}+f_n, n=0,1,2,\cdots.$$

这就是斐波那契数列，该数列在自然世界中被大量发现，例如它经常在植物的叶、枝、花等的排列中出现. 1992 年，两位法国科学家通过对花瓣形成过程进行计算机仿真实验，证实了在系统保持最低能量消耗的状态下，花朵会以斐波那契数列长出花瓣. 图 4.1.1 所示为向日葵花[㊀]，这个向日葵花中心的花盘上有很多小花，这些花呈螺旋线排列. 从最外围的小花往中心看，螺旋排列的花串有两种排列形式，其中一种排列形式有 21 条螺旋线，另外一种排列形式有 34 条螺旋线. 而这两个数字恰好是斐波那契数列两个相邻的项 f_7 和 f_8.

为了理解花朵们的选择，我们需要知道斐波那契数列的通项公式，从而发现藏在这些数字背后的奥秘. 而求通项公式的重任

㊀ 图 4.1.1 来源于公有领域图片库(Dinkum / CC0).

图　4.1.1(见彩图)

就交给矩阵吧．令

$$\boldsymbol{\alpha}_n=\begin{pmatrix} f_{n+1}\\ f_n\end{pmatrix},n=0,1,2,\cdots,$$

则可以得到

$$\begin{pmatrix} f_{n+2}\\ f_{n+1}\end{pmatrix}=\begin{pmatrix} 1 & 1\\ 1 & 0\end{pmatrix}\begin{pmatrix} f_{n+1}\\ f_n\end{pmatrix},$$

将上式改写为 $\boldsymbol{\alpha}_{n+1}=\boldsymbol{A}\boldsymbol{\alpha}_n$，其中 $\boldsymbol{A}=\begin{pmatrix} 1 & 1\\ 1 & 0\end{pmatrix}$．那么 $\boldsymbol{\alpha}_n=\boldsymbol{A}^n\boldsymbol{\alpha}_0$．于是求斐波那契数列的通项公式这一问题就转化为计算 $\boldsymbol{A}^n$．我们计算 $\boldsymbol{A}^n$ 的思路来源于下述例 1 所展示的现象．

例 1　设 n 阶方阵 $\boldsymbol{A}$ 满足

$$\boldsymbol{P}^{-1}\boldsymbol{A}\boldsymbol{P}=\boldsymbol{D}=\begin{pmatrix} \lambda_1 & & & \\ & \lambda_2 & & \\ & & \ddots & \\ & & & \lambda_n\end{pmatrix},$$

求 $\boldsymbol{A}^k$(k 为正整数)．

解：由已知 $\boldsymbol{A}=\boldsymbol{P}\boldsymbol{D}\boldsymbol{P}^{-1}$，所以

$$\begin{aligned}\boldsymbol{A}^k&=(\boldsymbol{P}\boldsymbol{D}\boldsymbol{P}^{-1})(\boldsymbol{P}\boldsymbol{D}\boldsymbol{P}^{-1})\cdots(\boldsymbol{P}\boldsymbol{D}\boldsymbol{P}^{-1})=\boldsymbol{P}\boldsymbol{D}^k\boldsymbol{P}^{-1}\\&=\boldsymbol{P}\begin{pmatrix} \lambda_1^k & & & \\ & \lambda_2^k & & \\ & & \ddots & \\ & & & \lambda_n^k\end{pmatrix}\boldsymbol{P}^{-1}.\end{aligned}$$

因为对角矩阵的幂很容易计算，因此，针对与对角矩阵有例

1 中所描述的关系的矩阵，其幂的计算就可以转化成计算对角矩阵的幂，从而使得计算量极大地降低．基于例 1 提供的计算模板，我们引入：

定义 4.1.1　对于 n 阶方阵 $\boldsymbol{A}$，$\boldsymbol{B}$，如果存在可逆矩阵 $\boldsymbol{P}$ 使得

$$\boldsymbol{P}^{-1}\boldsymbol{A}\boldsymbol{P}=\boldsymbol{B},$$

则称 $\boldsymbol{A}$ 与 $\boldsymbol{B}$ 相似，记为 $\boldsymbol{A}\sim\boldsymbol{B}$．特别地，如果 $\boldsymbol{B}$ 是对角矩阵，则称 $\boldsymbol{A}$ 可对角化．

动动手：验证一下矩阵的相似是一个等价关系，即满足自反性、对称性和传递性．

从纯数学的角度来讲，我们接下来的任务就是研究方阵关于相似关系的分类，具体目标就是要找到一个像“秩”之于相抵关系那样的“标签”．特别地，需要研究一个方阵可对角化的条件．在追求这些理论目标的同时，我们会发现所有理论都是为最终走向应用而服务的．

4.1.2　相似关系的性质

从定义 4.1.1 中可以看出矩阵 $\boldsymbol{B}$ 的结构越简单，对我们计算 $\boldsymbol{A}$ 的幂越有利．那么(在考虑乘法的意义下)什么样的矩阵结构是最简单的呢？我想说数量矩阵最简单应该不会引起读者的反对吧．可惜的是……

例 2　与一个数量矩阵相似的矩阵只有它自身．

好吧，退而求其次，除数量矩阵外，最简单的矩阵当数对角矩阵了．在接下来的几节我们将全面思考矩阵可对角化这一情形．现在，让我们先看看矩阵相似关系的一般性质，特别是那些关于已经学过的重要概念的性质．

性质 4.1.2　相似的矩阵具有相同的行列式．

证明：设 $\boldsymbol{A}\sim\boldsymbol{B}$，则存在可逆矩阵 $\boldsymbol{P}$ 使得 $\boldsymbol{P}^{-1}\boldsymbol{A}\boldsymbol{P}=\boldsymbol{B}$．从而

$$\begin{aligned}|\boldsymbol{B}|&=|\boldsymbol{P}^{-1}\boldsymbol{A}\boldsymbol{P}|=|\boldsymbol{P}^{-1}|\cdot|\boldsymbol{A}|\cdot|\boldsymbol{P}|=|\boldsymbol{P}|^{-1}\cdot|\boldsymbol{A}|\cdot|\boldsymbol{P}|\\&=|\boldsymbol{A}|.\end{aligned}$$

□

性质 4.1.3　相似的矩阵具有相同的秩．

证明：根据定义，两个矩阵相似，那么它们一定相抵，从而

具有相同的秩. □

性质 4.1.3 告诉我们相似是比相抵更加细致的一种等价关系，也正因为如此，针对相似关系，要寻找一个像“秩”之于相抵关系那样的“标签”难度就大了许多.

性质 4.1.4 相似的矩阵具有相同的迹.

证明：设 $\boldsymbol{A}\sim\boldsymbol{B}$，则存在可逆矩阵 $\boldsymbol{P}$ 使得 $\boldsymbol{P}^{-1}\boldsymbol{A}\boldsymbol{P}=\boldsymbol{B}$. 从而

$$\operatorname{tr}(\boldsymbol{B})=\operatorname{tr}(\boldsymbol{P}^{-1}\boldsymbol{A}\boldsymbol{P})=\operatorname{tr}(\boldsymbol{P}^{-1}(\boldsymbol{A}\boldsymbol{P}))=\operatorname{tr}((\boldsymbol{A}\boldsymbol{P})\boldsymbol{P}^{-1})=\operatorname{tr}(\boldsymbol{A}). \quad \square$$

一个值得注意的事实是，存在两个矩阵，它们具有相同的行列式、秩、迹，但是它们不相似. 例如

$$\begin{pmatrix}1&0\\0&1\end{pmatrix} \text{和} \begin{pmatrix}1&1\\0&1\end{pmatrix}.$$

换言之，行列式、秩、迹“三家联手”也无法完成方阵的相似分类. 而相抵分类只需要秩这一家就足够了.

例 3 已知 $\boldsymbol{A}$ 相似于 $\boldsymbol{B}$，其中

$$\boldsymbol{A}=\begin{pmatrix}1&-1&1\\2&4&-2\\-3&-3&5\end{pmatrix},\boldsymbol{B}=\begin{pmatrix}2&0&0\\0&a&0\\0&0&b\end{pmatrix},$$

求 a，b 的值.

解： 根据性质 4.1.2 和性质 4.1.4，$|\boldsymbol{A}|=24=|\boldsymbol{B}|=2ab$，$\operatorname{tr}(\boldsymbol{A})=10=\operatorname{tr}(\boldsymbol{B})=2+a+b$，所以 $a=2$，$b=6$ 或 $a=6$，$b=2$.

例 4 斐波那契数列的通项公式

现在让我们回到计算斐波那契数列的通项公式. 令 $\lambda_1=\dfrac{1+\sqrt{5}}{2}$，$\lambda_2=\dfrac{1-\sqrt{5}}{2}$，假设

$$\boldsymbol{P}=\begin{pmatrix}\lambda_1&\lambda_2\\1&1\end{pmatrix},$$

动动手： 验算等式 $\boldsymbol{P}^{-1}\begin{pmatrix}1&1\\1&0\end{pmatrix}\boldsymbol{P}=\begin{pmatrix}\lambda_1&0\\0&\lambda_2\end{pmatrix}$.

从而

$$\begin{pmatrix}1&1\\1&0\end{pmatrix}^n=\boldsymbol{P}\begin{pmatrix}\lambda_1^n&0\\0&\lambda_2^n\end{pmatrix}\boldsymbol{P}^{-1}=\frac{1}{\sqrt{5}}\begin{pmatrix}\lambda_1^{n+1}&\lambda_2^{n+1}\\\lambda_1^n&\lambda_2^n\end{pmatrix}\begin{pmatrix}1&-\lambda_2\\-1&\lambda_1\end{pmatrix},$$

代入 $\boldsymbol{\alpha}_n=\boldsymbol{A}^n\boldsymbol{\alpha}_0$ 可得(注意到 $\lambda_1+\lambda_2=1$)

$$f_n=\frac{1}{\sqrt{5}}(\lambda_1^{n+1}-\lambda_2^{n+1})=\frac{1}{\sqrt{5}}\left[\left(\frac{1+\sqrt{5}}{2}\right)^{n+1}-\left(\frac{1-\sqrt{5}}{2}\right)^{n+1}\right].$$

这就是斐波那契数列的通项公式. 从上述暴力计算(计算领域的术语)过程中我们可以发现如何算出数值 λ_1, λ_2 以及矩阵 $\boldsymbol{P}$ 使得 $\boldsymbol{P}^{-1}\boldsymbol{AP}=\mathbf{diag}(\lambda_1,\lambda_2)$ 是关键. 要解决这一关键点，“且看下回分解”.

最后，我们让数学结论回到自然世界. 事实上，斐波那契数列相邻两项的比值满足关系

$$\lim_{n\to\infty}\frac{f_{n-1}}{f_n}=\frac{1}{\lambda_1}=\frac{\sqrt{5}-1}{2}\approx 0.618,$$

即满足所谓的黄金分割比例. 也许真理与美的协调就是自然界选择的结果.

习题 4-1

基础知识篇：

1. 设矩阵 $\boldsymbol{P}=\begin{pmatrix}1&3\\1&4\end{pmatrix}$, $\boldsymbol{D}=\begin{pmatrix}-1&0\\0&2\end{pmatrix}$, 满足 $\boldsymbol{AP}=\boldsymbol{PD}$, 求 $\boldsymbol{A}^{11}$.

2. 设矩阵 $\boldsymbol{P}=\begin{pmatrix}1&1&1\\1&0&-1\\1&-1&1\end{pmatrix}$, $\boldsymbol{D}=\begin{pmatrix}-1&&\\&1&\\&&5\end{pmatrix}$, 满足 $\boldsymbol{AP}=\boldsymbol{PD}$, 求 $\varphi(\boldsymbol{A})=\boldsymbol{A}^7(-2\boldsymbol{E}-\boldsymbol{A}+\boldsymbol{A}^2)$.

3. 设矩阵 $\boldsymbol{A}=\begin{pmatrix}1&-2&-4\\-2&a&-2\\-4&-2&1\end{pmatrix}$ 与 $\boldsymbol{D}=\begin{pmatrix}b&&\\&-4&\\&&5\end{pmatrix}$ 相似，求 a, b.

4. 设 $\boldsymbol{A}$, $\boldsymbol{B}$ 都是 n 阶矩阵，且 $\boldsymbol{A}$ 可逆，证明：$\boldsymbol{AB}$ 与 $\boldsymbol{BA}$ 相似.

应用提高篇：

5. 在任意确定的一天，一位学生要么健康，要么处在生病状态. 在所有今天健康的学生中，假设有 95%的学生明天仍然健康；在所有今天生病的学生中，假设有 55%的学生明天仍然生病.

(1) 求该情形下的转移矩阵(转移矩阵定义见 1.1 节的例 3)；

(2) 假设星期一有 15%的学生生病，那么星期二时，学生中可能生病的人数的百分比是多少呢? 然后，星期三呢?

6. 一个实验室的动物每天可以吃三种食物中的任一种. 实验记录表明，在一次测试中，如果这个动物选择了一种食物，则在下次测试中它选择同样食物的概率是 50%，下次测试中它选择其他两种食物的概率均为 25%. 求该情形下的转移矩阵.

4.2 特征值与特征向量

在上一节最后，我们将计算斐波那契数列通项公式的问题转化为如何算出数值 λ_1,λ_2 以及矩阵 $\boldsymbol{P}$ 使得 $\boldsymbol{P}^{-1}\boldsymbol{AP}=\mathbf{diag}(\lambda_1,\lambda_2)$. 换言之，给定一个方阵 $\boldsymbol{A}$，我们需要研究它是否可对角化，以及相应的具体计算方法. 当然，从理论上来讲更重要的目标是通过可对角化这个特例的研究帮助我们认识相似分类. 毕竟我们学过

的高级工具，如秩、行列式等，都无法完成方阵的相似分类这个重任，所以我们还需要从特例中积累经验.

4.2.1 方阵的特征值和特征向量

为了研究一个方阵是否可对角化以及对应的算法，我们逆向思维一下，先从期望的结论出发来寻找灵感. 针对上一节讨论斐波那契数列的通项公式时出现的方阵

$$\boldsymbol{A}=\begin{pmatrix}1 & 1\\ 1 & 0\end{pmatrix},$$

假设已经存在一个可逆方阵 $\boldsymbol{P}$ 和一个对角阵 $\boldsymbol{D}=\mathbf{diag}(\lambda_1,\lambda_2)$ 使得 $\boldsymbol{P}^{-1}\boldsymbol{A}\boldsymbol{P}=\boldsymbol{D}$，我们来看看 $\boldsymbol{P}$ 和 $\boldsymbol{D}$ 需要满足什么样的条件，再思考这些条件是不是足够使得 $\boldsymbol{A}$ 可对角化.

我们将 $\boldsymbol{P}^{-1}\boldsymbol{A}\boldsymbol{P}=\boldsymbol{D}$ 改写为

$$\boldsymbol{A}\boldsymbol{P}=\boldsymbol{P}\boldsymbol{D}.$$

然后对 $\boldsymbol{P}$ 按列分块，记作 $\boldsymbol{P}=(\boldsymbol{\rho}_1,\boldsymbol{\rho}_2)$. 那么

$$\boldsymbol{A}\boldsymbol{P}=(\boldsymbol{A}\boldsymbol{\rho}_1,\boldsymbol{A}\boldsymbol{\rho}_2)=(\boldsymbol{\rho}_1,\boldsymbol{\rho}_2)\begin{pmatrix}\lambda_1 & 0\\ 0 & \lambda_2\end{pmatrix}=(\lambda_1\boldsymbol{\rho}_1,\lambda_2\boldsymbol{\rho}_2),$$

即

$$\begin{cases}\boldsymbol{A}\boldsymbol{\rho}_1=\lambda_1\boldsymbol{\rho}_1,\\ \boldsymbol{A}\boldsymbol{\rho}_2=\lambda_2\boldsymbol{\rho}_2.\end{cases}$$

也就是说存在两个实数 λ_1，λ_2 和两个列向量 $\boldsymbol{\rho}_1$，$\boldsymbol{\rho}_2$，使得 $\boldsymbol{A}\boldsymbol{\rho}_i=\lambda_i\boldsymbol{\rho}_i(i=1,2)$ 成立. 又因为矩阵 $\boldsymbol{P}$ 可逆，所以它的列向量组 $\boldsymbol{\rho}_1$，$\boldsymbol{\rho}_2$ 必定线性无关(自然不能包含 $\mathbf{0}$ 向量).

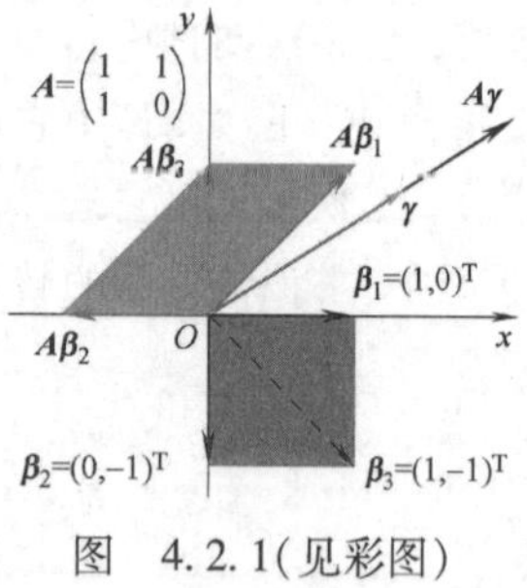

图 4.2.1(见彩图)

上述过程的几何意义如下：把矩阵 $\boldsymbol{A}$ 视作变换 φ_A：$\boldsymbol{\alpha}\mapsto\boldsymbol{A}\boldsymbol{\alpha}$，这时如果 $\boldsymbol{A}$ 可对角化，那么我们可以找到两个不共线的向量 $\boldsymbol{\rho}_1$，$\boldsymbol{\rho}_2$ 使得 $\boldsymbol{A}$ 在这两个向量上的作用相当于对它们做拉伸(允许反向拉伸，即 λ_1,λ_2 是负数)，正如图 4.2.1 中的向量 $\boldsymbol{\gamma}$.

针对上述逆向分析的内容，我们自然地引入：

定义 4.2.1 给定一个 n 阶方阵 $\boldsymbol{A}$，如果有一个实数 λ 和一个非零的 n 维列向量 $\boldsymbol{\alpha}$ 满足

$$\boldsymbol{A}\boldsymbol{\alpha}=\lambda\boldsymbol{\alpha},$$

那么称 λ 是 $\boldsymbol{A}$ 的一个**特征值**，$\boldsymbol{\alpha}$ 是 $\boldsymbol{A}$ 的属于特征值 λ 的一个**特征向量**.

接下来我们先解决特征值和特征向量的存在性与求解问题. 继续使用逆向思维，假设 λ 是 $\boldsymbol{A}$ 的一个特征值，$\boldsymbol{\alpha}$ 是属于特征值

λ 的一个特征向量，那么 $\boldsymbol{A\alpha}=\lambda\boldsymbol{\alpha}$，即

$$(\lambda\boldsymbol{E}-\boldsymbol{A})\boldsymbol{\alpha}=\boldsymbol{0}.$$

这说明 $\boldsymbol{\alpha}$ 是齐次线性方程组 $(\lambda\boldsymbol{E}-\boldsymbol{A})\boldsymbol{x}=\boldsymbol{0}$ 的一个非零解，此时自然有 $|\lambda\boldsymbol{E}-\boldsymbol{A}|=0$. 反过来，如果数字 λ 使得 $|\lambda\boldsymbol{E}-\boldsymbol{A}|=0$，则齐次线性方程组 $(\lambda\boldsymbol{E}-\boldsymbol{A})\boldsymbol{x}=\boldsymbol{0}$ 必有非零解，而且任何一个非零的解向量 $\boldsymbol{\beta}$ 都满足 $\boldsymbol{A\beta}=\lambda\boldsymbol{\beta}$，即 $\boldsymbol{\beta}$ 是属于 λ 的一个特征向量. 我们概括如下：

定理 4.2.2　给定一个 n 阶方阵 $\boldsymbol{A}$，实数 λ 是方阵 $\boldsymbol{A}$ 的特征值且 $\boldsymbol{\alpha}$ 是属于 λ 的一个特征向量的充要条件是 $|\lambda\boldsymbol{E}-\boldsymbol{A}|=0$，且 $\boldsymbol{\alpha}$ 是线性方程组 $(\lambda\boldsymbol{E}-\boldsymbol{A})\boldsymbol{x}=\boldsymbol{0}$ 的一个非零解.

现在我们来考虑特征值的计算方法，将实数 λ 视为待定系数，那么 λ 是方阵 $\boldsymbol{A}$ 的特征值当且仅当它满足 $|\lambda\boldsymbol{E}-\boldsymbol{A}|=0$.记方阵 $\boldsymbol{A}=(a_{ij})$，此时

$$|\lambda\boldsymbol{E}-\boldsymbol{A}|=\begin{vmatrix}\lambda-a_{11} & -a_{12} & \cdots & -a_{1n}\\ -a_{21} & \lambda-a_{22} & \cdots & -a_{2n}\\ \vdots & \vdots & & \vdots\\ -a_{n1} & -a_{n2} & \cdots & \lambda-a_{nn}\end{vmatrix},$$

根据定理 2.1.20 给出的行列式的展开表达式可知 $|\lambda\boldsymbol{E}-\boldsymbol{A}|$ 其实是一个关于 λ 的 n 次多项式，称为 $\boldsymbol{A}$ 的**特征多项式**. 我们很愿意在这里给出特征多项式 $|\lambda\boldsymbol{E}-\boldsymbol{A}|$ 更丰富的信息.

命题 4.2.3　设 $\boldsymbol{A}=(a_{ij})_{n\times n}$，则 $\boldsymbol{A}$ 的特征多项式具有形式

$$|\lambda\boldsymbol{E}-\boldsymbol{A}|=\lambda^n-\mathrm{tr}(\boldsymbol{A})\lambda^{n-1}+\cdots+(-1)^n|\boldsymbol{A}|.$$

证明：根据定理 2.1.20，可得

$$|\lambda\boldsymbol{E}-\boldsymbol{A}|=(\lambda-a_{11})(\lambda-a_{22})\cdots(\lambda-a_{nn})+h(\lambda),$$

其中 $h(\lambda)$ 是一个次数不超过 $n-2$ 的多项式. 因此 $|\lambda\boldsymbol{E}-\boldsymbol{A}|$ 的最高次项是 λ^n，而且 λ^{n-1} 的系数是 $-(a_{11}+a_{22}+\cdots+a_{nn})=-\mathrm{tr}(\boldsymbol{A})$. 最后，我们再来看看特征多项式的常数项. 令未知数 $\lambda=0$，可得该特征多项式的常数项为 $|0\boldsymbol{E}-\boldsymbol{A}|=(-1)^n|\boldsymbol{A}|$. □

我们将求解矩阵 $\boldsymbol{A}$ 的特征值和特征向量的方法总结如下：

第一步，计算方阵 $\boldsymbol{A}$ 的特征多项式 $|\lambda\boldsymbol{E}-\boldsymbol{A}|$.

第二步，计算特征多项式 $|\lambda\boldsymbol{E}-\boldsymbol{A}|$ 的根. 值得注意的是一个实系数的多项式不一定有实根，但是一定存在复数根(这是代数基本定理，它的证明超过了本书的设计目标，但是我们相信读者接受这个事实并不会很难). 因此，如果 $|\lambda\boldsymbol{E}-\boldsymbol{A}|$ 的根是复数就称为

复特征值.

第三步，对每个特征值 λ，解线性方程组 $(\lambda\boldsymbol{E}-\boldsymbol{A})\boldsymbol{x}=\boldsymbol{0}$，其解空间的任意非零向量都是属于特征值 λ 的特征向量.

动动手：计算矩阵 $\begin{pmatrix}1 & 1\\ 1 & 1\end{pmatrix}$ 和 $\begin{pmatrix}1 & -1\\ 1 & 1\end{pmatrix}$ 的特征值.

例 1　求 4.1 节与斐波那契数列有关的矩阵 $\boldsymbol{A}=\begin{pmatrix}1 & 1\\ 1 & 0\end{pmatrix}$ 的所有特征值和特征向量.

解： 利用命题 4.2.3，方阵 $\boldsymbol{A}$ 的特征多项式为

$$|\lambda\boldsymbol{E}-\boldsymbol{A}|=\lambda^2-\mathrm{tr}(\boldsymbol{A})\lambda+|\boldsymbol{A}|=\lambda^2-\lambda-1,$$

所以它的特征方程有两个根

$$\lambda_1=\frac{1+\sqrt{5}}{2},\ \lambda_2=\frac{1-\sqrt{5}}{2},$$

它们就是 $\boldsymbol{A}$ 的所有特征值.

对于特征值 $\lambda_1=\dfrac{1+\sqrt{5}}{2}$，

$$\lambda_1\boldsymbol{E}-\boldsymbol{A}=\begin{pmatrix}-\lambda_2 & -1\\ -1 & \lambda_1\end{pmatrix}\to\begin{pmatrix}-1 & \lambda_1\\ -\lambda_2 & -1\end{pmatrix}\to\begin{pmatrix}-1 & \lambda_1\\ 0 & 0\end{pmatrix},$$

所以线性方程组 $(\lambda_1\boldsymbol{E}-\boldsymbol{A})\boldsymbol{x}=\boldsymbol{0}$ 的一个基础解系是 $\boldsymbol{\alpha}=(\lambda_1,1)^{\mathrm{T}}$，因此 $\boldsymbol{A}$ 的属于 λ_1 的特征向量是

$$\{k\boldsymbol{\alpha}\mid k\in\mathbb{R}\text{ 且 }k\neq 0\}.$$

对于特征值 $\lambda_2=\dfrac{1-\sqrt{5}}{2}$，

$$\lambda_2\boldsymbol{E}-\boldsymbol{A}=\begin{pmatrix}-\lambda_1 & -1\\ -1 & \lambda_2\end{pmatrix}\to\begin{pmatrix}-1 & \lambda_2\\ -\lambda_1 & -1\end{pmatrix}\to\begin{pmatrix}-1 & \lambda_2\\ 0 & 0\end{pmatrix},$$

所以线性方程组 $(\lambda_2\boldsymbol{E}-\boldsymbol{A})\boldsymbol{x}=\boldsymbol{0}$ 的一个基础解系是 $\boldsymbol{\beta}=(\lambda_2,1)^{\mathrm{T}}$，因此 $\boldsymbol{A}$ 的属于 λ_2 的特征向量是

$$\{k\boldsymbol{\beta}\mid k\in\mathbb{R}\text{ 且 }k\neq 0\}.$$

根据例 1 的计算，我们得到

$$\boldsymbol{A}\begin{pmatrix}\lambda_1\\ 1\end{pmatrix}=\lambda_1\begin{pmatrix}\lambda_1\\ 1\end{pmatrix},\boldsymbol{A}\begin{pmatrix}\lambda_2\\ 1\end{pmatrix}=\lambda_2\begin{pmatrix}\lambda_2\\ 1\end{pmatrix},$$

即

$$\boldsymbol{A}\begin{pmatrix}\lambda_1 & \lambda_2\\ 1 & 1\end{pmatrix}=\begin{pmatrix}\lambda_1 & \lambda_2\\ 1 & 1\end{pmatrix}\begin{pmatrix}\lambda_1 & 0\\ 0 & \lambda_2\end{pmatrix}.$$

因此，令 $P=\begin{pmatrix}\lambda_1 & \lambda_2\\ 1 & 1\end{pmatrix}$，就得到了在 4.1 节中我们期望的结论

$$P^{-1}AP=\begin{pmatrix}\lambda_1 & 0\\ 0 & \lambda_2\end{pmatrix}.$$

上述方法提供了一种计算数列通项公式的办法. 假设数列 $\{D_n\}$ 的前两项是已知的，而且满足归纳公式(见 2.3 节的例 5)

$$D_n=(a+b)D_{n-1}-abD_{n-2}, a\neq b,$$

将归纳公式改写为

$$\begin{pmatrix}D_{n+2}\\ D_{n+1}\end{pmatrix}=\begin{pmatrix}a+b & -ab\\ 1 & 0\end{pmatrix}\begin{pmatrix}D_{n+1}\\ D_n\end{pmatrix}.$$

注意到矩阵 $A=\begin{pmatrix}a+b & -ab\\ 1 & 0\end{pmatrix}$ 的特征多项式为 $\lambda^2-(a+b)\lambda+ab$，有两个不同的根 a 和 b，因此矩阵 A 是可对角化的. 重复 4.1 节的相应过程就可以得到数列 $\{D_n\}$ 的通项公式. 显然，这种方法可以推广到数列的归纳公式涉及更多项的情形. 这就是**特征方程法**.

4.2.2　特征值和特征多项式的性质

我们先来看看新出现的这些高级工具对方阵的相似分类有什么贡献.

性质 4.2.4　相似的矩阵具有相同的特征多项式，从而有相同的特征值(包括重数相同)、相同的迹和相同的行列式.

证明：设 $A\sim B$，则存在可逆矩阵 P 使得 $P^{-1}AP=B$. 于是

$$|\lambda E-B|=|\lambda E-P^{-1}AP|=|P^{-1}(\lambda E-A)P|=|\lambda E-A|.$$

因此 A，B 有相同的特征值，再根据命题 4.2.3，它们有相同的迹和相同的行列式. □

注意到 $\begin{pmatrix}1 & 0\\ 0 & 1\end{pmatrix}$ 和 $\begin{pmatrix}1 & 1\\ 0 & 1\end{pmatrix}$ 有相同的特征多项式，但是它们不相似，因此特征多项式还是不足以完成方阵的相似分类. 另一方面，命题 4.2.3 揭示了矩阵的特征多项式与其迹和行列式的关系.

性质 4.2.5　假设 n 阶方阵 $A=(a_{ij})$ 的所有特征值是 λ_1，λ_2，$\cdots$，λ_n(特征多项式的重根重复计算). 那么以下等式成立：

$$\operatorname{tr}(A)=\lambda_1+\lambda_2+\cdots+\lambda_n, \det(A)=\lambda_1\lambda_2\cdots\lambda_n.$$

证明：由已知条件得

$$|\lambda E-A|=(\lambda-\lambda_1)(\lambda-\lambda_2)\cdots(\lambda-\lambda_n).$$

再根据命题 4.2.3 可得

$$|\lambda\boldsymbol{E}-\boldsymbol{A}|=\lambda^n-\mathrm{tr}(\boldsymbol{A})\lambda^{n-1}+\cdots+(-1)^n|\boldsymbol{A}|.$$

比较特征多项式的系数即可获得期望的等式. □

性质 4.2.6 如果 n 阶方阵具有 n 个特征值 $\lambda_1,\lambda_2,\cdots,\lambda_n$，那么 $\boldsymbol{A}$ 可逆当且仅当它的所有特征值都不等于零，而且此时 λ_1^{-1}, $\lambda_2^{-1},\cdots,\lambda_n^{-1}$ 恰好是 $\boldsymbol{A}^{-1}$的全部特征值.

证明：已知 $\boldsymbol{A\alpha}=\lambda_i\boldsymbol{\alpha}$，其中 $\boldsymbol{\alpha}\neq\boldsymbol{0}$，$i=1,2,\cdots,n$. 因为 $\boldsymbol{A}$ 可逆，对前式两边同时左乘 $\lambda_i^{-1}\boldsymbol{A}^{-1}$ 即得 $\boldsymbol{A}^{-1}\boldsymbol{\alpha}=\lambda_i^{-1}\boldsymbol{\alpha}$. 完整证明请参考命题 4.5.6. □

动动手：设三阶矩阵 $\boldsymbol{A}$ 的特征值分别为 $-1,-1,4$，求 $\mathrm{tr}(\boldsymbol{A}),\det(\boldsymbol{A})$.

例 2 设三阶矩阵 $\boldsymbol{A}$ 的特征值分别为 $-1,-1,4$，且 $\boldsymbol{B}=\boldsymbol{A}-\boldsymbol{A}^2$，求 $\mathrm{tr}(\boldsymbol{B}),\det(\boldsymbol{B})$.

解：设 λ 是方阵 $\boldsymbol{A}$ 的特征值，$\boldsymbol{\alpha}$ 是属于特征值 λ 的一个特征向量，即 $\boldsymbol{A\alpha}=\lambda\boldsymbol{\alpha}$. 因此

$$\boldsymbol{B\alpha}=(\boldsymbol{A}-\boldsymbol{A}^2)\boldsymbol{\alpha}=\lambda\boldsymbol{\alpha}-\lambda^2\boldsymbol{\alpha}=(\lambda-\lambda^2)\boldsymbol{\alpha}.$$

令 $f(x)=x-x^2$，根据命题 4.5.6 可知 $\boldsymbol{B}$ 的特征值恰好是 $f(\lambda)$，即方阵 $\boldsymbol{B}$ 的特征值分别为 -2，-2，-12，所以 $\mathrm{tr}(\boldsymbol{B})=-16$，$\det(\boldsymbol{B})=-48$.

4.2.3 马尔可夫过程

也许读者听说过矩阵的特征值和特征向量应用广泛，事实上，可以说正是因为特征值和特征向量才使得矩阵成为一个强大的工具. 我们先继续讨论 1.1 节的例 3，在那里我们把一个人口迁移的模型视作一个马尔可夫过程，假设 $\boldsymbol{\alpha}_n=\begin{pmatrix}x_n\\y_n\end{pmatrix}$，其中 x_n 和 y_n 分别表示第 n 年的城市人口比例和郊区人口比例，则 $\boldsymbol{\alpha}_{n+1}=\boldsymbol{A\alpha}_n$，其中

$$\boldsymbol{A}=\begin{pmatrix}0.94&0.02\\0.06&0.98\end{pmatrix},\boldsymbol{\alpha}_1=\begin{pmatrix}0.3\\0.7\end{pmatrix}.$$

因此，$\boldsymbol{\alpha}_{n+1}=\boldsymbol{A}^n\boldsymbol{\alpha}_1$.

易得 $\boldsymbol{A}$ 的特征多项式为 $\lambda^2-1.92\lambda+0.92=(\lambda-1)(\lambda-0.92)$. 所以 $\boldsymbol{A}$ 有两个特征值 $\lambda_1=1$，$\lambda_2=0.92$. 通过解线性方程组 $(\lambda_1\boldsymbol{E}-\boldsymbol{A})\boldsymbol{x}=\boldsymbol{0}$ 可得一个基础解系 $(1,3)^{\mathrm{T}}$，它是属于特征值 λ_1 的一个特征向量. 类似地得到属于特征值 λ_2 的一个特征向量 $(-1,1)^{\mathrm{T}}$. 因此有

$$A\begin{pmatrix}1 & -1\\ 3 & 1\end{pmatrix}=\begin{pmatrix}1 & -1\\ 3 & 1\end{pmatrix}\begin{pmatrix}1 & 0\\ 0 & 0.92\end{pmatrix},$$

更进一步，

$$A^n=\begin{pmatrix}1 & -1\\ 3 & 1\end{pmatrix}\begin{pmatrix}1 & 0\\ 0 & 0.92^n\end{pmatrix}\begin{pmatrix}1 & -1\\ 3 & 1\end{pmatrix}^{-1}.$$

所以，

$$\lim_{n\to\infty}\boldsymbol{\alpha}_{n+1}=\frac{1}{4}\begin{pmatrix}1 & -1\\ 3 & 1\end{pmatrix}\begin{pmatrix}1 & 0\\ 0 & 0\end{pmatrix}\begin{pmatrix}1 & 1\\ -3 & 1\end{pmatrix}\begin{pmatrix}0.3\\ 0.7\end{pmatrix}=\begin{pmatrix}0.25\\ 0.75\end{pmatrix}.$$

这就是我们在 1.1 节的例 3 中所说的稳态向量 $\boldsymbol{\alpha}$. 因为 $A\boldsymbol{\alpha}=\boldsymbol{\alpha}$，系统一旦达到这个状态之后就不再变化，从而处于稳定状态.

我们将上述内容做一般化处理，为此需要引入统计学中的一些概念.

定义 4.2.7　一个由试验构成的序列，如果每个实验以时间为参数且结果是随机的，则称该序列为一个**随机过程**. 一个随机过程的每个试验中的任何一个结果都称为一个**状态**. 如果在一个随机过程中任意一个试验的结果仅取决于其前一个试验的结果，那么该随机过程就称为一个**马尔可夫过程**. 时间和状态取值是离散的马尔可夫过程又被称为**马尔可夫链**.

如果读者是第一次接触上述概念，也许现在是一头雾水，让我们慢慢道来. 假设现在有一个马尔可夫链 $\mathcal{M}$，它对应的时间参数序列为 t_1，t_2，…，再假设它的所有状态形成的集合为 $Z=\{z_1, z_2,\cdots,z_n\}$. 如果在 t_i 时刻它的状态是 z_p，而在 t_{i+1}时刻的状态是 z_q 的概率与 i 无关，即与时间无关，那么我们就称 $\mathcal{M}$ 是**齐次的**，并且把这个概率记作 a_{qp}. 称 n 阶方阵 $A=(a_{qp})$为 $\mathcal{M}$ 的**转移(概率)矩阵**. 除非特别说明，本文后面所说的马尔可夫链都是齐次的. 对于一个马尔可夫链 $\mathcal{M}$，我们把它在 t 时刻处于状态 z_i 的概率 $p_i(t)$ 放在一起形成一个向量

$$\boldsymbol{\rho}(t)=\begin{pmatrix}p_1(t)\\ p_2(t)\\ \vdots\\ p_n(t)\end{pmatrix},$$

并称其为 $\mathcal{M}$ 在 t 时刻的状态向量，或者 $\mathcal{M}$ 在 t 时刻的**分布**. 注意，$\boldsymbol{\rho}(t)$的分量之和总是 1. 为简便起见，我们记 $\boldsymbol{\rho}(t_i)$为 $\boldsymbol{\rho}_i$，此时我们有 $\boldsymbol{\rho}_{i+1}=A\boldsymbol{\rho}_i$.

为帮助读者理解，我们现在用专业术语解释一下 1.1 节例 3

的人口迁移模型. 在这个马尔可夫过程当中，一次试验就是随机抽取这个大城市里面的一个人，然后观察他是城市人口还是郊区人口. 因此，所有状态的集合是 $Z=\{z_1,z_2\}$，其中 z_1 表示抽取的人是城市人口，z_2 表示抽取的人是郊区人口. 在任何时刻，抽取的结果是 z_1 的概率就是城市人口所占的比例，抽取的结果是 z_2 的概率就是郊区人口的比例，即 $\boldsymbol{\rho}_i=\boldsymbol{\alpha}_i$. 转移矩阵中的元 a_{11} 表示的是在任何时刻，一年以后的城市人口占当下城市人口的比例，恰好是 94%；a_{12} 表示的是在任何时刻，一年以后转移到城市的人口占当下郊区人口的比例，恰好是 2%；a_{21} 表示的是在任何时刻，一年以后转移到郊区的人口占当下城市人口的比例，恰好是 6%；最后，a_{22} 表示的是在任何时刻，一年以后的郊区人口占当下郊区人口的比例，恰好是 98%. 所以我们的转移矩阵就是

$$\boldsymbol{A}=\begin{pmatrix}0.94 & 0.02\\ 0.06 & 0.98\end{pmatrix}.$$

我们已经通过计算得出，当这个马尔可夫链的初始分布为

$$\boldsymbol{\rho}_1=\boldsymbol{\alpha}_1=\begin{pmatrix}0.3\\ 0.7\end{pmatrix}$$

时，存在着一个极限分布 $\lim\limits_{i\to\infty}\boldsymbol{\rho}_i=\begin{pmatrix}0.25\\ 0.75\end{pmatrix}$，这就是这个马尔可夫链的一个稳态分布. 显然，这个稳态分布(向量)是 $\boldsymbol{A}$ 的一个属于特征值 1 的特征向量.

动动手：在上述马尔可夫链中，如果初始分布是其他向量，例如 $\boldsymbol{\rho}_1=\begin{pmatrix}0.5\\ 0.5\end{pmatrix}$，那么极限分布是什么呢？

实际上，由于我们已知 $\lim\limits_{n\to\infty}\boldsymbol{A}^n=\dfrac{1}{4}\begin{pmatrix}1 & 1\\ 3 & 3\end{pmatrix}$，因此无论初始分布如何，该马尔可夫链的极限分布总是 $\begin{pmatrix}0.25\\ 0.75\end{pmatrix}$. 这种现象实际上隐藏着一个一般性的结论：

定理 4.2.8　如果一个马尔可夫链的转移矩阵中的每个元都是正数，那么这个转移矩阵有特征值 1. 而且给定任意的一个初始分布，它都存在唯一确定的极限分布，这个极限分布恰好是属于特征值 1 的且满足所有分量之和为 1 的唯一特征向量.

定理 4.2.8 帮助我们把研究马尔可夫链的稳态问题转化为计

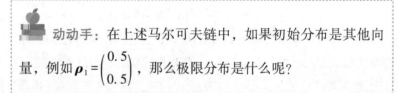

算转移矩阵的一个特殊的特征向量，这是具有重要意义的. 另一方面，根据转移矩阵的定义，由于 Z 是所有状态的集合，而从任意一个状态出发，一定会转移到 Z 中的某一个状态，所以马尔可夫链的转移矩阵中的任何一列上的所有元的和也恰好是 1.

动动手：假设一个方阵中任何一列上所有元的和都是 1，试证明 1 是它的一个特征值.

4.2.4 一种搜索引擎算法

前面介绍的关于马尔可夫链的定理 4.2.8 实际上是著名的佩隆-弗罗贝尼乌斯(Perron-Frobenius)定理的一个自然推论. 由于准确叙述佩隆-弗罗贝尼乌斯定理需要再介绍一些与本书其他内容无关的术语，所以下面我们仅介绍这个定理的一个弱化版本——佩隆定理.

定理 4.2.9(佩隆定理)　假设 n 阶方阵 $\boldsymbol{A}$ 的所有元都是正实数，记 r 为 $\boldsymbol{A}$ 的所有复特征值的最大模长. 那么我们有以下结论：

(1) $r>0$；

(2) r 是 $\boldsymbol{A}$ 的一个特征值而且它是 $\boldsymbol{A}$ 的特征多项式的一个单根；

(3) $\boldsymbol{A}$ 有一个属于特征值 r 的特征向量 $\boldsymbol{\alpha}$，并且 $\boldsymbol{\alpha}$ 的每个分量都是正数；

(4) $\boldsymbol{A}$ 的所有满足分量都非负的特征向量一定是 $\boldsymbol{\alpha}$ 的非负常数倍；

(5) $\boldsymbol{A}$ 的其他复特征值的模长都严格小于 r，

满足所有分量是正数且分量之和为 1 的唯一特征向量 $\boldsymbol{\rho}$ 称为 $\boldsymbol{A}$ 的**佩隆向量**.

细心的读者应该发现了封闭的里昂惕夫“生产—消费模型”正是因为佩隆定理保证了每种商品是可以合理定价的，详细内容见 3.4 节. 然而，佩隆-弗罗贝尼乌斯定理最引人注目的应用莫过于网络搜索引擎. 接下来，我们介绍一下在国际上引起极大轰动而且取得了非常好的实际商用效果的谷歌搜索引擎的原始核心算法.

假设我们打开了一个搜索引擎，输入一个关键词，搜索引擎服务器马上根据关键词找到了一些相关的网页. 这时候找到的网页数量通常是庞大的，那么问题来了，搜索引擎服务器应该如何决定哪一个网页的链接应该排在第一位，而哪一个网页的链接又该排在第100位呢？换言之，检索的结果要用什么顺序呈现给用户呢？显然，有效的搜索引擎应该把用户最有可能想要看到的网页放在最前面. 因此如何界定"用户最有可能想要看到的网页"就成了问题的关键. 在互联网搜索引擎服务出现的初期，谷歌搜索引擎提供了比其他搜索引擎更好的用户体验，使用它的人经常发现，谷歌搜索引擎几乎总能把用户最想看到的链接放在最前面. 坊间甚至流传一个玩笑："如何隐藏一桩凶案才不容易被发现？那么把它藏在谷歌搜索结果的第2页吧". 这个玩笑反映了谷歌搜索结果的相关性非常高，基本上用户需要寻找的网页链接都呈现在第1页了，绝大部分的用户都不需要翻到第2页. 而实现这一切的要害就是谷歌搜索引擎的原始核心算法 PageRank.

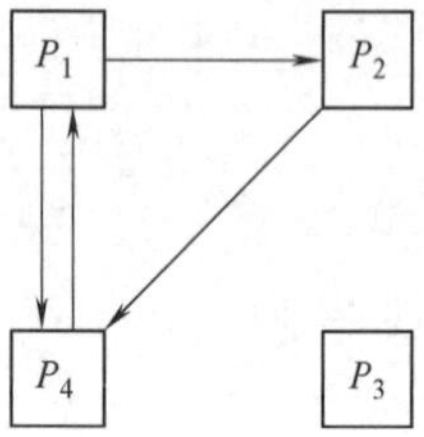

图 4.2.2

此图表示一个缩小版的模型：符合搜索条件的有四张网页，箭头表示超链接的方向.

PageRank 算法的基本想法是，假设现在有 n 个网页符合搜索条件，那么这个算法将赋予每个网页一个数值权重，我们下面把它称为**分数**，最后再根据分数从大到小的顺序把这些网页的链接呈现给用户. 在分数的赋予方法上，PageRank 和当时比较前沿的搜索引擎算法一样，根据网页之间的超链接来赋予这个分数. 我们递归地描述这个算法如下：

为了方便起见，我们硬性要求所有网页的分数之和恰好是1. 刚开始，将所有网页的地位看成是均等的，即每个网页的分数值 $s_0(P_i)=\dfrac{1}{n}$，其中 P_i 表示的是第 i 个网页. 假设有一个用户在随机地浏览网页，当他到达一个网页的时候，他随机地选取这个网页上的一个指向其他网页的超链接，然后单击这个超链接到达另外一个网页，如此操作假设被执行了充分长的时间. 那么我们就可以认为他停留在网页 P_i 上的时间占总时间的比例就是网页 P_i 的重要性，这是一个合理的度量，因为他停留的时间越长，就表示他回到这个网页的次数越多，也就意味着这个网页越重要. 同时，注意到如果一个链接出现在一个重要的网页上的话，那说明这个链接所对应的网页也比较重要. 因此，我们可以定义递归过程为

$$s_{k+1}(P_i)=\sum_{P_j\in B_i}\frac{s_k(P_j)}{|P_j|},$$

其中 $|P_j|$ 表示网页 P_j 包含的向外的链接数(指向同一个网页的链接只计算一次)，B_i 表示的是所有到 P_i 有链接的网页形成的集合. 如果我们记

$$\boldsymbol{\sigma}_k=\begin{pmatrix} s_k(P_1) \\ s_k(P_2) \\ \vdots \\ s_k(P_n) \end{pmatrix}, \boldsymbol{A}=(a_{ij})_{n\times n},$$

其中，如果网页 P_j 有指向 P_i 的链接，则 $a_{ij}=1/|P_j|$，否则 $a_{ij}=0$. 那么我们有 $\boldsymbol{\sigma}_{k+1}=\boldsymbol{A}\boldsymbol{\sigma}_k$.

当然，有一些网页根本没有指向外面的链接，所以我们需要对上述递归过程做一下修正，假设随机浏览的用户到达一个这样的网页时，他就在所有的 n 个网页里面随便选一个作为他的下一张要浏览的网页. 因此我们重新定义矩阵 $\boldsymbol{A}$ 满足

$$a_{ij}=\begin{cases} 1/|P_j|, & P \text{ 有指向 } P_i \text{ 的链接}, \\ 1/n, & \text{网页 } P_j \text{ 没有指向外面的链接}, \\ 0, & \text{其他}. \end{cases}$$

此时我们仍然有 $\boldsymbol{\sigma}_{k+1}=\boldsymbol{A}\boldsymbol{\sigma}_k$，而且 $\boldsymbol{A}$ 的显著特点是任一列向量的分量之和都是 1. 这实际上就形成了一个马尔可夫链. 但是矩阵 $\boldsymbol{A}$ 中可能有零元，所以这不能保证递归过程的收敛性，我们还需要更进一步地做出合理的调整.

假设我们的随机浏览用户并没有一直跟着超链接走，当他浏览到某个网页的时候，突然觉得累了或者这个网页很无趣，于是以一定的概率 p 重新开始，在 n 个网页中随便找一个网页进行浏览；也可以认为他是随便输入了一个相关网址进行浏览. 所以此时我们的递归过程调整为

$$\boldsymbol{\sigma}_{k+1}=[(1-p)\boldsymbol{A}+p\boldsymbol{\varepsilon}]\boldsymbol{\sigma}_k,$$

其中 $\boldsymbol{\varepsilon}$ 是矩阵元都是 $1/n$ 的 n 阶方阵，$0<p<1$. 此时，使用佩隆定理可以证明这个马尔可夫过程有一个唯一确定的极限分布，它对应于方阵 $(1-p)\boldsymbol{A}+p\boldsymbol{\varepsilon}$ 的佩隆向量. 在谷歌搜索引擎的实际计算当中，数据显示取 $p=0.15$ 时计算量相对较小而且可以获得比较好的结果.

习题 4-2

基础知识篇：

1. 求下列矩阵的特征值和特征向量：

(1) $\begin{pmatrix} 1 & -2 \\ -2 & 1 \end{pmatrix}$;　(2) $\begin{pmatrix} -1 & -4 & 1 \\ 1 & 3 & 0 \\ 0 & 0 & 1 \end{pmatrix}$;

(3) $\begin{pmatrix} 1 & 2 & 2 \\ 2 & 1 & 2 \\ 3 & 3 & 4 \end{pmatrix}$;　(4) $\begin{pmatrix} 0 & 0 & 0 & 1 \\ 0 & 0 & 1 & 0 \\ 0 & 1 & 0 & 0 \\ 1 & 0 & 0 & 0 \end{pmatrix}$.

2. 假设方阵$\boldsymbol{A}=\begin{pmatrix}a_{11} & a_{12}\\ a_{21} & a_{22}\end{pmatrix}$，且$\operatorname{tr}(\boldsymbol{A})=12$，$|\boldsymbol{A}|=35$，求方阵$\boldsymbol{A}$的两个特征值.

3. 已知三阶矩阵$\boldsymbol{A}$的特征值为1，2，3，求$\boldsymbol{A}^3-\boldsymbol{A}^2+2\boldsymbol{A}$的特征值.

4. 已知三阶矩阵$\boldsymbol{A}$的特征值为1，-1，2，求$|\boldsymbol{A}^*+3\boldsymbol{A}+\boldsymbol{E}|$.

5. 设$\boldsymbol{A}=\begin{pmatrix}1 & 4 & 2\\ 0 & -3 & 4\\ 0 & 4 & 3\end{pmatrix}$，求$\boldsymbol{A}^{100}$.

6. 设$\boldsymbol{A}=\begin{pmatrix}2 & 1 & 2\\ 1 & 2 & 2\\ 2 & 2 & 1\end{pmatrix}$，求$\varphi(\boldsymbol{A})=\boldsymbol{A}^{10}-2\boldsymbol{A}^9$.

7. 已知0是矩阵$\boldsymbol{A}=\begin{pmatrix}1 & 0 & 1\\ 0 & 3 & 0\\ 1 & 0 & a\end{pmatrix}$的一个特征值，求：

(1) a的值；(2) $\boldsymbol{A}$的其余特征值.

应用提高篇：

8. 已知$\boldsymbol{\alpha}=\begin{pmatrix}1\\ 1\\ -1\end{pmatrix}$是矩阵$\boldsymbol{A}=\begin{pmatrix}3 & -1 & 3\\ 5 & a & 3\\ -1 & b & -2\end{pmatrix}$的一个特征向量，求$a$，$b$.

9. 已知二阶矩阵$\boldsymbol{A}$满足$\boldsymbol{A}^2-\boldsymbol{A}-12\boldsymbol{E}=\boldsymbol{O}$，求$\boldsymbol{A}$的特征值.

10. 已知三阶矩阵$\boldsymbol{A}$有三个不同的特征值λ_1，λ_2，λ_3，其对应的特征向量为$\boldsymbol{\alpha}_1$，$\boldsymbol{\alpha}_2$，$\boldsymbol{\alpha}_3$，令$\boldsymbol{\beta}=\boldsymbol{\alpha}_1+\boldsymbol{\alpha}_2+\boldsymbol{\alpha}_3$，试证：$\boldsymbol{\beta}$，$\boldsymbol{A\beta}$，$\boldsymbol{A}^2\boldsymbol{\beta}$线性无关.

11. 在某地区，每年有比例为a的农村居民移居城镇，同时有比例为b的城镇居民移居农村. 假设该地区总人口数保持不变，且上述人口迁移的规律也不变. 并假设目前农村人口与城镇人口相等，那么待足够长时间之后，该地区农村人口与城镇人口的比重各是多少呢？

4.3 矩阵可对角化

在前一节，我们通过思考矩阵可对角化这一特殊情形引入了特征值和特征向量，这两个概念展示了强大的应用力量. 但令人遗憾的是特征值和特征向量还不足以解决方阵的相似分类问题. 因此，我们退而求其次，在本节先看看这两个概念对矩阵可对角化的贡献，积累一些处理相似分类的经验.

4.3.1 方阵可对角化的条件

设$\boldsymbol{A}$是一个n阶方阵，在4.2节我们通过逆向思维的方式事实上已经证明了：如果$\boldsymbol{A}$可对角化，那么$\boldsymbol{A}$存在n个线性无关的特征向量. 现在假设$\boldsymbol{A}$有n个线性无关的特征向量$\boldsymbol{\alpha}_1,\boldsymbol{\alpha}_2,\cdots,\boldsymbol{\alpha}_n$，那么根据定义$\boldsymbol{A}$存在$n$个特征值$\lambda_1,\lambda_2,\cdots,\lambda_n$(允许特征值重复出现)，使得

$$\boldsymbol{A\alpha}_1=\lambda_1\boldsymbol{\alpha}_1,\boldsymbol{A\alpha}_2=\lambda_2\boldsymbol{\alpha}_2,\cdots,\boldsymbol{A\alpha}_n=\lambda_n\boldsymbol{\alpha}_n.$$

令$\boldsymbol{P}=(\boldsymbol{\alpha}_1,\boldsymbol{\alpha}_2,\cdots,\boldsymbol{\alpha}_n)$，则$\boldsymbol{P}$的秩为$n$，因而$\boldsymbol{P}$是可逆矩阵. 另一方面，

$$\boldsymbol{A}(\boldsymbol{\alpha}_1,\boldsymbol{\alpha}_2,\cdots,\boldsymbol{\alpha}_n)=(\boldsymbol{\alpha}_1,\boldsymbol{\alpha}_2,\cdots,\boldsymbol{\alpha}_n)\mathbf{diag}(\lambda_1,\lambda_2,\cdots,\lambda_n),$$

即

$$\boldsymbol{P}^{-1}\boldsymbol{AP}=\mathbf{diag}(\lambda_1,\lambda_2,\cdots,\lambda_n).$$

所以矩阵 $\boldsymbol{A}$ 可对角化. 这样我们就证明了下述定理.

定理 4.3.1　设 $\boldsymbol{A}$ 是一个 n 阶方阵，则 $\boldsymbol{A}$ 可对角化的充分必要条件是 $\boldsymbol{A}$ 有 n 个线性无关的特征向量.

看来我们需要更多地关注特征向量了，不仅仅因为它们在马尔可夫链以及网页搜索引擎等方面的强大应用. 我们在 4.2 节学习了通过求解线性方程组 $(\lambda\boldsymbol{E}-\boldsymbol{A})\boldsymbol{x}=\boldsymbol{0}$ 来获得相应的特征向量，但是，根据定理 4.3.1 我们需要关注如何获得尽可能多的线性无关的特征向量，因为线性无关的特征向量的个数在某种意义上度量了矩阵 $\boldsymbol{A}$ 的可对角化程度.

针对一个特定的特征值 λ，我们取齐次线性方程组 $(\lambda\boldsymbol{E}-\boldsymbol{A})\boldsymbol{x}=\boldsymbol{0}$ 的一个基础解系就可以完成任务了. 因此，获得尽可能多的线性无关的特征向量的要害在于属于不同特征值的特征向量之间的关系. 而这次我们却是幸运的.

命题 4.3.2　设 λ_1,λ_2 是 n 阶方阵 $\boldsymbol{A}$ 的不同特征值，$\boldsymbol{\alpha}_1,\boldsymbol{\alpha}_2,\cdots,\boldsymbol{\alpha}_s$ 与 $\boldsymbol{\beta}_1,\boldsymbol{\beta}_2,\cdots,\boldsymbol{\beta}_r$ 分别是 $\boldsymbol{A}$ 的属于 λ_1,λ_2 的线性无关的特征向量，则向量组 $\boldsymbol{\alpha}_1,\boldsymbol{\alpha}_2,\cdots,\boldsymbol{\alpha}_s,\boldsymbol{\beta}_1,\boldsymbol{\beta}_2,\cdots,\boldsymbol{\beta}_r$ 线性无关.

证明：用待定系数法，假设

$$x_1\boldsymbol{\alpha}_1+x_2\boldsymbol{\alpha}_2+\cdots+x_s\boldsymbol{\alpha}_s+y_1\boldsymbol{\beta}_1+y_2\boldsymbol{\beta}_2+\cdots+y_r\boldsymbol{\beta}_r=\boldsymbol{0}, \tag{4-3-1}$$

其中 x_i，$y_j(i=1,2,\cdots,s,j=1,2,\cdots,r)$ 是待定的未知数. 在式(4-3-1)两边左乘矩阵 $\boldsymbol{A}$ 可得

$$x_1\lambda_1\boldsymbol{\alpha}_1+x_2\lambda_1\boldsymbol{\alpha}_2+\cdots+x_s\lambda_1\boldsymbol{\alpha}_s+y_1\lambda_2\boldsymbol{\beta}_1+y_2\lambda_2\boldsymbol{\beta}_2+\cdots+y_r\lambda_2\boldsymbol{\beta}_r=\boldsymbol{0}. \tag{4-3-2}$$

由于 $\lambda_1\neq\lambda_2$，因此它们不全为零，不妨假设 $\lambda_2\neq 0$. 在式(4-3-1)两边同乘 λ_2 可得

$$x_1\lambda_2\boldsymbol{\alpha}_1+x_2\lambda_2\boldsymbol{\alpha}_2+\cdots+x_s\lambda_2\boldsymbol{\alpha}_s+y_1\lambda_2\boldsymbol{\beta}_1+y_2\lambda_2\boldsymbol{\beta}_2+\cdots+y_r\lambda_2\boldsymbol{\beta}_r=\boldsymbol{0}. \tag{4-3-3}$$

联立式(4-3-2)和式(4-3-3)有

$$x_1(\lambda_1-\lambda_2)\boldsymbol{\alpha}_1+x_2(\lambda_1-\lambda_2)\boldsymbol{\alpha}_2+\cdots+x_s(\lambda_1-\lambda_2)\boldsymbol{\alpha}_s=\boldsymbol{0}.$$

再次使用条件 $\lambda_1\neq\lambda_2$，我们有 $x_1\boldsymbol{\alpha}_1+x_2\boldsymbol{\alpha}_2+\cdots+x_s\boldsymbol{\alpha}_s=\boldsymbol{0}$，于是 $x_1=x_2=\cdots=x_s=0$. 将此结论代入式(4-3-1)可得 $y_1=y_2=\cdots=y_r=0$，从而 $\boldsymbol{\alpha}_1,\boldsymbol{\alpha}_2,\cdots,\boldsymbol{\alpha}_s,\boldsymbol{\beta}_1,\boldsymbol{\beta}_2,\cdots,\boldsymbol{\beta}_r$ 线性无关. □

事实上，命题 4.3.2 可以加强为多个特征值的情形，从而获得一般性结论.

定理 4.3.3 设 $\lambda_1,\lambda_2,\cdots,\lambda_m(m\geqslant 2)$ 是 n 阶方阵 $\boldsymbol{A}$ 的两两不同的特征值. 假设 $\boldsymbol{\alpha}_{j1},\boldsymbol{\alpha}_{j2},\cdots,\boldsymbol{\alpha}_{jr_j}$ 是 $\boldsymbol{A}$ 的属于 λ_j 的线性无关的特征向量，$j=1,2,\cdots,m$. 那么向量组 $\boldsymbol{\alpha}_{11},\cdots,\boldsymbol{\alpha}_{1r_1},\boldsymbol{\alpha}_{21},\cdots,\boldsymbol{\alpha}_{2r_2},\cdots,\boldsymbol{\alpha}_{m1},\cdots,\boldsymbol{\alpha}_{mr_m}$ 是线性无关的.

证明：让我们再次温习一下数学归纳法. 当 $m=2$ 时，命题 4.3.2 保证了结论的正确性. 假设结论对 $\boldsymbol{A}$ 的两两不同的特征值的个数小于 m 时成立. 现在讨论 m 个不同特征值的情形. 假设

$$x_{11}\boldsymbol{\alpha}_{11}+\cdots+x_{1r_1}\boldsymbol{\alpha}_{1r_1}+\cdots+x_{m1}\boldsymbol{\alpha}_{m1}+\cdots+x_{mr_m}\boldsymbol{\alpha}_{mr_m}=\boldsymbol{0},$$

不妨假设 $\lambda_1\neq 0$，类似于命题 4.3.2 的证明过程，我们有

$$(\lambda_1-\lambda_2)(x_{21}\boldsymbol{\alpha}_{21}+\cdots+x_{2r_2}\boldsymbol{\alpha}_{2r_2})+\cdots+(\lambda_1-\lambda_m)(x_{m1}\boldsymbol{\alpha}_{m1}+\cdots+x_{mr_m}\boldsymbol{\alpha}_{mr_m})=\boldsymbol{0}.$$

根据归纳假设，$x_{21}=\cdots=x_{2r_2}=\cdots=x_{m1}=\cdots=x_{mr_m}=0$，从而结论对任意的 $m\geqslant 2$ 成立. □

动动手：请读者将定理 4.3.3 的证明补充完整.

推论 4.3.4 如果 n 阶矩阵 $\boldsymbol{A}$ 的 n 个特征值两两不同，则 $\boldsymbol{A}$ 可对角化.

定理 4.3.3 可以记忆为“对方阵而言，属于不同特征值的特征向量必定线性无关”，而该定理的重要性在于它提供了判断矩阵 $\boldsymbol{A}$ 是否可对角化的计算方法：

第一步，利用特征多项式 $|\lambda\boldsymbol{E}-\boldsymbol{A}|$ 计算全部特征值，记为 λ_1，λ_2，$\cdots$，λ_m.

第二步，对每个特征值 λ_j，计算 $(\lambda_j\boldsymbol{E}-\boldsymbol{A})\boldsymbol{x}=\boldsymbol{0}$ 的一个基础解系 $\boldsymbol{\alpha}_{j1}$，$\boldsymbol{\alpha}_{j2}$，$\cdots$，$\boldsymbol{\alpha}_{jr_j}$.

第三步，如果 $r_1+r_2+\cdots+r_m=n$，则我们有 n 个线性无关的特征向量，记

$$\boldsymbol{P}=(\boldsymbol{\alpha}_{11},\cdots,\boldsymbol{\alpha}_{1r_1},\boldsymbol{\alpha}_{21},\cdots,\boldsymbol{\alpha}_{2r_2},\cdots,\boldsymbol{\alpha}_{m1},\cdots,\boldsymbol{\alpha}_{mr_m}),$$

那么 $\boldsymbol{P}^{-1}\boldsymbol{AP}$ 是对角矩阵，而且对角元恰好是对应的特征值. 如果 $r_1+r_2+\cdots+r_m<n$，则矩阵 $\boldsymbol{A}$ 不存在 n 个线性无关的特征向量，从而不可对角化.

上述计算方法的第三步中，对 $r_1+r_2+\cdots+r_m<n$ 的情形存在逻辑缺陷，现在补充完整. 反设 $\boldsymbol{A}$ 可对角化，那么 $\boldsymbol{A}$ 有 n 个线性无关的特征向量 $\boldsymbol{\beta}_1,\boldsymbol{\beta}_2,\cdots,\boldsymbol{\beta}_n$. 对任意给定的 $\boldsymbol{\beta}_i$，它是属于某个特征值

λ_j 的特征向量，因此可由 $\boldsymbol{\alpha}_{j1},\boldsymbol{\alpha}_{j2},\cdots,\boldsymbol{\alpha}_{jr_j}$线性表出. 所以，向量组 $\boldsymbol{\beta}_1,\boldsymbol{\beta}_2,\cdots,\boldsymbol{\beta}_n$ 可以由矩阵 $\boldsymbol{P}$ 的列向量组线性表出. 如果 $r_1+r_2+\cdots+r_m<n$，那么根据“多被少表出，多必相关”(见引理 3.3.3)原理可知 $\boldsymbol{\beta}_1,\boldsymbol{\beta}_2,\cdots,\boldsymbol{\beta}_n$ 线性相关，矛盾.

对矩阵 $\boldsymbol{A}$ 的特征值 λ_j，称齐次线性方程组 $(\lambda_j\boldsymbol{E}-\boldsymbol{A})\boldsymbol{x}=\boldsymbol{0}$ 的解空间为属于特征值 λ_j 的**特征子空间**. 于是，将上述事实用空间化的观点写出来就是：

定理 4.3.5　设 $\boldsymbol{A}$ 是一个 n 阶方阵，则 $\boldsymbol{A}$ 可对角化的充分必要条件是 $\boldsymbol{A}$ 的属于不同特征值的特征子空间的维数之和等于 n.

例 1

设 $\boldsymbol{A}=\begin{pmatrix}2&-2&2\\-2&-1&4\\2&4&-1\end{pmatrix}$，求矩阵 $\boldsymbol{P}$ 使得 $\boldsymbol{P}^{-1}\boldsymbol{AP}$为对角矩阵.

解： 计算 $\boldsymbol{A}$ 的特征多项式

$$|\lambda\boldsymbol{E}-\boldsymbol{A}|=\begin{vmatrix}\lambda-2&2&-2\\2&\lambda+1&-4\\-2&-4&\lambda+1\end{vmatrix}=\begin{vmatrix}\lambda-2&2&-2\\2&\lambda+1&-4\\0&\lambda-3&\lambda-3\end{vmatrix}$$

$$=\begin{vmatrix}\lambda-2&4&-2\\2&\lambda+5&-4\\0&0&\lambda-3\end{vmatrix}=(\lambda-3)^2(\lambda+6).$$

所以 $\boldsymbol{A}$ 的全部特征值为 $\lambda_1=-6$，$\lambda_2=\lambda_3=3$.

对特征值 $\lambda_1=-6$，解齐次线性方程组 $(-6\boldsymbol{E}-\boldsymbol{A})\boldsymbol{x}=\boldsymbol{0}$，得

$$6\boldsymbol{E}+\boldsymbol{A}=\begin{pmatrix}8&-2&2\\-2&5&4\\2&4&5\end{pmatrix}\to\begin{pmatrix}2&4&5\\0&1&1\\0&0&0\end{pmatrix},$$

从而获得一个基础解系 $\boldsymbol{\alpha}_1=(1,2,-2)^{\mathrm{T}}$.

对特征值 $\lambda_2=\lambda_3=3$，解齐次线性方程组 $(3\boldsymbol{E}-\boldsymbol{A})\boldsymbol{x}=\boldsymbol{0}$，得

$$(3\boldsymbol{E}-\boldsymbol{A})=\begin{pmatrix}1&2&-2\\2&4&-4\\-2&-4&4\end{pmatrix}\to\begin{pmatrix}1&2&-2\\0&0&0\\0&0&0\end{pmatrix},$$

从而获得一个基础解系 $\boldsymbol{\alpha}_2=(-2,1,0)^{\mathrm{T}}$，$\boldsymbol{\alpha}_3=(2,0,1)^{\mathrm{T}}$.

令 $\boldsymbol{P}=(\boldsymbol{\alpha}_1,\boldsymbol{\alpha}_2,\boldsymbol{\alpha}_3)$，则 $\boldsymbol{P}^{-1}\boldsymbol{AP}=\mathbf{diag}(-6,3,3)$.

想一想： 设 $\boldsymbol{A}$ 是一个 n 阶方阵，若 $\boldsymbol{A}$ 可对角化，请问与 $\boldsymbol{A}$ 相似的对角矩阵是否唯一？

例 2

设 $A=\begin{pmatrix}0&0&1\\1&1&x\\1&0&0\end{pmatrix}$，问 x 为何值时，矩阵 A 可对角化？

解：首先通过特征多项式计算 A 的特征值，即

$$|\lambda E-A|=\begin{vmatrix}\lambda&0&-1\\-1&\lambda-1&-x\\-1&0&\lambda\end{vmatrix}=(\lambda-1)\begin{vmatrix}\lambda&-1\\-1&\lambda\end{vmatrix}=(\lambda-1)^2(\lambda+1).$$

所以 A 的全部特征值为 $\lambda_1=-1$，$\lambda_2=\lambda_3=1$.

对特征值 $\lambda_1=-1$，易得 $R(E+A)=2$，因此对应的特征子空间是一维的. 故矩阵 A 可对角化的充要条件是属于特征值 $\lambda_2=\lambda_3=1$ 的特征子空间是二维的，即 $(E-A)x=0$ 的一个基础解系由两个线性无关的向量组成，因此 $R(E-A)=1$. 注意到

$$E-A=\begin{pmatrix}1&0&-1\\-1&0&-x\\-1&0&1\end{pmatrix}\to\begin{pmatrix}1&0&-1\\0&0&x+1\\0&0&0\end{pmatrix},$$

因此 $R(E-A)=1$ 当且仅当 $x+1=0$. 所以，当 $x=-1$ 时，矩阵 A 可对角化.

4.3.2 矩阵可对角化在图像识别中的意义

中国创造：无人驾驶

人工智能相关技术中的图像识别技术相信读者一定不陌生，因为二维码就使用了这样的技术. 现在我们来介绍图像识别系统中一种分类海量图片的方法. 假设我们有 1 亿人的头像照片，每张照片是 100 万像素，那么如何让计算机又快又准地找到我们想要的照片呢？或者说如何尽可能地缩小我们需要查找的范围呢？

事实上，将每张头像照片看成一个列向量，它的 100 万像素按照一个固定的顺序记录为该列向量的分量，这样我们就获得了一个 100 万行、1 亿列的超大规模矩阵 A（称为**样本矩阵**）. 上述问题就转化为如何给这 1 亿个列向量排序，使得排序时使用的标准可以用来查找期望的照片. 当然，利用排序标准查找照片时还需要考虑效率问题，因为最笨的办法就是拿一个照片的列向量去依次比对矩阵 A 的 1 亿列.

让我们用一个小规模的样本矩阵做例子来介绍图像识别系统的工作原理. 假设我们有 4 张头像照片 $\boldsymbol{\alpha}_1$，$\boldsymbol{\alpha}_2$，$\boldsymbol{\alpha}_3$，$\boldsymbol{\alpha}_4$（称为**样本**），每个列向量的分量从上至下记录了眼睛、鼻子和嘴巴这三个**维度**的数据值（每个维度视为一个像素，取值介于 0 到 255 之间）. 譬如，

$$A=(\boldsymbol{\alpha}_1,\boldsymbol{\alpha}_2,\boldsymbol{\alpha}_3,\boldsymbol{\alpha}_4)=\begin{pmatrix}1&4&7&8\\2&2&8&4\\1&13&1&5\end{pmatrix}.$$

现在我们设置一个列向量，使得它的每个维度的数据都是所有照片的相应维度的平均值，这个列向量在统计学中被称为**样本均值**，记为 $\boldsymbol{\varepsilon}$. 然后将每个列向量(即照片)用该向量与样本均值的差来替换，获得**中心化处理后的样本矩阵 B**.

定义 4.3.6　假设样本矩阵 A 有 N 列，对其中心化处理后的样本矩阵为 B，定义相应的**样本协方差矩阵**为

$$S=\frac{1}{N-1}BB^{\mathrm{T}}.$$

就上述实例而言，

$$\boldsymbol{\varepsilon}=\frac{1}{4}(\boldsymbol{\alpha}_1+\boldsymbol{\alpha}_2+\boldsymbol{\alpha}_3+\boldsymbol{\alpha}_4)=(5,4,5)^{\mathrm{T}},$$

$$B=(\boldsymbol{\alpha}_1-\boldsymbol{\varepsilon},\boldsymbol{\alpha}_2-\boldsymbol{\varepsilon},\boldsymbol{\alpha}_3-\boldsymbol{\varepsilon},\boldsymbol{\alpha}_4-\boldsymbol{\varepsilon})=\begin{pmatrix}-4&-1&2&3\\-2&-2&4&0\\-4&8&-4&0\end{pmatrix},$$

$$S=\frac{1}{3}\begin{pmatrix}-4&-1&2&3\\-2&-2&4&0\\-4&8&-4&0\end{pmatrix}\begin{pmatrix}-4&-2&-4\\-1&-2&8\\2&4&-4\\3&0&0\end{pmatrix}=\frac{1}{3}\begin{pmatrix}30&18&0\\18&24&-24\\0&-24&96\end{pmatrix}$$

$$=\begin{pmatrix}10&6&0\\6&8&-8\\0&-8&32\end{pmatrix}.$$

对多维数据的处理过程使用的实际上是主成分分析(Principal Component Analysis，PCA)方法，相关的具体内容以及理论依据我们将在本章的后续两节为读者介绍，这里侧重解释该方法的目标和矩阵可对角化的工程意义. 为了方便解释样本协方差矩阵的意义，让我们忽略技术性的常数 $1/(N-1)$，而且注意到样本协方差矩阵是对称的. 记样本协方差矩阵 $S=(s_{ij})$，那么矩阵的元 $s_{ij}(i\leqslant j)$ 实际上是第 i 个维度对应的行向量与第 j 个维度对应的行向量的**内积**，这里所说的行向量是中心化处理后的行向量. 因此，$s_{ij}(i<j)$ 本质上度量了第 i 个维度与第 j 个维度的线性相关性程度，而 s_{ii} 就是第 i 个维度的**方差**，它度量了第 i 个维度的取值的离散程度. 某个维度的方差越大，说明该维度所含的信息量越大，越能依靠该维度对样本进行准确分类.

例如，在上述实例中，$s_{33}=32$ 在样本协方差矩阵的对角元中最大，表明嘴巴这个维度在 4 张头像照片 $\boldsymbol{\alpha}_1,\boldsymbol{\alpha}_2,\boldsymbol{\alpha}_3,\boldsymbol{\alpha}_4$ 中取值是最分散的，用嘴巴这个维度来分类具有优先级. 由 $s_{13}=s_{31}=0$ 可得眼睛和嘴巴这两个维度对应的行向量是线性无关的，因此眼睛在分类中的作用不能被嘴巴替代，反之亦然. 这种情形被统计学家称为两个维度的线性相关性为 0，此时两个维度都将被保留下来参与分类工作. 如果两个维度对应的行向量是线性相关的，那么其中的一个维度可以被另外一个维度替换，因此可以删除一个行向量. 类似地，我们可以说明，只需要选择经过中心化处理后的、样本矩阵的行向量组的一个极大线性无关组对应的维度，就可以完成分类任务了，从而提高效率.

根据上述说明，我们筛选并保留重要的维度来完成分类任务时需要遵循两个原则：①选出方差最大的 n 个维度；②保证不同维度之间的线性相关性为 0. 这个筛选过程称为**特征提取**或**降维**. 因此特征提取之后，最理想的协方差矩阵是

$$\boldsymbol{D}=\begin{pmatrix}\lambda_1 & 0 & \cdots & 0\\ 0 & \lambda_2 & \cdots & 0\\ \vdots & \vdots & & \vdots\\ 0 & 0 & \cdots & \lambda_n\end{pmatrix},$$

其中特征值按照从大到小的顺序排列，即 $\lambda_1\geqslant\lambda_2\geqslant\cdots\geqslant\lambda_n$.

根据我们约定的筛选原则，如何快速实现特征提取或降维呢？请看下回分解.

习题 4-3

基础知识篇：

1. 记 $\boldsymbol{A}$ 为下列矩阵，问其是否可对角化？如果可对角化，求矩阵 $\boldsymbol{P}$ 使得 $\boldsymbol{P}^{-1}\boldsymbol{AP}$ 为对角矩阵.

(1) $\begin{pmatrix}-2 & 1 & 1\\ 0 & 2 & 0\\ -4 & 1 & 3\end{pmatrix}$；　(2) $\begin{pmatrix}2 & 0 & 1\\ 3 & 1 & 3\\ 4 & 0 & 5\end{pmatrix}$；

(3) $\begin{pmatrix}1 & -1 & 1\\ 2 & 4 & -2\\ -3 & -3 & 5\end{pmatrix}$；　(4) $\begin{pmatrix}0 & 1 & 1\\ 0 & 1 & 0\\ 1 & -1 & 0\end{pmatrix}$；

(5) $\begin{pmatrix}1 & 3 & 3\\ -3 & -5 & -3\\ 3 & 3 & 1\end{pmatrix}$；　(6) $\begin{pmatrix}5 & -3 & 1\\ 0 & 0 & 4\\ 0 & 0 & -2\end{pmatrix}$.

2. 设矩阵 $\boldsymbol{A}=\begin{pmatrix}2 & 0 & 1\\ 1 & x & 0\\ 0 & 0 & 1\end{pmatrix}$ 可对角化，求 x.

3. 设 $\boldsymbol{\alpha}_1=\begin{pmatrix}3\\1\end{pmatrix}$，$\boldsymbol{\alpha}_2=\begin{pmatrix}2\\1\end{pmatrix}$ 是矩阵 $\boldsymbol{A}=\begin{pmatrix}-3 & 12\\ -2 & 7\end{pmatrix}$ 的特征向量，试将 $\boldsymbol{A}$ 对角化.

4. 设矩阵 $\boldsymbol{A}=\begin{pmatrix}-2 & 1 & a\\ 0 & 3 & 0\\ -4 & 1 & 3\end{pmatrix}$ 相似于对角矩阵 $\boldsymbol{D}=\begin{pmatrix}-1 & & \\ & 2 & \\ & & b\end{pmatrix}$，求：

(1) a, b 的值；

(2) 可逆矩阵 $\boldsymbol{P}$，使得 $\boldsymbol{P}^{-1}\boldsymbol{AP}=\boldsymbol{D}$ 成立.

5. 证明：若可逆矩阵 $\boldsymbol{A}$ 可对角化，则 $\boldsymbol{A}^{-1}$ 也可对角化.

应用提高篇：

6. 已知 $\boldsymbol{\eta}=\begin{pmatrix}1\\2\\-1\end{pmatrix}$ 是矩阵 $\boldsymbol{A}=\begin{pmatrix}-1&1&0\\-4&3&a\\1&0&b\end{pmatrix}$ 的一个特征向量.

(1) 求参数 a, b；

(2) 特征向量 $\boldsymbol{\eta}$ 所对应的特征值；

(3) $\boldsymbol{A}$ 是否可对角化呢？并说明理由.

7. 设 $\boldsymbol{A}$ 为二阶矩阵，$\boldsymbol{P}=(\boldsymbol{\alpha},\boldsymbol{A\alpha})$，其中非零向量 $\boldsymbol{\alpha}$ 不是 $\boldsymbol{A}$ 的特征向量.

(1) 证明：$\boldsymbol{P}$ 为可逆矩阵；

(2) 若 $\boldsymbol{A}^2\boldsymbol{\alpha}+\boldsymbol{A\alpha}-6\boldsymbol{\alpha}=\boldsymbol{0}$，求 $\boldsymbol{P}^{-1}\boldsymbol{AP}$，并判断 $\boldsymbol{A}$ 是否相似于对角矩阵.

8. 已知样本矩阵 $\boldsymbol{A}$ 为

$$\boldsymbol{A}=\begin{pmatrix}19&22&6&3&2&20\\12&6&9&15&13&5\end{pmatrix},$$

求与 $\boldsymbol{A}$ 相应的样本协方差矩阵.

4.4 施密特正交化方法

在第 3 章中，我们通过建立数字化的坐标系统成功地为线性方程组提供了一个空间化的表演平台，读者可能还在纳闷，为什么我们频繁使用的直角坐标系不实现数字化呢？我们这一节就来看看直角坐标系是如何实现数字化的，为实对称矩阵的对角化做一些准备工作，并突出其在数据计算和人工智能领域的应用.

4.4.1 内积

从建立数字化的直角坐标系这个目标来看，我们首先需要了解角度（或者更特殊的垂直）这个概念. 关于角度的几何体系在欧几里得（Euclid）的《几何原本》中已经被系统探讨了，这是人类文明史中具有里程碑意义的一部著作. 事实上，我们中小学阶段学习的全部几何知识就是按照《几何原本》设定的体系来展开的.

现在让我们回顾一下角度在“数形结合”这一思想中的表现形式. 给定平面的两个向量 $\boldsymbol{\alpha}=(a,b)$，$\boldsymbol{\beta}=(x,y)$，我们已经知道 $\boldsymbol{\alpha}$ 和 $\boldsymbol{\beta}$ 的内积为 $\langle\boldsymbol{\alpha},\boldsymbol{\beta}\rangle=ax+by$. 另一方面，

$$\langle\boldsymbol{\alpha},\boldsymbol{\beta}\rangle=\|\boldsymbol{\alpha}\|\cdot\|\boldsymbol{\beta}\|\cos\theta,$$

其中 $\|\cdot\|$ 表示向量的模长函数，θ 是向量 $\boldsymbol{\alpha}$ 和 $\boldsymbol{\beta}$ 的夹角. 上述关于内积的两个等式，一个只涉及数字的运算，而另一个则是有几何意义的，这为我们提供了在 n 维向量空间中推广的模板.

根据实际需要，我们这里只考虑**实数**上的 n 维向量空间 $\mathbb{R}^n$.

定义 4.4.1　在 $\mathbb{R}^n$ 中，对任意给定的向量 $\boldsymbol{\alpha}=(a_1,a_2,\cdots,a_n)^{\mathrm{T}}$ 和 $\boldsymbol{\beta}=(b_1,b_2,\cdots,b_n)^{\mathrm{T}}$，规定

$$\langle\boldsymbol{\alpha},\boldsymbol{\beta}\rangle=a_1b_1+a_2b_2+\cdots+a_nb_n,$$

这个二元实值函数 $\langle\boldsymbol{\alpha},\boldsymbol{\beta}\rangle$ 称为向量 $\boldsymbol{\alpha}$ 与 $\boldsymbol{\beta}$ 的**内积**.

容易直接验证 $\mathbb{R}^n$ 中定义的内积具有下述基本性质：（其中 $\boldsymbol{\alpha}$, $\boldsymbol{\beta},\boldsymbol{\gamma}$ 为 n 维实向量，k 为任意实数）：

（1）**正定性**：$\langle\boldsymbol{\alpha},\boldsymbol{\alpha}\rangle\geqslant 0$，而且等号成立当且仅当 $\boldsymbol{\alpha}=\mathbf{0}$；

（2）**对称性**：$\langle\boldsymbol{\alpha},\boldsymbol{\beta}\rangle=\langle\boldsymbol{\beta},\boldsymbol{\alpha}\rangle$；

（3）**线性**：$\langle\boldsymbol{\alpha}+\boldsymbol{\beta},\boldsymbol{\gamma}\rangle=\langle\boldsymbol{\alpha},\boldsymbol{\gamma}\rangle+\langle\boldsymbol{\beta},\boldsymbol{\gamma}\rangle$，$\langle k\boldsymbol{\alpha},\boldsymbol{\beta}\rangle=k\langle\boldsymbol{\alpha},\boldsymbol{\beta}\rangle$.

因为对称性，内积的线性性质也被称为双线性.

现在我们开始研究内积带来的几何结构.

定义 4.4.2　对任意的 $\boldsymbol{\alpha}=(a_1,a_2,\cdots,a_n)^{\mathrm{T}}\in\mathbb{R}^n$，向量 $\boldsymbol{\alpha}$ 的**长度** $\|\boldsymbol{\alpha}\|$规定为

$$\|\boldsymbol{\alpha}\|=\sqrt{\langle\boldsymbol{\alpha},\boldsymbol{\alpha}\rangle}=\sqrt{a_1^2+a_2^2+\cdots+a_n^2}.$$

当 $\|\boldsymbol{\alpha}\|=1$ 时，称 $\boldsymbol{\alpha}$ 为**单位向量**.

显然，内积的正定性保证了向量长度是合理定义的，而且只有零向量的长度为 0. 下面介绍的不等式使内积成为几何学的基本概念之一.

定理 4.4.3　（柯西-施瓦茨（Cauchy-Schwarz）不等式）对任意的 $\boldsymbol{\alpha}$，$\boldsymbol{\beta}\in\mathbb{R}^n$，我们有

$$\langle\boldsymbol{\alpha},\boldsymbol{\beta}\rangle^2\leqslant\langle\boldsymbol{\alpha},\boldsymbol{\alpha}\rangle\cdot\langle\boldsymbol{\beta},\boldsymbol{\beta}\rangle,$$

而且等号成立当且仅当 $\boldsymbol{\alpha}$ 和 $\boldsymbol{\beta}$ 线性相关.

证明：不妨假设 $\boldsymbol{\alpha}\neq\mathbf{0}$，计算向量 $\boldsymbol{\beta}-x\boldsymbol{\alpha}$ 的长度，则有

$$0\leqslant\langle\boldsymbol{\beta}-x\boldsymbol{\alpha},\boldsymbol{\beta}-x\boldsymbol{\alpha}\rangle=\langle\boldsymbol{\alpha},\boldsymbol{\alpha}\rangle x^2-2\langle\boldsymbol{\alpha},\boldsymbol{\beta}\rangle x+\langle\boldsymbol{\beta},\boldsymbol{\beta}\rangle.$$

将上式右端视为关于 x 的二次多项式，那么它的判别式一定小于或等于零，因此 $\langle\boldsymbol{\alpha},\boldsymbol{\beta}\rangle^2\leqslant\langle\boldsymbol{\alpha},\boldsymbol{\alpha}\rangle\cdot\langle\boldsymbol{\beta},\boldsymbol{\beta}\rangle$. 同时易得，$\langle\boldsymbol{\alpha},\boldsymbol{\beta}\rangle^2=\langle\boldsymbol{\alpha},\boldsymbol{\alpha}\rangle\cdot\langle\boldsymbol{\beta},\boldsymbol{\beta}\rangle$ 当且仅当 $\boldsymbol{\alpha}=\mathbf{0}$ 或者 $\boldsymbol{\beta}-x\boldsymbol{\alpha}=\mathbf{0}$，即等号成立当且仅当 $\boldsymbol{\alpha}$ 和 $\boldsymbol{\beta}$ 线性相关. □

根据柯西-施瓦茨不等式，当 $\boldsymbol{\alpha}$ 和 $\boldsymbol{\beta}$ 都是非零向量时，

$$-1\leqslant\frac{\langle\boldsymbol{\alpha},\boldsymbol{\beta}\rangle}{\|\boldsymbol{\alpha}\|\cdot\|\boldsymbol{\beta}\|}\leqslant 1,$$

这就为我们定义两个向量的夹角提供了保障.

定义 4.4.4　对任意给定的非零向量 $\boldsymbol{\alpha}$ 和 $\boldsymbol{\beta}$，定义它们的夹角为

$$\theta=\arccos\frac{\langle\boldsymbol{\alpha},\boldsymbol{\beta}\rangle}{\|\boldsymbol{\alpha}\|\cdot\|\boldsymbol{\beta}\|}.$$

当 $\langle\boldsymbol{\alpha},\boldsymbol{\beta}\rangle=0$ 时，称向量 $\boldsymbol{\alpha}$ 与 $\boldsymbol{\beta}$ **正交**(**或垂直**).

我们通过一个例题来说明内积的重要性.

例 1　试证明勾股定理：设向量 $\boldsymbol{\alpha}$ 和 $\boldsymbol{\beta}$ 正交，则 $\|\boldsymbol{\alpha}+\boldsymbol{\beta}\|^2=\|\boldsymbol{\alpha}\|^2+\|\boldsymbol{\beta}\|^2$.

证明：$\|\boldsymbol{\alpha}+\boldsymbol{\beta}\|^2=\langle\boldsymbol{\alpha}+\boldsymbol{\beta},\boldsymbol{\alpha}+\boldsymbol{\beta}\rangle=\langle\boldsymbol{\alpha},\boldsymbol{\alpha}\rangle+\langle\boldsymbol{\beta},\boldsymbol{\beta}\rangle=\|\boldsymbol{\alpha}\|^2+\|\boldsymbol{\beta}\|^2$.　□

动动手：试证明三角不等式 $\|\boldsymbol{\alpha}+\boldsymbol{\beta}\|\leqslant\|\boldsymbol{\alpha}\|+\|\boldsymbol{\beta}\|$.

例 2

在 $\mathbb{R}^3$ 中求一个单位向量 $\boldsymbol{\alpha}_3$，使之与向量 $\boldsymbol{\alpha}_1=\begin{pmatrix}1\\1\\1\end{pmatrix}$，$\boldsymbol{\alpha}_2=\begin{pmatrix}1\\-2\\1\end{pmatrix}$ 都正交.

解：假设非零向量 $(x_1,x_2,x_3)^{\mathrm{T}}$ 与 $\boldsymbol{\alpha}_1,\boldsymbol{\alpha}_2$ 正交，则有

$$\begin{cases}x_1+\ x_2+x_3=0,\\x_1-2x_2+x_3=0.\end{cases}$$

对系数矩阵做初等行变换，得

$$\begin{pmatrix}1&1&1\\1&-2&1\end{pmatrix}\to\begin{pmatrix}1&1&1\\0&-3&0\end{pmatrix}\to\begin{pmatrix}1&0&1\\0&1&0\end{pmatrix},$$

因此

$$\begin{cases}x_1=-x_3,\\x_2=0.\end{cases}$$

取一个基础解系 $\begin{pmatrix}-1\\0\\1\end{pmatrix}$，则

$$\boldsymbol{\alpha}_3=\frac{1}{\sqrt{2}}\begin{pmatrix}-1\\0\\1\end{pmatrix}$$

即为所求向量.

4.4.2　施密特(Schmidt)正交化

因为有了角度的数字化定义，所以直角坐标系数字化的目标

可以叙述为：在 $\mathbb{R}^n$ 的某个子空间中确定一个基，使得这个基中的任意两个向量都是正交的.

定义 4.4.5　设 V 是 $\mathbb{R}^n$ 的一个子空间，V 中的向量组 $\boldsymbol{\alpha}_1$，$\boldsymbol{\alpha}_2$，…，$\boldsymbol{\alpha}_m$ 如果满足两两正交，那么称 $\boldsymbol{\alpha}_1$，$\boldsymbol{\alpha}_2$，…，$\boldsymbol{\alpha}_m$ 是一个**正交向量组**. 若更进一步满足 $\|\boldsymbol{\alpha}_i\|=1(i=1,2,\cdots,m)$，则称其为一个**标准正交向量组**. 由标准正交向量组构成的基称为**标准正交基**.

显然，标准单位列向量组 $\boldsymbol{\varepsilon}_1$，$\boldsymbol{\varepsilon}_2$，…，$\boldsymbol{\varepsilon}_n$ 构成 $\mathbb{R}^n$ 的一个标准正交基. 下述命题告诉我们向量组的正交性是比线性无关性更强的一种状态.

命题 4.4.6　不含零向量的正交向量组必定线性无关.

证明：设向量组 $\boldsymbol{\alpha}_1,\boldsymbol{\alpha}_2,\cdots,\boldsymbol{\alpha}_r$ 是一个正交向量组，若有一组数 $c_1,c_2,\cdots,c_r$ 使得

$$c_1\boldsymbol{\alpha}_1+c_2\boldsymbol{\alpha}_2+\cdots+c_r\boldsymbol{\alpha}_r=\mathbf{0},$$

则对任意的 $i(i=1,2,\cdots,m)$ 有

$$\langle c_1\boldsymbol{\alpha}_1+c_2\boldsymbol{\alpha}_2+\cdots+c_r\boldsymbol{\alpha}_r,\boldsymbol{\alpha}_i\rangle=0.$$

又因为 $\boldsymbol{\alpha}_1$，$\boldsymbol{\alpha}_2$，…，$\boldsymbol{\alpha}_r$ 两两正交，所以 $c_i\langle\boldsymbol{\alpha}_i,\boldsymbol{\alpha}_i\rangle=0$，故 $c_i=0$，即命题成立. □

结合我们已经完成的数字化坐标系的建立过程，一个自然的思路是把找到的数字化坐标系再作所谓的正交化. 我们先通过平面 $\mathbb{R}^2$ 的情形获得一些直观的技巧：

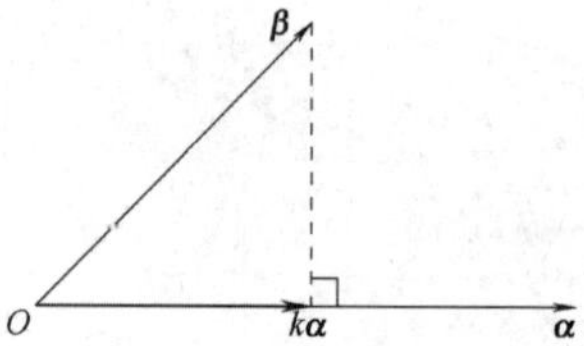

图　4.4.1

假设在 $\mathbb{R}^2$ 中已经有一个基 $\boldsymbol{\alpha}$，$\boldsymbol{\beta}$，如图 4.4.1 所示，我们固定 $\boldsymbol{\alpha}$，试图利用这个基构造一个非零向量使之与 $\boldsymbol{\alpha}$ 垂直，如图 4.4.1 中用虚线标记出来的向量，那么根据命题 4.4.6，新构造出来的向量与 $\boldsymbol{\alpha}$ 一起将构成 $\mathbb{R}^2$ 的一个正交基. 记 $\boldsymbol{\beta}$ 在 $\boldsymbol{\alpha}$ 上的投影为 $k\boldsymbol{\alpha}$，换言之，通过向量 $\boldsymbol{\beta}$ 的终点向 $\boldsymbol{\alpha}$ 作垂线，那么从原点到垂线与 $\boldsymbol{\alpha}$ 的交点决定的向量就是 $k\boldsymbol{\alpha}$，将 k 视为待定系数. 此时，我们有 $\langle\boldsymbol{\beta}-k\boldsymbol{\alpha},\boldsymbol{\alpha}\rangle=0$. 所以我们期待的向量就是

$$\boldsymbol{\beta}-k\boldsymbol{\alpha}=\boldsymbol{\beta}-\frac{\langle\boldsymbol{\beta},\boldsymbol{\alpha}\rangle}{\langle\boldsymbol{\alpha},\boldsymbol{\alpha}\rangle}\boldsymbol{\alpha}.$$

将上述的直观过程作一个形式上的推广，我们将得到构建数字化直角坐标系的方法.

定理 4.4.7（施密特正交化）　设 $\boldsymbol{\alpha}_1,\boldsymbol{\alpha}_2,\cdots,\boldsymbol{\alpha}_r$ 是 $\mathbb{R}^n$ 中的一个线性无关的向量组，令

$$\boldsymbol{\beta}_1=\boldsymbol{\alpha}_1,$$

$$\boldsymbol{\beta}_2=\boldsymbol{\alpha}_2-\frac{\langle\boldsymbol{\alpha}_2,\boldsymbol{\beta}_1\rangle}{\langle\boldsymbol{\beta}_1,\boldsymbol{\beta}_1\rangle}\boldsymbol{\beta}_1,$$

$$\vdots$$

$$\boldsymbol{\beta}_r=\boldsymbol{\alpha}_r-\frac{\langle\boldsymbol{\alpha}_r,\boldsymbol{\beta}_1\rangle}{\langle\boldsymbol{\beta}_1,\boldsymbol{\beta}_1\rangle}\boldsymbol{\beta}_1-\frac{\langle\boldsymbol{\alpha}_r,\boldsymbol{\beta}_2\rangle}{\langle\boldsymbol{\beta}_2,\boldsymbol{\beta}_2\rangle}\boldsymbol{\beta}_2-\cdots-\frac{\langle\boldsymbol{\alpha}_r,\boldsymbol{\beta}_{r-1}\rangle}{\langle\boldsymbol{\beta}_{r-1},\boldsymbol{\beta}_{r-1}\rangle}\boldsymbol{\beta}_{r-1},$$

则 $\boldsymbol{\beta}_1,\boldsymbol{\beta}_2,\cdots,\boldsymbol{\beta}_r$ 是正交向量组，并且与 $\boldsymbol{\alpha}_1,\boldsymbol{\alpha}_2,\cdots,\boldsymbol{\alpha}_r$ 等价.

证明：对线性无关向量组 $\boldsymbol{\alpha}_1,\boldsymbol{\alpha}_2,\cdots,\boldsymbol{\alpha}_r$ 所含向量的个数作数学归纳法. 当 $r=1,2$ 时，结论已知成立. 假设 $r=k$ 时结论成立，现在来看 $r=k+1$ 的情形. 由于

$$\boldsymbol{\beta}_{k+1}=\boldsymbol{\alpha}_{k+1}-\sum_{j=1}^{k}\frac{\langle\boldsymbol{\alpha}_{k+1},\boldsymbol{\beta}_j\rangle}{\langle\boldsymbol{\beta}_j,\boldsymbol{\beta}_j\rangle}\boldsymbol{\beta}_j,$$

因此，当 $1\leqslant i\leqslant k$ 时，我们有

$$\begin{aligned}\langle\boldsymbol{\beta}_{k+1},\boldsymbol{\beta}_i\rangle&=\langle\boldsymbol{\alpha}_{k+1},\boldsymbol{\beta}_i\rangle-\sum_{j=1}^{k}\frac{\langle\boldsymbol{\alpha}_{k+1},\boldsymbol{\beta}_j\rangle}{\langle\boldsymbol{\beta}_j,\boldsymbol{\beta}_j\rangle}\langle\boldsymbol{\beta}_j,\boldsymbol{\beta}_i\rangle\\&=\langle\boldsymbol{\alpha}_{k+1},\boldsymbol{\beta}_i\rangle-\frac{\langle\boldsymbol{\alpha}_{k+1},\boldsymbol{\beta}_i\rangle}{\langle\boldsymbol{\beta}_i,\boldsymbol{\beta}_i\rangle}\langle\boldsymbol{\beta}_i,\boldsymbol{\beta}_i\rangle=0.\end{aligned}$$

因此 $\boldsymbol{\beta}_{k+1}$ 与 $\boldsymbol{\beta}_i(1\leqslant i\leqslant k)$ 正交，根据归纳假设可得 $\boldsymbol{\beta}_1,\boldsymbol{\beta}_2,\cdots,\boldsymbol{\beta}_{k+1}$ 是正交向量组.

由于向量组 $\boldsymbol{\beta}_1,\boldsymbol{\beta}_2,\cdots,\boldsymbol{\beta}_r$ 和 $\boldsymbol{\alpha}_1,\boldsymbol{\alpha}_2,\cdots,\boldsymbol{\alpha}_r$ 都是线性无关的，而且 $\boldsymbol{\beta}_1,\boldsymbol{\beta}_2,\cdots,\boldsymbol{\beta}_r$ 可由 $\boldsymbol{\alpha}_1,\boldsymbol{\alpha}_2,\cdots,\boldsymbol{\alpha}_r$ 线性表出，所以它们是等价的.

□

例 3　设 $\boldsymbol{\alpha}_1=\begin{pmatrix}1\\2\\-1\end{pmatrix}$，$\boldsymbol{\alpha}_2=\begin{pmatrix}-1\\3\\1\end{pmatrix}$，$\boldsymbol{\alpha}_3=\begin{pmatrix}4\\-1\\0\end{pmatrix}$，试用施密特正交化方法求出与 $\boldsymbol{\alpha}_1,\boldsymbol{\alpha}_2,\boldsymbol{\alpha}_3$ 等价的标准正交向量组.

解：取 $\boldsymbol{\beta}_1=\boldsymbol{\alpha}_1$，则

$$\boldsymbol{\beta}_2=\boldsymbol{\alpha}_2-\frac{\langle\boldsymbol{\alpha}_2,\boldsymbol{\beta}_1\rangle}{\langle\boldsymbol{\beta}_1,\boldsymbol{\beta}_1\rangle}\boldsymbol{\beta}_1=\begin{pmatrix}-1\\3\\1\end{pmatrix}-\frac{4}{6}\begin{pmatrix}1\\2\\-1\end{pmatrix}=\frac{5}{3}\begin{pmatrix}-1\\1\\1\end{pmatrix},$$

$$\boldsymbol{\beta}_3=\boldsymbol{\alpha}_3-\frac{\langle\boldsymbol{\alpha}_3,\boldsymbol{\beta}_1\rangle}{\langle\boldsymbol{\beta}_1,\boldsymbol{\beta}_1\rangle}\boldsymbol{\beta}_1-\frac{\langle\boldsymbol{\alpha}_3,\boldsymbol{\beta}_2\rangle}{\langle\boldsymbol{\beta}_2,\boldsymbol{\beta}_2\rangle}\boldsymbol{\beta}_2=\begin{pmatrix}4\\-1\\0\end{pmatrix}-\frac{1}{3}\begin{pmatrix}1\\2\\-1\end{pmatrix}+\frac{5}{3}\begin{pmatrix}-1\\1\\1\end{pmatrix}=2\begin{pmatrix}1\\0\\1\end{pmatrix}.$$

再将 $\boldsymbol{\beta}_1,\boldsymbol{\beta}_2,\boldsymbol{\beta}_3$ 单位化，令

$$\boldsymbol{\gamma}_1=\frac{\boldsymbol{\beta}_1}{\|\boldsymbol{\beta}_1\|}=\frac{1}{\sqrt{6}}\begin{pmatrix}1\\2\\-1\end{pmatrix},\boldsymbol{\gamma}_2=\frac{\boldsymbol{\beta}_2}{\|\boldsymbol{\beta}_2\|}=\frac{1}{\sqrt{3}}\begin{pmatrix}-1\\1\\1\end{pmatrix},\boldsymbol{\gamma}_3=\frac{\boldsymbol{\beta}_3}{\|\boldsymbol{\beta}_3\|}=\frac{1}{\sqrt{2}}\begin{pmatrix}1\\0\\1\end{pmatrix},$$

则 $\boldsymbol{\gamma}_1,\boldsymbol{\gamma}_2,\boldsymbol{\gamma}_3$ 即为所求.

想一想：使用定理 4.4.7 中的符号，假设 $(\boldsymbol{\beta}_1,\boldsymbol{\beta}_2,\cdots,\boldsymbol{\beta}_r)=(\boldsymbol{\alpha}_1,\boldsymbol{\alpha}_2,\cdots,\boldsymbol{\alpha}_r)\boldsymbol{A}$，请确定方阵 $\boldsymbol{A}$ 的元.

4.4.3 正交矩阵

施密特正交化方法帮助我们建立了数字化的直角坐标系，现在我们来看看存储直角坐标系的矩阵有什么特殊的性质和作用呢？即方阵 $\boldsymbol{A}$ 的列向量组恰好是一个标准正交向量组，我们来思考 $\boldsymbol{A}$ 的性质和作用.

定义 4.4.8　设 $\boldsymbol{A}$ 是实数上的 n 阶方阵，如果 $\boldsymbol{A}$ 的列向量组恰好是一个标准正交向量组，那么我们称 $\boldsymbol{A}$ 是一个**正交矩阵**.

在介绍正交矩阵的用途之前，我们需要了解这样一类矩阵的代数运算性质. 设 $\boldsymbol{A}=(\boldsymbol{\alpha}_1,\boldsymbol{\alpha}_2,\cdots,\boldsymbol{\alpha}_n)$ 是一个 n 阶的正交矩阵，那么根据定义有

$$\boldsymbol{A}^{\mathrm{T}}\boldsymbol{A}=\begin{pmatrix}\boldsymbol{\alpha}_1^{\mathrm{T}}\\\boldsymbol{\alpha}_2^{\mathrm{T}}\\\vdots\\\boldsymbol{\alpha}_n^{\mathrm{T}}\end{pmatrix}(\boldsymbol{\alpha}_1,\boldsymbol{\alpha}_2,\cdots,\boldsymbol{\alpha}_n)=\boldsymbol{E}_n.$$

由于一个矩阵的逆矩阵是唯一的，因此 $\boldsymbol{A}\boldsymbol{A}^{\mathrm{T}}=\boldsymbol{E}_n$，从而 $\boldsymbol{A}$ 的行向量组也恰好是一个标准正交向量组. 容易知道上述推导过程是可逆的，所以我们有：

命题 4.4.9　设 $\boldsymbol{A}$ 是实数上的 n 阶方阵，则 $\boldsymbol{A}$ 是正交矩阵当且仅当 $\boldsymbol{A}^{\mathrm{T}}\boldsymbol{A}=\boldsymbol{E}_n$，当且仅当 $\boldsymbol{A}\boldsymbol{A}^{\mathrm{T}}=\boldsymbol{E}_n$，当且仅当 $\boldsymbol{A}$ 的行向量组是一个标准正交向量组.

我们最熟悉的正交矩阵莫过于单位矩阵了，正交矩阵还有下述性质：

(1) 若 $\boldsymbol{A}$ 与 $\boldsymbol{B}$ 都是 n 阶正交矩阵，那么 $\boldsymbol{A}\boldsymbol{B}$ 也是正交矩阵；

(2) 若 $\boldsymbol{A}$ 是正交矩阵，那么 $\boldsymbol{A}^{-1}=\boldsymbol{A}^{\mathrm{T}}$ 也是正交矩阵；

(3) 若 $\boldsymbol{A}$ 是正交矩阵，那么 $\det(\boldsymbol{A})=\pm 1$.

例 4　判断 $\boldsymbol{A}=\begin{pmatrix}\cos\theta & -\sin\theta\\ \sin\theta & \cos\theta\end{pmatrix}$ 是否为正交矩阵，其中 θ 是实数.

解：

$$\boldsymbol{A}\boldsymbol{A}^{\mathrm{T}}=\begin{pmatrix}\cos\theta & -\sin\theta\\ \sin\theta & \cos\theta\end{pmatrix}\begin{pmatrix}\cos\theta & \sin\theta\\ -\sin\theta & \cos\theta\end{pmatrix}=\begin{pmatrix}1 & 0\\ 0 & 1\end{pmatrix},$$

所以 $\boldsymbol{A}$ 是正交矩阵.

动动手：若 $\boldsymbol{A}$ 是行列式为 1 的二阶正交矩阵，那么 $\boldsymbol{A}=\begin{pmatrix}\cos\theta & -\sin\theta\\ \sin\theta & \cos\theta\end{pmatrix}$，其中 θ 是实数.

设 $\boldsymbol{A}$ 是 n 阶正交矩阵，我们称与之相伴的变换 φ_A：$\boldsymbol{\alpha}\mapsto\boldsymbol{A}\boldsymbol{\alpha}$ 为**正交变换**. 上面的事实告诉我们，在平面上，正交变换就是旋转变换. 事实上，在平面和三维几何空间中，正交变换就是旋转和镜面反射两种变换的复合，因此在物理、天文等领域正交变换又被称为**刚体变换**. 我们大学之前学习的所有几何知识，都是围绕几何体在正交变换和平移变换下的性质来展开的，这就是欧几里得的《几何原本》所建立起来的体系.

如果将施密特正交化方法写成矩阵的形式，我们不加证明地指出：

定理 4.4.10　设 $\boldsymbol{A}$ 是实数上的 n 阶可逆矩阵，则 $\boldsymbol{A}$ 可以唯一地分解为 $\boldsymbol{A}=\boldsymbol{Q}\boldsymbol{U}$，其中 $\boldsymbol{Q}$ 是正交矩阵，$\boldsymbol{U}$ 是上三角矩阵.

定理 4.4.10 通常被称为 QR 分解. 我们在前几节已经看到了矩阵的特征值和特征向量的强大作用，但是计算机如何“又快又准”地计算一个矩阵的特征值却是一个大难题. 现阶段，基于定理 4.4.10 的 QR 分解算法是求任意矩阵特征值的最有效算法，它被广泛应用于系统控制理论、人工智能等领域. 考虑到本书的目标，我们这里就不详细展示 QR 分解算法了，读者可以从接下来介绍的图像识别的主成分分析方法中窥见一斑.

4.4.4　图像识别的主成分分析方法

假设我们有标记为 $\boldsymbol{\alpha}_1,\boldsymbol{\alpha}_2,\cdots,\boldsymbol{\alpha}_N$ 的 N 张照片，按照 4.3 节的约定，每张照片被视为一个 n 维列向量，即每张照片的像素或者说维度是 n（每个分量对应的维度在工程领域也被称为**特征**）. 主成分分析方法的特征提取（或降维）过程要求：①尽可能保证选出的 p 个维度之间的线性相关性为 0；②在此基础上，选出方差最大

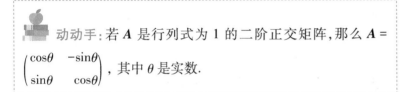

的 $r(r\leqslant p)$ 个维度.

为了简便，假设 $\boldsymbol{B}=(\boldsymbol{\alpha}_1,\boldsymbol{\alpha}_2,\cdots,\boldsymbol{\alpha}_N)$ 是中心化处理后的样本矩阵，那么主成分分析方法的**第一个目标**是寻找一个 n 阶正交矩阵 $\boldsymbol{P}=(\boldsymbol{\gamma}_1,\boldsymbol{\gamma}_2,\cdots,\boldsymbol{\gamma}_n)$，使得**投影样本矩阵** $\boldsymbol{Y}=\boldsymbol{P}^{\mathrm{T}}\boldsymbol{B}$ 的维度之间的线性相关性为 0，即行向量组是一个正交向量组，并且将 $\boldsymbol{Y}$ 的维度的方差适当排序后使之递减排列. 需要说明的是投影样本矩阵定义为 $\boldsymbol{Y}=\boldsymbol{P}^{\mathrm{T}}\boldsymbol{B}$ 只是为了符号方便而做的技术性处理，事实上，将投影样本矩阵直接定义为 $\boldsymbol{Y}=\boldsymbol{P}\boldsymbol{B}$ 也是可以的.

从定义 4.3.6 可以看出样本协方差矩阵是定义在实数上的对称矩阵，我们将在 4.5 节证明满足上述要求的正交矩阵 $\boldsymbol{P}$ 是存在的. 那么经过投影处理后的样本协方差矩阵是

$$\boldsymbol{D}=\frac{1}{N-1}\boldsymbol{Y}\boldsymbol{Y}^{\mathrm{T}}=\frac{1}{N-1}\boldsymbol{P}^{\mathrm{T}}\boldsymbol{B}\boldsymbol{B}^{\mathrm{T}}\boldsymbol{P}=\boldsymbol{P}^{\mathrm{T}}\boldsymbol{S}\boldsymbol{P}=\mathbf{diag}(\lambda_1,\lambda_2,\cdots,\lambda_n),$$

其中矩阵 $\boldsymbol{S}$ 为原样本协方差矩阵，$\lambda_1\geqslant\lambda_2\geqslant\cdots\geqslant\lambda_n$. 注意到 $\boldsymbol{P}^{\mathrm{T}}=\boldsymbol{P}^{-1}$，所以上述过程的数学描述就是寻找正交矩阵 $\boldsymbol{P}$ 使得样本协方差矩阵 $\boldsymbol{S}$ 可对角化，而且正交矩阵 $\boldsymbol{P}$ 的列向量 $\boldsymbol{\gamma}_i$ 是特征值 $\boldsymbol{\lambda}_i$ 对应的单位特征向量. 这时，正交矩阵 $\boldsymbol{P}=(\boldsymbol{\gamma}_1,\boldsymbol{\gamma}_2,\cdots,\boldsymbol{\gamma}_n)$ 的列向量被称为相应于原样本矩阵的**主成分**.

例 5 在 4.3 节中用三个维度表示四张头像照片时的样本协方差矩阵为

$$\boldsymbol{S}=\begin{pmatrix}10 & 6 & 0\\ 6 & 8 & -8\\ 0 & -8 & 32\end{pmatrix},$$

求其主成分，以及投影处理后的协方差矩阵.

解：计算 $\boldsymbol{S}$ 的特征值为(这里通常用 QR 分解算法)

$$\lambda_1=34.5513,\ \lambda_2=13.8430,\ \lambda_3=1.6057.$$

对应的单位特征向量，即主成分为

$$\boldsymbol{\gamma}_1=\begin{pmatrix}-0.0740\\ -0.3030\\ 0.9501\end{pmatrix},\boldsymbol{\gamma}_2=\begin{pmatrix}0.8193\\ 0.5247\\ 0.2312\end{pmatrix},\boldsymbol{\gamma}_3=\begin{pmatrix}0.5686\\ -0.7955\\ -0.2094\end{pmatrix}.$$

需要说明的是，实际情况中，解线性方程组 $(\lambda_j\boldsymbol{E}-\boldsymbol{S})\boldsymbol{x}=\boldsymbol{0}(j=1,2,3)$ 通常只能获得线性无关的特征向量组，然后用施密特正交化方法就可以获得正交的特征向量组.

所以投影处理后的协方差矩阵

$$\boldsymbol{D}=\begin{pmatrix}34.5513 & & \\ & 13.8430 & \\ & & 1.6057\end{pmatrix}.$$

从例 5 的计算数据中，我们可以发现投影样本矩阵 $\boldsymbol{Y}=\boldsymbol{P}^{\mathrm{T}}\boldsymbol{B}$ 的第三个维度(投影样本矩阵的维度是原维度的一个线性组合)的方差要比第一个和第二个维度的方差小得多，也许实际操作中第三个维度是可删除的，从而降低需要比对的维度的数量，提升照片筛选速度.

这正是主成分分析方法的**第二个目标**，选出方差较大的前 r 个特征(即维度). 注意到正交变换 $\boldsymbol{Y}=\boldsymbol{P}^{\mathrm{T}}\boldsymbol{B}$ 不改变数据的总方差，即

$$\mathrm{tr}(\boldsymbol{S})=\lambda_1+\lambda_2+\cdots+\lambda_n=\mathrm{tr}(\boldsymbol{D}).$$

定义 4.4.11　使用前面的符号，当 $1\leqslant i\leqslant n$ 时，定义主成分 $\boldsymbol{\gamma}_i$ (或者说对应的投影样本矩阵的第 i 个特征)的**贡献率**为 $\lambda_i/\mathrm{tr}(\boldsymbol{S})$. 前 i 个主成分的**累计贡献率**为

$$\frac{\sum_{k=1}^{i}\lambda_k}{\sum_{k=1}^{n}\lambda_k(\text{即 }\mathrm{tr}(\boldsymbol{S}))}.$$

在用主成分分析方法降维时，实践证明取累计贡献率达 85%~95%的前 r 个主成分即可较好地保证识别率.

例 6　例 5 中的协方差矩阵 $\boldsymbol{D}$ 的总方差为

$$\mathrm{tr}(\boldsymbol{D})=10+8+32=50.$$

所以各个主成分的贡献率分别为

$$\frac{34.5513}{50}\approx 0.691=69.1\%,\quad \frac{13.8430}{50}\approx 0.277=27.7\%,$$

$$\frac{1.6057}{50}\approx 0.032=3.2\%,$$

即第一，二，三个主成分的贡献率分别为 69.1%，27.7%，3.2%. 显然，第一，第二个主成分的累计贡献率已经达到 95%以上，因此在实际筛选照片时，选用前两个主成分(或者说投影样本矩阵的前两个特征)即可，这样可将原三维数据降至二维.

在英国剑桥大学制作的人脸数据库(ORL 人脸库)中，一张标准的人脸灰度图像的分辨率为 112×92，即每个样本有 $n=10304$ 个特征(或维度). 实验证明，当用主成分分析方法取累计贡献率达 95%的特征时，只需提取前 $r=108$ 个特征；当提取累计贡献率达 90%的特征时，只需提取前 $r=68$ 个特征. 可见主成分分析方法在提高图片的筛选效率方面威力巨大.

该 ORL 人脸库的样本协方差矩阵是 10304×10304 的，即使利用计算机来求解如此高阶矩阵的特征值、特征向量也不是一件轻松的事情，通过学习 4.5 节的奇异值分解定理，我们将会找到一个堪称完美的解决方案.

习题 4-4

基础知识篇：

1. 设 $\boldsymbol{\alpha}=\begin{pmatrix}1\\0\\-2\end{pmatrix}$，$\boldsymbol{\beta}=\begin{pmatrix}-4\\1\\3\end{pmatrix}$，向量 $\boldsymbol{\gamma}$ 与 $\boldsymbol{\alpha}$ 正交，且 $\boldsymbol{\beta}=c\boldsymbol{\alpha}+\boldsymbol{\gamma}$，求系数 c 和 $\boldsymbol{\gamma}$.

2. 试用施密特正交化方法求出与下列向量组等价的标准正交向量组：

（1）$\boldsymbol{\alpha}_1=\begin{pmatrix}1\\0\\-1\end{pmatrix}$，$\boldsymbol{\alpha}_2=\begin{pmatrix}0\\0\\-1\end{pmatrix}$；

（2）$\boldsymbol{\alpha}_1=\begin{pmatrix}1\\2\\0\end{pmatrix}$，$\boldsymbol{\alpha}_2=\begin{pmatrix}0\\1\\0\end{pmatrix}$；

（3）$(\boldsymbol{\alpha}_1,\boldsymbol{\alpha}_2,\boldsymbol{\alpha}_3)=\begin{pmatrix}1&1&1\\1&2&4\\1&3&9\end{pmatrix}$；

（4）$(\boldsymbol{\alpha}_1,\boldsymbol{\alpha}_2,\boldsymbol{\alpha}_3)=\begin{pmatrix}1&1&-1\\0&-1&1\\-1&0&1\\1&1&0\end{pmatrix}$.

3. 已知正交矩阵 $\boldsymbol{A}=\begin{pmatrix}x&0.5\\0.5&y\end{pmatrix}$ 且 $x>0$，求 x，y 的值.

4. 判断下列矩阵是否为正交矩阵，并说明理由：

（1）$\begin{pmatrix}1&-1&-1\\-1&1&1\\1&1&-1\end{pmatrix}$；（2）$\begin{pmatrix}\frac{1}{9}&-\frac{8}{9}&-\frac{4}{9}\\-\frac{8}{9}&\frac{1}{9}&-\frac{4}{9}\\-\frac{4}{9}&-\frac{4}{9}&\frac{7}{9}\end{pmatrix}$.

5. 设 $\boldsymbol{A}$ 是 n 阶正交矩阵，φ_A：$\mathbb{R}^n\to\mathbb{R}^n$，$\boldsymbol{\alpha}\mapsto\boldsymbol{A\alpha}$ 是与之相伴的正交变换，试证明 φ_A 满足以下性质：

（1）φ_A 保持内积，即对任意的 $\boldsymbol{\alpha}$，$\boldsymbol{\beta}\in\mathbb{R}^n$ 有 $\langle\varphi_A(\boldsymbol{\alpha}),\varphi_A(\boldsymbol{\beta})\rangle=\langle\boldsymbol{\alpha},\boldsymbol{\beta}\rangle$；

（2）φ_A 保持向量长度不变，即对任意的 $\boldsymbol{\alpha}\in\mathbb{R}^n$ 有 $\|\varphi_A(\boldsymbol{\alpha})\|=\|\boldsymbol{\alpha}\|$；

（3）φ_A 保持向量的夹角不变，即对任意的 $\boldsymbol{\alpha}$，$\boldsymbol{\beta}\in\mathbb{R}^n$，$\varphi_A(\boldsymbol{\alpha})$ 与 $\varphi_A(\boldsymbol{\beta})$ 的夹角等于 $\boldsymbol{\alpha}$ 与 $\boldsymbol{\beta}$ 的夹角.

应用提高篇：

6. 设 $\boldsymbol{A}$ 为 n 阶的实对称矩阵，若 $\boldsymbol{A}^2+6\boldsymbol{A}+8\boldsymbol{E}=\boldsymbol{O}$，证明：$\boldsymbol{A}+3\boldsymbol{E}$ 是正交矩阵.

7. 设 $\boldsymbol{\alpha}$ 是一个 n 维的单位列向量，令 $\boldsymbol{H}=\boldsymbol{E}-2\boldsymbol{\alpha}\boldsymbol{\alpha}^{\mathrm{T}}$，证明：$\boldsymbol{H}$ 是对称的正交矩阵.

8. 已知样本矩阵

$$\boldsymbol{A}=\begin{pmatrix}19&22&6&3&2&20\\12&6&9&15&13&5\end{pmatrix},$$

求与之相应的主成分.

4.5 实对称矩阵的对角化

本节我们介绍数字化直角坐标系的建立过程在矩阵可对角化领域的一个应用，即实对称矩阵是正交相似于对角矩阵的. 当然，之所以选择实对称矩阵作为研究对象是因为它们在各个领域频繁地出现，譬如，前一节介绍的主成分分析方法中的样本协方差矩阵，以及第 5 章将介绍的二次型的矩阵等. 在本节，我们将对实对称矩阵的对角化问题进行详细的探讨. 我们会发现，实对称矩阵的特征值都是实数；而且它们不仅可以对角化，更可以正交对角化. 如此完美的理论性质注定将带来不平凡的功用.

4.5.1 实对称矩阵可正交对角化

在 4.2 节中，我们知道一个 n 阶方阵的特征值恰好就是其特征多项式的根. 因此，对于一个 n 阶实方阵而言，它的 n 个复特征值不一定都是实数，这就意味着它在实数的范畴内是不可能对角化的了. 然而，幸运的是，在实际应用当中，有一类广泛出现的方阵恰好所有特征值都是实数而且总是可以对角化的，它们就是实对称矩阵.

命题 4.5.1 实对称矩阵的特征值都是实数.

证明：假设 $\boldsymbol{A}$ 是一个实对称矩阵，复数 λ 是它的一个复特征值，$\boldsymbol{\alpha}$ 是属于 λ 的一个复特征向量，即 $\boldsymbol{A\alpha}=\lambda\boldsymbol{\alpha}$. 对前式取共轭，我们有 $\overline{\boldsymbol{A}}\,\overline{\boldsymbol{\alpha}}=\overline{\lambda}\,\overline{\boldsymbol{\alpha}}$，从而 $\boldsymbol{A}\overline{\boldsymbol{\alpha}}=\overline{\lambda}\,\overline{\boldsymbol{\alpha}}$，再两边同时转置得 $\overline{\boldsymbol{\alpha}}^{\mathrm{T}}\boldsymbol{A}=\overline{\lambda}\,\overline{\boldsymbol{\alpha}}^{\mathrm{T}}$. 因此，我们得到

$$\begin{cases}\boldsymbol{A\alpha}=\lambda\boldsymbol{\alpha},\\ \overline{\boldsymbol{\alpha}}^{\mathrm{T}}\boldsymbol{A}=\overline{\lambda}\,\overline{\boldsymbol{\alpha}}^{\mathrm{T}}.\end{cases}$$

通过比较，我们在第一个式子两边同时左乘 $\overline{\boldsymbol{\alpha}}^{\mathrm{T}}$，在第二个式子两边同时右乘 $\boldsymbol{\alpha}$，然后两式相减得

$$(\lambda-\overline{\lambda})\overline{\boldsymbol{\alpha}}^{\mathrm{T}}\boldsymbol{\alpha}=0.$$

注意到 $\boldsymbol{\alpha}$ 是一个非零的复特征向量，因此 $\overline{\boldsymbol{\alpha}}^{\mathrm{T}}\boldsymbol{\alpha}$ 恰好是 $\boldsymbol{\alpha}$ 的所有分量的复数模长的平方和，所以 $\overline{\boldsymbol{\alpha}}^{\mathrm{T}}\boldsymbol{\alpha}\neq 0$，从而有 $\lambda=\overline{\lambda}$，即 λ 是一个实数. □

在前一节，我们认识到了正交矩阵的重要性，利用它来定义一种特殊的相似关系(这种定义的几何意义将在第 5 章中被详细讨论).

定义 4.5.2 设 $\boldsymbol{A}$ 是一个方阵，如果存在一个正交方阵 $\boldsymbol{Q}$ 使得 $\boldsymbol{Q}^{-1}\boldsymbol{AQ}$ 是一个对角矩阵，那么我们就称 $\boldsymbol{A}$ 能够**正交对角化**.

实对称矩阵的特殊之处在于它们恰好是所有能够正交对角化的实方阵，我们分两步来说明这个事实.

定理 4.5.3　任何一个实对称矩阵都能够正交对角化.

证明：设 $\boldsymbol{A}$ 是一个 n 阶实对称矩阵，我们对阶数做数学归纳法. 当 $n=1$ 时，结论显然成立. 假设任意的 n 阶实对称矩阵都能够正交对角化，那么我们需要论证任意的 $n+1$ 阶实对称矩阵也能够正交对角化.

任取一个 $n+1$ 阶的实对称矩阵 $\boldsymbol{A}$，根据命题 4.5.1，它存在一个实特征值 λ 和与之对应的实特征向量 $\boldsymbol{\alpha}$. 我们不妨假设 $\boldsymbol{\alpha}$ 是长度为 1 的单位向量. 考察 $n+1$ 元齐次线性方程组 $\langle\boldsymbol{\alpha},\boldsymbol{x}\rangle=\boldsymbol{\alpha}^{\mathrm{T}}\boldsymbol{x}=0$，由于其系数矩阵的秩为 1，因此存在由 n 个向量 $\boldsymbol{\xi}_1,\boldsymbol{\xi}_2,\cdots,\boldsymbol{\xi}_n$ 组成的一个基础解系. 注意到 $\boldsymbol{\xi}_1,\boldsymbol{\xi}_2,\cdots,\boldsymbol{\xi}_n$ 与 $\boldsymbol{\alpha}$ 是正交的，从而对 $\boldsymbol{\xi}_1,\boldsymbol{\xi}_2,\cdots,\boldsymbol{\xi}_n$ 使用施密特正交化过程可得标准正交基 $\boldsymbol{\alpha},\boldsymbol{\beta}_1,\boldsymbol{\beta}_2,\cdots,\boldsymbol{\beta}_n$. 令 $\boldsymbol{Q}_1=(\boldsymbol{\alpha},\boldsymbol{\beta}_1,\boldsymbol{\beta}_2,\cdots,\boldsymbol{\beta}_n)$，则 $\boldsymbol{Q}_1$ 是一个正交矩阵，而且

$$\boldsymbol{A}\boldsymbol{Q}_1=\boldsymbol{A}(\boldsymbol{\alpha},\boldsymbol{\beta}_1,\boldsymbol{\beta}_2,\cdots,\boldsymbol{\beta}_n)=(\boldsymbol{\alpha},\boldsymbol{\beta}_1,\boldsymbol{\beta}_2,\cdots,\boldsymbol{\beta}_n)\begin{pmatrix}\lambda & \boldsymbol{\beta}^{\mathrm{T}}\\ \boldsymbol{0} & \boldsymbol{A}_1\end{pmatrix},$$

即

$$\boldsymbol{Q}_1^{-1}\boldsymbol{A}\boldsymbol{Q}_1=\begin{pmatrix}\lambda & \boldsymbol{\beta}^{\mathrm{T}}\\ \boldsymbol{0} & \boldsymbol{A}_1\end{pmatrix}.$$

因为 $\boldsymbol{Q}_1^{-1}=\boldsymbol{Q}_1^{\mathrm{T}}$，所以 $\boldsymbol{Q}_1^{-1}\boldsymbol{A}\boldsymbol{Q}_1$ 是实对称矩阵，因此行向量 $\boldsymbol{\beta}^{\mathrm{T}}=\boldsymbol{0}$，而且 $\boldsymbol{A}_1$ 是一个 n 阶实对称矩阵. 根据归纳假设，存在 n 阶正交矩阵 $\boldsymbol{Q}_2$ 使得

$$\boldsymbol{Q}_2^{-1}\boldsymbol{A}_1\boldsymbol{Q}_2=\mathbf{diag}(\lambda_1,\lambda_2,\cdots,\lambda_n),$$

令 $\boldsymbol{Q}=\boldsymbol{Q}_1\begin{pmatrix}1 & \boldsymbol{0}\\ \boldsymbol{0} & \boldsymbol{Q}_2\end{pmatrix}$，则 $\boldsymbol{Q}$ 是一个 $n+1$ 阶正交方阵，且

$$\boldsymbol{Q}^{-1}\boldsymbol{A}\boldsymbol{Q}=\mathbf{diag}(\lambda,\lambda_1,\lambda_2,\cdots,\lambda_n).$$

□

命题 4.5.4　一个实方阵能够正交对角化当且仅当它是一个对称矩阵.

动动手：请读者证明命题 4.5.4.

给定一个实对称矩阵，应采用什么算法实现它的正交对角化过程呢？细心的读者会发现定理 4.5.3 的归纳证明过程并不利于具体的计算，那让我们求助于 4.3 节的可对角化计算过程吧，毕竟正交对角化是可对角化的特例呀. 设 $\boldsymbol{A}$ 是一个 n 阶实对称矩阵，与可对角化的算法比较后，我们可以给出 $\boldsymbol{A}$ 正交对角

化的算法：

第一步，利用特征多项式 $|\lambda E-A|$ 计算全部特征值，记为 λ_1，λ_2，…，λ_m.

第二步，对每个特征值 λ_j，计算 $(\lambda_j E-A)x=0$ 的一个基础解系 $\alpha_{j1},\alpha_{j2},\cdots,\alpha_{jr_j}$.

第三步，对属于特征值 λ_j 的特征向量 $\alpha_{j1},\alpha_{j2},\cdots,\alpha_{jr_j}$ 做施密特正交化，然后再单位化，得标准正交向量组 $\beta_{j1},\beta_{j2},\cdots,\beta_{jr_j}$.

第四步，根据定理 4.5.3，A 能够正交对角化，因此 $r_1+r_2+\cdots+r_m=n$. 记

$$P=(\beta_{11},\cdots,\beta_{1r_1},\beta_{21},\cdots,\beta_{2r_2},\cdots,\beta_{m1},\cdots,\beta_{mr_m}),$$

那么 $P^{-1}AP$ 是对角矩阵.

等等，这个算法还有一个漏洞：我们承诺的“P 是正交矩阵”还没有得到保障，因为属于不同特征值的标准正交向量组 $\beta_{j1},\beta_{j2},\cdots,\beta_{jr_j}$ 互相是否正交还不知道呐. 幸运的是，这个漏洞并不大.

命题 4.5.5　设 A 是一个实对称矩阵，则 A 的属于不同特征值的特征向量总是正交的.

证明：设 $a\neq b$ 是 A 的两个实特征值，α,β 是分别属于 a,b 的任意两个特征向量. 那么

$$a\langle\alpha,\beta\rangle=\langle a\alpha,\beta\rangle=\langle A\alpha,\beta\rangle=\alpha^{\mathrm{T}}A\beta=b\langle\alpha,\beta\rangle,$$

所以 α，β 是正交的.　□

例 1

设 $A=\begin{pmatrix}2&1&1\\1&2&1\\1&1&2\end{pmatrix}$，求正交矩阵 P，使得 $P^{-1}AP$ 为对角矩阵.

解：计算矩阵 A 的特征多项式

$$|\lambda E-A|=\begin{vmatrix}\lambda-2&-1&-1\\-1&\lambda-2&-1\\-1&-1&\lambda-2\end{vmatrix}=(\lambda-1)^2(\lambda-4),$$

所以它的特征值为 $\lambda_1=\lambda_2=1$，$\lambda_3=4$.

对于特征值 $\lambda_1=\lambda_2=1$，解齐次线性方程组 $(E-A)x=0$，得到一个基础解系 $\alpha_1=(-1,1,0)^{\mathrm{T}}$，$\alpha_2=(-1,0,1)^{\mathrm{T}}$. 然后做施密特正交化：

$$\beta_1=\alpha_1,$$

$$\boldsymbol{\beta}_2=\boldsymbol{\alpha}_2-\frac{\langle\boldsymbol{\alpha}_2,\boldsymbol{\beta}_1\rangle}{\langle\boldsymbol{\beta}_1,\boldsymbol{\beta}_1\rangle}\boldsymbol{\beta}_1=\begin{pmatrix}-1\\0\\1\end{pmatrix}-\frac{1}{2}\begin{pmatrix}-1\\1\\0\end{pmatrix}=\frac{1}{2}\begin{pmatrix}-1\\-1\\2\end{pmatrix}.$$

再单位化

$$\boldsymbol{\eta}_1=\frac{\boldsymbol{\beta}_1}{\|\boldsymbol{\beta}_1\|}=\frac{1}{\sqrt{2}}\begin{pmatrix}-1\\1\\0\end{pmatrix},\boldsymbol{\eta}_2=\frac{\boldsymbol{\beta}_2}{\|\boldsymbol{\beta}_2\|}=\frac{1}{\sqrt{6}}\begin{pmatrix}-1\\-1\\2\end{pmatrix}.$$

对于特征值 $\lambda_3=4$，解齐次线性方程组 $(4\boldsymbol{E}-\boldsymbol{A})\boldsymbol{x}=\boldsymbol{0}$，得到一个基础解系 $(1,1,1)^{\mathrm{T}}$，直接单位化得

$$\boldsymbol{\eta}_3=\frac{1}{\sqrt{3}}\begin{pmatrix}1\\1\\1\end{pmatrix}.$$

因此，令

$$\boldsymbol{P}=(\boldsymbol{\eta}_1,\boldsymbol{\eta}_2,\boldsymbol{\eta}_3)=\begin{pmatrix}-\frac{1}{\sqrt{2}} & -\frac{1}{\sqrt{6}} & \frac{1}{\sqrt{3}}\\ \frac{1}{\sqrt{2}} & -\frac{1}{\sqrt{6}} & \frac{1}{\sqrt{3}}\\ 0 & \frac{2}{\sqrt{6}} & \frac{1}{\sqrt{3}}\end{pmatrix},$$

则 $\boldsymbol{P}$ 是一个正交方阵而且 $\boldsymbol{P}^{-1}\boldsymbol{AP}=\mathbf{diag}(1,1,4)$.

作为相似分类的特例，矩阵可对角化已经算是研究得比较透彻了，但是对于矩阵的相似分类本身而言，仍然“路漫漫其修远兮”. 考虑到本书的编写目标，我们这里对矩阵的相似分类只做一个概述.

首先，模仿定理 4.5.3 可以证明

命题 4.5.6　复数上的任意 n 阶矩阵 $\boldsymbol{A}$ 都相似于一个上三角矩阵.

然后，针对 n 阶矩阵 $\boldsymbol{A}$ 的不同的复特征值分别研究，经过一个漫长而复杂的过程可以证明 $\boldsymbol{A}$ 相似于一个分块对角矩阵，而且每一个块具有形式

$$\begin{pmatrix}\lambda & 1 & & \\ & \lambda & \ddots & \\ & & \ddots & 1\\ & & & \lambda\end{pmatrix},$$

其中 λ 是 $\boldsymbol{A}$ 的一个复特征值. 如此这般，就可以完成矩阵的相似

分类任务了. 当然，这样带来的直接好处便是大大简化了矩阵运算的计算量，请读者再次品味 1.2 节的例 8.

4.5.2 奇异值分解

实对称矩阵的理论在实际应用当中具有举足轻重的地位，一个重要原因就在于它可以非常自然地为研究非方阵的矩阵提供道路. 假设 $\boldsymbol{A}$ 是一个 $m\times n$ 的实矩阵，那么从 $\boldsymbol{A}$ 出发，我们实际上可以构造出很多的实对称矩阵，其中一个就是 $\boldsymbol{A}^{\mathrm{T}}\boldsymbol{A}$. 实践证明，$n$ 阶对称矩阵 $\boldsymbol{A}^{\mathrm{T}}\boldsymbol{A}$ 和 $\boldsymbol{A}$ 之间有着很强的联系，例如，

> 动动手：假设 $\boldsymbol{A}$ 是一个 $m\times n$ 的实矩阵，请证明：线性方程组 $\boldsymbol{Ax}=\boldsymbol{0}$ 和 $\boldsymbol{A}^{\mathrm{T}}\boldsymbol{Ax}=\boldsymbol{0}$ 同解，从而 $\boldsymbol{A}$ 和 $\boldsymbol{A}^{\mathrm{T}}\boldsymbol{A}$ 具有相同的秩.

既然 $\boldsymbol{A}^{\mathrm{T}}\boldsymbol{A}$ 是一个 n 阶的实对称矩阵，那么刚学习的定理 4.5.3 指出它是能够被正交对角化的. 特别地，如果我们记 $r=R(\boldsymbol{A})=R(\boldsymbol{A}^{\mathrm{T}}\boldsymbol{A})$，那么 $\boldsymbol{A}^{\mathrm{T}}\boldsymbol{A}$ 有 r 个非零的特征值 $\lambda_1,\lambda_2,\cdots,\lambda_r$，另外还有 $n-r$ 个特征值是 $\lambda_{r+1}=\cdots=\lambda_n=0$. 因此，存在正交矩阵 $\boldsymbol{P}=(\boldsymbol{\alpha}_1,\boldsymbol{\alpha}_2,\cdots,\boldsymbol{\alpha}_n)$ 使得

$$\boldsymbol{P}^{-1}\boldsymbol{A}^{\mathrm{T}}\boldsymbol{AP}=\mathbf{diag}(\lambda_1,\lambda_2,\cdots,\lambda_n).$$

将上式的左边改写为

$$\begin{aligned}(\boldsymbol{AP})^{\mathrm{T}}(\boldsymbol{AP})&=(\boldsymbol{A\alpha}_1,\boldsymbol{A\alpha}_2,\cdots,\boldsymbol{A\alpha}_n)^{\mathrm{T}}(\boldsymbol{A\alpha}_1,\boldsymbol{A\alpha}_2,\cdots,\boldsymbol{A\alpha}_n)\\&=((\boldsymbol{A\alpha}_i)^{\mathrm{T}}(\boldsymbol{A\alpha}_j)),\end{aligned}$$

这意味着 $\boldsymbol{A\alpha}_1,\boldsymbol{A\alpha}_2,\cdots,\boldsymbol{A\alpha}_n$ 两两正交. 又因为线性方程组 $\boldsymbol{Ax}=\boldsymbol{0}$ 和 $\boldsymbol{A}^{\mathrm{T}}\boldsymbol{Ax}=\boldsymbol{0}$ 同解，所以 $\boldsymbol{A\alpha}_{r+1}=\cdots=\boldsymbol{A\alpha}_n=\boldsymbol{0}$，同时 $\lambda_k=\|\boldsymbol{A\alpha}_k\|^2>0$，$k=1,2,\cdots,r$. 基于上述分析，我们可以为非方阵的矩阵定义一种数字化的指标，它的地位类似于方阵的(非零)特征值.

定义 4.5.7　对一个 $m\times n$ 矩阵 $\boldsymbol{A}$，若 $\boldsymbol{A}^{\mathrm{T}}\boldsymbol{A}$ 具有 $r=R(\boldsymbol{A})$ 个非零特征值 $\lambda_1,\lambda_2,\cdots,\lambda_r$，则它们都是正数. 我们称 $q_k=\sqrt{\lambda_k}\ (k=1,2,\cdots,r)$ 为矩阵 $\boldsymbol{A}$ 的**奇异值**.

如果令 $\boldsymbol{\beta}_k=\dfrac{1}{q_k}\boldsymbol{A\alpha}_k$，那么根据前面的讨论，我们得到了一个标准正交向量组 $\boldsymbol{\beta}_1,\boldsymbol{\beta}_2,\cdots,\boldsymbol{\beta}_r$. 下述关于矩阵 $\boldsymbol{A}$ 的分解称为**向量形式的奇异值分解定理**.

定理 4.5.8 设 $\boldsymbol{A}$ 是一个秩为 r 的 $m\times n$ 实矩阵，记 $q_1,q_2,\cdots,q_r$ 为它的全部奇异值. 那么存在一个 n 维的标准正交向量组 $\boldsymbol{\alpha}_1,\boldsymbol{\alpha}_2,\cdots,\boldsymbol{\alpha}_r$ 和一个 m 维的标准正交向量组 $\boldsymbol{\beta}_1,\boldsymbol{\beta}_2,\cdots,\boldsymbol{\beta}_r$ 使得

$$\boldsymbol{A}=\sum_{k=1}^{r}q_k\boldsymbol{\beta}_k\boldsymbol{\alpha}_k^{\mathrm{T}}.$$

证明：使用前面讨论中的符号，注意到 $\boldsymbol{A}\boldsymbol{\alpha}_{r+1}=\cdots=\boldsymbol{A}\boldsymbol{\alpha}_n=\boldsymbol{0}$，我们直接验证

$$\begin{aligned}\sum_{k=1}^{r}q_k\boldsymbol{\beta}_k\boldsymbol{\alpha}_k^{\mathrm{T}}&=\sum_{k=1}^{r}q_k\frac{1}{q_k}\boldsymbol{A}\boldsymbol{\alpha}_k\boldsymbol{\alpha}_k^{\mathrm{T}}=\boldsymbol{A}\sum_{k=1}^{r}\boldsymbol{\alpha}_k\boldsymbol{\alpha}_k^{\mathrm{T}}\\&=\boldsymbol{A}\sum_{k=1}^{r}\boldsymbol{\alpha}_k\boldsymbol{\alpha}_k^{\mathrm{T}}+\boldsymbol{A}\sum_{k=r+1}^{n}\boldsymbol{\alpha}_k\boldsymbol{\alpha}_k^{\mathrm{T}}=\boldsymbol{A}\sum_{k=1}^{n}\boldsymbol{\alpha}_k\boldsymbol{\alpha}_k^{\mathrm{T}}\\&=\boldsymbol{A}\boldsymbol{P}\boldsymbol{P}^{\mathrm{T}}=\boldsymbol{A}\boldsymbol{E}_n=\boldsymbol{A}.\end{aligned}$$

□

我们引入记号，令 $\boldsymbol{U}_r=(\boldsymbol{\beta}_1,\boldsymbol{\beta}_2,\cdots,\boldsymbol{\beta}_r)$，$\boldsymbol{V}_r=(\boldsymbol{\alpha}_1,\boldsymbol{\alpha}_2,\cdots,\boldsymbol{\alpha}_r)$，则向量形式的奇异值分解定理可以写出矩阵版本

$$\boldsymbol{A}=\boldsymbol{U}_r\boldsymbol{D}_r\boldsymbol{V}_r^{\mathrm{T}},$$

其中 $\boldsymbol{D}_r=\mathbf{diag}(q_1,q_2,\cdots,q_r)$. 细心读者会发现 $\boldsymbol{U}_r$ 是一个 $m\times r$ 矩阵，而 $\boldsymbol{V}_r$ 是一个 $n\times r$ 矩阵，不妨把它们补全为正交矩阵，我们就可以获得**矩阵形式的奇异值分解定理**.

定理 4.5.9 设 $\boldsymbol{A}$ 是一个秩为 r 的 $m\times n$ 实矩阵，记 $q_1,q_2,\cdots,q_r$ 为它的全部奇异值，记 $\boldsymbol{D}_r=\mathbf{diag}(q_1,q_2,\cdots,q_r)$. 那么存在一个 m 阶正交方阵 $\boldsymbol{U}$ 和一个 n 阶正交方阵 $\boldsymbol{V}$，使得

$$\boldsymbol{A}=\boldsymbol{U}\boldsymbol{D}\boldsymbol{V}^{\mathrm{T}},$$

其中 $\boldsymbol{D}=\begin{pmatrix}\boldsymbol{D}_r&\boldsymbol{O}\\\boldsymbol{O}&\boldsymbol{O}\end{pmatrix}$ 是一个 $m\times n$ 矩阵.

可以说矩阵的奇异值分解几乎是“线性代数”在当代最有用的结论了. 它在统计学、信号处理、模式识别、自然语言处理、量子信息理论、数字天气预测、智能推荐系统、分子结构理论、无线通信，甚至是最近的宇宙引力波探测中都有着很广泛的应用. 我们稍后会为读者详细地介绍几个比较容易理解的例子.

是什么原因使得这个不起眼的结论有着如此广泛的用途呢？这主要是因为它不仅为非方阵 $\boldsymbol{A}$ 与实对称矩阵 $\boldsymbol{A}^{\mathrm{T}}\boldsymbol{A}$ 建立了联系，而且还因为下面的这个结论.

定理 4.5.10(Eckart-Young-Mirsky 定理)　假设 $m\times n$ 矩阵 $\boldsymbol{A}$ 的向量形式的奇异值分解为 $\boldsymbol{A}=\sum_{k=1}^{r} q_k\boldsymbol{\beta}_k\boldsymbol{\alpha}_k^{\mathrm{T}}$，其中 $q_1\geqslant q_2\geqslant\cdots\geqslant q_r$. 对任意的正整数 $s(s\leqslant r)$，令 $\boldsymbol{S}=\sum_{k=1}^{s} q_k\boldsymbol{\beta}_k\boldsymbol{\alpha}_k^{\mathrm{T}}$. 那么对任意的秩为 s 的 $m\times n$ 矩阵 $\boldsymbol{X}$，$\boldsymbol{S}$ 是使得 $\boldsymbol{X}-\boldsymbol{A}$ 的所有元的平方和最小的矩阵.

这个定理说明，如果矩阵 $\boldsymbol{A}$ 中的元记录了某些信息，那么我们可以对它进行压缩，即用一个秩更低的矩阵来替代它，而且在压缩的时候所损失的信息满足最小化原则. 这对本书第 1 章中所提出的数字图片的压缩存储问题而言是至关重要的.

想一想：定理 4.5.10 中的矩阵 $\boldsymbol{S}=\sum_{k=1}^{s} q_k\boldsymbol{\beta}_k\boldsymbol{\alpha}_k^{\mathrm{T}}$ 的秩为 s，为什么呢?

4.5.3　再论数字图像处理

我们在这一节当中将使用矩阵的奇异值分解来解决 1.1 节的例 1 中提出的数字图像的压缩存储问题. 请读者结合 1.2 节的例 5，以及 2.5 节的例 3 来阅读本节内容.

在 2.5 节的例 3 中，我们看到如果一个矩阵的秩比它的行数和列数要小到一定的程度时，那么在存储这个矩阵的时候就能够通过使用矩阵的分解的方法节省空间. 对于一张数字图片，假设它对应于 $m\times n$ 阶矩阵 $\boldsymbol{A}$. 一般情况下，如果我们想要完整地(即无信息损失地)存储 $\boldsymbol{A}$ 而又希望达到很大的压缩比例的话，确实会比较困难. 因此，我们需要做出一些让步，换言之，我们把目标修正为在尽量完整地(即信息有损失地)存储 $\boldsymbol{A}$ 的同时又达到比较大的压缩效果. 著名的 mp3 音频文件格式就是采取有损的方式进行压缩存储的.

上面的 Eckart-Young-Mirsky 定理告诉我们，矩阵 $\boldsymbol{A}$ 的奇异值分解恰好可以帮助我们实现目标，即我们可以从 $\boldsymbol{A}$ 的奇异值分解找到和 $\boldsymbol{A}$ 误差最小的低秩矩阵，使得丢失的信息尽可能地少. 事实胜于雄辩，让我们来看看试验的效果. 接下来我们基于奇异值分解采取用最优低秩矩阵近似的方法来处理 1.1 节例 1 中的太阳系图片. 由于这张图片是彩色的，所以我们先按照之前所说的，将它拆分为分别存储红绿蓝颜色的 3 个矩阵，然后对每个矩阵使用向量形式的奇异值分解定理，并将它的奇异值按照从大到小的顺序排列，取和式中的前 s 项，从而获得这 3 个矩阵的秩分别为 s 的近似矩阵，然后再把这 3 个近似矩阵合并在一起形成彩色近似图片. 原来的图片的分辨率是 5775×3627，秩是 3627，而处理完以后获得的所有新的近似图片的分辨率仍然是 5775×3627，但是秩都比较小. 图 4.5.1 所示是我们试验结果的展示⊖.

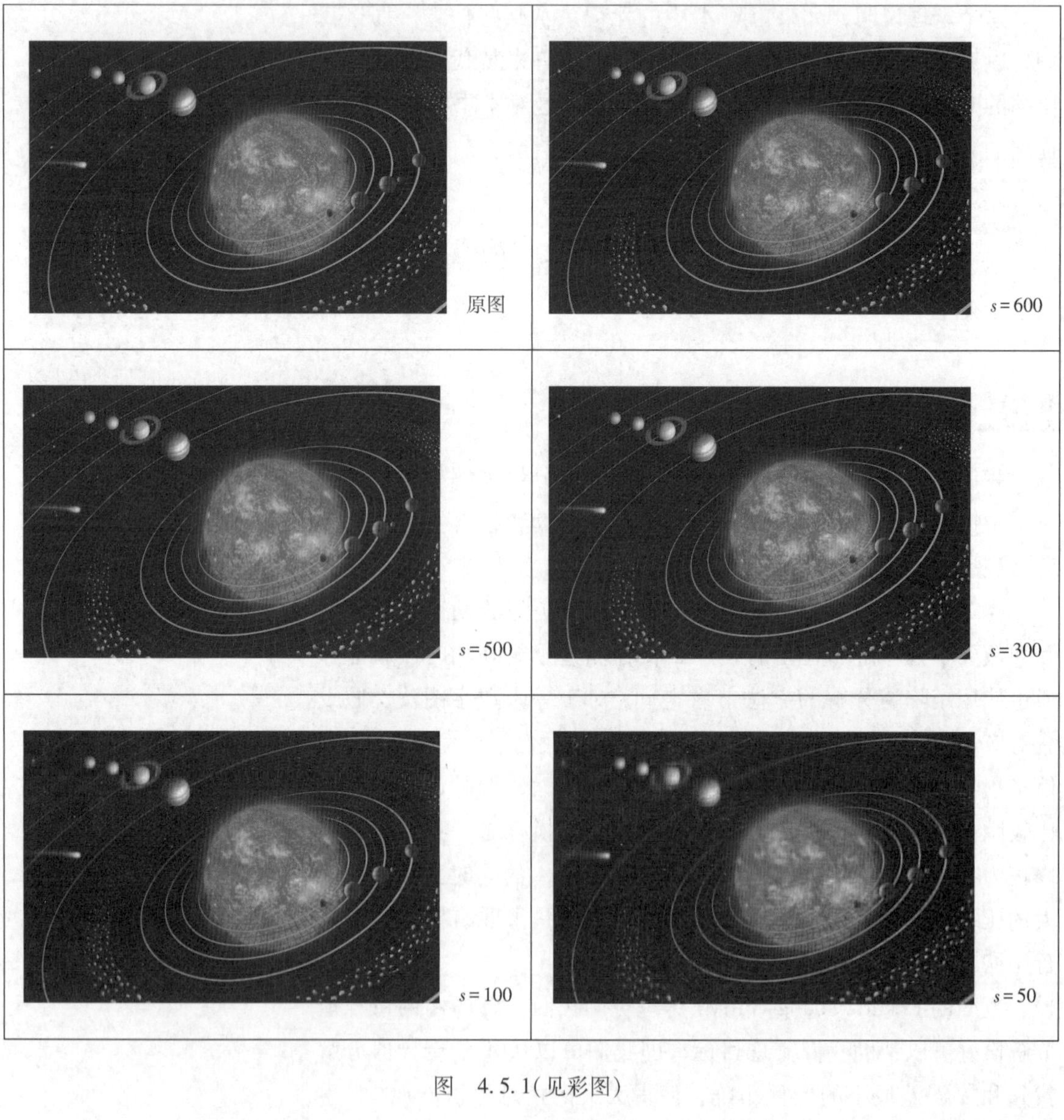

图 4.5.1(见彩图)

⊖ 其中的原图来自美国国家航空航天局(Courtesy NASA/JPL-Caltech).

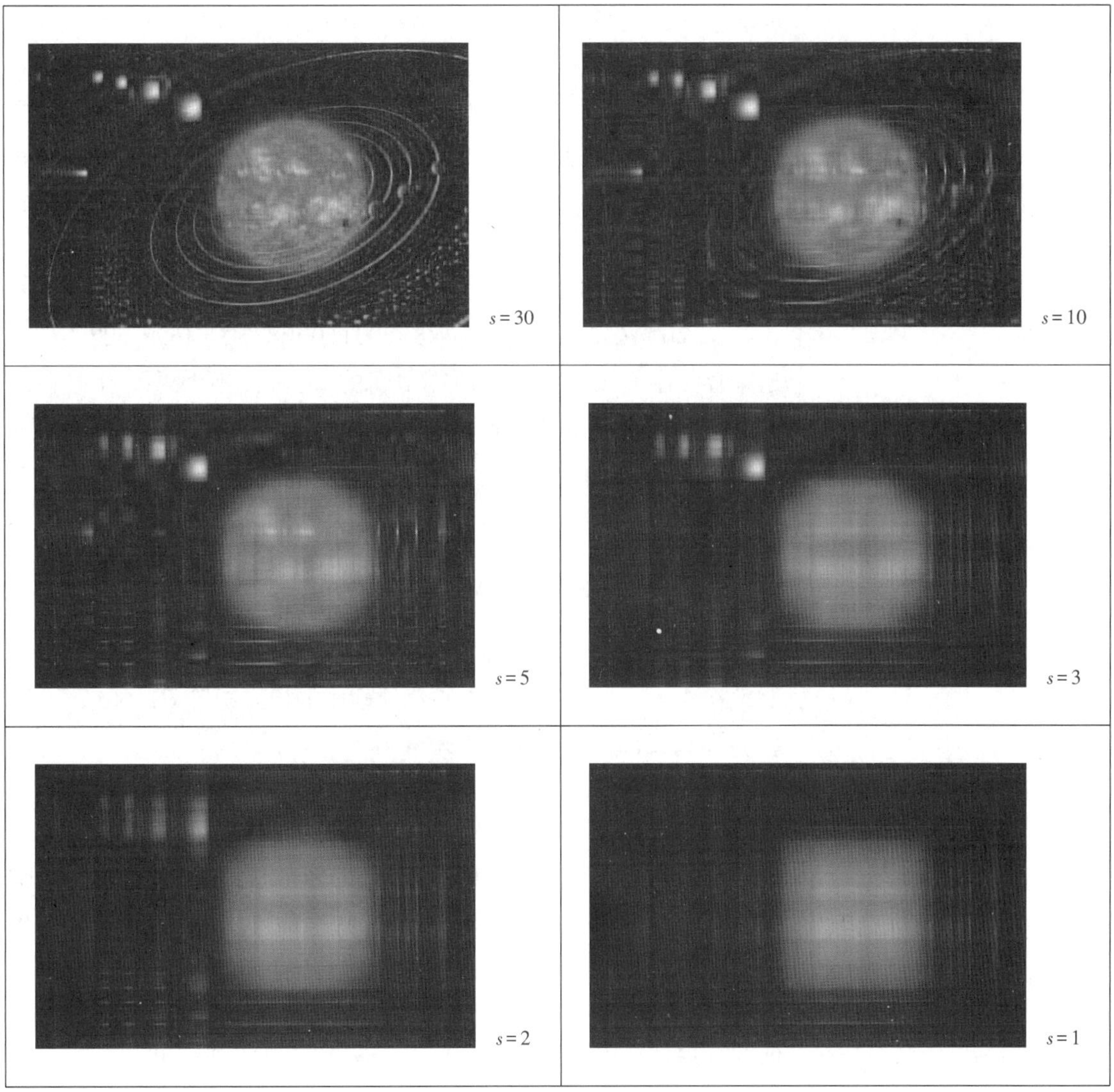

图　4.5.1(见彩图)(续)

从前面展示的近似图片来看，一个矩阵的较大的奇异值已经包含了这个矩阵最主要的信息，越小的奇异值对这个矩阵的信息的贡献越小. 当 $s=600$ 时获得的近似图片用肉眼已经几乎看不出它和原图的区别了.

现在让我们来比较一下不同秩的近似图片所需的存储空间. 如果不加处理地存储原图的话，需要的字节数为 $5775\times3627\times3$. 如果不加处理地存储秩为 $s=600$ 的近似图片的话需要的存储空间为 $(5775+3627+1)\times600\times8\times3$，其中数字 8 表示我们使用 double 数据类型来存储每一个需要用到的奇异值. 计算后发现，存储秩为 $s=600$ 的近似图片所需的存储空间约为原来的 2.155 倍. 咦！那不是相当于没有压缩了吗？实际上，我们是这样存储的：仍然使用

double 数据类型来存储每一个需要用到的奇异值；而对于每一个需要用到的向量 $\boldsymbol{\beta}_k$ 或者 $\boldsymbol{\alpha}_k$，我们找到它的分量的最大值和最小值，并使用 double 数据类型存储起来，分量的最大值和最小值之差称为这个向量的**偏差**；然后将整个向量的每个分量都减去分量的最小值，再除以该向量的偏差，再乘以 255，最后取整. 这样每个向量的分量就都可以使用 1 个字节来存储了. 所以对于秩为 $s=600$ 的近似图片，我们实际使用的存储空间以字节作为单位来计算的话是

$$[600\times(5775+3627)+4\times8\times600+600\times8]\times3=16995600.$$

这个存储空间仅约为原图所需空间的 27%. 经验表明，上述处理方法对于大部分的图片而言，只要取秩 s 约为原图秩的 20%左右即可达到“肉眼几乎识别不出差异”的效果，但是所用存储空间却不到原图的 1/3.

4.5.4 奇异值分解和主成分分析方法

我们也可以使用奇异值分解来帮助我们做主成分分析. 实际上，在 4.4 节当中，对于中心化处理后的样本矩阵 $\boldsymbol{B}$，如果令 $\boldsymbol{C}=\boldsymbol{B}^{\mathrm{T}}$，那么我们有样本协方差矩阵为

$$\boldsymbol{S}=\frac{1}{N-1}\boldsymbol{B}\boldsymbol{B}^{\mathrm{T}}=\frac{1}{N-1}\boldsymbol{C}^{\mathrm{T}}\boldsymbol{C},$$

从而我们要寻找的主成分矩阵 $\boldsymbol{P}=(\boldsymbol{\gamma}_1,\boldsymbol{\gamma}_2,\cdots,\boldsymbol{\gamma}_n)$恰好就是 $\boldsymbol{C}$ 的矩阵形式的奇异值分解 $\boldsymbol{C}=\boldsymbol{U}\boldsymbol{D}\boldsymbol{V}^{\mathrm{T}}$ 中的正交矩阵 $\boldsymbol{V}$. 在忽略技术性的因子 $1/(N-1)$的意义下，此时样本协方差矩阵的非零特征值就是 $\boldsymbol{C}$ 的奇异值的平方. 因此，在选取主成分的时候剔除较小的特征值的合理性可由上述的 Eckart-Young-Mirsky 定理给出.

习题 4-5

基础知识篇：

1. 将下列实对称矩阵正交对角化：

(1) $\begin{pmatrix}1&2\\2&1\end{pmatrix}$；　(2) $\begin{pmatrix}1&1&5\\1&5&1\\5&1&1\end{pmatrix}$；

(3) $\begin{pmatrix}1&0&1\\0&0&0\\1&0&1\end{pmatrix}$；　(4) $\begin{pmatrix}3&2&4\\2&0&2\\4&2&3\end{pmatrix}$；

(5) $\begin{pmatrix}2&1&1\\1&2&1\\1&1&2\end{pmatrix}$；　(6) $\begin{pmatrix}2&-2&0\\-2&1&-2\\0&-2&0\end{pmatrix}$.

2. 设实对称矩阵 $\boldsymbol{A}$ 和正交矩阵 $\boldsymbol{P}$ 满足 $\boldsymbol{P}^{-1}\boldsymbol{A}\boldsymbol{P}=\mathbf{diag}(2,1,-1)$. 记 $\boldsymbol{P}=(\boldsymbol{\gamma}_1,\boldsymbol{\gamma}_2,\boldsymbol{\gamma}_3)$，若 $\boldsymbol{Q}=(\boldsymbol{\gamma}_1,-\boldsymbol{\gamma}_3,\boldsymbol{\gamma}_2)$，求 $\boldsymbol{Q}^{-1}\boldsymbol{A}\boldsymbol{Q}$.

3. 设矩阵 $\boldsymbol{A}=\begin{pmatrix}1&a&1\\a&1&b\\1&b&1\end{pmatrix}$与 $\boldsymbol{D}=\begin{pmatrix}0&&\\&1&\\&&2\end{pmatrix}$相似，

(1) 求 a，b；

(2) 求一个正交矩阵 $\boldsymbol{P}$，使 $\boldsymbol{P}^{-1}\boldsymbol{A}\boldsymbol{P}=\boldsymbol{D}$.

4. 已知矩阵 $\boldsymbol{A}=\begin{pmatrix}-2&-2&1\\2&x&-2\\0&0&-2\end{pmatrix}$与矩阵 $\boldsymbol{B}=$

$\begin{pmatrix} 2 & 1 & 0 \\ 0 & -1 & 0 \\ 0 & 0 & y \end{pmatrix}$相似，

（1）求 x, y；

（2）设 $\boldsymbol{C}=\begin{pmatrix} 0 & 0 & 0 \\ -1 & 1 & 0 \\ 0 & 0 & 1 \end{pmatrix}$，试将 $\boldsymbol{BC}$ 正交对角化.

应用提高篇：

5. 设三阶实对称矩阵 $\boldsymbol{A}$ 的特征值分别为 $\lambda_1=1$，$\lambda_2=-1$，$\lambda_3=0$，假设 $\boldsymbol{\alpha}_1=\begin{pmatrix} 1 \\ 2 \\ 2 \end{pmatrix}$，$\boldsymbol{\alpha}_2=\begin{pmatrix} 2 \\ 1 \\ -2 \end{pmatrix}$为分别属于 λ_1，λ_2 的特征向量，求矩阵 $\boldsymbol{A}$.

6. 设三阶实对称矩阵 $\boldsymbol{A}$ 的特征值分别为 $\lambda_1=6$，$\lambda_2=\lambda_3=3$，假设 $\boldsymbol{\eta}=\begin{pmatrix} 1 \\ 1 \\ 1 \end{pmatrix}$是属于 $\lambda_1=6$ 的特征向量，求矩阵 $\boldsymbol{A}$.

7. 设三阶实对称矩阵 $\boldsymbol{A}$ 的各行的元之和均为 3，向量 $\boldsymbol{\alpha}_1=\begin{pmatrix} -1 \\ 2 \\ -1 \end{pmatrix}$，$\boldsymbol{\alpha}_2=\begin{pmatrix} 0 \\ -1 \\ 1 \end{pmatrix}$是齐次线性方程组 $\boldsymbol{Ax}=\boldsymbol{0}$ 的两个解，求：

（1）矩阵 $\boldsymbol{A}$ 的特征值和特征向量；

（2）正交矩阵 $\boldsymbol{P}$，使得 $\boldsymbol{P}^{-1}\boldsymbol{AP}$为对角矩阵；

（3）矩阵 $\boldsymbol{A}$.

8. 写出下列矩阵的奇异值分解：

（1）$\begin{pmatrix} 1 & 0 \\ 0 & -3 \end{pmatrix}$；　　（2）$\begin{pmatrix} 2 & 3 \\ 0 & 2 \end{pmatrix}$；

（3）$\begin{pmatrix} 3 & -3 \\ 0 & 0 \\ 1 & 1 \end{pmatrix}$；　　（4）$\begin{pmatrix} 3 & 2 & 2 \\ 2 & 3 & -2 \end{pmatrix}$.

第 5 章 二次型与矩阵的合同分类

让我们用一个高规格的观点来开始这一章. 数学和物理(其实它们从未分家)的一个极简版历史大约可以这样描述: 古希腊的哲人, 如欧几里得、阿基米德(Archimedes)、阿波罗尼奥斯(Apollonius)等建立了完善的几何体系, 特别地, 把圆锥曲线理论发展到了辉煌的高度, 以至于今天我们大部分人终生掌握的几何知识都不会超过他们; 然后是伽利略(Galileo)、开普勒(Kepler)等现代科学方法的开拓者们总结了诸多关于宇宙运行奥秘的规律; 再之后就是牛顿(Newton)、莱布尼茨(Leibniz)等宗师建立了一套称为"微积分"的工具来论证前辈总结的宇宙规律, 比如说, 行星总是以椭圆轨道围绕太阳运转而且太阳位于该椭圆的一个焦点处[⊖]. 本章的出发点就是初探矩阵在这个极简版的数学物理史中起到的作用.

本章的具体内容包括: 5.1 节利用矩阵的合同分类来处理二次型(曲线、曲面)的分类问题. 5.2 节介绍二次型的规范形、惯性定理等内容, 并介绍相关理论在优化问题与数值计算领域的应用. 5.3 节研究正定矩阵的性质及其功用, 突出数据处理方面的特色.

5.1 矩阵的合同分类

在研究圆锥曲线的基础上, 我们思考一个更宽泛的问题, 即二次曲线和二次曲面的分类. 比如, 已知二次曲面 Γ 在某个直角坐标系中的方程为

$$x^2+4y^2+z^2-4xy-8xz-4yz+2x+y+2z=\frac{25}{16},$$

请判断 Γ 是什么样的二次曲面. 更进一步, 我们是否能找到分类二次曲线和二次曲面的一般方法呢?

⊖ 请原谅笔者对诸位先贤的崇拜和致敬, 在一本数学书中这似乎有点超过本分.

5.1.1 二次型及其矩阵表示

当把二次曲线和二次曲面方程中的变量个数从 2 个或 3 个形式地提升到 n 个时，就引入了本章的研究对象：二次型. 二次型除了与生俱来的物理意义之外，它常常出现在工程的标准设计和优化、信号处理的输出噪声功率、经济学的效用函数、统计学的置信椭圆体等方面中.

定义 5.1.1　含有 n 个变量 x_1，x_2，…，x_n 的二次齐次多项式

$$\begin{aligned}f(x_1,x_2,\cdots,x_n)=a_{11}x_1^2+2a_{12}x_1x_2+2a_{13}x_1x_3+\cdots+2a_{1n}x_1x_n+\\ a_{22}x_2^2+2a_{23}x_2x_3+\cdots+2a_{2n}x_2x_n\\ +\cdots\\ +a_{nn}x_n^2\end{aligned}$$

称为一个 n **元二次型**.

考虑到本书的读者群体，我们假设二次型 $f(x_1,x_2,\cdots,x_n)$ 的所有系数 $a_{ij}(i,j=1,2,\cdots,n)$ 全为实数. 注意到定义 5.1.1 中的二次型也可以写成

$$f(x_1,x_2,\cdots,x_n)=\sum_{i=1}^{n}\sum_{j=1}^{n}a_{ij}x_ix_j,$$

其中 $a_{ij}=a_{ji}$，$1\leqslant i$，$j\leqslant n$. 进而容易发现

$$f(x_1,x_2,\cdots,x_n)=(x_1,x_2,\cdots,x_n)\begin{pmatrix}a_{11}&a_{12}&\cdots&a_{1n}\\a_{21}&a_{22}&\cdots&a_{2n}\\\vdots&\vdots&&\vdots\\a_{n1}&a_{n2}&\cdots&a_{nn}\end{pmatrix}\begin{pmatrix}x_1\\x_2\\\vdots\\x_n\end{pmatrix}=\boldsymbol{x}^{\mathrm{T}}\boldsymbol{A}\boldsymbol{x},\tag{5-1-1}$$

其中 $\boldsymbol{x}=(x_1,x_2,\cdots,x_n)^{\mathrm{T}}$，$\boldsymbol{A}=(a_{ij})_{n\times n}$是实对称矩阵. 从上述过程可以知道，$n$ 元二次型与 n 阶实对称矩阵是一一对应的. 因此式(5-1-1)中的实对称矩阵 $\boldsymbol{A}$ 称为**二次型** $f(x_1,x_2,\cdots,x_n)$ 的**矩阵**，同时，二次型 $f(x_1,x_2,\cdots,x_n)$ 称为**对称矩阵 $\boldsymbol{A}$ 的二次型**. 矩阵 $\boldsymbol{A}$ 的秩就称为**二次型** $f(x_1,x_2,\cdots,x_n)$ **的秩**.

例 1　写出下列二次型 $f(x_1,x_2,x_3)$ 的矩阵 $\boldsymbol{A}$：

(1) $f(x_1,x_2,x_3)=2x_1^2+3x_2^2-4x_3^2$；

(2) $f(x_1,x_2,x_3)=(x_1,x_2,x_3)\begin{pmatrix}2&3&5\\1&4&1\\3&7&3\end{pmatrix}\begin{pmatrix}x_1\\x_2\\x_3\end{pmatrix}$.

解：(1) $f(x_1,x_2,x_3)$ 的矩阵是

$$A=\begin{pmatrix}2&0&0\\0&3&0\\0&0&-4\end{pmatrix};$$

（2）注意到$\begin{pmatrix}2&3&5\\1&4&1\\3&7&3\end{pmatrix}$不是对称矩阵，因此它不是二次型 $f(x_1,x_2,x_3)$ 的矩阵.事实上，

$$f(x_1,x_2,x_3)=2x_1^2+4x_2^2+3x_3^2+4x_1x_2+8x_1x_3+8x_2x_3,$$

因此，它的矩阵是

$$A=\begin{pmatrix}2&2&4\\2&4&4\\4&4&3\end{pmatrix}.$$

动动手：写出矩阵$A=\begin{pmatrix}2&-2&3\\-2&1&-1\\3&-1&0\end{pmatrix}$的二次型$f(x_1,x_2,x_3)$.

例 2 已知二次型$f(x_1,x_2,x_3)=x_1^2+\lambda x_2^2+3x_3^2+2x_1x_2-4x_1x_3+2x_2x_3$的秩为 2，求参数 λ.

解：二次型 f 的矩阵为

$$A=\begin{pmatrix}1&1&-2\\1&\lambda&1\\-2&1&3\end{pmatrix},$$

由 $R(A)=2$ 知 $|A|=0$，即

$$\begin{vmatrix}1&1&-2\\1&\lambda&1\\-2&1&3\end{vmatrix}=0,$$

解得 $\lambda=-8$.

5.1.2 二次型的等价与矩阵的合同

在三维几何空间中给定一个二次型$f(x_1,x_2,x_3)=\boldsymbol{x}^{\mathrm{T}}A\boldsymbol{x}$，我们希望判断二次曲面 $\boldsymbol{x}^{\mathrm{T}}A\boldsymbol{x}=c$ 的类型，其中 c 是常数. 我们已经知道三维空间的正交变换不改变几何体的形状，因此，寻找一个正交矩阵 P，对二次曲面 $\boldsymbol{x}^{\mathrm{T}}A\boldsymbol{x}=c$ 做正交变换 $\varphi_{P^{\mathrm{T}}}$：$\boldsymbol{x}\mapsto P^{\mathrm{T}}\boldsymbol{x}$ 将曲面方程化简为只含有平方项的标准形式就可以快速判断其类型了. 根据定理 4.5.3，满足要求的正交矩阵 P 是存在的. 为方便叙述，我们令

$$\boldsymbol{P}^{\mathrm{T}}\boldsymbol{x}=\boldsymbol{y}=\begin{pmatrix}y_1\\y_2\\y_3\end{pmatrix},\text{即 }\boldsymbol{x}=\boldsymbol{P}\boldsymbol{y},$$

那么原二次曲面的方程就转化为了 $\boldsymbol{y}^{\mathrm{T}}(\boldsymbol{P}^{\mathrm{T}}\boldsymbol{A}\boldsymbol{P})\boldsymbol{y}=c$，其中 $\boldsymbol{P}^{\mathrm{T}}\boldsymbol{A}\boldsymbol{P}$ 是对角矩阵.

上述二次曲面的分类过程是在欧几里得的《几何原本》中设定的框架下进行的. 现在我们考虑更广泛的一种几何(称为仿射几何)，我们这里不详细解释为什么要考虑仿射几何了，但是读者不妨默认这样一个原则"一种几何模型对应一种物理模型，反之亦然". 为增加读者的感性认识，我们举一个例子，在仿射几何中椭圆和圆是被分在同一类中的. 在仿射几何中，我们所做的变换是 $\boldsymbol{x}=\boldsymbol{C}\boldsymbol{y}$，其中 $\boldsymbol{C}$ 只要求是一个可逆矩阵.

定义 5.1.2　关系式

$$\begin{cases}x_1=c_{11}y_1+c_{12}y_2+\cdots+c_{1n}y_n,\\x_2=c_{21}y_1+c_{22}y_2+\cdots+c_{2n}y_n,\\\qquad\vdots\\x_n=c_{n1}y_1+c_{n2}y_2+\cdots+c_{nn}y_n,\end{cases}$$

或

$$\boldsymbol{x}=\boldsymbol{C}\boldsymbol{y},\text{ 其中 }\boldsymbol{C}=(c_{ij})_{n\times n},$$

称为由变量 $x_1,x_2,\cdots,x_n$ 到变量 $y_1,y_2,\cdots,y_n$ 的**线性替换**. 特别地，若 $\boldsymbol{C}$ 是可逆矩阵，则称 $\boldsymbol{x}=\boldsymbol{C}\boldsymbol{y}$ 是**可逆线性替换**；若 $\boldsymbol{C}$ 是正交矩阵，则称 $\boldsymbol{x}=\boldsymbol{C}\boldsymbol{y}$ 是**正交线性替换**.

设 $f(x_1,x_2,\cdots,x_n)=\boldsymbol{x}^{\mathrm{T}}\boldsymbol{A}\boldsymbol{x}$ 是一个 n 元二次型，其中 $\boldsymbol{A}$ 是实对称矩阵. 做可逆线性替换 $\boldsymbol{x}=\boldsymbol{C}\boldsymbol{y}$，则

$$f(x_1,x_2,\cdots,x_n)=\boldsymbol{x}^{\mathrm{T}}\boldsymbol{A}\boldsymbol{x}=(\boldsymbol{C}\boldsymbol{y})^{\mathrm{T}}\boldsymbol{A}(\boldsymbol{C}\boldsymbol{y})=\boldsymbol{y}^{\mathrm{T}}\boldsymbol{B}\boldsymbol{y},$$

其中 $\boldsymbol{B}=\boldsymbol{C}^{\mathrm{T}}\boldsymbol{A}\boldsymbol{C}$. 显然 $\boldsymbol{B}$ 也是实对称矩阵，故 $\boldsymbol{y}^{\mathrm{T}}\boldsymbol{B}\boldsymbol{y}$ 定义了关于变量 $y_1,y_2,\cdots,y_n$ 的一个 n 元二次型.

定义 5.1.3　设 $\boldsymbol{x}^{\mathrm{T}}\boldsymbol{A}\boldsymbol{x}$ 和 $y^{\mathrm{T}}\boldsymbol{B}\boldsymbol{y}$ 是两个 n 元二次型，如果存在可逆线性替换 $\boldsymbol{x}=\boldsymbol{C}\boldsymbol{y}$ 把 $\boldsymbol{x}^{\mathrm{T}}\boldsymbol{A}\boldsymbol{x}$ 变成 $\boldsymbol{y}^{\mathrm{T}}\boldsymbol{B}\boldsymbol{y}$，则称二次型 $\boldsymbol{x}^{\mathrm{T}}\boldsymbol{A}\boldsymbol{x}$ 和 $\boldsymbol{y}^{\mathrm{T}}\boldsymbol{B}\boldsymbol{y}$ **等价**.

我们将二次型做可逆线性替换过程中的矩阵关系抽象出来.

定义 5.1.4　设 $\boldsymbol{A}$，$\boldsymbol{B}$ 是两个 n 阶矩阵，如果存在可逆矩阵 $\boldsymbol{C}$ 使得 $\boldsymbol{B}=\boldsymbol{C}^{\mathrm{T}}\boldsymbol{A}\boldsymbol{C}$，则称 $\boldsymbol{B}$ 与 $\boldsymbol{A}$ **合同**，或 $\boldsymbol{A}$ **合同于** $\boldsymbol{B}$，记为 $\boldsymbol{A}\simeq\boldsymbol{B}$.

读者可以验证，n 元二次型的等价，以及 n 阶矩阵的合同都是等价关系，即它们都满足自反性、对称性和传递性. 我们已经知道两个等价关系的联系如下：

命题 5.1.5　两个 n 元二次型 $\boldsymbol{x}^{\mathrm{T}}\boldsymbol{A}\boldsymbol{x}$ 和 $\boldsymbol{y}^{\mathrm{T}}\boldsymbol{B}\boldsymbol{y}$ 等价当且仅当 n 阶对称矩阵 $\boldsymbol{A}$ 与 $\boldsymbol{B}$ 合同.

因此，二次型(在仿射几何意义下)的分类问题就转化为了矩阵的合同分类问题，特别地，我们需要关注实对称矩阵的合同分类. 如果实对称矩阵 $\boldsymbol{A}$ 合同于一个对角矩阵，则称这个对角矩阵是 $\boldsymbol{A}$ 的一个**合同标准形**，此时对应的二次型 $\boldsymbol{x}^{\mathrm{T}}\boldsymbol{A}\boldsymbol{x}$ 等价于一个只含平方项的二次型(称为原二次型的**标准形**). 又因为实对称矩阵总是正交相似于，即合同于一个对角矩阵，因此在“不改变几何体的形状”这一条件下，我们可以完成二次曲线和二次曲面的分类了. 换言之，我们有：

定理 5.1.6　n 元二次型 $\boldsymbol{x}^{\mathrm{T}}\boldsymbol{A}\boldsymbol{x}$ 可经正交线性替换转化为标准形.

考虑到本书是为非数学专业编写的，所以我们仅通过例子来展示上述分类过程.

例 3　设二次曲面 Γ 在某个直角坐标系中的方程为

$$x^2+4y^2+z^2-4xy-8xz-4yz+2x+y+2z=\frac{25}{16},$$

在不改变 Γ 的形状这一条件下，将 Γ 的方程化为标准方程，并判断其是什么样的二次曲面.

解： 首先处理曲面 Γ 的方程中的二次项部分，令二次型

$$f(x,y,z)=x^2+4y^2+z^2-4xy-8xz-4yz.$$

则该二次型的矩阵为

$$\boldsymbol{A}=\begin{pmatrix}1&-2&-4\\-2&4&-2\\-4&-2&1\end{pmatrix}.$$

计算 $\boldsymbol{A}$ 的特征多项式

$$|\lambda\boldsymbol{E}-\boldsymbol{A}|=\begin{vmatrix}\lambda-1&2&4\\2&\lambda-4&2\\4&2&\lambda-1\end{vmatrix}=(\lambda-5)^2(\lambda+4),$$

所以 $\boldsymbol{A}$ 的全部特征值为 $\lambda_1=\lambda_2=5$，$\lambda_3=-4$.

对特征值 $\lambda_1=\lambda_2=5$，解齐次线性方程组 $(3\boldsymbol{E}-\boldsymbol{A})\boldsymbol{x}=\boldsymbol{0}$ 可得一个基础解系 $\boldsymbol{\alpha}_1=(1,-2,0)^{\mathrm{T}}$，$\boldsymbol{\alpha}_2=(1,0,-1)^{\mathrm{T}}$. 然后对这个基础解

系做施密特正交化：令 $\boldsymbol{\beta}_1=\boldsymbol{\alpha}_1$，

$$\boldsymbol{\beta}_2=\boldsymbol{\alpha}_2-\frac{\langle\boldsymbol{\alpha}_2,\boldsymbol{\beta}_1\rangle}{\langle\boldsymbol{\beta}_1,\boldsymbol{\beta}_1\rangle}\boldsymbol{\beta}_1=\begin{pmatrix}1\\0\\-1\end{pmatrix}-\frac{1}{5}\begin{pmatrix}1\\-2\\0\end{pmatrix}=\frac{1}{5}\begin{pmatrix}4\\2\\-5\end{pmatrix}.$$

再将 $\boldsymbol{\beta}_1$，$\boldsymbol{\beta}_2$ 单位化得

$$\boldsymbol{\gamma}_1=\frac{\boldsymbol{\beta}_1}{\|\boldsymbol{\beta}_1\|}=\frac{1}{\sqrt{5}}\begin{pmatrix}1\\-2\\0\end{pmatrix},\boldsymbol{\gamma}_2=\frac{\boldsymbol{\beta}_2}{\|\boldsymbol{\beta}_2\|}=\frac{1}{3\sqrt{5}}\begin{pmatrix}4\\2\\-5\end{pmatrix}.$$

对特征值 $\lambda_3=-4$，解齐次线性方程组 $(-4\boldsymbol{E}-\boldsymbol{A})\boldsymbol{x}=\boldsymbol{0}$ 可得一个基础解系 $\boldsymbol{\alpha}_3=(2,1,2)^{\mathrm{T}}$，将 $\boldsymbol{\alpha}_3$ 单位化得

$$\boldsymbol{\gamma}_3=\frac{\boldsymbol{\alpha}_3}{\|\boldsymbol{\alpha}_3\|}=\left(\frac{2}{3},\frac{1}{3},\frac{2}{3}\right)^{\mathrm{T}}.$$

令 $\boldsymbol{P}=(\boldsymbol{\gamma}_1,\boldsymbol{\gamma}_2,\boldsymbol{\gamma}_3)$，则 $\boldsymbol{P}^{-1}\boldsymbol{AP}=\mathbf{diag}(5,5,-4)$. 此时，做正交线性替换

$$\begin{pmatrix}x\\y\\z\end{pmatrix}=\boldsymbol{P}\begin{pmatrix}x'\\y'\\z'\end{pmatrix},$$

可以得到曲面 Γ 的新方程为 $5x'^2+5y'^2-4z'^2+3z'=\frac{25}{16}$. 最后，做一次平移变换，令

$$x'=x'',y'=y'',z'-\frac{3}{8}=z'',$$

得曲面 Γ 的标准方程

$$5x''^2+5y''^2-4z''^2=1.$$

因此，二次曲面 Γ 是一个单叶双曲面，如图 5.1.1 所示.

动动手：设二次型 $f(x_1,x_2,x_3)=ax_1^2+ax_2^2+(a-1)x_3^2+2x_1x_3-2x_2x_3$ 经正交线性替换 $\boldsymbol{x}=\boldsymbol{P}\boldsymbol{y}$ 化为 $f(x_1,x_2,x_3)=2y_1^2+3y_2^2$，求 a 的值.

例 3 中出现的合同标准形 $\mathbf{diag}(5,5,-4)$ 还满足关系式

$$\begin{pmatrix}5&&\\&5&\\&&-4\end{pmatrix}=\begin{pmatrix}\sqrt{5}&&\\&\sqrt{5}&\\&&2\end{pmatrix}^{\mathrm{T}}\begin{pmatrix}1&&\\&1&\\&&-1\end{pmatrix}\begin{pmatrix}\sqrt{5}&&\\&\sqrt{5}&\\&&2\end{pmatrix},$$

所以一个实对称矩阵的标准形通常不唯一，换言之，仅仅使用正交线性替换是不能完成（实对称）矩阵的合同分类任务的. 那么帮助我们实现合同分类任务的新工具在哪里呢？

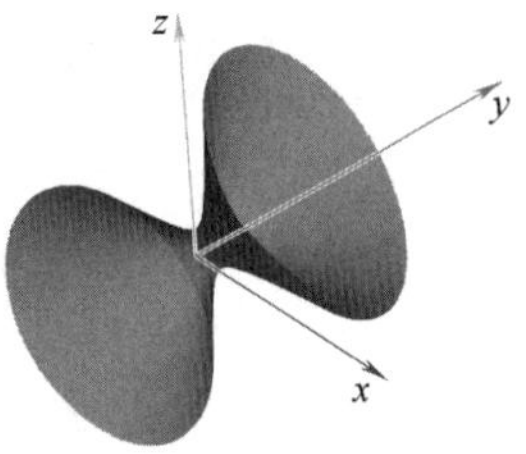

图　5.1.1

习题 5-1

基础知识篇：

1. 写出下列二次型的矩阵：

(1) $f(x_1,x_2,x_3)=2x_1^2+x_2^2-5x_3^2+4x_1x_2+2x_2x_3$；

(2) $f(x_1,x_2,x_3)=(x_1,x_2,x_3)\begin{pmatrix}1&2&3\\4&5&6\\7&8&9\end{pmatrix}\begin{pmatrix}x_1\\x_2\\x_3\end{pmatrix}$.

2. 设二次型$f(x_1,x_2,x_3)=x_1^2-2x_3^2+2x_1x_2+2\lambda x_2x_3$的秩为2，求参数$\lambda$.

3. 设二次型$f(x_1,x_2,x_3)=x_1^2+2x_2^2+2x_3^2+2x_2x_3$，分别做如下的两种可逆线性替换，求新二次型$g(y_1,y_2,y_3)$：

(1) $\begin{pmatrix}x_1\\x_2\\x_3\end{pmatrix}=\begin{pmatrix}0&1&0\\\frac{\sqrt{2}}{2}&0&\frac{\sqrt{2}}{2}\\\frac{\sqrt{2}}{2}&0&-\frac{\sqrt{2}}{2}\end{pmatrix}\begin{pmatrix}y_1\\y_2\\y_3\end{pmatrix}$；

(2) $\begin{pmatrix}x_1\\x_2\\x_3\end{pmatrix}=\begin{pmatrix}1&0&0\\0&1&0\\0&-\frac{1}{2}&1\end{pmatrix}\begin{pmatrix}y_1\\y_2\\y_3\end{pmatrix}$.

4. 用正交线性替换化下列二次型为标准形，并写出所用的正交线性替换：

(1) $f(x_1,x_2,x_3)=x_1^2+x_2^2-x_3^2+4x_1x_3+4x_2x_3$；

(2) $f(x_1,x_2,x_3)=x_1^2+4x_2^2+x_3^2-4x_1x_2-8x_1x_3-4x_2x_3$.

5. 已知二次曲线的方程为$x^2-4xy-2y^2+4x+4y=1$，将其化为标准方程，并指出它的形状.

应用提高篇：

6. 设$\boldsymbol{A}=(a_{ij})_{n\times n}$是$n$阶的实对称矩阵，证明：二次型

$$f(x_1,x_2,\cdots,x_n)=\begin{vmatrix}0&x_1&x_2&\cdots&x_n\\x_1&a_{11}&a_{12}&\cdots&a_{1n}\\x_2&a_{21}&a_{22}&\cdots&a_{2n}\\\vdots&\vdots&\vdots&&\vdots\\x_n&a_{n1}&a_{n2}&\cdots&a_{nn}\end{vmatrix}$$

的矩阵是$\boldsymbol{A}$的伴随矩阵$\boldsymbol{A}^*$.

7. 已知二次曲面的方程$x^2+ay^2+z^2+2bxy+2xz+2yz=4$可以经过正交线性替换$\begin{pmatrix}x\\y\\z\end{pmatrix}=\boldsymbol{P}\begin{pmatrix}x'\\y'\\z'\end{pmatrix}$化为椭圆柱面方程$y'^2+4z'^2=4$，求$a$，$b$的值及正交矩阵$\boldsymbol{P}$.

8. 设二次型$f(x_1,x_2)=x_1^2+4x_1x_2+4x_2^2$可经正交线性替换$\begin{pmatrix}x_1\\x_2\end{pmatrix}=\boldsymbol{Q}\begin{pmatrix}y_1\\y_2\end{pmatrix}$化为二次型$g(y_1,y_2)=ay_1^2+4y_1y_2+by_2^2$，其中$a>b$.

(1) 求a，b的值；

(2) 求正交矩阵$\boldsymbol{Q}$.

9. 设$\boldsymbol{A}$是二阶的实对称矩阵，则存在正交线性替换$\boldsymbol{x}=\boldsymbol{P}\boldsymbol{y}$，使得二次型$f(x_1,x_2)=\boldsymbol{x}^{\mathrm{T}}\boldsymbol{A}\boldsymbol{x}$化为标准形$g(y_1,y_2)$. 正交矩阵$\boldsymbol{P}$的列向量称为二次型$f(x_1,x_2)$的**主轴**. 保持原点不动，以主轴所在的方向为正方向建立新的直角坐标系Oy_1y_2，则二次曲线$f(y_1,y_2)=c$在新的坐标系Oy_1y_2下的图形被称为标准位置下的图形. 求二次曲线$5x_1^2-4x_1x_2+5x_2^2=48$的标准方程，并画出它在标准位置下的图形.

10. 设$\boldsymbol{A}$是二阶的可逆对称矩阵，c是一个常数，证明：$\mathbb{R}^2$中所有满足$\boldsymbol{x}^{\mathrm{T}}\boldsymbol{A}\boldsymbol{x}=c$的点$\boldsymbol{x}$的集合，对应于一个椭圆(或圆)、双曲线、两条相交的直线或单个点，或不含任何点.

5.2 二次型的规范形

在上一节我们利用正交线性替换完成了二次型在“不改变几何体的形状”这一前提下的分类，同时指出了我们需要引入新的工具才能实现二次型“在仿射几何意义下”的分类，即实对称矩阵的合同分类.

5.2.1 规范形

在开始新的分类工作之前，我们把矩阵的合同与矩阵的相似，以及相抵做一下比较，积累经验和认识. 由于讨论的是二次型，我们只考虑实对称矩阵的对比情况.

设 $\boldsymbol{A}$ 与 $\boldsymbol{B}$ 是两个 n 阶实对称矩阵，如果 $\boldsymbol{A}$ 与 $\boldsymbol{B}$ 合同，则存在可逆矩阵 $\boldsymbol{C}$ 使得 $\boldsymbol{B}=\boldsymbol{C}^{\mathrm{T}}\boldsymbol{A}\boldsymbol{C}$. 因此，$R(\boldsymbol{A})=R(\boldsymbol{B})$，所以 $\boldsymbol{A}$ 与 $\boldsymbol{B}$ 相抵. 另一方面，假设 $\boldsymbol{A}=\boldsymbol{E}$，$\boldsymbol{B}=-\boldsymbol{E}$，则 $\boldsymbol{A}$ 与 $\boldsymbol{B}$ 相抵，但是 $\boldsymbol{A}$ 不合同于 $\boldsymbol{B}$. 事实上，如果存在可逆矩阵 $\boldsymbol{C}$ 使得 $\boldsymbol{B}=\boldsymbol{C}^{\mathrm{T}}\boldsymbol{A}\boldsymbol{C}$，即

$$\boldsymbol{C}^{\mathrm{T}}\boldsymbol{C}=-\boldsymbol{E}.$$

因为 $\boldsymbol{C}^{\mathrm{T}}\boldsymbol{C}$ 是实对称矩阵，所以它的任一特征值 λ 都是实数. 取一个属于特征值 λ 的特征向量 $\boldsymbol{\alpha}$，那么

$$\boldsymbol{\alpha}^{\mathrm{T}}\boldsymbol{C}^{\mathrm{T}}\boldsymbol{C}\boldsymbol{\alpha}=(\boldsymbol{C}\boldsymbol{\alpha})^{\mathrm{T}}(\boldsymbol{C}\boldsymbol{\alpha})=\boldsymbol{\alpha}^{\mathrm{T}}(\boldsymbol{C}^{\mathrm{T}}\boldsymbol{C}\boldsymbol{\alpha})=\lambda\boldsymbol{\alpha}^{\mathrm{T}}\boldsymbol{\alpha},$$

所以 $\lambda>0$，矛盾. 通过合同与相抵的比较，我们可以总结如下要点：合同是比相抵更细致的一种分类；导致合同分类更细致的原因至少与矩阵特征值的符号有关.

再来比较合同与相似的关系. 设 $\boldsymbol{A}$ 与 $\boldsymbol{B}$ 是两个 n 阶实对称矩阵，如果 $\boldsymbol{A}$ 与 $\boldsymbol{B}$ 相似，则 $\boldsymbol{A}$ 正交相似于 $\boldsymbol{B}$，从而 $\boldsymbol{A}$ 与 $\boldsymbol{B}$ 合同. 另一方面，上一节的例子

$$\begin{pmatrix}5&&\\&5&\\&&-4\end{pmatrix}=\begin{pmatrix}\sqrt{5}&&\\&\sqrt{5}&\\&&2\end{pmatrix}^{\mathrm{T}}\begin{pmatrix}1&&\\&1&\\&&-1\end{pmatrix}\begin{pmatrix}\sqrt{5}&&\\&\sqrt{5}&\\&&2\end{pmatrix}$$

告诉我们 $\mathbf{diag}(5,5,-4)$ 与 $\mathbf{diag}(1,1,-1)$ 合同，但是它们不相似. 通过合同与相似的比较，我们可以总结如下要点：合同是比相似更粗糙的一种分类；导致合同分类更粗糙的原因至少是因为合同分类与矩阵的特征值的大小没有关系.

为加深感受，我们

> 动动手：试证明 $\begin{pmatrix}-1&0\\0&-1\end{pmatrix}$ 不合同于 $\begin{pmatrix}1&0\\0&-1\end{pmatrix}$.

将两次对比实验的结论放在一起来看，对实对称矩阵进行合同分类时，需要考虑矩阵的特征值的符号，而不关心特征值的大小. 因此我们做这样的处理：先把 n 阶实对称矩阵 $\boldsymbol{A}$ 正交相似于对角矩阵 $\mathbf{diag}(\lambda_1,\lambda_2,\cdots,\lambda_r,0,\cdots,0)$，其中 $r=R(\boldsymbol{A})$；然后再使之合同于

$$\mathbf{diag}\left(\frac{\lambda_1}{|\lambda_1|},\frac{\lambda_2}{|\lambda_2|},\cdots,\frac{\lambda_r}{|\lambda_r|},0,\cdots,0\right),\qquad(5\text{-}2\text{-}1)$$

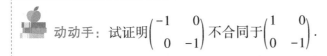

即 $\boldsymbol{A}$ 必定合同于一个对角元只有 1，-1 和 0 的对角矩阵. 我们称式(5-2-1)中的矩阵为 $\boldsymbol{A}$ 的合同**规范形**. 对应地，一个二次型 $f(x_1,x_2,\cdots,x_n)=\boldsymbol{x}^{\mathrm{T}}\boldsymbol{A}\boldsymbol{x}$ 如果被可逆线性替换 $\boldsymbol{x}=\boldsymbol{C}\boldsymbol{z}$ 代入后，具有形式

$$f=z_1^2+\cdots+z_p^2-z_{p+1}^2-\cdots-z_r^2, \qquad (5\text{-}2\text{-}2)$$

那么我们称式(5-2-2)中的二次型为 $f(x_1,x_2,\cdots,x_n)$ 的**规范形**.

基于前面的对比实验，我们现在可以大胆猜测"规范形恰好就是我们确定实对称矩阵的合同分类时所需要的新工具". 事实确实如此.

定理 5.2.1(惯性定理) n 元实二次型 $\boldsymbol{x}^{\mathrm{T}}\boldsymbol{A}\boldsymbol{x}$ 的规范形是唯一的.

我们这里不给出惯性定理的详细证明了. 类似相抵标准形之于矩阵的相抵分类，二次型的规范形(或者说对应的实对称矩阵的合同规范形)帮助我们为二次型的等价类寻找到了合适的身份标签.

定义 5.2.2 二次型 $f(x_1,x_2,\cdots,x_n)=\boldsymbol{x}^{\mathrm{T}}\boldsymbol{A}\boldsymbol{x}$ 的规范形(5-2-2)中，系数为 1 的平方项的数目 p 称为二次型 f(或对称矩阵 $\boldsymbol{A}$)的**正惯性指数**；系数为-1 的平方项的数目 $r-p$ 称为**负惯性指数**；正负惯性指数的差 $2p-r$ 称为**符号差**.

事实上，二次型的正(或负)惯性指数恰好是该二次型的矩阵的正(或负)特征值的个数. 下述结论是显然的.

推论 5.2.3 两个 n 阶实对称矩阵合同

⇔它们的秩相等，并且正惯性指数也相等

⇔它们有相同的正、负惯性指数.

例 1 二阶实对称矩阵构成的集合有多少个合同等价类?

解：一个二阶实对称矩阵的秩有三种可能，即秩分别为 0，1，2. 其中秩为零的矩阵只有零矩阵. 当秩为 1 时，二阶实对称矩阵的正惯性指数可能是 0 或 1，从而形成两个合同等价类. 当秩为 2 时，二阶实对称矩阵的正惯性指数有三种可能，即正惯性指数分别为 0，1，2. 因此，根据推论 5.2.3，二阶实对称矩阵构成的集合共有 6 个合同等价类.

动动手：请写出二阶实对称矩阵的每个合同等价类里的合同规范形.

例 2　设实二次型 $f(x_1,x_2,\cdots,x_n)=\boldsymbol{x}^{\mathrm{T}}\boldsymbol{A}\boldsymbol{x}$ 满足 $\det(\boldsymbol{A})<0$，证明：存在一组实数 $a_1,a_2,\cdots,a_n$ 使得 $f(a_1,a_2,\cdots,a_n)<0$.

证明：由 $\det(\boldsymbol{A})<0$ 知矩阵 $\boldsymbol{A}$ 的秩为 n，而且具有奇数个负特征值，即负惯性指数为奇数. 假设做可逆线性替换 $\boldsymbol{x}=\boldsymbol{C}\boldsymbol{z}$ 后，二次型 $\boldsymbol{x}^{\mathrm{T}}\boldsymbol{A}\boldsymbol{x}$ 的规范形为

$$f=z_1^2+\cdots+z_p^2-z_{p+1}^2-\cdots-z_n^2,$$

其中 $n-p$ 是奇数. 令 $(a_1,a_2,\cdots,a_n)^{\mathrm{T}}=\boldsymbol{C}\boldsymbol{\varepsilon}_n^{\mathrm{T}}=\boldsymbol{C}(0,\cdots,0,1)^{\mathrm{T}}$，则 $f(a_1,a_2,\cdots,a_n)=-1$. □

5.2.2　一类最优化问题

让我们先从一个具体的问题开始：某地区计划明年创建工业园区 $100x$ 公顷[⊖]，同时建设与之配套的公路 $100y$ km. 预测的收益函数为 $f(x,y)=xy$. 然而受所能提供的资源(包括资金、设备、劳动力等)的限制，x 和 y 需要满足约束条件 $4x^2+9y^2\leqslant 36$. 求使预测收益 $f(x,y)$ 达到最大值的计划数 x 和 y.

学习过微积分的读者，看到这个问题后的第一反应也许是用拉格朗日乘子法处理. 我们不妨用线性代数的方法来试试，而更重要的事情(至少我们是这样认为的)是计算机采用什么样的算法实现这类问题的计算呢？为此我们需要引入一种被称为瑞利(Rayleigh)商的工具：两个实二次型的比值

$$R(\boldsymbol{x})=\frac{\boldsymbol{x}^{\mathrm{T}}\boldsymbol{A}\boldsymbol{x}}{\boldsymbol{x}^{\mathrm{T}}\boldsymbol{x}}$$

称为**瑞利商**.

我们将 n 阶实对称矩阵 $\boldsymbol{A}$ 的全部特征值按从小到大顺序排列，即 $\lambda_1\leqslant\lambda_2\leqslant\cdots\leqslant\lambda_n$，那么对任一 n 维列向量 $\boldsymbol{\alpha}\neq\boldsymbol{0}$，瑞利商满足 $\lambda_1\leqslant R(\boldsymbol{\alpha})\leqslant\lambda_n$. 事实上，因为 $\boldsymbol{A}$ 是实对称矩阵，所以存在正交矩阵 $\boldsymbol{P}$ 使得 $\boldsymbol{P}^{\mathrm{T}}\boldsymbol{A}\boldsymbol{P}=\mathbf{diag}(\lambda_1,\lambda_2,\cdots,\lambda_n)$. 做正交线性替换 $\boldsymbol{x}=\boldsymbol{P}\boldsymbol{y}$，则

$$R(\boldsymbol{x})=\frac{\boldsymbol{y}^{\mathrm{T}}\boldsymbol{P}^{\mathrm{T}}\boldsymbol{A}\boldsymbol{P}\boldsymbol{y}}{\boldsymbol{y}^{\mathrm{T}}\boldsymbol{P}^{\mathrm{T}}\boldsymbol{P}\boldsymbol{y}}=\frac{\lambda_1y_1^2+\cdots+\lambda_ny_n^2}{y_1^2+\cdots+y_n^2},$$

因此 $\lambda_1\leqslant R(\boldsymbol{\alpha})\leqslant\lambda_n(\boldsymbol{\alpha}\neq\boldsymbol{0})$. 上述事实的几何解释是这样的：因为 $\boldsymbol{x}^{\mathrm{T}}\boldsymbol{x}=\|\boldsymbol{x}\|^2$，所以瑞利商

$$R(\boldsymbol{x})=\frac{\boldsymbol{x}^{\mathrm{T}}\boldsymbol{A}\boldsymbol{x}}{\boldsymbol{x}^{\mathrm{T}}\boldsymbol{x}}=\left(\frac{\boldsymbol{x}}{\|\boldsymbol{x}\|}\right)^{\mathrm{T}}\boldsymbol{A}\left(\frac{\boldsymbol{x}}{\|\boldsymbol{x}\|}\right)\ (\boldsymbol{x}\neq\boldsymbol{0}),$$

本质上是定义在单位球面 $x_1^2+x_2^2+\cdots+x_n^2=1$ 上的可微函数 $\boldsymbol{x}^{\mathrm{T}}\boldsymbol{A}\boldsymbol{x}$，它

⊖ 1 公顷 = 10000 平方米(m^2). ——编辑注

的极小值、极大值分别在属于 λ_1 和 λ_n 的单位特征向量处取得.

现在我们用瑞利商来解决本小节开始时提出的优化问题. 根据实际情况，该优化问题的全部约束条件为 $x\geqslant 0$，$y\geqslant 0$ 和 $4x^2+9y^2\leqslant 36$，所以满足这些条件的点(x, y)在直角坐标系中构成的区域 D 是属于第一象限的四分之一个椭圆及内部.

对常数 $c>0$，目标函数 $f(x,y)$决定的曲线 $f(x,y)=c$ 称为无差异曲线(也称为等高线). 因为过区域 D 内部任一点的无差异曲线必与区域 D 的边界线 $4x^2+9y^2=36$ 相交，如图 5.2.1 所示，所以只需在边界线 $4x^2+9y^2=36$ 上寻求最优解. 于是，该问题归结为求 $f(x,y)=xy$ 在约束条件$\frac{x^2}{9}+\frac{y^2}{4}=1(x\geqslant 0，y\geqslant 0)$下的最大值. 令 $x_1=\frac{x}{3}$，$x_2=\frac{y}{2}$，则目标函数 $f(x,y)=xy=(3x_1)(2x_2)=6x_1x_2$，同时约束方程变化为 $x_1^2+x_2^2=1$. 因此，所求的问题转化为求二次型 $g(x_1,x_2)=6x_1x_2$ 在单位圆 $x_1^2+x_2^2=1$ 上的最大值.

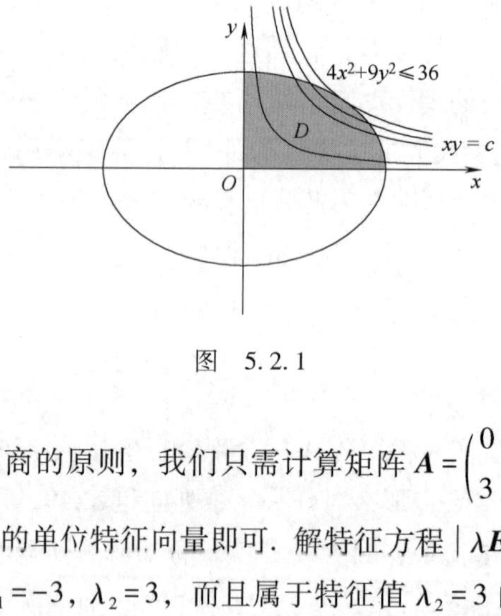

图　5.2.1

根据瑞利商的原则，我们只需计算矩阵 $\boldsymbol{A}=\begin{pmatrix}0 & 3\\ 3 & 0\end{pmatrix}$ 的最大特征值及其对应的单位特征向量即可. 解特征方程 $|\lambda\boldsymbol{E}-\boldsymbol{A}|=0$ 得 $\boldsymbol{A}$ 的特征值为 $\lambda_1=-3$，$\lambda_2=3$，而且属于特征值 $\lambda_2=3$ 的单位特征向量为$\left(\frac{1}{\sqrt{2}},\frac{1}{\sqrt{2}}\right)^{\mathrm{T}}$. 因此，当 $x_1=\frac{1}{\sqrt{2}}$，$x_2=\frac{1}{\sqrt{2}}$时，$g(x_1,x_2)$取得最大值 3，即当

$$x=3x_1=\frac{3}{\sqrt{2}}\approx 2.12, y=2x_2=\sqrt{2}\approx 1.41$$

时，收益函数 $f(x,y)$ 取得最大值 3.

本小节的这个具体问题属于一类被称为“极大极小原理”的优化问题. 我们知道在微积分中这类涉及极大值、极小值的问题通常需要解一个微分方程组，即偏导数等于零决定的微分方程组，这本质上是一个“无限维”的问题. 而瑞利商可以将很多类型的微分方程的数值求解过程转化为计算“有限阶”矩阵的特征值和特征向量，这在计算领域无疑是脱颖而出的想法，并最终形成了现在被称为“**有限元方法**”的一种数值计算方法. 我国的数学家冯康先生是有限元方法的创始人之一.

习题 5-2

基础知识篇：

1. 下列的矩阵 $\boldsymbol{A}$ 与 $\boldsymbol{B}$ 是否相抵，相似或合同？

（1）$\boldsymbol{A}=\begin{pmatrix}1&0\\0&0\end{pmatrix}$，$\boldsymbol{B}=\begin{pmatrix}1&1\\2&2\end{pmatrix}$；

（2）$\boldsymbol{A}=\begin{pmatrix}3&0&0\\0&0&0\\0&0&0\end{pmatrix}$，$\boldsymbol{B}=\begin{pmatrix}1&1&1\\1&1&1\\1&1&1\end{pmatrix}$.

2. 设矩阵 $\boldsymbol{A}=\begin{pmatrix}0&0&1\\0&1&0\\1&0&0\end{pmatrix}$ 与 $\boldsymbol{B}=\begin{pmatrix}a&0&0\\0&b&0\\0&0&b\end{pmatrix}$ 合同，求实数 a，b 应满足的条件.

3. 求下列二次型 $f(x_1,x_2,x_3)$ 的秩、正惯性指数、负惯性指数及规范形.

（1）$f(x_1,x_2,x_3)=x_1^2+3x_2^2+2x_1x_2+4x_1x_3+2x_2x_3$；

（2）$f(x_1,x_2,x_3)=3x_1^2+3x_2^2+4x_1x_2+8x_1x_3+4x_2x_3$.

4. 设二次型 $f(x_1,x_2,x_3)=x_1^2+ax_2^2+x_3^2+2x_1x_2-2ax_1x_3-2x_2x_3$ 的正、负惯性指数都是 1，求参数 a.

5. 若实对称矩阵 $\boldsymbol{A}$ 与 $\boldsymbol{B}=\begin{pmatrix}2&0&0\\0&0&1\\0&1&0\end{pmatrix}$ 合同，求二次型 $\boldsymbol{x}^{\mathrm{T}}\boldsymbol{A}\boldsymbol{x}$ 的规范形.

6. 设 $\boldsymbol{A}$ 为三阶实对称矩阵，若 $\boldsymbol{A}^2+\boldsymbol{A}=2\boldsymbol{E}$，且 $\det\boldsymbol{A}=4$，求二次型 $\boldsymbol{x}^{\mathrm{T}}\boldsymbol{A}\boldsymbol{x}$ 的规范形.

应用提高篇：

7. 把由 n 阶实对称矩阵全体构成的集合按合同关系分类，问共可分成多少类？并请写出每一类的合同规范形.

8. 设 $\boldsymbol{A}$ 是 n 阶的实可逆矩阵，证明：

（1）$\boldsymbol{A}$ 与 $\boldsymbol{A}^{-1}$ 合同；

（2）当 $\det\boldsymbol{A}>0$ 时，$\boldsymbol{A}$ 与 $\boldsymbol{A}^*$ 合同.

9. 设实二次型 $f(x_1,x_2,x_3)=(x_1-x_2+x_3)^2+(x_2+x_3)^2+(x_1+ax_3)^2$，其中 a 是参数.

（1）求 $f(x_1,x_2,x_3)=0$ 的解；

（2）求 $f(x_1,x_2,x_3)$ 的规范形.

10. 设 $f(x_1,x_2,x_3)=7x_1^2+x_2^2+7x_3^2-8x_1x_2-4x_1x_3-8x_2x_3$，求 $\mathbb{R}^3$ 中的单位向量 $\boldsymbol{x}$，使得 $f(x_1,x_2,x_3)$ 最大.

5.3 正定二次型与正定矩阵

前一节的优化问题揭示了二次型与极值(局部极小值或局部极大值)的联系. 事实上，我们在中学阶段就已经接触到了相关知识. 譬如，对任意的二次函数 $f(x)=ax^2+bx+c(a\neq0,b,c\in\mathbb{R})$，做平移变换后，它的最大值或最小值与一元二次型 ax^2 密切相关. 本节我们就来讨论 n 元实二次型与极值有紧密联系的性质，并介绍其在数据处理中的一种应用.

5.3.1 正定二次型、正定矩阵

受一元二次函数的影响，读者可以料想到一个 n 元二次函数在忽略平移变换的情况下，其极值与对应的 n 元二次型是密切相关的.

定义 5.3.1　实二次型 $f(x_1,x_2,\cdots,x_n)=\boldsymbol{x}^{\mathrm{T}}\boldsymbol{A}\boldsymbol{x}$ 称为**正定**的，如果对任意的非零 n 维列向量 $\boldsymbol{\alpha}$ 都有 $\boldsymbol{\alpha}^{\mathrm{T}}\boldsymbol{A}\boldsymbol{\alpha}>0$. 此时，称实对称矩阵 $\boldsymbol{A}$ 为**正定矩阵**.

例如，3 元二次型 $x_1^2+2x_2^2+3x_3^2$ 是正定的，而 3 元二次型 $x_1^2+2x_2^2$ 和 $x_1^2+2x_2^2-3x_3^2$ 不是正定的. 受此启发，我们猜测 n 元二次型 $\boldsymbol{x}^{\mathrm{T}}\boldsymbol{A}\boldsymbol{x}$ 是正定的，那么矩阵 $\boldsymbol{A}$ 的特征值恰好都是正数. 事实上，我们有：

定理 5.3.2　实对称矩阵 $\boldsymbol{A}$ 是正定的当且仅当 $\boldsymbol{A}$ 的特征值全大于零.

证明：对二次型 $f(x_1,x_2,\cdots,x_n)=\boldsymbol{x}^{\mathrm{T}}\boldsymbol{A}\boldsymbol{x}$ 做正交线性替换 $\boldsymbol{x}=\boldsymbol{P}\boldsymbol{y}$，将二次型 f 化为标准形

$$f=\lambda_1y_1^2+\lambda_2y_2^2+\cdots+\lambda_ny_n^2,$$

其中 λ_1，λ_2，$\cdots$，λ_n 是 $\boldsymbol{A}$ 的全部特征值. 若 $\boldsymbol{A}$ 是正定的，令 $\boldsymbol{\alpha}_i=\boldsymbol{P}\boldsymbol{\varepsilon}_i(i=1,2,\cdots,n)$，则

$$f(\boldsymbol{\alpha}_i)=\boldsymbol{\alpha}_i^{\mathrm{T}}\boldsymbol{A}\boldsymbol{\alpha}_i=\boldsymbol{\varepsilon}_i^{\mathrm{T}}(\boldsymbol{P}^{\mathrm{T}}\boldsymbol{A}\boldsymbol{P})\boldsymbol{\varepsilon}_i=\lambda_i>0.$$

反过来，若 $\boldsymbol{A}$ 的特征值 λ_1，λ_2，$\cdots$，λ_n 全大于零，任取一个 n 维的非零列向量 $\boldsymbol{\alpha}$，令 $\boldsymbol{\beta}=\boldsymbol{P}^{-1}\boldsymbol{\alpha}=(b_1,b_2,\cdots,b_n)^{\mathrm{T}}$. 显然 $\boldsymbol{\beta}\neq\boldsymbol{0}$，而且

$$f(\boldsymbol{\alpha})=\boldsymbol{\alpha}^{\mathrm{T}}\boldsymbol{A}\boldsymbol{\alpha}=\lambda_1b_1^2+\cdots+\lambda_nb_n^2>0.$$

因此矩阵 $\boldsymbol{A}$ 是正定的. □

利用定理 5.3.2，立即可得：

推论 5.3.3　n 阶实对称矩阵 $\boldsymbol{A}$ 是正定的

$\Leftrightarrow\boldsymbol{A}$ 的正惯性指数为 n

$\Leftrightarrow\boldsymbol{A}\simeq\boldsymbol{E}_n$

$\Leftrightarrow$ 二次型 $\boldsymbol{x}^{\mathrm{T}}\boldsymbol{A}\boldsymbol{x}$ 的规范形为 $y_1^2+y_2^2+\cdots+y_n^2$

$\Leftrightarrow$ 存在可逆矩阵 $\boldsymbol{C}$，使得 $\boldsymbol{A}=\boldsymbol{C}^{\mathrm{T}}\boldsymbol{C}$.

想一想：试证明：与正定矩阵合同的(实对称)矩阵也是正定的.

下面的结论通常会让读者想起微积分中的(多元)连续函数极值的二阶导数判别法，我们后面将看到该结论在数据处理方面的优势. 让我们先回忆一个在 3.1 节出现过的符号

$$\boldsymbol{A}\begin{pmatrix}1,2,\cdots,k\\1,2,\cdots,k\end{pmatrix}=\begin{vmatrix}a_{11}&a_{12}&\cdots&a_{1k}\\a_{21}&a_{22}&\cdots&a_{2k}\\\vdots&\vdots&&\vdots\\a_{k1}&a_{k2}&\cdots&a_{kk}\end{vmatrix}$$

称为矩阵 $\boldsymbol{A}=(a_{ij})_{n\times n}$的 k 阶顺序主子式.

定理 5.3.4　n 阶实对称矩阵 $\boldsymbol{A}$ 是正定的当且仅当它的 n 个顺序主子式全大于零.

证明：必要性. 对 n 阶实对称矩阵 $\boldsymbol{A}$ 做分块，得

$$\boldsymbol{A}=\begin{pmatrix}\boldsymbol{A}_k&\boldsymbol{B}_1\\\boldsymbol{B}_1^{\mathrm{T}}&\boldsymbol{B}_2\end{pmatrix},$$

其中 $\boldsymbol{A}_k(k=1,2,\cdots,n)$是矩阵 $\boldsymbol{A}$ 的前 k 行前 k 列组成的子矩阵. 任取一个 k 维非零列向量 $\boldsymbol{\alpha}_1$，令 $\boldsymbol{\alpha}=\begin{pmatrix}\boldsymbol{\alpha}_1\\\boldsymbol{0}\end{pmatrix}\in\mathbb{R}^n$，显然 $\boldsymbol{\alpha}\neq\boldsymbol{0}$. 因此利用 $\boldsymbol{A}$ 的正定性可得

$$0<\boldsymbol{\alpha}^{\mathrm{T}}\boldsymbol{A}\boldsymbol{\alpha}=(\boldsymbol{\alpha}_1^{\mathrm{T}},\boldsymbol{0})\begin{pmatrix}\boldsymbol{A}_k&\boldsymbol{B}_1\\\boldsymbol{B}_1^{\mathrm{T}}&\boldsymbol{B}_2\end{pmatrix}\begin{pmatrix}\boldsymbol{\alpha}_1\\\boldsymbol{0}\end{pmatrix}=\boldsymbol{\alpha}_1^{\mathrm{T}}\boldsymbol{A}_k\boldsymbol{\alpha}_1,$$

即 $\boldsymbol{A}_k$ 是正定矩阵. 因此，定理 5.3.2 保证了 k 阶顺序主子式 $|\boldsymbol{A}_k|>0$.

充分性的证明比较复杂，不符合这本书的编写目的，故舍去.

□

例 1　二次型 $f(x_1,x_2,x_3)=x_1^2+4x_2^2+4x_3^2+2tx_1x_2-2x_1x_3+4x_2x_3$. 当 t 取何值时，f 为正定二次型呢？

解：写出 f 的矩阵 $\boldsymbol{A}=\begin{pmatrix}1&t&-1\\t&4&2\\-1&2&4\end{pmatrix}$. 由定理 5.3.4，若 f 正定，则

$$a_{11}=1>0,\quad\begin{vmatrix}1&t\\t&4\end{vmatrix}=4-t^2>0,\quad\begin{vmatrix}1&t&-1\\t&4&2\\-1&2&4\end{vmatrix}>0.$$

解得$-2<t<1$. 故当$-2<t<1$ 时，二次型 f 正定.

动动手：设三阶实对称矩阵 $\boldsymbol{A}$ 的三个特征值分别是-2，0，1，问 a 取何值时，矩阵 $\boldsymbol{A}+a\boldsymbol{E}$ 也正定？

为了理论的完整性和对称美，我们引入：

定义 5.3.5 设二次型$f(x_1,x_2,\cdots,x_n)=\boldsymbol{x}^{\mathrm{T}}\boldsymbol{A}\boldsymbol{x}$.

(1) f称为**半正定二次型**($\boldsymbol{A}$称为**半正定矩阵**)，如果对任意的$\boldsymbol{0}\neq\boldsymbol{\alpha}\in\mathbb{R}^n$，都有$f(\boldsymbol{\alpha})=\boldsymbol{\alpha}^{\mathrm{T}}\boldsymbol{A}\boldsymbol{\alpha}\geqslant 0$;

(2) f称为**负定二次型**($\boldsymbol{A}$称为**负定矩阵**)，如果对任意的$\boldsymbol{0}\neq\boldsymbol{\alpha}\in\mathbb{R}^n$，都有$f(\boldsymbol{\alpha})=\boldsymbol{\alpha}^{\mathrm{T}}\boldsymbol{A}\boldsymbol{\alpha}<0$;

(3) f称为**半负定二次型**($\boldsymbol{A}$称为**半负定矩阵**)，如果对任意的$\boldsymbol{0}\neq\boldsymbol{\alpha}\in\mathbb{R}^n$，都有$f(\boldsymbol{\alpha})=\boldsymbol{\alpha}^{\mathrm{T}}\boldsymbol{A}\boldsymbol{\alpha}\leqslant 0$;

(4) f称为**不定二次型**($\boldsymbol{A}$称为**不定矩阵**)，如果存在两个非零向量$\boldsymbol{\alpha}_1$，$\boldsymbol{\alpha}_2\in\mathbb{R}^n$，使得$f(\boldsymbol{\alpha}_1)=\boldsymbol{\alpha}_1^{\mathrm{T}}\boldsymbol{A}\boldsymbol{\alpha}_1>0$，$f(\boldsymbol{\alpha}_2)=\boldsymbol{\alpha}_2^{\mathrm{T}}\boldsymbol{A}\boldsymbol{\alpha}_2<0$.

当$\boldsymbol{A}$是负定矩阵时，易得$-\boldsymbol{A}$就是正定矩阵. 模仿定理 5.3.2 的证明，针对定义 5.3.5 中的每种类型的二次型，读者可以得到相应的利用矩阵特征值的等价描述. 利用定理 5.3.4，可以获得一个有趣的结论：

推论 5.3.6 n阶实对称矩阵$\boldsymbol{A}$是负定的当且仅当它的奇数阶顺序主子式全小于零，偶数阶顺序主子式全大于零.

我们在这里用矩阵合同分类的语言重述一下(多元)连续函数极值的二阶导数判别法. 一方面为读者提供一种新的视角；另一方面，结合下面的应用，我们希望读者能体会到两种视角在处理同一个问题时的侧重点，特别是涉及计算机处理数据时的侧重点.

定理 5.3.7 设函数$f(x,y)$在点(x_0,y_0)的某一邻域内有二阶连续偏导数，且(x_0,y_0)是$f(x,y)$的驻点，即$f_x(x_0,y_0)=f_y(x_0,y_0)=0$. 记

$$\boldsymbol{H}=\begin{pmatrix} f_{xx}(x_0,y_0) & f_{xy}(x_0,y_0) \\ f_{xy}(x_0,y_0) & f_{yy}(x_0,y_0) \end{pmatrix}.$$

则(1) 当$\boldsymbol{H}$为正定矩阵时，$f(x_0,y_0)$为$f(x,y)$的极小值；

(2) 当$\boldsymbol{H}$为负定矩阵时，$f(x_0,y_0)$为$f(x,y)$的极大值.

证明：已知二元函数的二阶泰勒(Taylor)公式为

$$\begin{aligned} f(x_0+\Delta x,y_0+\Delta y)=f(x_0,y_0)&+f_x(x_0,y_0)\Delta x+f_y(x_0,y_0)\Delta y+\\ &f_{xx}(x_0,y_0)(\Delta x)^2+2f_{xy}(x_0,y_0)\Delta x\Delta y+\\ &f_{yy}(x_0,y_0)(\Delta y)^2+o((\Delta x)^2+(\Delta y)^2). \end{aligned}$$

由于$f_x(x_0,y_0)=f_y(x_0,y_0)=0$，当$(\Delta x,\Delta y)\to(0,0)$时，

$$f(x_0+\Delta x, y_0+\Delta y)-f(x_0, y_0)$$

的符号与二次型

$$q(\Delta x, \Delta y)=(\Delta x, \Delta y)\boldsymbol{H}\begin{pmatrix}\Delta x\\ \Delta y\end{pmatrix}$$

的符号一致. 因此，当矩阵 $\boldsymbol{H}$ 正定时，二次型 $q(\Delta x, \Delta y)$ 正定，所以 $f(x_0, y_0)$ 为 $f(x,y)$ 的极小值. 同理，当矩阵 $\boldsymbol{H}$ 负定时，$f(x_0, y_0)$ 为 $f(x,y)$ 的极大值. □

对于 n 元函数的极值问题，也有类似的结论，这里我们就不再介绍了.

5.3.2 数据的最小二乘拟合

在 2.4 节，我们已经学习了数据的拉格朗日拟合，这种方法强调在特殊数据点的准确性，即要求关键的数据点要落在所构造的多项式曲线之上. 今天我们来介绍一种可以说使用范围更加广泛的统计数据处理方法——**最小二乘拟合**.

假设我们已知两个变量 x，y 近似地满足线性关系，即 $y=mx+b$，但是因为误差导致已经采集到的数据点 $(x_1,y_1),(x_2,y_2),\cdots,(x_n,y_n)$ 并不落在一条直线上. 所以，我们希望寻找到合适的常数 m 和 b 使得直线 $y=mx+b$ 与采集的数据尽可能地吻合. 这类问题经常出现在统计学的线性回归过程中.

现在开始把问题数学模型化，即用什么样的数学方程可以满足“所求直线 $y=mx+b$ 与采集的数据是尽可能吻合的”呢？令 $d_i=y_i-(mx_i+b)$ 表示实际值 y_i 与理论值 mx_i+b 的偏差，那么使得偏差平方的和 $\sum_{i=1}^{n} d_i^2$ 最小的直线 $y=mx+b$ 将是一个合适的选择，如图 5.3.1 所示.

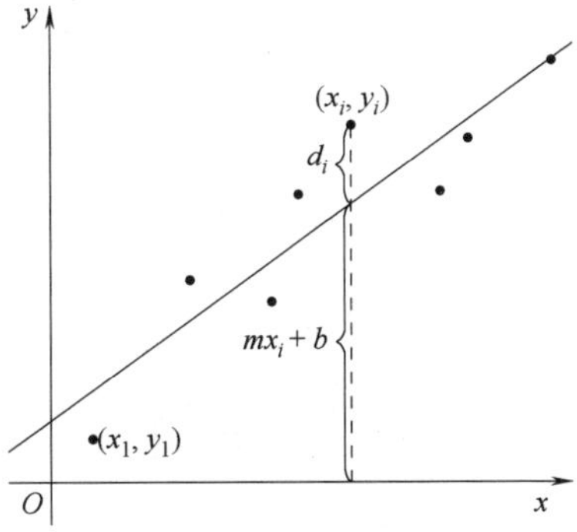

图　5.3.1

为简化计算量，我们先离开数据处理过程，介绍一个有意思的结论：

命题 5.3.8 设 n 阶矩阵 $\boldsymbol{A}$ 是正定的，则 n 元二次函数 $f(x_1,x_2,\cdots,x_n)=\boldsymbol{x}^{\mathrm{T}}\boldsymbol{A}\boldsymbol{x}-2\boldsymbol{x}^{\mathrm{T}}\boldsymbol{\beta}$ 在线性方程组 $\boldsymbol{A}\boldsymbol{x}=\boldsymbol{\beta}$ 的唯一解处达到最小值.

证明：设 $\boldsymbol{x}_0$ 是线性方程组 $\boldsymbol{A}\boldsymbol{x}=\boldsymbol{\beta}$ 的解. 对任意的向量 $\boldsymbol{x}$，我们有

$$\begin{aligned} f(\boldsymbol{x})-f(\boldsymbol{x}_0) &= \boldsymbol{x}^{\mathrm{T}}\boldsymbol{A}\boldsymbol{x}-2\boldsymbol{x}^{\mathrm{T}}\boldsymbol{\beta}-\boldsymbol{x}_0^{\mathrm{T}}\boldsymbol{A}\boldsymbol{x}_0+2\boldsymbol{x}_0^{\mathrm{T}}\boldsymbol{\beta} \\ &= \boldsymbol{x}^{\mathrm{T}}\boldsymbol{A}\boldsymbol{x}-2\boldsymbol{x}^{\mathrm{T}}\boldsymbol{A}\boldsymbol{x}_0+\boldsymbol{x}_0^{\mathrm{T}}\boldsymbol{A}\boldsymbol{x}_0 \\ &= (\boldsymbol{x}-\boldsymbol{x}_0)^{\mathrm{T}}\boldsymbol{A}(\boldsymbol{x}-\boldsymbol{x}_0). \end{aligned}$$

因为 $\boldsymbol{A}$ 是正定的，所以 $\boldsymbol{x}_0$ 是 n 元二次函数 f 的最小值. □

让我们再次回到数据的处理过程，令二元二次函数

$$\begin{aligned} f(m,b) &= \sum_{i=1}^{n} d_i^2 = \sum_{i=1}^{n}(m^2x_i^2+2mx_ib+b^2-2y_imx_i-2y_ib+y_i^2) \\ &= (m,b)\begin{pmatrix} \sum_{i=1}^{n} x_i^2 & \sum_{i=1}^{n} x_i \\ \sum_{i=1}^{n} x_i & n \end{pmatrix}\begin{pmatrix} m \\ b \end{pmatrix} - 2(m,b)\begin{pmatrix} \sum_{i=1}^{n} x_iy_i \\ \sum_{i=1}^{n} y_i \end{pmatrix} + \sum_{i=1}^{n} y_i^2. \end{aligned} \tag{5-3-1}$$

注意到

$$\begin{vmatrix} \sum_{i=1}^{n} x_i^2 & \sum_{i=1}^{n} x_i \\ \sum_{i=1}^{n} x_i & n \end{vmatrix} = n\sum_{i=1}^{n} x_i^2 - \left(\sum_{i=1}^{n} x_i\right)^2.$$

根据柯西-施瓦茨不等式可得

$$\left(\sum_{i=1}^{n} x_i\right)^2 = \left\langle \begin{pmatrix} x_1 \\ x_2 \\ \vdots \\ x_n \end{pmatrix}, \begin{pmatrix} 1 \\ 1 \\ \vdots \\ 1 \end{pmatrix} \right\rangle^2 < n\sum_{i=1}^{n} x_i^2.$$

我们这里合理地默认了 x_1，x_2，$\cdots$，x_n 不全相等. 所以定理 5.3.4 保证了矩阵

$$\begin{pmatrix} \sum_{i=1}^{n} x_i^2 & \sum_{i=1}^{n} x_i \\ \sum_{i=1}^{n} x_i & n \end{pmatrix}$$

是正定的，然后再根据命题 5.3.8，我们希望寻找的常数 m 和 b 满足线性方程组

$$\begin{pmatrix} \sum_{i=1}^{n} x_i^2 & \sum_{i=1}^{n} x_i \\ \sum_{i=1}^{n} x_i & n \end{pmatrix}\begin{pmatrix} m \\ b \end{pmatrix} = \begin{pmatrix} \sum_{i=1}^{n} x_i y_i \\ \sum_{i=1}^{n} y_i \end{pmatrix}. \tag{5-3-2}$$

读者也可以使用定理 5.3.7 来获得线性方程组(5-3-2). 但是上述处理过程相对于微积分的方法而言本质上只需将二元二次函数 $f(m,b)$ 写成二次型的形式，即通过式(5-3-1)可以直接写出线性方程组(5-3-2)，从而回避了求微分这样的"无限维"问题. 事实上，命题 5.3.8 和前一节的瑞利商共同构成了有限元方法的基石.

最后，我们指出上述的最小二乘拟合过程也可以处理高维数据，例如三维空间的数据点近似地满足线性关系，即数据点理论上应该落在同一条直线或同一个平面上；最小二乘拟合过程也可以用高次多项式做拟合，例如数据点近似地满足二次多项式关系，即数据点理论上应该落在二次曲线 ax^2+bx+c 上. 我们希望已经将读者领到了数据处理的大门口，而数据处理是我们在可预见的未来之中最常见的工作.

譬如，我们用最小二乘法来拟合新型冠状病毒肺炎的确诊病例数. 图 5.3.2 中的圆圈记录了从 2020 年 1 月 28 日至 3 月 28 日共计 61 天的新型冠状病毒肺炎的全国确诊病例数(相关数据摘自国家卫生健康委员会官方网站)，其中横轴表示的是天数，纵轴表示的是确诊病例数. 当我们用 6 次多项式做最小二乘拟合时，根据图 5.3.2 可知拟合效果较好. 这样的数据处理可以为相关决策提供科学依据.

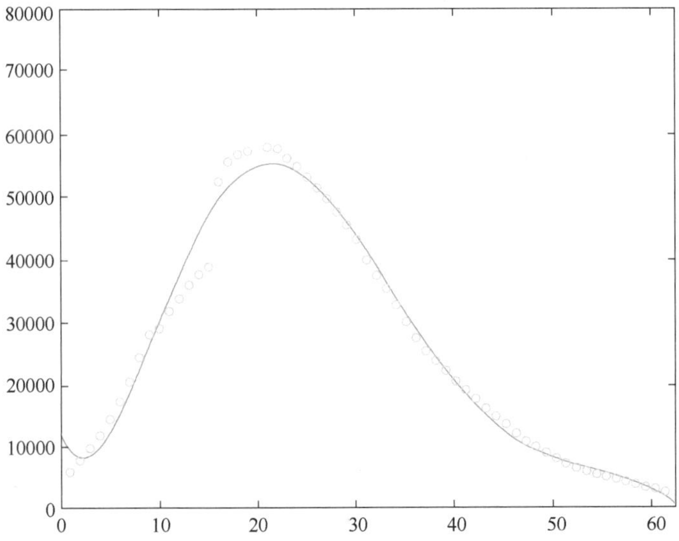

图　5.3.2

抗疫精神

习题 5-3

基础知识篇：

1. 判断下列对称矩阵是否正定：

(1) $\begin{pmatrix}1&1&2\\1&2&6\\2&6&20\end{pmatrix}$；　(2) $\begin{pmatrix}-1&1&0\\1&-2&1\\0&1&-3\end{pmatrix}$；

(3) $\begin{pmatrix}1&1&1\\1&2&2\\1&2&3\end{pmatrix}$.

2. 判断下列实二次型是否正定：

(1) $f(x_1,x_2,x_3)=x_1^2+2x_2^2+3x_3^2+2x_1x_2-4x_2x_3$；

(2) $f(x_1,x_2,x_3)=2x_1^2+5x_2^2+4x_3^2+4x_1x_2-4x_1x_3-8x_2x_3$.

3. 问参数 t 取何值时，下列二次型是正定二次型？

(1) $f(x_1,x_2,x_3)=x_1^2+2x_2^2+3x_3^2+2tx_1x_2+2x_2x_3$；

(2) $f(x_1,x_2,x_3)=x_1^2+x_2^2+5x_3^2-2tx_1x_2+2x_1x_3-2x_2x_3$.

4. 问参数 t 取何值时，二次型

$$f(x_1,x_2,x_3)=-x_1^2-x_2^2-5x_3^2+2tx_1x_2-2x_1x_3+4x_2x_3$$

是负定二次型？

5. 设 $\boldsymbol{A}$，$\boldsymbol{B}$ 是 n 阶正定矩阵，证明：$\boldsymbol{BAB}$ 也是正定矩阵.

6. 设 $\boldsymbol{A}$ 是 n 阶正定矩阵，证明：$\det(\boldsymbol{A}+\boldsymbol{E}_n)>1$.

应用提高篇：

7. 证明：设 $\boldsymbol{A}=(a_{ij})_{n\times n}$ 是正定矩阵，证明：对角元 $a_{ii}>0$，$i=1,2,\cdots,n$.

8. 设 $\boldsymbol{A}$ 是 m 阶正定矩阵，$\boldsymbol{B}$ 是 $m\times n$ 实矩阵，证明：$\boldsymbol{B}^{\mathrm{T}}\boldsymbol{AB}$ 是正定矩阵的充分必要条件是 $R(\boldsymbol{B})=n$.

9. 设 $\boldsymbol{A}$ 是 $m\times n$ 实矩阵，证明：对任意的正实数 t，$t\boldsymbol{E}_n+\boldsymbol{A}^{\mathrm{T}}\boldsymbol{A}$ 是正定矩阵.

10. 某公司在生产中需使用甲、乙两种原料，如果甲和乙两种原料分别使用 x 单位和 y 单位，那么可生产 Q 单位的产品，且 $Q=Q(x,y)=10xy+20.2x+30.3y-10x^2-5y^2$. 已知甲原料的价格为 20 元/单位，乙原料的价格为 30 元/单位，产品每单位售价为 100 元，产品固定成本为 1000 元，求该公司的最大利润.

11. 为了研究父母平均身高 x 与成年儿子身高 y 的关系，调查了 6 个家庭，得到实验数据如表 5.3.1 所示.

表 5.3.1

x/cm	155	160	165	170	175	180
y/cm	158	164	168	175	178	188

试用最小二乘法求父母平均身高与成年儿子身高的线性关系 $y=ax+b$.

部分习题答案与提示

第1章 矩 阵

习题 1-1

1. $\begin{pmatrix}1&-2&3&-1\\3&-1&5&-3\\2&1&2&-2\end{pmatrix}$，$\begin{pmatrix}1&-2&3&-1&1\\3&-1&5&-3&2\\2&1&2&-2&3\end{pmatrix}$.

2. $\boldsymbol{A}=\begin{pmatrix}75&102&64\\56&97&89\end{pmatrix}$，$\boldsymbol{B}=\begin{pmatrix}3500&1675\\2680&1235\\1890&876\end{pmatrix}$.

3. $\begin{pmatrix}0&1&-1\\-1&0&1\\1&-1&0\end{pmatrix}$.

4. $\begin{pmatrix}1500&2300&1200\\3000&780&950\end{pmatrix}$，$\begin{pmatrix}0.3\\0.6\end{pmatrix}$，$\begin{pmatrix}0.02\\0.05\end{pmatrix}$，$\begin{pmatrix}0.4\\0.2\end{pmatrix}$.

习题 1-2

1. $\begin{pmatrix}2&0&0\\6&3&-5\end{pmatrix}$，$\begin{pmatrix}0&6&-2\\-2&-1&5\end{pmatrix}$，$\begin{pmatrix}1&15&-5\\-2&-1&10\end{pmatrix}$.

2. (1) 2；(2) $\begin{pmatrix}-2&-3&1\\2&3&-1\\-2&-3&1\end{pmatrix}$；(3) $\begin{pmatrix}3\\7\\32\end{pmatrix}$；(4) $\begin{pmatrix}1&-1\\-2&4\\1&-1\end{pmatrix}$.

3. (1) $\begin{pmatrix}8&13&17\\-1&-3&2\\-5&4&9\end{pmatrix}$；(2) $\begin{pmatrix}5&4&1\\9&9&7\\-2&1&0\end{pmatrix}$.

4. 略.

5. $\begin{pmatrix}0&0\\0&0\end{pmatrix}$.

6. (1) $\begin{pmatrix}1&n\lambda\\0&1\end{pmatrix}$；(2) $\begin{pmatrix}\lambda^n&n\lambda^{n-1}&\dfrac{n(n-1)}{2!}\lambda^{n-2}\\0&\lambda^n&n\lambda^{n-1}\\0&0&\lambda^n\end{pmatrix}$.

7. 提示：数学归纳法.

8. 略.

9. 略.

10. $\begin{pmatrix}160 & 155\\182 & 169\\95 & 100\end{pmatrix}$.

11. (1) $\boldsymbol{A}=\begin{pmatrix}95 & 90 & 92\\85 & 80 & 75\\90 & 95 & 90\\70 & 60 & 75\end{pmatrix}$, $\boldsymbol{B}=\begin{pmatrix}85 & 90 & 95\\80 & 75 & 85\\92 & 90 & 95\\72 & 64 & 78\end{pmatrix}$;

(2) $\boldsymbol{C}=30\%\boldsymbol{A}+70\%\boldsymbol{B}$, $\boldsymbol{C}=\begin{pmatrix}88 & 90 & 94\\82 & 77 & 82\\91 & 92 & 94\\71 & 63 & 77\end{pmatrix}$.

12. 线性代数与空间解析几何.

习题 1-3

1. (1) $\begin{pmatrix}1 & 2 & 0 & -1\\0 & 0 & 1 & 0\\0 & 0 & 0 & 0\end{pmatrix}$; (2) $\begin{pmatrix}1 & 0 & 2 & 0 & -2\\0 & 1 & -1 & 0 & 3\\0 & 0 & 0 & 1 & 4\\0 & 0 & 0 & 0 & 0\end{pmatrix}$.

2. (1) $\begin{pmatrix}1 & 0 & 0\\0 & 1 & 0\\0 & 0 & 1\end{pmatrix}$; (2) $\begin{pmatrix}1 & 0 & 0 & 0\\0 & 1 & 0 & 0\\0 & 0 & 1 & 0\\0 & 0 & 0 & 0\end{pmatrix}$.

3. (1) $\begin{pmatrix}a_{11} & a_{12} & a_{13} & a_{14}\\a_{31} & a_{32} & a_{33} & a_{34}\\a_{21} & a_{22} & a_{23} & a_{24}\end{pmatrix}$; (2) $\begin{pmatrix}a_{11} & a_{12} & ka_{13} & a_{14}\\a_{21} & a_{22} & ka_{23} & a_{24}\\a_{31} & a_{32} & ka_{33} & a_{34}\end{pmatrix}$;

(3) $\begin{pmatrix}a_{11} & a_{12} & a_{13} & a_{14}\\a_{21}+ka_{11} & a_{22}+ka_{12} & a_{23}+ka_{13} & a_{24}+ka_{14}\\a_{31} & a_{32} & a_{33} & a_{34}\end{pmatrix}$.

4. $\begin{cases}x_1=c-1,\\x_2=c-2,\\x_3=c,\end{cases}$ 其中 c 为任意常数.

5. (1) 略; (2) 相抵.

6. 略.

7. $\begin{cases} x_1 \qquad\qquad = 55-c_1 \\ \quad x_2 \qquad\quad = 20-c_1+c_2 \\ \qquad x_3 \qquad = 15-c_2 \\ \qquad\quad x_4 = c_1 \\ \qquad\qquad x_5 = c_2 \end{cases}$，其中 c_1，c_2 为任意常数.

习题 1-4

1. （1）$\begin{pmatrix} -1 & 0 & -2 \\ 3 & 1 & 6 \\ -2 & -1 & -5 \end{pmatrix}$；（2）$\begin{pmatrix} 2 & -1 & 1 \\ 4 & -2 & 1 \\ -\dfrac{3}{2} & 1 & -\dfrac{1}{2} \end{pmatrix}$；（3）$\begin{pmatrix} 1 & 1 & -2 & -4 \\ 0 & 1 & 0 & -1 \\ -1 & -1 & 3 & 6 \\ 2 & 1 & -6 & -10 \end{pmatrix}$.

2. （1）$\begin{pmatrix} 5 & 3 & 1 \\ -3 & -3 & 0 \\ -7 & -4 & -1 \end{pmatrix}$；（2）$\begin{pmatrix} 2 & -1 & -1 \\ -4 & 7 & 4 \end{pmatrix}$；（3）$\begin{pmatrix} 0 & 3 & 3 \\ -1 & 2 & 3 \\ 1 & 1 & 0 \end{pmatrix}$.

3. $\begin{cases} x_1 \qquad = 1, \\ \quad x_2 \quad = 0, \\ \qquad x_3 = 0. \end{cases}$

4. $\begin{cases} y_1 \qquad = -7x_1-4x_2+9x_3, \\ \quad y_2 \quad = 6x_1+3x_2-7x_3, \\ \qquad y_3 = 3x_1+2x_2-4x_3. \end{cases}$

5. $\begin{pmatrix} 2 & 0 & 1 \\ 0 & 3 & 0 \\ 1 & 0 & 2 \end{pmatrix}$.

6. $\begin{pmatrix} 2-2^n & 2^n-1 \\ 2-2^{n+1} & 2^{n+1}-1 \end{pmatrix}$.

7. $\dfrac{1}{3}(\boldsymbol{A}-2\boldsymbol{E})$，$-\dfrac{1}{5}(\boldsymbol{A}-4\boldsymbol{E})$.

8. $\boldsymbol{E}+\boldsymbol{A}+\boldsymbol{A}^2+\cdots+\boldsymbol{A}^{k-1}$.

9. $\begin{pmatrix} 38 & 54 \\ 49 & 81 \\ 19 & 39 \end{pmatrix}$，battle.

10. a，b 两种产品的单位价格分别为 1.5 万元与 1.2 万元；a，b 两种产品的单位利润分别为 0.2 万元与 0.05 万元.

习题 1-5

1. $\begin{pmatrix} 1 & 2 & 5 & 2 \\ 0 & 1 & 2 & -4 \\ 0 & 0 & -4 & 3 \\ 0 & 0 & 0 & -9 \end{pmatrix}$.

2. (1) $\begin{pmatrix} \frac{3}{25} & \frac{4}{25} & 0 & 0 \\ \frac{4}{25} & -\frac{3}{25} & 0 & 0 \\ 0 & 0 & \frac{1}{2} & 0 \\ 0 & 0 & -\frac{1}{2} & \frac{1}{2} \end{pmatrix}$; (2) $\begin{pmatrix} 625 & 0 & 0 & 0 \\ 0 & 625 & 0 & 0 \\ 0 & 0 & 16 & 0 \\ 0 & 0 & 64 & 16 \end{pmatrix}$; (3) $\begin{pmatrix} 25 & 0 & 0 & 0 \\ 0 & 25 & 0 & 0 \\ 0 & 0 & 4 & 4 \\ 0 & 0 & 4 & 8 \end{pmatrix}$.

3. 提示：利用逆矩阵的定义.

4. (1) $\begin{pmatrix} 0 & 0 & 2 & -3 \\ 0 & 0 & -5 & 8 \\ 1 & -2 & 0 & 0 \\ -2 & 5 & 0 & 0 \end{pmatrix}$; (2) $\begin{pmatrix} 1 & 0 & 0 & 0 \\ -\frac{1}{2} & \frac{1}{2} & 0 & 0 \\ -\frac{7}{2} & 1 & 1 & -\frac{1}{2} \\ 4 & -2 & -1 & 1 \end{pmatrix}$.

5. $\boldsymbol{A}=(\boldsymbol{C}^{-1}, \boldsymbol{B})$，其中 $\boldsymbol{B}$ 是第一列元全为零，其余元为任意的 $n\times 3$ 矩阵.

6. (1) $\boldsymbol{A}=\begin{pmatrix} 0 & 1 & 1 & 1 \\ 1 & 0 & 0 & 0 \\ 0 & 1 & 0 & 0 \\ 1 & 0 & 1 & 0 \end{pmatrix}$; (2) $\boldsymbol{A}^2=\begin{pmatrix} 2 & 1 & 1 & 0 \\ 0 & 1 & 1 & 1 \\ 1 & 0 & 0 & 0 \\ 0 & 2 & 1 & 1 \end{pmatrix}$; (3) 略.

第 2 章　矩阵的行列式

习题 2-1

1. 2.
2. 6.
3. (1) 7; (2) 0; (3) −4; (4) 0; (5) −1; (6) 1; (7) −6; (8) −3.
4. (1) 9; (2) 6; (3) 8; (4) 1.
5. (1) 2; (2) 14.5; (3) 1.
6. $a_{12}a_{23}a_{31}a_{44}$.
7. (1) $\frac{n(n+1)}{2}$; (2) $n(n-1)$.

习题 2-2

1. (1) −1; (2) 1; (3) −7; (4) 0; (5) $4abcdef$; (6) 160; (7) $\lambda_1\lambda_2\cdots\lambda_n$;
   (8) $(-1)^{\frac{n(n-1)}{2}}\lambda_1\lambda_2\cdots\lambda_n$.
2. 0, 0.
3. $\frac{2}{27}$.
4. 是.

5. 10.

6. 28.

7. −2.

8. $D_n=\begin{cases}a_1+b_1, & n=1,\\ (a_2-a_1)(b_1-b_2), & n=2,\\ 0, & n\geqslant 3.\end{cases}$

9. 提示：对 D 的前 k 列使用初等列变换，对 D 的后 n 行使用初等行变换，将 D 变成一个下三角方阵. 而对于一个下三角方阵，结论显然成立.

习题 2-3

1. (1) $-2(x^3+y^3)$；(2) 15；(3) −79；(4) 160.

2. 4.

3. 7.

4. (1) $D_n=\begin{cases}a, & n=1,\\ a^{n-2}(a^2-1), & n\geqslant 2;\end{cases}$ (2) $(b-a)^{n-1}[(n-1)a+b]$；

   (3) $(n-1)!$；(4) $\prod\limits_{0\leqslant j<i\leqslant n}(i-j)$.

5. 5，2.

6. $-\dfrac{2a^2+b^2}{b}$.

7. 11.

习题 2-4

1. (1) $\begin{pmatrix}-5 & 2\\ 3 & -1\end{pmatrix}$；(2) $\begin{pmatrix}1 & -0.5\\ -2 & 1.5\end{pmatrix}$；(3) $\begin{pmatrix}2 & -1 & 1\\ 4 & -2 & 1\\ -1.5 & 1 & -0.5\end{pmatrix}$.

2. $-\dfrac{16}{5}$.

3. (1) $x_1=2$，$x_2=-0.5$，$x_3=0.5$；(2) $x_1=1$，$x_2=2$，$x_3=3$，$x_4=-1$.

4. $\lambda=2$ 或者−7.

5. 提示：使用可逆矩阵的定义以及以下结论：对于任意一个方阵 $\boldsymbol{B}$，总有 $\boldsymbol{B}\boldsymbol{B}^*=|\boldsymbol{B}|\boldsymbol{E}$.

6. 提示：使用反证法：如果 $|\boldsymbol{A}^*|\neq 0$，那么 $\boldsymbol{A}^*$ 可逆，从而由 $\boldsymbol{A}\boldsymbol{A}^*=0\boldsymbol{E}$ 得 $\boldsymbol{A}=\boldsymbol{O}$.

7. $f(x)=7-5x^2+2x^3$.

习题 2-5

1. (1) $R(\boldsymbol{A})=3$，最高阶非零子式只有 $|\boldsymbol{A}|$；

   (2) $R(\boldsymbol{A})=2$，最高阶非零子式可以取 $\begin{vmatrix}3 & 1\\ 1 & 3\end{vmatrix}$；

   (3) $R(\boldsymbol{A})=3$，最高阶非零子式可以取 $\begin{vmatrix}3 & 2 & 5\\ 3 & -2 & 6\\ 2 & 0 & 5\end{vmatrix}$；

(4) $R(\boldsymbol{A})=3$，最高阶非零子式可以取$\begin{vmatrix}3 & 2 & -1\\ 2 & -1 & -3\\ 7 & 0 & -8\end{vmatrix}$.

2. 4 个.

3. $R(\boldsymbol{A})=1$.

4. $a=0$.

5. $a=-3$.

6. 提示：假设$\boldsymbol{A}=\boldsymbol{P}\begin{pmatrix}\boldsymbol{E}_r & \boldsymbol{O}\\ \boldsymbol{O} & \boldsymbol{O}\end{pmatrix}\boldsymbol{Q}$，其中 $\boldsymbol{P}$ 和 $\boldsymbol{Q}$ 为可逆方阵，那么此时使用分块矩阵乘法可得$\boldsymbol{A}=\boldsymbol{p}_1\boldsymbol{q}_1^{\mathrm{T}}+\boldsymbol{p}_2\boldsymbol{q}_2^{\mathrm{T}}+\cdots+\boldsymbol{p}_r\boldsymbol{q}_r^{\mathrm{T}}$，其中 $\boldsymbol{p}_i$ 是 $\boldsymbol{P}$ 的第 i 列，$\boldsymbol{q}_j^{\mathrm{T}}$ 是 $\boldsymbol{Q}$ 的第 j 行.

7. (1) $k=1$；(2) $k=-2$；(3) $k\neq 1$ 且 $k\neq -2$.

8. 行数为 540，列数为 720，秩为 538；不能使用本节例 3 的方法节省存储空间.

第 3 章　线性方程组与向量空间

习题 3-1

1. 当 $\lambda\neq 0$ 且 $\lambda\neq -3$ 时，方程组有唯一解；当 $\lambda=0$ 时，方程组无解；当 $\lambda=-3$ 时，方程组有无穷多解，通解为$\begin{pmatrix}x_1\\ x_2\\ x_3\end{pmatrix}=\begin{pmatrix}-1\\ -2\\ 0\end{pmatrix}+c\begin{pmatrix}1\\ 1\\ 1\end{pmatrix}$.

2. 当 $a\neq 1$ 且 $b\neq 0$ 时，方程组有唯一解；当 $a=1$，$b\neq\dfrac{1}{2}$或 $b=0$ 时，方程组无解；当 $a=1$，$b=\dfrac{1}{2}$时，方程组有无穷多解，通解为$\begin{pmatrix}x_1\\ x_2\\ x_3\end{pmatrix}=\begin{pmatrix}2\\ 2\\ 0\end{pmatrix}+c\begin{pmatrix}-1\\ 0\\ 1\end{pmatrix}$.

3. 当 $\lambda\neq -2$ 且 $\lambda\neq 1$ 时，方程组只有零解；当 $\lambda=-2$ 或 $\lambda=1$ 时，方程组有非零解. 当 $\lambda=-2$ 时通解为$\begin{pmatrix}x_1\\ x_2\\ x_3\end{pmatrix}=c\begin{pmatrix}1\\ 1\\ 1\end{pmatrix}$；当 $\lambda=1$ 时通解为$\begin{pmatrix}x_1\\ x_2\\ x_3\end{pmatrix}=c_1\begin{pmatrix}-1\\ 1\\ 0\end{pmatrix}+c_2\begin{pmatrix}-1\\ 0\\ 1\end{pmatrix}$.

4. (1) 无解；(2) 通解为$\begin{pmatrix}x_1\\ x_2\\ x_3\end{pmatrix}=\begin{pmatrix}2\\ 2\\ 0\end{pmatrix}+c\begin{pmatrix}-1\\ 2\\ 1\end{pmatrix}$.

5. (1) $\boldsymbol{L}=\begin{pmatrix}1 & 0 & 0\\ 2 & 1 & 0\\ 3 & -8 & 1\end{pmatrix}$，$\boldsymbol{U}=\begin{pmatrix}1 & 2 & 1\\ 0 & 1 & -3\\ 0 & 0 & -28\end{pmatrix}$；

（2）$\boldsymbol{L}=\begin{pmatrix}1&0&0&0\\2&1&0&0\\3&1&1&0\\1&2&0&1\end{pmatrix}$，$\boldsymbol{U}=\begin{pmatrix}1&1&-2&0\\0&-1&-2&-1\\0&0&1&0\\0&0&0&2\end{pmatrix}$.

6. 提示：可以用数学归纳法.

7. $C_3H_8+5O_2=3CO_2+4H_2O$.

8. 324，378，360，354.

9.（1）$c_1\begin{pmatrix}-1\\1\\0\\1\\0\\0\end{pmatrix}+c_2\begin{pmatrix}0\\1\\-1\\0\\1\\0\end{pmatrix}+c_3\begin{pmatrix}-1\\0\\1\\0\\0\\1\end{pmatrix}+\begin{pmatrix}350\\0\\150\\0\\0\\0\end{pmatrix}$，其中 c_1，c_2，c_3 为非负整数，且满足$\begin{cases}c_1+c_3\leqslant 350,\\c_2-c_3\leqslant 150;\end{cases}$

（2）$c_1\begin{pmatrix}-1\\1\\0\\1\\0\end{pmatrix}+c_2\begin{pmatrix}0\\1\\-1\\0\\1\end{pmatrix}+\begin{pmatrix}350\\0\\150\\0\\0\end{pmatrix}$，其中 c_1，c_2 为非负整数，且满足$\begin{cases}c_1\leqslant 350,\\c_2\leqslant 150.\end{cases}$

习题 3-2

1. $\boldsymbol{\beta}=(-3c+2)\boldsymbol{\alpha}_1+(2c-1)\boldsymbol{\alpha}_2+c\boldsymbol{\alpha}_3$，其中 c 是任意常数.

2. 不能.

3. 提示：设 $\boldsymbol{A}=(\boldsymbol{\alpha}_1,\boldsymbol{\alpha}_2)$，$\boldsymbol{B}=(\boldsymbol{\beta}_1,\boldsymbol{\beta}_2,\boldsymbol{\beta}_3)$，则 $R(\boldsymbol{A})=R(\boldsymbol{B})=R(\boldsymbol{A},\boldsymbol{B})=2$.

4.（1）线性相关；（2）线性无关.

5. 当 $\lambda=9$ 时线性相关；当 $\lambda\neq 9$ 时线性无关.

6.（1）是；（2）是；（3）不是.

7. 提示：$(\boldsymbol{\beta}_1,\boldsymbol{\beta}_2,\boldsymbol{\beta}_3)=(\boldsymbol{\alpha}_1,\boldsymbol{\alpha}_2,\boldsymbol{\alpha}_3)\boldsymbol{A}$，其中 $\boldsymbol{A}=\begin{pmatrix}1&0&1\\1&1&0\\0&1&1\end{pmatrix}$ 可逆.

8. 线性相关.

9.（1）能；（2）不能.

习题 3-3

1.（1）秩为 3，$\boldsymbol{\alpha}_1$，$\boldsymbol{\alpha}_2$，$\boldsymbol{\alpha}_3$ 是一个极大无关组；（2）秩为 2，$\boldsymbol{\alpha}_1$，$\boldsymbol{\alpha}_2$ 是一个极大无关组.

2.（1）$k=5$；（2）$a=2$，$b=5$.

3.（1）线性相关，秩为 2，$\boldsymbol{\alpha}_1$，$\boldsymbol{\alpha}_2$ 是一个极大无关组，$\boldsymbol{\alpha}_3=-2\boldsymbol{\alpha}_1$；（2）线性相关，秩为 2，$\boldsymbol{\alpha}_1$，$\boldsymbol{\alpha}_2$ 是一个极大无关组，$\boldsymbol{\alpha}_3=\dfrac{5}{11}\boldsymbol{\alpha}_1-\dfrac{9}{11}\boldsymbol{\alpha}_2$，$\boldsymbol{\alpha}_4=\dfrac{7}{11}\boldsymbol{\alpha}_1-\dfrac{6}{11}\boldsymbol{\alpha}_2$.

4. 秩为 3，因为 $\boldsymbol{\alpha}_1$ 可由 $\boldsymbol{\alpha}_2$，$\boldsymbol{\alpha}_3$ 线性表出.

5. 提示：只要证明 $\boldsymbol{\alpha}_1$，$\boldsymbol{\alpha}_2$，$\boldsymbol{\alpha}_3$线性无关. $\boldsymbol{\beta}_1=2\boldsymbol{\alpha}_1+3\boldsymbol{\alpha}_2-\boldsymbol{\alpha}_3$，$\boldsymbol{\beta}_2=3\boldsymbol{\alpha}_1-3\boldsymbol{\alpha}_2-2\boldsymbol{\alpha}_3$.

6. $\boldsymbol{S}$ 的秩为 2.

7. 提示：设 $\boldsymbol{A}=(\boldsymbol{\alpha}_1,\boldsymbol{\alpha}_2,\cdots,\boldsymbol{\alpha}_s)$，$\boldsymbol{B}=(\boldsymbol{\beta}_1,\boldsymbol{\beta}_2,\cdots,\boldsymbol{\beta}_r)$，则 $\boldsymbol{B}=\boldsymbol{AK}$.

$(\Rightarrow)r=R(\boldsymbol{B})\leqslant R(\boldsymbol{K}_{s\times r})\leqslant r$，故 $R(\boldsymbol{K})=r$. $(\Leftarrow)$考察齐次线性方程组 $\boldsymbol{Bx}=\boldsymbol{0}$，即 $\boldsymbol{AKx}=\boldsymbol{0}$，由 $\boldsymbol{\alpha}_1$，$\boldsymbol{\alpha}_2$，…，$\boldsymbol{\alpha}_s$ 线性无关得 $\boldsymbol{Kx}=\boldsymbol{0}$. 因为 $R(\boldsymbol{K})=r$，故 $\boldsymbol{x}=\boldsymbol{0}$.

8. 提示：记 $\boldsymbol{\alpha}_i$ 表示第 i 号观测站在八年内的降水量构成的 8 维列向量. 向量组 $\boldsymbol{\alpha}_1$，$\boldsymbol{\alpha}_2$，…，$\boldsymbol{\alpha}_{10}$必线性相关. 经计算得 $\boldsymbol{\alpha}_1$，$\boldsymbol{\alpha}_2$，…，$\boldsymbol{\alpha}_8$ 是一个极大线性无关组，$\boldsymbol{\alpha}_9$，$\boldsymbol{\alpha}_{10}$ 可由 $\boldsymbol{\alpha}_1$，$\boldsymbol{\alpha}_2$，…，$\boldsymbol{\alpha}_8$ 线性表出，故可以减少第 9 号和第 10 号观测站.

习题 3-4

1. （1）基础解系为 $\boldsymbol{\xi}_1=\begin{pmatrix}2\\5\\7\\0\end{pmatrix}$，$\boldsymbol{\xi}_2=\begin{pmatrix}3\\4\\0\\7\end{pmatrix}$，通解为 $c_1\boldsymbol{\xi}_1+c_2\boldsymbol{\xi}_2$；

（2）基础解系为 $\boldsymbol{\xi}_1=\begin{pmatrix}-16\\3\\4\\0\end{pmatrix}$，$\boldsymbol{\xi}_2=\begin{pmatrix}0\\1\\0\\4\end{pmatrix}$，通解为 $c_1\boldsymbol{\xi}_1+c_2\boldsymbol{\xi}_2$.

2. （1）$\begin{pmatrix}-8\\13\\0\\2\end{pmatrix}+c\begin{pmatrix}-1\\1\\1\\0\end{pmatrix}$；（2）$\begin{pmatrix}0\\1\\0\\0\end{pmatrix}+c_1\begin{pmatrix}1\\2\\1\\0\end{pmatrix}+c_2\begin{pmatrix}-1\\-1\\0\\1\end{pmatrix}$.

3. $\begin{pmatrix}3\\-4\\1\\2\end{pmatrix}+c\begin{pmatrix}2\\-14\\-6\\4\end{pmatrix}$.

4. 提示：（1）设 $a_0\boldsymbol{\eta}+a_1\boldsymbol{\xi}_1+a_2\boldsymbol{\xi}_2+\cdots+a_{n-r}\boldsymbol{\xi}_{n-r}=\boldsymbol{0}$，两边左乘 $\boldsymbol{A}$ 得 $a_0\boldsymbol{\beta}=\boldsymbol{0}$，故 $a_0=0$. 这时 $a_1\boldsymbol{\xi}_1+a_2\boldsymbol{\xi}_2+\cdots+a_{n-r}\boldsymbol{\xi}_{n-r}=\boldsymbol{0}$，从而 $a_1=a_2=\cdots=a_{n-r}=0$.

（2）设 $a_1(\boldsymbol{\eta}+\boldsymbol{\xi}_1)+a_2(\boldsymbol{\eta}+\boldsymbol{\xi}_2)+\cdots+a_{n-r}(\boldsymbol{\eta}+\boldsymbol{\xi}_{n-r})=\boldsymbol{0}$，即$(a_1+a_2+\cdots+a_{n-r})\boldsymbol{\eta}+a_1\boldsymbol{\xi}_1+a_2\boldsymbol{\xi}_2+\cdots+a_{n-r}\boldsymbol{\xi}_{n-r}=0$，由(1)得 $a_1+a_2+\cdots+a_{n-r}=0$，$a_1=a_2=\cdots=a_{n-r}=0$.

5. 提示：$A(k_1\boldsymbol{\eta}_1+k_2\boldsymbol{\eta}_2+\cdots+k_s\boldsymbol{\eta}_s)=(k_1+k_2+\cdots+k_s)\boldsymbol{\beta}=\boldsymbol{\beta}$.

6. （1）$\boldsymbol{x}_0=\begin{pmatrix}0.58\\0.14\\0.28\end{pmatrix}$；（2）$\boldsymbol{x}_1=\begin{pmatrix}0.94&0.32&0.12\\0.02&0.44&0.08\\0.04&0.24&0.8\end{pmatrix}\boldsymbol{x}_0$；（3）0.73，0.057，0.213.

7. 煤矿总产值是 114458 元，发电厂总产值是 65395 元，铁路总产值是 85111 元.

第 4 章 矩阵的相似分类与可对角化

习题 4-1

1. $\begin{pmatrix}-6148 & 6147\\-8196 & 8195\end{pmatrix}$.

2. $\begin{pmatrix}351561.5 & -703125 & 351563.5\\-351562.5 & 703125 & -351562.5\\351563.5 & -703125 & 351561.5\end{pmatrix}$.

3. $a=4$, $b=5$.

4. 提示：$\boldsymbol{A}^{-1}(\boldsymbol{AB})\boldsymbol{A}=\boldsymbol{BA}$.

5. (1) 用状态 1 表示“健康”，状态 2 表示“生病”，那么转移矩阵是$\begin{pmatrix}0.95 & 0.45\\0.05 & 0.55\end{pmatrix}$；

(2) 0.125，0.1125.

6. $\begin{pmatrix}0.5 & 0.25 & 0.25\\0.25 & 0.5 & 0.25\\0.25 & 0.25 & 0.5\end{pmatrix}$.

习题 4-2

1. (1) 特征值分别为−1 和 3，对应的特征向量分别为 $k(-1,-1)^{\mathrm{T}}$ 和 $n(-1,1)^{\mathrm{T}}$；

(2) 特征值都是 1，对应的特征向量是 $k(-2,1,0)^{\mathrm{T}}$；

(3) 特征值是 7，−1，0，对应的特征向量分别是 $k(1,1,2)^{\mathrm{T}},m(-1,1,0)^{\mathrm{T}},n(-2,-2,3)^{\mathrm{T}}$；

(4) 只有两个不同的特征值 1 和−1，对应的特征向量分别是

$$k_1\begin{pmatrix}0\\1\\1\\0\end{pmatrix}+k_2\begin{pmatrix}1\\0\\0\\1\end{pmatrix},k_1\neq 0 \text{ 或者 } k_2\neq 0;$$

$$c_1\begin{pmatrix}0\\-1\\1\\0\end{pmatrix}+c_2\begin{pmatrix}-1\\0\\0\\1\end{pmatrix},c_1\neq 0 \text{ 或者 } c_2\neq 0.$$

2. 5 和 7.

3. 2，8，24.

4. 0.

5. $\begin{pmatrix}1 & 0 & 5^{100}-1\\0 & 5^{100} & 0\\0 & 0 & 5^{100}\end{pmatrix}$.

6. $\begin{pmatrix}1953125 & 1953126 & 1953124\\1953126 & 1953125 & 1953124\\1953124 & 1953124 & 1953127\end{pmatrix}$.

7. (1) $a=1$；(2) 2,3.

8. $a=-3$，$b=0$.

9. 4 和-3.

10. 提示：先证 $\boldsymbol{\alpha}_1$，$\boldsymbol{\alpha}_2$，$\boldsymbol{\alpha}_3$ 线性无关.

11. 转移矩阵为$\begin{pmatrix}1-b & a\\ b & 1-a\end{pmatrix}$. 城镇人口$\dfrac{1}{2(b+a)}[2a+(b-a)r^n]$，农村人口$\dfrac{1}{2(b+a)}[2b+(a-b)r^n]$，其中 $r=1-b-a$.

习题 4-3

1. (1) 可对角化，$\boldsymbol{P}$ 可取为$\begin{pmatrix}1&1&1\\0&4&0\\1&0&4\end{pmatrix}$；(2) 可对角化，$\boldsymbol{P}$ 可取为$\begin{pmatrix}0&-1&1\\1&0&3\\0&1&4\end{pmatrix}$；

(3) 可对角化，$\boldsymbol{P}$ 可取为$\begin{pmatrix}-1&1&1\\1&0&-2\\0&1&3\end{pmatrix}$；(4) 可对角化，$\boldsymbol{P}$ 可取为$\begin{pmatrix}1&1&-1\\1&0&0\\0&1&1\end{pmatrix}$；

(5) 可对角化，$\boldsymbol{P}$ 可取为$\begin{pmatrix}1&-1&-1\\-1&1&0\\1&0&1\end{pmatrix}$；(6) 可对角化，$\boldsymbol{P}$ 可取为$\begin{pmatrix}-1&3&1\\-2&5&0\\1&0&0\end{pmatrix}$.

2. $x\neq1$ 且 $x\neq2$.

3. 令 $\boldsymbol{P}=\begin{pmatrix}3&2\\1&1\end{pmatrix}$，则 $\boldsymbol{P}^{-1}\boldsymbol{AP}=\begin{pmatrix}1&0\\0&3\end{pmatrix}$.

4. (1) $a=1$，$b=3$；(2) $\boldsymbol{P}$ 可取为$\begin{pmatrix}1&1&1\\0&0&4\\1&4&1\end{pmatrix}$.

5. 提示：若 $\boldsymbol{A}$ 可逆，则 $\boldsymbol{A}$ 的特征值都不为零. 使用定义即可证明 $\boldsymbol{A}^{-1}$ 也可对角化.

6. (1) $a=0$，$b=2$；(2) 1；(3) 不能，因为 $\boldsymbol{A}$ 没有三个线性无关的特征向量.

7. (1) 因为 $\boldsymbol{A\alpha}$ 不是 $\boldsymbol{\alpha}$ 的常数倍，同时 $\boldsymbol{\alpha}\neq\boldsymbol{0}$ 也不是 $\boldsymbol{A\alpha}$ 的常数倍，所以 $\boldsymbol{\alpha}$，$\boldsymbol{A\alpha}$ 线性无关；

(2) $\boldsymbol{P}^{-1}\boldsymbol{AP}=\begin{pmatrix}0&6\\1&-1\end{pmatrix}$，$\boldsymbol{A}$ 相似于一个对角矩阵.

8. $\begin{pmatrix}86&-27\\-27&16\end{pmatrix}$.

习题 4-4

1. $c=-2$，$\boldsymbol{\gamma}=(-2,1,-1)^{\mathrm{T}}$.

2. (1) $\boldsymbol{\gamma}_1=\dfrac{1}{\sqrt{2}}(1,0,-1)^{\mathrm{T}}$，$\boldsymbol{\gamma}_2=\dfrac{1}{\sqrt{2}}(-1,0,-1)^{\mathrm{T}}$；

(2) $\boldsymbol{\gamma}_1=\dfrac{1}{\sqrt{5}}(1,2,0)^{\mathrm{T}}$，$\boldsymbol{\gamma}_2=\dfrac{1}{\sqrt{5}}(-2,1,0)^{\mathrm{T}}$；

(3) $\boldsymbol{\gamma}_1=\frac{1}{\sqrt{3}}(1,1,1)^{\mathrm{T}}$，$\boldsymbol{\gamma}_2=\frac{1}{\sqrt{2}}(-1,0,1)^{\mathrm{T}}$，$\boldsymbol{\gamma}_3=\frac{1}{\sqrt{6}}(1,-2,1)^{\mathrm{T}}$；

(4) $\boldsymbol{\gamma}_1=\frac{1}{\sqrt{3}}(1,0,-1,1)^{\mathrm{T}}$，$\boldsymbol{\gamma}_2=\frac{1}{\sqrt{15}}(1,-3,2,1)^{\mathrm{T}}$，$\boldsymbol{\gamma}_3=\frac{1}{\sqrt{35}}(-1,3,3,4)^{\mathrm{T}}$.

3. $x=\frac{\sqrt{3}}{2}$，$y=-\frac{\sqrt{3}}{2}$.

4. (1) 不是，列向量的长度不是 1.

(2) 是，满足正交矩阵的定义.

5. 提示：(1) 由内积的定义和 $\boldsymbol{A}^{\mathrm{T}}\boldsymbol{A}=\boldsymbol{E}$ 即可得；

(2) 使用本题(1)的结论，令(1)中的 $\boldsymbol{\beta}=\boldsymbol{\alpha}$；

(3) 使用夹角的定义和本题(1)的结论.

6. 提示：验证 $(\boldsymbol{A}+3\boldsymbol{E})^{\mathrm{T}}(\boldsymbol{A}+3\boldsymbol{E})=\boldsymbol{E}$.

7. 提示：对称性用定义容易验证. 正交性也使用定义验证，同时注意 $\boldsymbol{\alpha}^{\mathrm{T}}\boldsymbol{\alpha}=1$.

8. 第一主成分为 $(0.95,\ -0.32)^{\mathrm{T}}$，第二主成分为 $(0.32,\ 0.95)^{\mathrm{T}}$.

习题 4-5

1. (1) $\boldsymbol{P}=\frac{1}{\sqrt{2}}\begin{pmatrix}1&-1\\1&1\end{pmatrix}$，$\boldsymbol{D}=\mathbf{diag}(3,\ -1)$；

(2) $\boldsymbol{P}=\frac{1}{\sqrt{6}}\begin{pmatrix}\sqrt{2}&1&-\sqrt{3}\\\sqrt{2}&-2&0\\\sqrt{2}&1&\sqrt{3}\end{pmatrix}$，$\boldsymbol{D}=\mathbf{diag}(7,4,-4)$；

(3) $\boldsymbol{P}=\frac{1}{\sqrt{2}}\begin{pmatrix}0&1&1\\\sqrt{2}&0&0\\0&-1&1\end{pmatrix}$，$\boldsymbol{D}=\mathbf{diag}(0,0,2)$；

(4) $\boldsymbol{P}=\begin{pmatrix}\frac{2}{3}&-\frac{\sqrt{5}}{5}&-\frac{4\sqrt{5}}{15}\\\frac{1}{3}&\frac{2\sqrt{5}}{5}&-\frac{2\sqrt{5}}{15}\\\frac{2}{3}&0&\frac{\sqrt{5}}{3}\end{pmatrix}$，$\boldsymbol{D}=\mathbf{diag}(8,-1,-1)$；

(5) $\boldsymbol{P}=\begin{pmatrix}\frac{\sqrt{3}}{3}&-\frac{\sqrt{2}}{2}&-\frac{\sqrt{6}}{6}\\\frac{\sqrt{3}}{3}&\frac{\sqrt{2}}{2}&-\frac{\sqrt{6}}{6}\\\frac{\sqrt{3}}{3}&0&\frac{\sqrt{6}}{3}\end{pmatrix}$，$\boldsymbol{D}=\mathbf{diag}(4,1,1)$；

(6) $\boldsymbol{P}=\begin{pmatrix}\frac{2}{3} & -\frac{2}{3} & \frac{1}{3}\\ -\frac{2}{3} & -\frac{1}{3} & \frac{2}{3}\\ \frac{1}{3} & \frac{2}{3} & \frac{2}{3}\end{pmatrix}$，$\boldsymbol{D}=\mathbf{diag}(4,1,-2)$.

2. $\mathbf{diag}(2,-1,1)$.

3. (1) $a=b=0$；(2) $\boldsymbol{P}=\begin{pmatrix}-\frac{1}{\sqrt{2}} & 0 & \frac{1}{\sqrt{2}}\\ 0 & 1 & 0\\ \frac{1}{\sqrt{2}} & 0 & \frac{1}{\sqrt{2}}\end{pmatrix}$.

4. (1) $x=3$，$y=-2$；

(2) 令 $\boldsymbol{P}=\begin{pmatrix}\frac{1}{\sqrt{2}} & -\frac{1}{\sqrt{2}} & 0\\ \frac{1}{\sqrt{2}} & \frac{1}{\sqrt{2}} & 0\\ 0 & 0 & 1\end{pmatrix}$，则 $\boldsymbol{P}^{-1}(\boldsymbol{BC})\boldsymbol{P}=\mathbf{diag}(0,-2,-2)$.

5. $\frac{1}{3}\begin{pmatrix}-1 & 0 & 2\\ 0 & 1 & 2\\ 2 & 2 & 0\end{pmatrix}$.

6. $\begin{pmatrix}4 & 1 & 1\\ 1 & 4 & 1\\ 1 & 1 & 4\end{pmatrix}$.

7. (1) 特征值分别为 3，0，0，对应的特征向量分别为 $c_0(1,1,1)^{\mathrm{T}}$，$c_1\boldsymbol{\alpha}_1$，$c_2\boldsymbol{\alpha}_2$，其中 $c_0c_1c_2\neq 0$；

(2) $\boldsymbol{P}=\begin{pmatrix}\frac{\sqrt{3}}{3} & -\frac{\sqrt{6}}{6} & -\frac{\sqrt{2}}{2}\\ \frac{\sqrt{3}}{3} & \frac{\sqrt{6}}{6} & 0\\ \frac{\sqrt{3}}{3} & -\frac{\sqrt{6}}{6} & \frac{\sqrt{2}}{2}\end{pmatrix}$；(3) $\begin{pmatrix}1 & 1 & 1\\ 1 & 1 & 1\\ 1 & 1 & 1\end{pmatrix}$.

8. 本题中各题答案不唯一.

(1) $\begin{pmatrix}0 & 1\\ 1 & 0\end{pmatrix}\begin{pmatrix}3 & 0\\ 0 & 1\end{pmatrix}\begin{pmatrix}0 & 1\\ -1 & 0\end{pmatrix}^{\mathrm{T}}$；

(2) $\begin{pmatrix} \frac{2}{\sqrt{5}} & -\frac{1}{\sqrt{5}} \\ \frac{1}{\sqrt{5}} & \frac{2}{\sqrt{5}} \end{pmatrix} \begin{pmatrix} 4 & 0 \\ 0 & 1 \end{pmatrix} \begin{pmatrix} \frac{1}{\sqrt{5}} & -\frac{2}{\sqrt{5}} \\ \frac{2}{\sqrt{5}} & \frac{1}{\sqrt{5}} \end{pmatrix}^{\mathrm{T}}$；

(3) $\begin{pmatrix} -1 & 0 & 0 \\ 0 & 0 & 1 \\ 0 & 1 & 0 \end{pmatrix} \begin{pmatrix} 3\sqrt{2} & 0 \\ 0 & \sqrt{2} \\ 0 & 0 \end{pmatrix} \begin{pmatrix} -\frac{1}{\sqrt{2}} & \frac{1}{\sqrt{2}} \\ \frac{1}{\sqrt{2}} & \frac{1}{\sqrt{2}} \end{pmatrix}^{\mathrm{T}}$；

(4) $\begin{pmatrix} \frac{1}{\sqrt{2}} & -\frac{1}{\sqrt{2}} \\ \frac{1}{\sqrt{2}} & \frac{1}{\sqrt{2}} \end{pmatrix} \begin{pmatrix} 5 & 0 & 0 \\ 0 & 3 & 0 \end{pmatrix} \begin{pmatrix} \frac{1}{\sqrt{2}} & -\frac{\sqrt{2}}{6} & -\frac{2}{3} \\ \frac{1}{\sqrt{2}} & \frac{\sqrt{2}}{6} & \frac{2}{3} \\ 0 & -\frac{2\sqrt{2}}{3} & \frac{1}{3} \end{pmatrix}^{\mathrm{T}}$.

第 5 章　二次型与矩阵的合同分类

习题 5-1

1. (1) $\begin{pmatrix} 2 & 2 & 0 \\ 2 & 1 & 1 \\ 0 & 1 & -5 \end{pmatrix}$；(2) $\begin{pmatrix} 1 & 3 & 5 \\ 3 & 5 & 7 \\ 5 & 7 & 9 \end{pmatrix}$.

2. $\lambda=\sqrt{2}$ 或 $\lambda=-\sqrt{2}$.

3. (1) $3y_1^2+y_2^2+y_3^2$；(2) $y_1^2+\frac{3}{2}y_2^2+2y_3^2$.

4. (1) $f=y_1^2+3y_2^3-3y_3^2$，$\begin{pmatrix} x_1 \\ x_2 \\ x_3 \end{pmatrix}=\begin{pmatrix} \frac{1}{\sqrt{2}} & \frac{1}{\sqrt{3}} & \frac{1}{\sqrt{6}} \\ -\frac{1}{\sqrt{2}} & \frac{1}{\sqrt{3}} & \frac{1}{\sqrt{6}} \\ 0 & \frac{1}{\sqrt{3}} & -\frac{2}{\sqrt{6}} \end{pmatrix}\begin{pmatrix} y_1 \\ y_2 \\ y_3 \end{pmatrix}$；

(2) $f=5y_1^2-4y_2^3-4y_3^2$，$\begin{pmatrix} x_1 \\ x_2 \\ x_3 \end{pmatrix}=\begin{pmatrix} -\frac{1}{\sqrt{5}} & -\frac{4}{3\sqrt{5}} & \frac{2}{3} \\ \frac{2}{\sqrt{5}} & -\frac{2}{3\sqrt{5}} & \frac{1}{3} \\ 0 & \frac{5}{3\sqrt{5}} & \frac{2}{3} \end{pmatrix}\begin{pmatrix} y_1 \\ y_2 \\ y_3 \end{pmatrix}$.

5. $3\left(y'-\frac{2}{\sqrt{5}}\right)^2-2\left(x'+\frac{1}{\sqrt{5}}\right)^2=1$，它是以$\left(-\frac{1}{\sqrt{5}},\ \frac{2}{\sqrt{5}}\right)$为中心，虚半轴长为$\frac{1}{\sqrt{2}}$，实半轴长为$\frac{1}{\sqrt{3}}$的

双曲线.

6. 提示：$f(x_1,x_2,\cdots,x_n)=\sum_{i=1}^{n}x_i(-1)^{1+i+1}\begin{vmatrix} x_1 & a_{11} & \cdots & a_{1,i-1} & a_{1,i+1} & \cdots & a_{1n} \\ x_2 & a_{21} & \cdots & a_{2,i-1} & a_{2,i+1} & \cdots & a_{2n} \\ \vdots & \vdots & & \vdots & \vdots & & \vdots \\ x_n & a_{n1} & \cdots & a_{n,i-1} & a_{n,i+1} & \cdots & a_{nn} \end{vmatrix}$,

$\sum_{i=1}^{n}x_i(-1)^{i}\sum_{j=1}^{n}x_j(-1)^{1+j}M_{ji}=-\sum_{i=1}^{n}\sum_{j=1}^{n}x_ix_jA_{ji}$.

7. $a=3$，$b=1$，$\boldsymbol{P}=\begin{pmatrix} \frac{1}{\sqrt{2}} & \frac{1}{\sqrt{3}} & \frac{1}{\sqrt{6}} \\ 0 & -\frac{1}{\sqrt{3}} & \frac{2}{\sqrt{6}} \\ \frac{1}{\sqrt{2}} & \frac{1}{\sqrt{3}} & \frac{1}{\sqrt{6}} \end{pmatrix}$.

8. $a=4$，$b=1$，$\boldsymbol{Q}=\begin{pmatrix} -\frac{4}{5} & \frac{3}{5} \\ \frac{3}{5} & \frac{4}{5} \end{pmatrix}$.

9. 令$\begin{pmatrix} x_1 \\ x_2 \end{pmatrix}=\begin{pmatrix} \frac{1}{\sqrt{2}} & -\frac{1}{\sqrt{2}} \\ \frac{1}{\sqrt{2}} & \frac{1}{\sqrt{2}} \end{pmatrix}\begin{pmatrix} y_1 \\ y_2 \end{pmatrix}$，则原方程化为$\frac{y_1^2}{16}+\frac{y_2^2}{\frac{48}{7}}=1$.

10. 提示：存在正交线性替换$\begin{pmatrix} x_1 \\ x_2 \end{pmatrix}=\boldsymbol{Q}\begin{pmatrix} y_1 \\ y_2 \end{pmatrix}$，使得方程 $\boldsymbol{x}^{\mathrm{T}}\boldsymbol{A}\boldsymbol{x}=c$ 化为 $\lambda_1y_1^2+\lambda_2y_2^2=c$，其中 $\lambda_1\neq0$，$\lambda_2\neq0$. ①当 λ_1,λ_2,c 同号时，图形是椭圆(或圆)；②当 λ_1,λ_2 异号且 $c\neq0$ 时，图形是双曲线；③当 λ_1,λ_2 异号且 $c=0$ 时，图形是两条相交的直线；④当 λ_1,λ_2 同号且 $c=0$ 时，图形是单个点；⑤当 λ_1,λ_2 同号且与 c 异号时，图形不含任何点.

习题 5-2

1. (1) $\boldsymbol{A}$ 与 $\boldsymbol{B}$ 相抵，合同，但不相似；(2) $\boldsymbol{A}$ 与 $\boldsymbol{B}$ 相抵，相似，合同.
2. $a<0$，$b>0$.
3. (1) 二次型$f(x_1,x_2,x_3)$的秩为3，正惯性指数为2，负惯性指数为1，规范形为 $y_1^2+y_2^2-y_3^2$；
   (2) 二次型$f(x_1,x_2,x_3)$的秩为3，正惯性指数为2，负惯性指数为1，规范形为 $y_1^2+y_2^2-y_3^2$.
4. $a=-2$.
5. $y_1^2+y_2^2-y_3^2$.
6. $y_1^2-y_2^2-y_3^2$.
7. $\frac{1}{2}(n+1)(n+2)$. $\begin{pmatrix} \boldsymbol{E}_p & 0 & 0 \\ 0 & -\boldsymbol{E}_{r-p} & 0 \\ 0 & 0 & 0 \end{pmatrix}$，其中 $r=0,1,2,\cdots,n$；$p=0,1,2,\cdots,r$.

8. 提示：设 $\lambda_1,\lambda_2,\cdots,\lambda_n$ 是 A 的全部特征值，则 $\frac{1}{\lambda_1},\frac{1}{\lambda_2},\cdots,\frac{1}{\lambda_n}$ 是 $\boldsymbol{A}^{-1}$ 的全部特征值，$\frac{\det(\boldsymbol{A})}{\lambda_1},\frac{\det(\boldsymbol{A})}{\lambda_2},\cdots,\frac{\det(\boldsymbol{A})}{\lambda_n}$ 是 $\boldsymbol{A}^*$ 的全部特征值.

9. (1) 当 $a\neq 2$ 时，有唯一解 $(0,0,0)^{\mathrm{T}}$；当 $a=2$ 时，有无穷多解 $k(-2,-1,1)^{\mathrm{T}}$；

(2) 当 $a\neq 2$ 时，规范形为 $y_1^2+y_2^2+y_3^2$；当 $a=2$ 时，规范形为 $y_1^2+y_2^2$.

10. $c_1(-2,1,0)^{\mathrm{T}}+c_2(-1,0,1)^{\mathrm{T}}$，其中 $5c_1^2+4c_1c_2+2c_2^2=1$.（本题答案不唯一，如 $c_1(-2,1,0)^{\mathrm{T}}+c_2(1,2,-5)^{\mathrm{T}}$，其中 $5c_1^2+30c_2^2=1$.）

习题 5-3

1. (1) 非正定；(2) 非正定；(3) 正定.

2. (1) 非正定；(2) 正定.

3. (1) $-\frac{\sqrt{15}}{3}<t<\frac{\sqrt{15}}{3}$；(2) $-\frac{3}{5}<t<1$.

4. $0<t<\frac{4}{5}$.

5. 提示：$\boldsymbol{BAB}=\boldsymbol{B}^{\mathrm{T}}\boldsymbol{AB}$ 与 $\boldsymbol{A}$ 合同.

6. 提示：设 λ 是 $\boldsymbol{A}$ 的任意特征值，则 $\lambda>0$，且 $\lambda+1$ 是 $\boldsymbol{A}+\boldsymbol{E}_n$ 的特征值. 故 $\boldsymbol{A}+\boldsymbol{E}_n$ 的特征值全大于 1，从而 $\det(\boldsymbol{A}+\boldsymbol{E}_n)>1$.

7. 提示：$a_{ii}=\boldsymbol{\varepsilon}_i^{\mathrm{T}}\boldsymbol{A}\boldsymbol{\varepsilon}_i>0$.

8. 提示：若 $\boldsymbol{B}^{\mathrm{T}}\boldsymbol{AB}$ 正定，则 $R(\boldsymbol{B}^{\mathrm{T}}\boldsymbol{AB})=n$，而 $R(\boldsymbol{B}^{\mathrm{T}}\boldsymbol{AB})\leqslant R(\boldsymbol{B})\leqslant n$，故 $R(\boldsymbol{B})=n$.

反之，若 $R(\boldsymbol{B})=n$，则对任意 $\boldsymbol{0}\neq\boldsymbol{x}\in\mathbb{R}^n$，$\boldsymbol{Bx}\neq\boldsymbol{O}$，由 $\boldsymbol{A}$ 正定知，$\boldsymbol{x}^{\mathrm{T}}\boldsymbol{B}^{\mathrm{T}}\boldsymbol{ABx}=(\boldsymbol{Bx})^{\mathrm{T}}\boldsymbol{A}(\boldsymbol{Bx})>0$，故 $\boldsymbol{B}^{\mathrm{T}}\boldsymbol{AB}$ 正定.

9. 提示：当 $t>0$ 时，$t\boldsymbol{E}_n$ 正定. 对任意 $\boldsymbol{0}\neq\boldsymbol{x}\in\mathbb{R}^n$，$\boldsymbol{x}^{\mathrm{T}}\boldsymbol{A}^{\mathrm{T}}\boldsymbol{Ax}=(\boldsymbol{Ax})^{\mathrm{T}}(\boldsymbol{Ax})\geqslant 0$.

10. 甲和乙两种原料分别使用 5 单位和 8 单位时，公司的最大利润为 16000 元.

11. $y=0.516x+33.73$.

参考文献

[1] LAY D C. 线性代数及其应用：原书第 3 版[M]. 刘深泉，洪毅，马东魁，等译. 北京：机械工业出版社，2005.

[2] LEON S J. 线性代数：原书第 9 版[M]. 张文博，张丽静，译. 北京：机械工业出版社，2015.

[3] 林亚南. 高等代数[M]. 北京：高等教育出版社，2013.

[4] 同济大学应用数学系. 工程数学：线性代数[M]. 6 版. 北京：高等教育出版社，2014.

[5] 吴传生. 经济数学：线性代数[M]. 3 版. 北京：高等教育出版社，2015.

[6] 黄廷祝，成孝予. 线性代数[M]. 北京：高等教育出版社，2009.

[7] 李乃华，安建业，罗蕴玲，等. 线性代数及其应用[M]. 2 版. 北京：高等教育出版社，2016.

[8] 陈怀琛. 实用大众线性代数：MATLAB 版[M]. 西安：西安电子科技大学出版社，2014.

[9] 蒲和平. 线性代数疑难问题选讲[M]. 北京：高等教育出版社，2014.

[10] 庄瓦金. 高等代数教程[M]. 北京：科学出版社，2013.

[11] 李继成. 数学实验[M]. 北京：高等教育出版社，2014.

[12] 林蔚. 线性代数的工程案例[M]. 哈尔滨：哈尔滨工程大学出版社，2012.

[13] 李炯生，查建国. 线性代数[M]. 合肥：中国科学技术大学出版社，1989.

[14] STRANG G. Introduction to Linear Algebra[M]. 5th ed. Wellesley：Wellesley-Cambridge Press，2016.

[15] MATOUŠEK J. Thirty-three Miniatures：Mathematical and Algorithmic Applications of Linear Algebra[M]. Providence：American Mathematical Society，2010.

[16] LANGVILLE A N，MEYER C D. Google's PageRank and Beyond：The Science of Search Engine Rankings[M]. Princeton：Princeton University Press，2006.

[17] RANADE A，MAHABALARAO S S，KALE S. A Variation on SVD Based Image Compression[J]. Image and Vision Computing，2007，25(6)：771-777.